Mensch-Roboter-Kollaboration

Hans-Jürgen Buxbaum
Hrsg.

Mensch-Roboter-Kollaboration

Hrsg.
Hans-Jürgen Buxbaum
Hochschule Niederrhein
Krefeld, Deutschland

ISBN 978-3-658-28306-3   ISBN 978-3-658-28307-0 (eBook)
https://doi.org/10.1007/978-3-658-28307-0

Die Deutsche Nationalbibliothek verzeichnet diese Publikation in der Deutschen Nationalbibliografie; detaillierte bibliografische Daten sind im Internet über http://dnb.d-nb.de abrufbar.

Springer Gabler
© Springer Fachmedien Wiesbaden GmbH, ein Teil von Springer Nature 2020
Das Werk einschließlich aller seiner Teile ist urheberrechtlich geschützt. Jede Verwertung, die nicht ausdrücklich vom Urheberrechtsgesetz zugelassen ist, bedarf der vorherigen Zustimmung des Verlags. Das gilt insbesondere für Vervielfältigungen, Bearbeitungen, Übersetzungen, Mikroverfilmungen und die Einspeicherung und Verarbeitung in elektronischen Systemen.
Die Wiedergabe von allgemein beschreibenden Bezeichnungen, Marken, Unternehmensnamen etc. in diesem Werk bedeutet nicht, dass diese frei durch jedermann benutzt werden dürfen. Die Berechtigung zur Benutzung unterliegt, auch ohne gesonderten Hinweis hierzu, den Regeln des Markenrechts. Die Rechte des jeweiligen Zeicheninhabers sind zu beachten.
Der Verlag, die Autoren und die Herausgeber gehen davon aus, dass die Angaben und Informationen in diesem Werk zum Zeitpunkt der Veröffentlichung vollständig und korrekt sind. Weder der Verlag, noch die Autoren oder die Herausgeber übernehmen, ausdrücklich oder implizit, Gewähr für den Inhalt des Werkes, etwaige Fehler oder Äußerungen. Der Verlag bleibt im Hinblick auf geografische Zuordnungen und Gebietsbezeichnungen in veröffentlichten Karten und Institutionsadressen neutral.

Springer Gabler ist ein Imprint der eingetragenen Gesellschaft Springer Fachmedien Wiesbaden GmbH und ist ein Teil von Springer Nature.
Die Anschrift der Gesellschaft ist: Abraham-Lincoln-Str. 46, 65189 Wiesbaden, Germany

Geleitwort

Bei den Förderprojekten, die von der Daimler und Benz Stiftung in den letzten Jahren initiiert wurden, erkennen wir, wie tief greifend sich unsere Gesellschaft verändert. Augenfällig sind dabei vor allem zwei Aspekte: Erstens wächst die Geschwindigkeit, mit der Veränderungen voranschreiten, zunehmend an, und zweitens zeigt sich eine intensive Wechselwirkung zwischen den einzelnen Forschungsdisziplinen. Wir sehen eine neue Form der Interdependenz von Erkenntnisfortschritten, deren Folgewirkungen mitunter kaum adäquat einzuschätzen sind, und die mit dem herkömmlichen Begriff der Interdisziplinarität nur unzureichend beschrieben werden kann.

Welche Veränderungen sich gegenwärtig im Bereich der Arbeitswelt durch den Einsatz von Robotern anbahnen, dieser Frage ging der Ladenburger Diskurs „Mensch-Roboter-Kollaboration" (MRK) unter der wissenschaftlichen Leitung von Hans-Jürgen Buxbaum im März 2019 nach. Zwar werden in der Industrie bereits seit den 1980er-Jahren Roboter in größerem Umfang eingesetzt, etwa als Einlege- oder Verpackungsautomaten, beim Schweißen von Karosserien sowie der Beschichtung von Oberflächen mit Farben oder Lacken, doch bei allen Effizienzgewinnen für die jeweiligen Fertigungsprozesse blieb ihr Wirkungskreis, im wörtlichen wie im räumlichen Sinne, begrenzt. Aufgrund der Weiterentwicklung der Computer- und Sensortechnologie sowie dem aufkommenden Einsatz selbstlernender Software – Stichwort „künstliche Intelligenz" – verlässt eine neue Generation an Robotern diese Inseln aus fest programmierten Routinen und tritt mit ihren „menschlichen Kollegen" in einen interaktiven Arbeitsprozess ein. Dies wirft eine Fülle an Fragen auf: Wie kann die körperliche Unversehrtheit jener Personen gewährleistet werden, die unmittelbar mit Robotern zusammenarbeiten? Wie kann sichergestellt werden, dass Roboter, da sie ohnehin schneller, stärker und präziser sind, uns Menschen schließlich nicht alle Arbeit aus der Hand nehmen und uns aus der Wertschöpfungskette eliminieren?

Während 2009 weltweit rund 60.000 Industrieroboter verkauft wurden, werden es im Jahr 2021 geschätzte 630.000 Stück sein. Diese Zahlen berücksichtigen dabei noch gar nicht jene eingangs angesprochene hochdynamische technologische Entwicklung und die völlig neuen Einsatzbereiche für kollaborative Roboter, denen wir künftig auch im Haushalt, in der Medizin, im Bereich der Mobilität oder der Warenzustellung begegnen werden.

Die Stiftung dankt Herrn Prof. Buxbaum deshalb ausdrücklich dafür, dass er in diesem Band, der aus dem Ladenburger Diskurs „Mensch-Roboter-Kollaboration" hervorging, nicht nur Ingenieurwissenschaftler, Computer- und Softwareentwickler zur Wort kommen lässt, sondern dass es ihm gelang, ebenfalls Psychologen und Ethiker, Mediziner, Vertreter der Gewerkschaften sowie der Bundesanstalt für Arbeitsschutz und Arbeitsmedizin für Beiträge zu gewinnen. Denn insbesondere ihre fachliche Einschätzung ist essenziell, möchten wir ein stimmiges Bild davon erhalten, wohin die technologische Reise, die immer auch eine soziale, ökonomische und ökologische ist, künftig geht.

Wir würden uns wünschen, dass die in dieser Publikation von so unterschiedlichen Experten und Wissenschaftlern eingebrachte Expertise nicht nur in Fachkreisen ihre Leserschaft findet, sondern auch darüber hinaus als Grundlage für eine gesamtgesellschaftliche Diskussion dienen kann.

Prof. Dr. Eckard Minx
Prof. Dr. Lutz H. Gade

Vorstand der Daimler und Benz Stiftung

Vorwort

Industrieroboter werden seit vier Jahrzehnten weltweit in der Produktion eingesetzt. Ihre Bedeutung für unsere heutigen Produktionssysteme ist enorm und sie sind aus dem Bereich auch nicht mehr wegzudenken. Dabei ist die allgemeine Vorstellung von diesen Systemen geprägt von mächtigen mechanischen Konstruktionen, die mit hoher Geschwindigkeit, enormer Kraft und besonderer Genauigkeit Arbeiten erledigen, die Menschen entweder aus ergonomischen Gründen nicht ausüben wollen oder diese schlicht nicht so präzise ausführen können. Im Schatten dieser produktiven Riesen, die üblicherweise hinter Zäunen und ohne jeden menschlichen Eingriff ihre Arbeit verrichten, entwickelt sich seit einigen Jahren eine neue Kategorie von Robotern, die sogenannten Kollaborationsroboter (kurz: Cobots). Diese sind so konstruiert, dass sie gemeinsam mit Menschen arbeiten können. Eine solche Mensch-Roboter-Kollaboration (kurz: MRK) funktioniert natürlich nur, wenn diese Roboter, statt hinter Zäunen eingesperrt, in einem gemeinsamen Arbeitsumfeld agieren können und dürfen. Komplexe Aufgaben, die sich wirtschaftlich oder technologisch nicht vollständig automatisieren lassen, können in Teilverrichtungen zerlegt werden, von denen einige der Mensch und andere der Roboter übernimmt. So kann der Cobot beispielsweise dem Monteur ein Bauteil zur Montage anreichen, oder der Cobot fügt kraftvoll und präzise ein vom Werker ausgewähltes und geprüftes Bauteil in eine Baugruppe ein.

Schon beim Gedanken an einen solchen Arbeitsplatz erkennt man unmittelbar die Probleme, die es bei der Umsetzung zu lösen gilt. Offensichtlich ist das Sicherheitsproblem: es muss in jedem Falle vermieden werden, dass von solchen Arbeitsplätzen eine Gefahr für die beteiligten Menschen ausgeht. Auch die Aufgabenverteilung in einem solchen Kollaborationsszenario wirft Fragen auf. Ist der Cobot ein Werkzeug des Menschen oder wird der Mensch lediglich in einen vorgegebenen Ablauf integriert, immer dann, wenn sich eine Vollautomatisierung nicht rechnet? Gibt der Roboter den Takt oder sogar eine Choreografie für den Menschen vor, dann wird sich der Arbeitsplatz nicht als arbeitspsychologisch oder ergonomisch tauglich erweisen. Diese Fragestellungen, wie auch viele andere Zusammenhänge in dem thematischen Umfeld der MRK, waren Gegenstand des Ladenburger Diskurses 2019. Der Ladenburger Diskurs ist eine Veranstaltung der Daimler und Benz Stiftung, die traditionell die komplexen und dynamischen Wechselbeziehungen zwischen Mensch, Umwelt und Technik thematisiert. Am 28. und 29. März 2019 ging es im Carl-Benz-Haus in Ladenburg um das Thema MRK und dabei im Sinne der Stiftung um eben diese Wechselbeziehungen. Die Arbeitsinhalte sollen durch MRK vielfältiger, die ergonomischen Belastungen geringer und die Arbeitszufriedenheit größer werden. Dabei stellt sich die Frage, wie man diese Ziele erreicht, aber auch, wie robotische Assistenzsysteme die Zukunft der Arbeit und damit die Gestaltung der Gesellschaft beeinflussen.

Zum Ladenburger Diskurs 2019 habe ich etwa fünfzehn renommierte Expertinnen und Experten aus Arbeitswissenschaften, Psychologie, Ingenieurwesen und Ethik mit Forschungsschwerpunkt MRK eingeladen und die Expertenrunde mit einigen Entwicklern und Anwendern sowie Verbandsvertretern von Gewerkschaft und Bundesanstalt für Arbeitsschutz und Arbeitsmedizin ergänzt. Der Diskurs war geprägt von Impulsvorträgen der Teilnehmer und zeichnete sich durch große Diskussionsfreude bei hoher Fachkompetenz der Anwesenden aus. Man war sich einig darüber, dass die MRK zwar derzeit bereits rege in der Öffentlichkeit diskutiert wird, sich aber faktisch noch in einem Prototypenstadium befindet und klare Leitlinien für zukünftige Forschung und Entwicklung fehlen. Die Expertenrunde hat bereits in der Diskussion ein Thesenpapier für die Zukunft der MRK entworfen. Die Finalisierung dieses Thesenpapiers wurde mir, als dem wissenschaftlichen Leiter des Diskurses, am Ende der Veranstaltung übertragen und alle Teilnehmer wurden aufgefordert, weiter dazu beizutragen. Die „Ladenburger Thesen zur zukünftigen Gestaltung der Mensch-Roboter-Kollaboration" bilden das Schlusskapitel dieses Buchs und ich freue mich, dass diese Expertenrunde so nachhaltig zu der Leitliniendiskussion beitragen konnte. Insbesondere möchte ich mich an dieser Stelle bei Ruth Häusler für ihre wertvolle inhaltliche Mitarbeit an diesem wichtigen Schlusskapitel bedanken.

An dem Diskurs bzw. an dieser Buchveröffentlichung waren die folgenden Personen beteiligt (in alphabetischer Reihenfolge): Lars Adolph, Arturo Bastidas-Cruz, Oliver Bendel, Andreas Bley, Cecil Bruce-Boye, Hans-Jürgen Buxbaum, Alina Gasser, Detlef Gerst, Kevin Haninger, Ruth Häusler, Philipp Heyne, Alfred Hypki, Andreas Keibel, Britta Marleen Kirchhoff, Markus Kleutges, Lisanne Kremer, Bernd Kuhlenkötter, Dieter Lechler, Marius Nann, Verena Nitsch, Linda Onnasch, Lutz Philips, Mareike Redder, Peter Remmers, Eileen Roesler, Nele Rußwinkel, Sumona Sen, Joel Siebenmann, Surjo R. Soekadar, Oliver Straeter, Dragoljub Surdilovic, Alina Tausch, Michael Voß, Lukas Wirth und Konrad Wöllhaf. Vielen Dank dafür.

Mein besonderer Dank gilt der Daimler und Benz Stiftung. Ich habe den Vorstand und die Geschäftsführung der Stiftung anlässlich des Ladenburger Diskurses 2017 zum Thema Pflegeroboter kennengelernt und wurde von Anfang an ermutigt, selbst einen Diskurs auszurichten. Bei der Vorbereitung des Diskurses wurde ich von Seiten der Stiftung bestens unterstützt. Dabei gab es keinerlei Beschränkungen inhaltlicher Art – ich konnte in der Vorbereitung und der wissenschaftlichen Leitung des Diskurses frei agieren und meine Vorstellungen sowohl bei der Benennung der Teilnehmer als auch bei der Gestaltung des Programms uneingeschränkt umsetzen. Die Organisation der Veranstaltung durch die Stiftung war vorbildlich. Wir wurden im Carl-Benz-Haus in Ladenburg herzlich empfangen und die Gestaltung des Veranstaltungsrahmens war hervorragend.

Dortmund, Deutschland   Hans-Jürgen Buxbaum

Inhaltsverzeichnis

1 Die Maschine an meiner Seite 1
Oliver Bendel
  1.1 Einleitung. 1
  1.2 Grundlagen der Mensch-Roboter-Kollaboration 2
  1.3 Dimensionen der Beschreibung. 3
      1.3.1 Nähe. 3
      1.3.2 Körper 4
      1.3.3 Interaktion und Kommunikation 5
      1.3.4 Raum 6
      1.3.5 Ressourcen. 6
      1.3.6 System 7
      1.3.7 Das gemeinsame Objekt 8
      1.3.8 Arbeit. 8
  1.4 Ethische Fragen 9
      1.4.1 Verantwortung und Haftung. 9
      1.4.2 Verlust und Veränderung der Arbeit. 10
      1.4.3 Überwachung und Privatsphäre 11
      1.4.4 Kampf um Raum und Ressourcen 11
      1.4.5 Maschinelle Moral 12
  1.5 Zusammenfassung und Ausblick 13
  Literatur. 13

2 Evolution oder Revolution? Die Mensch-Roboter-Kollaboration 15
Hans-Jürgen Buxbaum und Markus Kleutges
  2.1 Einleitung. 16
  2.2 Entwicklung der Robotik. 16
  2.3 MRK 20
  2.4 Argumente für bzw. gegen MRK. 22
  2.5 Nutzendimensionen der MRK. 23
      2.5.1 Flächennutzung 23
      2.5.2 Ergonomie 23

	2.5.3	Flexibilität	24
	2.5.4	Intuitivität	26
	2.5.5	Peripherie	26
2.6		Sicherheit in der MRK	27
2.7		Schadensbegrenzung	28
2.8		Betriebsarten	29
Literatur			30

3 Arbeitswissenschaftliche Aspekte der Mensch-Roboter-Kollaboration 35
Ruth Häusler und Oliver Sträter

- 3.1 Einleitung ... 35
- 3.2 Verbessern technische Hilfsmittel die Sicherheit? Erfahrungen aus der Aviatik ... 37
- 3.3 Menschen im Einsatz – „Mind the Gap!" ... 39
  - 3.3.1 Vereinfachte Informationsverarbeitung durch Schemata ... 40
  - 3.3.2 Automatisierung der Handlungsausführung ... 41
  - 3.3.3 Effizienz und Fehleranfälligkeit als Kehrseiten der Medaille ... 43
- 3.4 Auswirkungen der Technikgestaltung auf den Menschen ... 45
  - 3.4.1 Mentale Nebeneffekte technischer Hilfsmittel ... 45
  - 3.4.2 Motivationale Nebeneffekte technischer Hilfsmittel ... 46
- 3.5 Technik- und Systemgestaltung: MTO oder TOM – eine Frage der Priorität ... 47
- 3.6 Fazit ... 52
- Literatur ... 54

4 Ethische Perspektiven der Mensch-Roboter-Kollaboration ... 55
Peter Remmers

- 4.1 Einleitung ... 56
- 4.2 Welche Rolle spielen ethische Überlegungen in der Technikentwicklung? ... 57
- 4.3 MRK in der Arbeitswelt: Von Ersetzungsszenarien zur MRK ... 58
  - 4.3.1 Funktionale Sicherheit und eigenverantwortliches Handeln ... 60
  - 4.3.2 Wer tut was? Selbstbestimmung vs. technische Fremdbestimmung ... 61
  - 4.3.3 Die Zergliederung von Aufgaben in der MRK: Was bleibt für den Menschen übrig? ... 62
  - 4.3.4 Maschinelle Tätigkeiten und menschliche Fähigkeiten ... 63
  - 4.3.5 Flexible Allokation als Lösung? ... 64
- 4.4 Vermenschlichung in der Mensch-Roboter-Kollaboration ... 65
- Literatur ... 67

5 Wo kann Teamwork mit Mensch und Roboter funktionieren? ... 69
Bernd Kuhlenkötter und Alfred Hypki

- 5.1 Mensch-Roboter-Kollaboration in der Montage ... 70

	5.2	Ermittlung von MRK-Potentialen von Arbeitsplätzen mittels Quick-Check	71
	5.3	Simulationsgestützte Planung von MRK-Arbeitsplätzen mittels ema Work Designer	74
	5.4	Manuelle Montageszenarien beim Anwender Karl Dungs GmbH & Co. KG	77
	5.5	Die Realisierungen	78
		5.5.1 Boll Automation GmbH und Karl Dungs GmbH & Co. KG	78
		5.5.2 Leopold Kostal GmbH & Co. KG	83
		5.5.3 Albrecht Jung GmbH & Co. KG	84
	5.6	Akzeptanzförderung durch Beteiligung von Beschäftigten und Betriebsrat am Einführungsprozess	85
	5.7	Zusammenfassung	86
	5.8	Förderhinweis	87
	Anhang		87
	Literatur		89
6	**Kooperation und Kollaboration mit Schwerlastrobotern – Sicherheit, Perspektive und Anwendungen**		**91**
	Dragoljub Surdilovic, Arturo Bastidas-Cruz, Kevin Haninger und Philipp Heyne		
	6.1	Kollaborative Schwerlastroboter	92
	6.2	Kooperation vs. Kollaboration	94
		6.2.1 Mensch-Roboter Kooperation	95
		6.2.2 Mensch-Roboter Kollaboration	99
		6.2.3 Mensch-Roboter-Kooperation/-Kollaboration	102
	6.3	Zeit-Raum-Mensch-Roboter-Modelle	103
	Literatur		106
7	**Mensch-Roboter-Kollaboration – Wichtiges Zukunftsthema oder nur ein Hype?**		**109**
	Konrad Wöllhaf		
	7.1	Faszination Roboter	109
	7.2	Fähigkeiten von Robotern	110
	7.3	Die These	111
		7.3.1 Roboter sollen stark und schnell sein und eine große Reichweite besitzen	111
		7.3.2 Keine Schutzzäune	111
		7.3.3 Einfache Programmierung	113
		7.3.4 Intelligente Roboter	113
	7.4	Resümee	114
	Literatur		115

8 Neural-gesteuerte Robotik für Assistenz und Rehabilitation im Alltag 117
Surjo R. Soekadar und Marius Nann
- 8.1 Gehirn-Computer-Schnittstellen zur aktiven Kontrolle robotischer Systeme bei Lähmungen 118
- 8.2 Rehabilitative Aspekte neural-gesteuerter Robotik 120
- 8.3 Tragbare und kabellose Sensoren und Biosignal-Verstärker 122
- 8.4 Echtzeit-Signalverarbeitung und Interpretation 124
- 8.5 Spezielle Anforderungen an die Aktorik/Biomechanik im Kontext der Mobilisierung gelähmter Gliedmaßen 124
- 8.6 Kontextsensitivität als Voraussetzung für die Integration in den Alltag 126
- 8.7 Rechtlich-regulatorische Herausforderungen 127
- 8.8 Ausblick in die Zukunft: Neural-gesteuerte Exoskelette in der medizinischen Versorgung 2030 128
- Literatur 129

9 Mensch-Roboter-Kollaboration in der Medizin 133
Andreas Keibel
- 9.1 Motivation 133
- 9.2 Roboter in der Therapie 134
- 9.3 Beispiele für Medizinprodukte mit Robotern 136
- 9.4 Zusammenfassung 142
- Literatur 142

10 Mensch-Roboter-Kollaboration – Anforderungen an eine humane Arbeitsgestaltung 145
Detlef Gerst
- 10.1 Einleitung 146
- 10.2 Große Hoffnungen, viele Fragen, wenige Antworten 146
- 10.3 Kriterien einer Folgenabschätzung 148
  - 10.3.1 Akzeptanz 150
  - 10.3.2 Gelingende Interaktion von Mensch und Roboter als Team 151
  - 10.3.3 Ergonomische Gestaltung 152
  - 10.3.4 Psychische Arbeitssystemgestaltung 154
- 10.4 Verantwortliche Gestaltung von MRK-Systemen 156
  - 10.4.1 Relationale Gestaltung von MRK-Systemen 158
  - 10.4.2 Reflexive Gestaltung von MRK-Systemen 159
  - 10.4.3 Prozedurale Gestaltung von MRK-Systemen 159
- 10.5 Zusammenfassung und Ausblick 160
- Literatur 161

11 Teammitglied oder Werkzeug – Der Einfluss anthropomorpher Gestaltung in der Mensch-Roboter-Interaktion 163
Eileen Roesler und Linda Onnasch
- 11.1 Wie verändern Roboter unsere Arbeits- und Lebenswelt? 164
- 11.2 Was zeichnet die Zusammenarbeit von Menschen und Robotern aus? 164

	11.3	Wie gelingt eine optimale Zusammenarbeit?	167
	11.4	Wie erreicht man eine symbiotische Robotergestaltung zwischen Teammitglied und Werkzeug?	171
	Literatur.		173
12	**Erwartungskonformität von Roboterbewegungen und Situationsbewusstsein in der Mensch-Roboter-Kollaboration**		**177**
	Sumona Sen		
	12.1	Einleitung	177
	12.2	Ergonomie	179
	12.3	Bahnplanung	180
	12.4	Wahrnehmung	182
		12.4.1 Bewegungswahrnehmung	182
		12.4.2 Visuelle Aufmerksamkeit	182
	12.5	Situationsbewusstsein	183
	12.6	Psychophysikalische Methoden zur Erfassung kognitiver Prozesse	184
		12.6.1 Elektroenzephalogramm (EEG)	184
		12.6.2 Elektrokardiogramm (EKG) HRV	185
		12.6.3 Blutdruck	185
		12.6.4 Hautleitfähigkeit	186
		12.6.5 Eyetracking	186
	12.7	Full-Scope-Simulation in der MRK	187
	12.8	Experimentaldesign	188
	Literatur.		191
13	**Antizipierende interaktiv lernende autonome Agenten**		**193**
	Nele Rußwinkel		
	13.1	Einleitung	194
	13.2	Vision eines natürlichen Zusammenwirkens von Mensch und Roboter	195
		13.2.1 Was macht eine gute Mensch-Roboter-Kollaboration aus?	196
		13.2.2 Was macht eine gute Mensch-Roboter-Interaktion der Zukunft aus?	197
		13.2.3 Beispiel einer antizipierenden Mensch-Roboter-Kollaboration	199
	13.3	Kognitive Mechanismen zur Antizipation Anderer	200
		13.3.1 Mentale Modelle	200
		13.3.2 Person Model Theory	201
	13.4	Kognitiver Modellierungsansatz von Situationsmodell, Personenmodell und Selfmodell	202
		13.4.1 Voraussetzungen der Modellierungsmethode	202
		13.4.2 Beispiele für antizipierende Assistenzsysteme	203
	13.5	Flexible Task Allocation	203
	13.6	Interactive Task Learning	204
	13.7	Diskussion	205
	Literatur.		206

14 Echtzeit-IoT im 5G-Umfeld 209
Cecil Bruce-Boye, Dieter Lechler und Mareike Redder
- 14.1 Einleitung... 210
- 14.2 Problemstellung.. 211
- 14.3 Middleware 212
- 14.4 Software-Entwicklungsprozess für echtzeitfähiges IoT an den Beispielen verteilter Systeme für Automotive und MRK 215
- 14.5 Zusammenfassung und Ausblick........................... 218
- Literatur... 219

15 Pflegeroboter und Medizinische Informationssysteme – Digitalisierungsansätze des Gesundheitswesens...................... 223
Lisanne Kremer
- 15.1 Digitalisierung im Gesundheitswesen 223
- 15.2 Medizinische Informationssysteme 226
  - 15.2.1 Krankenhausinformationssysteme..................... 227
  - 15.2.2 Betrachtung von Human Factors im Zusammenhang mit Medizinischen Informationssystemen (Fokus: KIS) 229
- 15.3 Medizinische Informationssysteme, Medizintechnik und Pflegeroboter..... 231
  - 15.3.1 Anwendung von Standards (Schnittstellen und Datenstrukturen).... 232
  - 15.3.2 Integration von Medizintechnik (Medizingeräten) und Medizinischen Informationssystemen 234
  - 15.3.3 Der Pflegeroboter – ein weiteres Medizingerät?.............. 235
- Literatur... 237

16 Ein soziotechnisches Systemmodell der Servicerobotik im Pflegekontext 241
Alina Tausch, Britta Marleen Kirchhoff und Lars Adolph
- 16.1 Einleitung... 242
- 16.2 Eine soziotechnische Sichtweise auf den Einsatz von Servicerobotik in der Pflege................................ 243
- 16.3 ARA-Sys: Ein soziotechnisches Modell des Arbeitssystems 244
  - 16.3.1 Technisches Element – Der Serviceroboter................ 245
  - 16.3.2 Patientinnen und Patienten........................... 247
  - 16.3.3 Geschultes Bedienpersonal 247
  - 16.3.4 Wartungs- und Instandhaltungspersonal 248
  - 16.3.5 Passantinnen und Passanten.......................... 249
- 16.4 Ein Beispielmodell – Einsatz fahrerloser Transportsysteme im Krankenhaus 250
- 16.5 Schlüsse aus dem Modell................................. 252
- Literatur... 254

17 Erfahrungen aus dem Einsatz von Assistenzrobotern für Menschen im Alter 257
Lukas Wirth, Joel Siebenmann und Alina Gasser
  17.1 F&P Robotics 258
  17.2 Assistenzroboter Lio 258
      17.2.1 Use Cases in laufenden Projekten 260
      17.2.2 Nutzen 261
      17.2.3 Ethischer Aspekt 261
  17.3 Erfahrungen aus beobachteten Interaktionen 262
      17.3.1 Einleitung 262
      17.3.2 Methode 264
      17.3.3 Ergebnisse und Diskussion 266
      17.3.4 Limitationen und zukünftige Forschungsfragen 271
      17.3.5 Fazit 272
  17.4 Sicherheit und Normen bei Assistenzrobotern 273
      17.4.1 Normen und Richtlinien 273
      17.4.2 Datenschutz 274
  17.5 Schlusswort 277
  Literatur 277

18 Mensch-Maschine-Zusammenarbeit am Beispiel Kaltwalzer 281
Lutz Philips
  18.1 Aufgabenkomplexität nimmt zu 281
  18.2 Effizienzsteigerung durch Spezialisierung 283
  18.3 Lokale Lösungen, auf Spezialisierung optimiert 284
  18.4 Anbieten spezialisierter Berufe erfordert spezialisierte Mitarbeiter .. 284
  18.5 Die Vernetzung der Systeme lässt spezialisierte Silos zusammenrücken 285
  18.6 Der direkte Hebel persönlicher Handlungen auf das Gesamtsystem wird nicht komplett wahrgenommen 286
  18.7 Die Beachtung der Kausalitätsketten ist wichtig für das erwartungskonforme Systemverhalten 286
  18.8 Transparenz über die komplexen Ketten führt zu bedarfsgerechten Assistenzsystemen, um Vertrauen in Technik zu unterstützen 287
  18.9 Adaption auf MRK-Lösungen 289
      18.9.1 Mögliche Anwendungsgebiete von MRK-Lösungen bei BILSTEIN 289
      18.9.2 Übertragbare Erkenntnisse für MRK-Einführungen bei BILSTEIN 290
  Literatur 290

19	**Ladenburger Thesen zur zukünftigen Gestaltung der Mensch-Roboter-Kollaboration**... 293

Hans-Jürgen Buxbaum und Ruth Häusler

	19.1	Einleitung... 294
	19.2	Ergonomische Perspektive.................................... 295
	19.3	Technisch-wirtschaftliche Perspektive........................... 296
	19.4	Psychologische Perspektive.................................... 297
	19.5	Arbeitswissenschaftliche Perspektive............................ 299
	19.6	Ethische Perspektive 305
	19.7	Ladenburger Thesen zur MRK.................................. 308
		19.7.1 These 1: Sicherheitsanforderungen anwendungsgerecht festlegen... 309
		19.7.2 These 2: Sicherheitstechnik flexibilisieren.................. 309
		19.7.3 These 3: Grenzen baulicher Gestaltung hinterfragen.......... 310
		19.7.4 These 4: Konfiguration und Programmierung vereinfachen 310
		19.7.5 These 5: Wirtschaftlichkeitsberechung anpassen............. 311
		19.7.6 These 6: MRK als soziotechnisches System begreifen 311
		19.7.7 These 7: Ethische Fragen beantworten 312
		19.7.8 These 8: Aufgabenverteilung flexibilisieren................. 312
		19.7.9 These 9: Deskilling entgegenwirken 313
		19.7.10 These 10: Erwartungskonformität sicherstellen.............. 314
		19.7.11 These 11: Höhere Funktionalität über KI realisieren.......... 314
		19.7.12 These 12: Antizipation der Automatisierungstechnik erhöhen.. 314
		19.7.13 These 13: MRK als Schlüsseltechnologie begreifen 315
	19.8	Fazit 316
	Literatur... 316

Über den Herausgeber

Prof. Dr. Hans-Jürgen Buxbaum ist Professor für Automatisierung und Robotik. Er forscht und lehrt auf dem Gebiet der Mensch-Roboter-Kollaboration, insbesondere an der Schnittstelle zwischen Robotik und Arbeitswissenschaft. In diesem Kontext beschäftigt er sich auch mit robotischen Assistenzsystemen und Pflegerobotern.

Die Maschine an meiner Seite

Philosophische Betrachtungen zur Mensch-Roboter-Kollaboration

Oliver Bendel

Zusammenfassung

Die Mensch-Roboter-Kollaboration ist vor allem durch die Nähe und die Form der Zusammenarbeit zwischen Mensch und Roboter gekennzeichnet. Bei genauerer Betrachtung gibt es noch weitere Auffälligkeiten. So haben die Roboter oft physische Merkmale, die sie mit Menschen teilen, etwa einen Arm. Zudem haben sie ähnliche Eigenschaften in Bezug auf Interaktion und Kommunikation, in manchen Einsatzbereichen auch natürlichsprachliche Fähigkeiten. Nicht zuletzt wachsen Mensch und Maschine zu einem soziotechnischen System zusammen. Der vorliegende Beitrag arbeitet solche Dimensionen heraus. Er stellt in erster Linie ontologische und ästhetische Betrachtungen an. Es geht um das Sein von Mensch und Roboter, ihren Körper, ihre Präsenz im Raum, ihre Beziehungen und Ähnlichkeiten. Dies alles mündet in ethische Betrachtungen, wobei die genannten Dimensionen den Hintergrund bilden.

1.1 Einleitung

Der Begriff der Mensch-Roboter-Kollaboration (MRK) steht sowohl für die Disziplin als auch den Gegenstand, ähnlich wie die „Mensch-Computer-Interaktion", die „Mensch-Maschine-Kommunikation" oder die „Mensch-Roboter-Interaktion" (Goldberg 2019). Die Disziplin entwickelt Mensch-Roboter-Konstellationen der besonderen Art. Diese sind vor allem durch die Nähe und die Form der Zusammenarbeit zwischen Mensch und Roboter gekennzeichnet.

O. Bendel (✉)
Fachhochschule Nordwestschweiz, Windisch, Schweiz
E-Mail: oliver.bendel@fhnw.ch

Es sind weitere Auffälligkeiten vorhanden. So haben die Roboter oft physische Merkmale, die sie mit Menschen teilen, etwa einen Arm. Manchmal haben sie einen Körper oder einen Kopf. Zudem weisen sie ähnliche Eigenschaften in Bezug auf Interaktion und Kommunikation (mithin Intelligenz) auf, in manchen Anwendungsbereichen gar natürlichsprachliche Fähigkeiten. Nicht zuletzt wachsen Mensch und Maschine zu einem soziotechnischen System zusammen. In diesem gelten soziale Erwartungen und Vorschriften.

Der vorliegende Beitrag arbeitet solche Dimensionen heraus. Er stellt in erster Linie ontologische und ästhetische Betrachtungen an. Es geht um das Sein von Mensch und Roboter, ihren Körper, ihre Präsenz und ihre Orientierung im Raum, ihre Beziehungen und Ähnlichkeiten, ihr Mit- und Gegeneinander. Dies alles mündet in ethische Überlegungen, wobei die genannten Dimensionen den Hintergrund bilden. Ein Ausblick liefert eine Einschätzung für die Entwicklungen in der Zukunft.

1.2 Grundlagen der Mensch-Roboter-Kollaboration

Kollaboration ist mehr als Kooperation. Man arbeitet in ihrem Fall nicht nur mit einem gemeinsamen Ziel, sondern auch Hand in Hand an einer gemeinsamen Aufgabe. Üblicherweise findet sie statt zwischen zwei oder mehr Menschen. Wenn sie Roboter und Mensch vereint, spricht man von Mensch-Roboter-Kollaboration (ein Begriff, der eben auch für die Disziplin verwendet wird). Es sind mehr als Tandems möglich, nämlich Teams unterschiedlicher Zusammensetzung, etwa mit einem Menschen und zwei Robotern oder zwei Menschen und einem Roboter.

Typische Vertreter sind Kollaborationsroboter (mit einem allgemeineren Begriff „Kooperations- und Kollaborationsroboter", kurz „Co-Robots" oder „Cobots"), wie man sie aus Industrie und Logistik kennt (Peshkin 1996; Bendel 2017, 2018b, c). Zu den Herstellern gehören ABB, Kuka, Rethink Robotics und Kinova Robotics. Doch auch andere Roboter erfüllen die Kriterien, etwa bestimmte Serviceroboter wie Pflegeroboter (Becker et al. 2013; Bendel 2018a) oder Sexroboter (Bendel 2015). Pflegeroboter wiederum können auf der Basis von Co-Robots entstehen. Selbst Kampfroboter, die man als eigene Kategorie verstehen mag, können Komponenten der Mensch-Roboter-Kollaboration sein. Diese ist also offensichtlich nicht auf einen Robotertyp beschränkt.

Co-Robots haben üblicherweise einen Arm mit fünf bis sieben Freiheitsgraden. Zwei Arme sind ebenfalls möglich und mehr und mehr verbreitet. Das Endstück ist i. d. R. austauschbar. Man kann den Roboter mit einer Hand und Fingern ausstatten (bzw. einem Greifer), mit einem Hammer, einem Schraubenzieher, einem Schraubenschlüssel, einer Ansaugeeinrichtung und einem Massagekopf. Seine Oberfläche ist glatt oder rau, aus Metall, Kunststoff oder -leder. Der Arm bzw. das Endstück kann mit Kameras und Sensoren ausgerüstet sein, ebenfalls andere Teile des gesamten Roboters, etwa eine mobile Plattform. Auf einer solchen ist der Co-Robot in manchen Fällen unterwegs, vor allem bei Serviceaufgaben – in den meisten industriellen Anwendungen ist er zumindest vorübergehend fest installiert.

1.3 Dimensionen der Beschreibung

Der vorliegende Beitrag fokussiert auf Co-Robots, wie sie in Industrie und Logistik sowie in Pflege und Betreuung (ferner Therapie) zu finden sind. Damit verzichtet er auf Betrachtungsweisen, die ein breites Publikum und die Massenmedien interessieren könnten. Auch für Wissenschaftler ist es beispielsweise von Reiz, auf den Aspekt der Nähe und die Merkmale des Körpers bei Robotersex oder beim Einsatz von Kampfrobotern einzugehen. Stattdessen also schlichte Roboterarme, die allenfalls an humanoide oder abstrakte Körper bzw. auf mobile Plattformen montiert sind. Gerade durch diese Beschränkung ergeben sich zugleich Vorteile, aus Sicht von Ontologie und Ästhetik. Im Abstrakten, Sachlichen, Funktionalen erblickt man das Grundsätzliche, Unerwartete, Schöne und Hässliche. Wenn es inhaltlich geboten ist, werden Beispiele über Co-Robots hinaus (aber innerhalb der MRK) bemüht.

1.3.1 Nähe

Mensch und Roboter kommen sich in der Mensch-Roboter-Kollaboration nah bis sehr nah (Riek 2014). Sie können sich im Extremfall sogar berühren, und einige Tätigkeiten (etwa in Pflege und Therapie) verlangen genau dies. Einschlägige Normen sollen verhindern, dass sich der Mensch verletzt oder die Maschine beschädigt wird. Zusätzlich können Erkenntnisse von sozialer Robotik und Maschinenethik wirken (Bendel 2012a). Die Maschine verhält sich rücksichtsvoll und vorsichtig und befolgt moralische Regeln, die man ihr beigebracht hat.

Der Mensch scheut Nähe, wenn sie Gefahren oder Unannehmlichkeiten für ihn bedeutet, und sucht sie im Falle von Annehmlichkeiten. Über hunderttausende Jahre lernte er natürliche Feinde und Gefahren einzuschätzen, eine Fähigkeit, die er in der Zivilisation teilweise wieder verlor. Roboter kann er nicht immer gut beurteilen. Sie existieren noch nicht lange, sie sind ihm vielleicht nicht oder noch nicht lange vertraut, sie können bei gleichem Äußeren ganz unterschiedliche Fähigkeiten aufweisen, je nachdem, mit welchem Zweck sie erbaut wurden und mit welchen Systemen sie versehen und verbunden sind.

In der Fabrik wird man sich an den Co-Robot, wenn dieser nicht ständig Anpassungen und Weiterentwicklungen unterliegt, recht schnell gewöhnen. Die Zusammenarbeit ist eng und intensiv. Im Bereich der Pflege und Betreuung kann dies anders sein. Die Situationen sind vielfältiger und vielschichtiger, die Kollaboration kann aus drei, vier und mehr Akteuren bestehen, und der Roboter wird meist mobil und in seinen Aktionen und Bewegungen flexibler sein. In Pflege- und Betreuungseinrichtungen ist er für unterschiedliche Menschen da – und benötigt damit selbst unterschiedliche Möglichkeiten.

Die so ungleichen Entitäten sind zusammengerückt, und doch fremdeln sie, der Mensch, weil diese Nähe ungewohnt und nicht unbedingt gewollt ist, der Roboter, weil die

Anwesenheit der Kohlenstoffeinheit ihn zugleich befreit und beschränkt (natürlich hat er keine Gefühlsregungen, aber die Metapher sei erlaubt). Als Industrieroboter hatte er limitierte Entwicklungs- und Bewegungsmöglichkeiten. Als Co-Robot muss er, selbst wenn er mobil und generalistisch angelegt ist, auf den Menschen und dessen Unversehrtheit achten.

1.3.2 Körper

Der Mensch in der MRK ist versehrt oder unversehrt. Er hat entsprechend zwei Arme und zwei Beine, einen Arm und zwei Beine, keinen Arm und zwei Beine, zwei Arme und ein Bein etc. Stets besitzt er einen Körper und Kopf, zumindest dann, wenn er noch unter den Lebenden ist. Der Co-Robot hat i. d. R. einen Arm oder aber zwei Arme. Er kann über einen Körper und einen Unterbau verfügen, wo Sensoren untergebracht sind.

Mit zwei Armen kann der Co-Robot andere Dinge erledigen als mit einer Extremität. Dies scheint vor allem außerhalb der Fabrik von Relevanz zu sein, etwa in Pflege und Betreuung. Mit zwei Armen hebt der Co-Robot große, schwere Gegenstände hoch, im Prinzip auch Menschen, ohne sie zu beschädigen bzw. zu verletzen, er umarmt sie, hält sie oder ihre Körperteile bzw. ihren Kopf, während er sie manipuliert (etwa füttert, frisiert oder massiert). Zwei Arme wirken anders als ein Arm. Sie lassen den Roboter menschlicher erscheinen.

Ein Co-Robot hat als Fabrikversion keinen eigentlichen Kopf. Man kann aber schnell die Anmutung eines solchen erzeugen, etwa indem man Augen am Endstück aufklebt. Dies hat wiederum den Effekt, dass er einem menschlicher (oder tierischer) vorkommt. F&P Robotics hat dies bei einem Lio-Modell ausprobiert, das dadurch vogelartig wirkte. Ein weiteres Modell des Schweizer Unternehmens, entwickelt mit einem chinesischen Partner, hat einen echten Kopf. Bei P-Care wurden im Grunde zwei Co-Robots an einen Körper angebracht und mit einem affen- oder menschenähnlichen Haupt versehen (Früh und Gasser 2018).

Das Geschlecht spielt bei der Gestaltung eine wichtige Rolle, gerade in Pflege und Betreuung. Ein weiblicher Körper wird anders wahrgenommen als ein männlicher. Das Alter ist ebenfalls eine wichtige Eigenschaft. Einen Roboter, der zu jung erscheint, wird man kaum als geeignet für herausfordernde Tätigkeiten ansehen. Nicht zuletzt sind Hautfarbe und Haartracht samt -farbe ein Faktor – einem Pepper wird beispielsweise zuweilen eine Perücke aufgesetzt, was man ebenso gut bei einem humanoiden Co-Robot machen könnte (Mogg 2015).

Der Mensch mag den Co-Robot gut oder schlecht designt, anziehend oder abstoßend finden. Er mag ihn gerne oder ungerne berühren. Er mag ihm neutral gegenüberstehen – dies wird vor allem in der Fabrik der Fall sein – oder Abhängigkeiten und Leidenschaften entwickeln, was in Betreuung und Pflege geschehen kann, insbesondere wenn ein Geschlecht erkennbar ist. Er mag sich in die Umarmung fügen oder aus ihr flüchten.

1.3.3 Interaktion und Kommunikation

Co-Robots vermögen ihr Umfeld wahrzunehmen, auf Körper, Muster, Farben und Veränderungen zu reagieren. Man kann sie einlernen, indem man ihre Arme bewegt, oder indem man ihnen etwas vormacht und sie dies mit Kameras und Sensoren erfassen und nachbilden. Manche können auf Befehle reagieren und haben insgesamt natürlichsprachliche Fähigkeiten. Dies ist vor allem in Pflege und Betreuung wichtig (Bendel 2018b; Früh und Gasser 2018). Aber eine zugerufene und verstandene Anweisung ergibt auch in Produktion und Logistik Sinn.

Der Co-Robot kann insgesamt Intelligenz simulieren und sich in seinen Charakteristika und Aktionen verändern. Einerseits wird er dadurch menschenähnlicher, da wir eigentliche Intelligenz besitzen und weitgehende Möglichkeiten haben, uns geistig zu modifizieren und zu adaptieren. Andererseits wird er dadurch weniger verlässlich, vor allem, wenn er Freiheiten genießt, und weniger einschätzbar. Im Kontext der Industrie mögen die neuen Fähigkeiten indes zu neuen Aufgaben passen, im Kontext von Pflege und Betreuung ebenso, aber nicht unbedingt zu allen Menschen, bei denen der Roboter ist.

Die Interaktion als Zusammenspiel von maschinellen und menschlichen Armen, Händen, Fingern etc. ist elementar für eine gelingende Kollaboration. Man darf sich nicht gegenseitig behindern, nicht ineinander verheddern, die Abläufe auf beiden Seiten müssen voraussehbar und voraussagbar sein. Die natürlichen Bewegungen des Menschen sollten nicht unnatürlichen weichen, die Verletzungsgefahren und Haltungsschäden nach sich ziehen können. Bei einem Exoskelett ist dies eine erhebliche Gefahr, bei einem Co-Robot eine gewisse.

In Luzern konnte man 2016 im Rahmen des Festivals Steps den Tanz zwischen einem Kuka-Roboter und einem Menschen verfolgen (Bendel 2016). Der Roboter tanzte wie die Menschen, tanzte mit dem Menschen, mit Huang Yi, der zugleich der Choreograf war; die Menschen – es kamen eine Tänzerin und ein Tänzer hinzu – tanzten wie der Robot, ließen sich von ihm bewegen, von seinem „Traktorstrahl" (Bendel 2016). Auf der Website von Steps hieß es: „Gebannt verfolgt man die Begegnung dieser scheinbar so ungleichen Partner und spürt die emotionale Beziehung. Die Art des Verhältnisses bleibt dabei jedoch in der Schwebe: Sind es nun die vom Choreografen in der Kindheit ersehnten Freunde? Oder handelt es sich vielmehr um einen ausgefeilten und geschmeidigen Wettkampf? Wer lernt von wem? Wer behält die Oberhand?" (Bendel 2016).

Die Kommunikation in Pflege und Betreuung beeinflusst in erheblichem Maße die Akzeptanz. In der Schweiz zeigt sich, dass ein Roboter, der hiesige Mundarten beherrscht, als vertrauenswürdiger wahrgenommen wird (Früh und Gasser 2018). Die Synthetisierung ist vorerst ein Problem; man nutzt vor allem Konserven. Man arbeitet daran, dass er dialektale Varianten versteht, und hat erste Fortschritte erzielt. Generell ist die Frage, welche Stimme der Roboter haben soll, ob diese einem Geschlecht zugeordnet werden, ob sie hoch oder tief, hart oder weich, jung oder alt, robotisch oder menschlich klingen soll. In einer nichtrepräsentativen Befragung einer Schweizer Hochschule teilte eine ältere Frau mit, sie würde durchaus Frauengespräche mit einem Roboter führen, aber nur, wenn dieser eine weibliche Stimme hätte (Fahlberg und Wenger 2015; Fahlberg 2017).

1.3.4 Raum

Mensch und Roboter teilen sich einen gemeinsamen Raum. Dies kann eine eigens ausgestattete Arbeitszelle sein oder ein beliebiges Zimmer, eine (Stelle in einer) Fabrikhalle, ein (Ort in einem) Pflegeheim. Damit nimmt jeder von ihnen einen gewissen Raum ein, wobei zusätzlich die Bewegung berücksichtigt werden muss. Manche Co-Robots werden damit beworben, dass sie sowohl im Stillstand als auch in Aktion sehr wenig Platz beanspruchen. Dies hängt wiederum u. a. mit den Freiheitsgraden zusammen.

Der Raum selbst kann vom Roboter und vom Menschen erfasst werden. Co-Robots in der Industrie sind im Moment vor allem fest installiert, und lediglich ihre Arme bewegen sich. In Pflege und Betreuung hingegen rollen sie umher. Sie müssen sich daher grundsätzlich zurechtfinden, mit Hilfe von Karten und Plänen, von Lidarsystemen, die in Echtzeit dreidimensionale Modelle erstellen, oder von Kameras und anderen Sensoren. Sie müssen Hindernisse und Stolperfallen entdecken, diesen ausweichen und diese meiden.

Der Eindruck, den der Raum macht, ist vor allem für den Menschen entscheidend. Er reagiert auf Raumhöhe und -weite, Fenster und Vorhänge und die damit verbundene oder eingeschränkte Sicht, überdies auf die Roboter, die sich im Raum bewegen, diesen füllen und verändern. Beim Einsatz von Industrie- und Servicerobotern sowie Transportdrohnen wird die Dimension des Raums zu wenig bedacht. Man tut so, als wäre er unbegrenzt vorhanden, aber die Wahrnehmung ist eben eine menschliche und eine individuelle, subjektive. Zehn Roboter in einer Halle können als zahlreich und als belastend empfunden werden, ebenso wie drei Transportdrohnen in Sichtweite in der Luft.

1.3.5 Ressourcen

Wie der Mensch benötigt der Roboter Ressourcen. Im Kontext der Mensch-Roboter-Kollaboration kann dies bedeuten, dass sich der eine an Speis und Trank labt, der andere dauerhaft oder vorübergehend am Stromnetz hängt. Neben der direkten Einspeisung und Nutzung wurden andere Verfahren bei Robotern getestet, etwa die Gewinnung von Strom durch Solarpanels oder der Verzehr organischen Materials (Kling 2009). Wasserstoff ist ebenso eine Option und wird bei Autos zur lokalen Stromgewinnung verwendet.

Wenn sich der Roboter zu einem Stromanschluss bewegen muss, ist die Kollaboration in diesem Augenblick unterbrochen. In der Servicerobotik ist dies ein regelmäßig auftretender Fall, da es sich mehrheitlich um mobile Geräte handelt. Eine Lösung ist der Einsatz mehrerer Roboter, was aber kostenintensiv ist und ein Platzproblem darstellen kann. Eine andere Lösung ist die angesprochene autarke Stromversorgung, die freilich recht aufwändig ist. In Kampfgebieten wird sie dennoch eine bevorzugte Lösung sein, und es ist kein Zufall, dass der EATR eine solche aufweist (Kling 2009).

Der Nao ist kein Co-Robot, auch kein Abkömmling eines solchen, aber in diesem Kontext ein interessantes Beispiel. Im Rahmen eines Projekts der Maschinenethik wurde er mit moralischen Regeln ausgestattet, die er in der Praxis anwenden und dann anpassen konnte. Er versuchte nicht bloß, seine Verpflichtungen gegenüber der Patientin einzuhalten, sondern auch sich selbst gegenüber, indem er ständig seinen Akkustand überprüfte und im Extremfall sein Aufladen einer Hilfeleistung vorzog, einfach um einsatz- und funktionsfähig zu bleiben.

Insgesamt werden Mensch und Maschine in der Ressourcenfrage zu Konkurrenten. Je mehr Roboter man in die Welt entlässt, desto größer wird ihr Anteil am Stromverbrauch. Selbst Wasser kann im Spiel sein, wenn man an die Reinigung denkt (oder spezielle Mittel, die wiederum Ressourcen beanspruchen). Bedenken muss man dabei, dass viele Roboter, unter ihnen Co-Robots, vernetzte oder cloudbasierte Systeme sind. Der Verbrauch bezieht sich also in zahlreichen Fällen nicht nur auf ein Einzel-, sondern ein Gesamtsystem.

1.3.6 System

Mensch und Roboter werden in der Mensch-Roboter-Kollaboration zu einem Gesamtsystem. Diese Verschmelzung ist seit langem aus unterschiedlichen Disziplinen und Kontexten bekannt. Die Wirtschaftsinformatik widmet sich Informationssystemen, und im Englischen ist ein möglicher Name für sie (wie für ihren Gegenstand) „Information Systems" (oder „Business Information Systems"). Informationssysteme werden als soziotechnische Systeme verstanden. Es braucht den Menschen z. B. für den Input oder zum Verständnis oder zur Nutzung von Output.

Das Gesamtsystem in der MRK kann verschiedentlich interpretiert werden. In der Literatur wird gerne betont, dass Mensch und Co-Robot ihre jeweiligen Stärken ausspielen und ihre Schwächen vermeiden. Man kann außerdem sagen, dass sie sich mit Blick auf die Aufgabe und das Ziel optimal ergänzen bzw. ergänzen sollen. Weiter kann man von einer regelrechten Verschmelzung sprechen. Es ist ein soziotechnisches System, das einzig im Gesamten, im Gemeinsamen und Gleichzeitigen funktioniert, es ist ein besonderer Cyborg. Die Technologie ist eng mit dem Menschen verbunden, sowohl durch die Nähe als auch durch die gemeinsame Aufgabe und das gemeinsame Ziel.

Wenn man einen Schritt zurücktritt, erkennt man, dass weitere Parteien beteiligt sind. Mensch und Maschine können vor dem Arbeits- bzw. Projektbeginn oder während des Arbeitsprozesses Daten und Anweisungen von einer Instanz oder mehreren Instanzen erhalten. Es geht also nicht allein um den Umstand, der bereits bei den Ressourcen angesprochen wurde, die Vernetzung mit Suchmaschinen, Nachschlagewerken, Klassifikationen und Ontologien oder Personenlisten sowie die Anbindung an Cloud Computing. Es geht auch um ein komplexes Mensch-Maschine-System (eigentlich ein Mensch-Mensch-Maschine-Maschine-Mensch-etc.-System).

Eine viel beachtete Technologie ist das Brain-Computer-Interface (Bendel 2019c). Dieses kommt im Moment noch wenig zum Einsatz in der MRK. Es handelt sich um eine Mensch-Maschine- oder Tier-Maschine-Schnittstelle, über die Gehirn und Computer verbunden werden. Eine Rolle spielen dabei elektrophysiologische und hämodynamische Verfahren. Es wird also die elektrische Aktivität des Gehirns direkt oder indirekt gemessen. Mit Hilfe des BCI, wie man es verkürzend nennt, ist es z. B. möglich, spezielle Rollstühle, Hightechprothesen oder Objekte in Spielanwendungen zu steuern. Auch die Lenkung oder „Fütterung" eines Co-Robots ist im Prinzip möglich, oder einer Einheit, die mit diesem interagiert und kommuniziert.

Im MRK-Gesamtsystem können soziale Erwartungen und Vorschriften gelten. Nach Riek (2014) setzen soziale Normen den Aktionen eines Roboters gewisse Grenzen, indem sie den Erwartungen der Menschen und der Situation, in der sie sich befinden, entsprechen müssen. Das soll nach Ansicht des genannten Autors nicht heißen, dass man Fehler des Roboters nicht verzeihen würde. Dennoch bestehe die Motivation, Roboter so zu programmieren, dass sie den sozialen Normen genügen. Hier gibt es Zusammenhänge mit der Maschinenethik, auf die noch eingegangen wird.

1.3.7 Das gemeinsame Objekt

Mensch und Roboter manipulieren in der Mensch-Roboter-Kollaboration häufig zusammen ein Objekt. Dieses trägt danach Spuren der Bearbeitung beider Seiten. Es ist ein Artefakt, das von einem Lebewesen und einem anderen Artefakt stammt, zumindest in Bezug auf das Physische. Mensch und Maschine haben ihre Sicht auf das Objekt. Sie nehmen es mit und ohne Bewusstsein wahr. Wenn das Objekt lebendig ist, etwa ein Nutztier, ist es zugleich in den Händen von Mensch und Maschine.

Nicht nur Menschen schaffen Artefakte, sondern auch manche Tiere. Beispiele sind Ameisenhaufen, Bienenstöcke und Vogelnester. Dass Artefakte dies selbst in gezielter Weise tun, ist ein relativ neues Phänomen. Allerdings ist es nicht zwangsläufig an Elektrifizierung und Elektronifizierung gebunden. Die berühmten Androiden des 18. Jahrhunderts, die Musikerin, der Schreiber und der Zeichner, brachten Musikstücke, Texte und Zeichnungen hervor (Bendel 2019c). Natürlich wurde ihnen vorher das Zielobjekt vorgegeben, mittels von Menschen hergestellten Noppenwalzen. Aber die Produktion der Endergebnisse oblag dann ihnen.

1.3.8 Arbeit

Eine wesentliche Dimension ist natürlich die Arbeit, als Beschäftigungsform, zur Existenzsicherung, als Verbrauchssystem für Lebenszeit, als Ideologie und Utopie. Der Mensch hat in ihr früh Werkzeuge (also wiederum Artefakte) eingesetzt, etwa einen Steinkeil, ein Schmiedeeisen oder einen Pflug. Später hat er Automaten gebaut, die selbstständig (einen

Teil der) Arbeit verrichten konnten (die Androiden sind ebenfalls solche, obschon ihre Mühsal in gewisser Weise ohne Sinn ist). Bei der MRK kehrt der Mensch sozusagen an den Ort des Geschehens zurück. Er definiert sich als unverzichtbares Element der Tätigkeit, streicht Stärken des Roboters und von sich selbst heraus, macht ihn bei jedem Schritt abhängig von sich selbst, sich selbst aber auch abhängig vom Roboter.

Im Moment scheint die MRK die geeignete Antwort auf viele Produktions- und Logistikprozesse zu sein. Pflege und Betreuung können von ihr, etwa in der Form des Tandems von Pflegekraft und -roboter, genauso profitieren. In Zukunft spielen womöglich unter sich kooperierende und kollaborierende Maschinen eine Rolle. Damit könnten zwar Menschen ihre Vorteile nicht mehr ausspielen, falls diese bestehen bleiben, dafür Maschinen von unterschiedlichen Standorten und mit unterschiedlichen Blickwinkeln zusammenarbeiten. Die Kollaboration selbst wird damit zum Merkmal ausschließlich maschineller Arbeit.

Die MRK, wie sie sich heute darstellt, ist eine Herausforderung für die Berechnung der Robotersteuer, die in manchen Ländern angedacht wird (Bendel 2018c). Üblicherweise wird in den Konzepten ein fiktiver Stundenlohn eines Roboters eruiert, der dann die Grundlage für die Besteuerung ist. Allerdings sind viele Roboter, wie dargestellt, gar keine singulären Maschinen, sondern vernetzt und abhängig. Co-Robots arbeiten Hand in Hand mit Menschen, und es ist nicht einfach, ihren Anteil der Arbeit zu bestimmen. Natürlich kann man messen, wann der Roboter und wann der Mensch am Zug ist, also quantifizierbare Merkmale benennen. Diese sagen allerdings nichts über die qualitative Seite aus. Es kann sein, dass eine kurze Aktion eine hohe Komplexität hat, eine lange eine niedrige. Es kann zudem sein, dass eine Aktion eine lange Nachbearbeitung auf der anderen Seite erfordert.

1.4 Ethische Fragen

Im Folgenden werden ethische Fragen in Zusammenhang mit den herausgearbeiteten Dimensionen diskutiert, unter Einbeziehung mehrerer Bereichsethiken – etwa der Informationsethik (Bendel 2012b, 2019b; Kuhlen 2004) und der Technikethik (Bendel 2013) – und der Maschinenethik (Anderson und Anderson 2011). Nicht alle Dimensionen werden verwertet, bloß diejenigen mit einer besonders hohen Relevanz. Generell helfen sie dabei, dass Konkretisierung statt Pauschalisierung stattfindet. Dies kann man für die angewandte Ethik insgesamt fordern.

1.4.1 Verantwortung und Haftung

Bei der Mensch-Roboter-Kollaboration stellen sich Verantwortungs- und Haftungsfragen, die mit Nähe, Körper und Raum zu tun haben (Bendel 2018c). Aufgrund der ständig gegebenen Nähe kommt es zu Berührungen und Kollisionen der Körper und mithin zu

Verletzungen. Der Kopf ist besonderen Gefahren ausgesetzt. Im Bereich von Pflege und Betreuung zeigt sich dies ganz deutlich: Füttern und Waschen gehören zu den anspruchsvollsten Tätigkeiten, an die sich kaum ein Ingenieur herantraut. Auch Hände und Arme sind gefährdet.

Wie bei allen teilautonomen und autonomen Systemen werden grundlegende Fragen aufgeworfen. Ist der Hersteller verantwortlich, der Manager, der Ingenieur, der Programmierer, der Betreiber, der Arbeiter? Dies lässt sich so pauschal nicht beantworten, und bei manchen Unfällen oder Vorkommnissen mögen mehrere Parteien in die Verantwortung zu nehmen sein. Allerdings ist es schwierig, überhaupt eine solche festzustellen, wenn die Systeme von hunderten Personen entwickelt worden sind und permanent mit Daten gespeist werden. Wie intelligent der Roboter auch sein mag, ist er von der Verantwortung bis auf weiteres ausgenommen. Dass er keine Rechte hat und bis auf weiteres haben kann, ist ein weiterer Aspekt.

Bei der Haftung im rechtlichen Sinne verhält es sich zunächst nicht anders. Zur Lösung des Problems der Haftungsfeststellung wurde u. a. die elektronische Person vorgeschlagen (Bendel 2019b). Diese ist wie eine juristische denk- und herstellbar. Ein Roboter ist natürlich etwas anderes als ein Unternehmen. Von ihm gehen konkrete physische Aktionen aus, und wenn er mobil ist, bewegt er sich durch seine Umwelt, analysiert sie, interagiert mit ihr. Dennoch kann es Gemeinsamkeiten geben, vor allem im Zivilrechtlichen. Man kann den Co-Robot mit einem Budget ausstatten oder einem Fonds verbinden und ihn einen Schaden begleichen lassen.

Insgesamt sind Rechtsethik (Haftung bei Unfällen), Informationsethik (Verantwortung bei Datenmissbrauch, bei Überwachung und Verletzung der Intim- und Privatsphäre) und Roboterethik (Roboter als Objekt der Moral) gefragt. Auch die Wirtschaftsethik, speziell die Unternehmensethik, kann zum Zuge kommen (Verantwortung und Haftung von Unternehmen und ihren Mitarbeitern).

1.4.2 Verlust und Veränderung der Arbeit

Anders als bei klassischer Automation verschwindet die menschliche Arbeit in der Mensch-Roboter-Kollaboration nicht, sondern wird ergänzt und erweitert. Man kann thematisieren, dass sich die menschliche Arbeit verändert, dass der Arbeiter oder die Pflegekraft abhängig wird vom Funktionieren und von den Aktionen des Co-Robots (Bendel 2018c).

Die Mensch-Maschine-Kollaboration zeigt einerseits, dass menschliche Arbeit genauso gut von Robotern erledigt werden kann, andererseits, dass menschliche Fertigkeiten nach wie vor gefragt sind. Die Idealisierung der Arbeit, sofern in der Fabrik nicht eh schon erodiert, wird tendenziell relativiert. Denn es fragt sich, wie etwas unabdingbar zum Menschsein gehören soll, das automatisiert werden kann, und sei es bloß in Teilen. Und ob es am Ende nicht vor allem Mitleid ist, was den Arbeitern einen Rest von Arbeit lässt.

In der Tat könnte der Werktätige in der MRK sozusagen laufend an seiner Abschaffung arbeiten. Der Co-Robot hat im Prinzip die Gelegenheit, ihn jederzeit zu beobachten, von ihm zu lernen, bis er so gut wie der Mensch ist oder noch besser. Der Betroffene wäre eingeweiht oder nicht eingeweiht. So oder so müsste er zum Vorbild taugen. Am Ende könnten Co-Robots zusammenarbeiten, auf eine vielleicht zutiefst menschliche Weise, und Menschen aus dem System herausfallen. Das soziotechnische System würde zum technischen, das das Soziale und Moralische nurmehr in kodierter Form kennt.

Vor allem die Wirtschaftsethik ist gefragt, zudem die Arbeitsethik, wenn man diese als eigenen Bereich ansieht, sowohl mit Blick auf die Veränderung als auch auf den Wegfall der Arbeit. Zudem ist die Informationsethik von Interesse, etwa mit Blick auf die informationelle Autonomie, zusammen mit der Technikethik.

1.4.3 Überwachung und Privatsphäre

Co-Robots in der Fabrik bieten bereits gewisse Überwachungsmöglichkeiten (Bendel 2018c). Mobile Roboter in Pflege und Therapie sind üblicherweise noch mehr mit Kameras und Sensoren bestückt, um sich in ihrer Umwelt zurechtzufinden und den Zustand des Patienten beurteilen zu können. Die Dimension der Nähe hat selbst in Zeiten von High Definition (HD) und von Far-Field-Technologien eine Relevanz. Man rückt an den Menschen heran, hat nicht allein optische und auditive Eindrücke, sondern kann Körperfunktionen direkt überprüfen.

Nähe und Perspektive können ebenfalls zu unerwarteten Ergebnissen führen, etwa einen Blick unter den Rock bzw. den Kilt oder auf die sich anbahnende Glatze erlauben. Intim- und Privatsphäre sind in Gefahr, nicht allein in Pflege und Betreuung. Es braucht Daten- und Systemsicherheit und eine gemeinschaftliche und einklagbare Festlegung von Rechten und Rollen. Im Gesundheitsbereich sind Patientenverfügungen ein mögliches Element der Verteidigung der individuellen Freiheit (Bendel 2018a).

Die Informationsethik ist hier die zentrale Disziplin. Sie widmet sich u. a. informationeller Autonomie (mit rechtlicher Konnotation: informationeller Selbstbestimmung), Gefährdung der Privat- und Intimsphäre durch Informations- und Kommunikationstechnologien, speziell Sensoren und KI-Systemen, und Verbreitung von persönlichen Daten und Bildern.

1.4.4 Kampf um Raum und Ressourcen

Der Kampf um Raum und Ressourcen wird augenfällig, wenn Co-Robots von Industrie- zu Servicerobotern werden, wenn sie aus den Fabrikhallen drängen und sich auf den Straßen und Plätzen unter die Leute mischen, zu ihnen in ihre Wohnungen und Häuser rollen und gehen, in ihre Pflege- und Betreuungseinrichtungen. Wenn Engpässe entstehen, wird sich eine Seite durchsetzen, und es ist nicht unwahrscheinlich, dass dies immer wieder der Roboter ist.

Dies klingt nach Science-Fiction, aber tatsächlich ist vielen nicht klar, dass die pure Menge von Robotern in Städten und Häusern durchaus Konsequenzen wird haben können. Neben dem Eindruck, dass hier Konkurrenz erblüht, neben der Auseinandersetzung um Raum und Ressourcen können sich Ängste und andere Gefühle herausbilden. Man könnte von Dichtestress sprechen, wie mit Blick auf Einwanderer und Ausländer, selbst wenn es bei diesen jeglicher Fakten entbehrt.

Bereichsethiken wie Wirtschaftsethik (mithin Arbeitsethik) und Umweltethik (Ressourcenverbrauch, Raubbau an der Natur) können hier Fragen stellen und Antworten geben, ferner Rechtsethik (Priorisierung von Maschine und Mensch) und Medizinethik (Folgen von Stress).

1.4.5 Maschinelle Moral

Es wurde angedeutet, dass soziale Fähigkeiten und maschinelle Moral für Co-Robots wesentlich sein können, vor allem in Pflege und Betreuung. Es kommen also soziale Robotik und Maschinenethik (Anderson und Anderson 2011; Bendel 2012a, 2019a, b) ins Spiel.

Die soziale Robotik ist für Industrie- und Serviceroboter gleichermaßen relevant. Sie lehrt Industrieroboter, sich rücksichtsvoll und vorsichtig zu verhalten. Bei Servicerobotern geht sie darüber hinaus. Es interessieren soziale Beziehungen und Herausforderungen, die sie gestaltet und angeht. Dabei sind Mimik, Gestik und Haptik ebenso von Bedeutung wie Aspekte der Sprache.

Die Maschinenethik kann versuchen, eine maschinelle Moral herzustellen, etwa über moralische Regeln, an die sich der Roboter hält. Typischerweise probiert sie sich an Servicerobotern, Kampfrobotern und Chatbots aus und bringt moralische Maschinen als Prototypen und Simulationen hervor (Bendel 2019a). Industriellen Ausprägungen hat sie sich bisher kaum zugewandt; es gibt aber einige Überlegungen dazu.

Seit jeher schenkt die Maschinenethik Robotern in Pflege und Betreuung ihre Aufmerksamkeit. Sie kann ihnen eine Moral einpflanzen, die ihnen einen angemessenen, wertschätzenden und hilfreichen Umgang mit Patienten, Alten und Behinderten ermöglicht. In diesem Feld forschen Michael und Susan L. Anderson seit Jahren. Bei einem Nao, gedacht für eine Einrichtung der Altenbetreuung, haben sie Ansätze des Machine Learning angewandt (Anderson et al. 2019). Interessant ist, dass der Roboter nicht nur um das Wohl der Patientin (in einem Video zu sehen) besorgt ist, sondern ebenso um sein eigenes. Ein auf Co-Robots basierender Pflegeroboter wie P-Care könnte ähnlich wie der Nao „moralisiert" werden – es besteht kein gravierender Unterschied.

1.5 Zusammenfassung und Ausblick

Der vorliegende Beitrag hat die Mensch-Roboter-Kollaboration in grundsätzlicher Weise behandelt. Dabei wurden philosophische Betrachtungen angestellt, vor allem ontologische, am Rande ästhetische. Danach hatten ethische Überlegungen ihren Platz, die an die vorher beschriebenen Dimensionen anknüpften, wodurch sich diese als eine hilfreiche Konkretisierung erwiesen.

Die MRK wandert von der Industrie, von Produktion und Logistik, in den Alltag, in Beratung, Begleitung, Betreuung, Pflege und Therapie. Es handelt sich teilweise um ein Übergangsstadium, das in der Kollaboration von Maschinen endet, teilweise um die Startpunkte einer langen, intensiven Beziehung zwischen Mensch und Maschine.

Die enge Zusammenarbeit kann uns guttun, sie kann uns aber auch abhängig machen. Es gilt in der weiteren Beschäftigung mit dem Thema, die einzelnen Einsatzgebiete kritisch zu überprüfen, nicht zuletzt aus der Perspektive der Ethik, und es müssen die Arbeiter und Betroffenen gefragt werden, ob Arbeit, Pflege und Betreuung dieser Art in ihrem Sinne sind.

Literatur

Anderson, M., & Anderson, S.L. (Hrsg.). (2011). *Machine ethics*. Cambridge: Cambridge University Press.

Anderson, M., Anderson, S.L., & Berenz, V. (2019). A value-driven eldercare robot: Virtual and physical instantiations of a case-supported principle-based behavior paradigm. In *Proceedings of the IEEE (early access)*. https://ieeexplore.ieee.org/document/8500162. Zugegriffen am 19.10.2018.

Becker, H., Scheermesser, M., Früh, M., et al. (2013). *Robotik in Betreuung und Gesundheitsversorgung. TA-SWISS 58/2013*. Zürich: vdf Hochschulverlag.

Bendel, O. (2012a). *Maschinenethik. Beitrag für das Gabler Wirtschaftslexikon*. Wiesbaden: Springer Gabler. https://wirtschaftslexikon.gabler.de/Definition/maschinenethik.html. Zugegriffen am 27.02.2020.

Bendel, O. (2012b). *Informationsethik. Beitrag für das Gabler Wirtschaftslexikon*. Wiesbaden: Springer Gabler. https://wirtschaftslexikon.gabler.de/Definition/informationsethik.html. Zugegriffen am 27.02.2020.

Bendel, O. (2013). *Technikethik. Beitrag für das Gabler Wirtschaftslexikon*. Wiesbaden: Springer Gabler. https://wirtschaftslexikon.gabler.de/Definition/technikethik.html. Zugegriffen am 27.02.2020.

Bendel, O. (2015). Surgical, therapeutic, nursing and sex robots in machine and information ethics. In S.P. van Rysewyk & M. Pontier (Hrsg.), *Machine medical ethics* (Intelligent systems, control and automation: Science and engineering, S. 17–32). Berlin/New York: Springer.

Bendel, O. (2016). Die Zweckentfremdung von Robotern. In *ICTkommunikation* (Online-Ausgabe). https://ictk.ch/inhalt/die-zweckentfremdung-von-robotern. Zugegriffen am 05.09.2016.

Bendel, O. (2017). Co-Robots und Co. – Entwicklungen und Trends bei Industrierobotern. *Netzwoche, 25*(9), 4–5.

Bendel, O. (2018a). *Pflegeroboter*. Wiesbaden: Springer Gabler.

Bendel, O. (2018b). Co-Robots als Industrie- und Serviceroboter. *Maschinenbau, 9/18*, 58–59.

Bendel, O. (2018c). Co-robots from an ethical perspective. In R. Dornberger (Hrsg.), *Information systems and technology 4.0: New trends in the age of digital change* (S. 275–288). Cham: Springer International Publishing.

Bendel, O. (2019a). *Maschinenethik*. Wiesbaden: Springer VS.

Bendel, O. (2019b). *400 Keywords Informationsethik: Grundwissen aus Computer-, Netz- und Neue-Medien-Ethik sowie Maschinenethik*. Wiesbaden: Springer Gabler.

Bendel, O. (2019c). *350 Keywords Digitalisierung*. Wiesbaden: Springer Gabler.

Fahlberg, C. (2017). Use cases for care robots: A list of use cases for the nursing sector. Master Thesis, School of Business FHNW.

Fahlberg, C., & Wenger, D. (2015). Healthcare and medical robots. Research Project, School of Business FHNW.

Früh, M., & Gasser, A. (2018). Erfahrungen aus dem Einsatz von Pflegerobotern für Menschen im Alter. In O. Bendel (Hrsg.), *Pflegeroboter* (S. 37–62). Wiesbaden: Springer Gabler.

Goldberg, K. (2019). Robots and the return to collaborative intelligence. *Nature Machine Intelligence, 1*, 2–4. https://www.nature.com/articles/s42256-018-0008-x. Zugegriffen am 27.02.2020.

Kling, B. (1. Februar 2009). Roboter „ernährt" sich durch Biomasse. *Telepolis*. https://www.heise.de/tp/features/Roboter-ernaehrt-sich-durch-Biomasse-3421659.html. Zugegriffen am 27.02.2020.

Kuhlen, R. (2004). *Informationsethik. Umgang mit Wissen und Informationen in elektronischen Räumen*. Konstanz: UVK/UTB.

Mogg, T. (26. November 2015). Check out what Pepper the robot looks like in a wig and makeup. *Digital Trends*. https://www.digitaltrends.com/cool-tech/check-pepper-robot-looks-like-wig-makeup/. Zugegriffen am 27.02.2020.

Peshkin, M. (1996). „Cobots" work with people. *IEEE Robotics & Automation Magazine, 3*(4), 8–9.

Riek, L.D. (2014). The social co-robotics problem space: Six key challenges. In *Robotics challenges and vision (RCV2013)*. https://arxiv.org/pdf/1402.3213.pdf. Zugegriffen am 27.02.2020.

Oliver Bendel wurde 1968 in Ulm geboren. Nach dem Studium der Philosophie und Germanistik sowie der Informationswissenschaft an der Universität Konstanz und ersten beruflichen Stationen erfolgte die Promotion im Bereich der Wirtschaftsinformatik an der Universität St. Gallen. Bendel arbeitete in Deutschland und in der Schweiz als Projektleiter und stand technischen und wissenschaftlichen Einrichtungen vor. Im April 2009 wurde er von der Hochschule für Wirtschaft FHNW (Basel, Olten und Brugg-Windisch) zum Professor ernannt und am Institut für Wirtschaftsinformatik angestellt. Prof. Dr. Oliver Bendel ist Experte in den Bereichen Wissensmanagement, Informationsethik sowie Maschinenethik. Seit 1998 sind ca. 400 Fachpublikationen entstanden, darunter verschiedene Bücher und Buchbeiträge sowie Artikel in Praktiker- und Fachzeitschriften. Mehrere Beiträge hatten Pflege- und Therapieroboter zum Gegenstand. Weitere Informationen über www.oliverbendel.net, www.informationsethik.net und www.maschinenethik.net.

Evolution oder Revolution? Die Mensch-Roboter-Kollaboration

Hans-Jürgen Buxbaum und Markus Kleutges

Zusammenfassung

Nach vier Jahrzehnten eines wirtschaftlich und technologisch erfolgreichen Robotereinsatzes in der industriellen Fertigung hat die Robotik einen Höhepunkt ihrer Entwicklung erreicht. Ingenieurtechnisch werden Roboter heute in einer herausragenden Präzision entwickelt und hergestellt und erreichen dabei eine eindrucksvolle Positioniergenauigkeit und Zuverlässigkeit im Betrieb. Dennoch können Roboter in den meisten Anwendungen der industriellen Fertigung nicht ohne den Menschen betriebssicher funktionieren, wie schon frühe Erfahrungen in der Entwicklung der Robotik gezeigt haben. Oft wird der Mensch im Prozess benötigt, um die Fehler der Roboter zu beheben.

Die Mensch-Roboter-Kollaboration gewinnt als neue Entwicklungsrichtung der Robotik heute eine immer größere Bedeutung. Die bislang üblichen trennenden Einrichtungen sollen wegfallen, Mensch und Maschine sollen in einem gemeinsamen Prozess arbeiten. Solche Anwendungen eröffnen neue Einsatzfelder der Robotik und fordern gleichzeitig eine ergonomisch und sicherheitstechnisch geeignete Gestaltung.

H.-J. Buxbaum (✉)
Hochschule Niederrhein, Krefeld, Deutschland
E-Mail: hans-juergen.buxbaum@hsnr.de

M. Kleutges
Hochschule Niederrhein, Krefeld, Deutschland
E-Mail: markus.kleutges@hsnr.de

2.1 Einleitung

Durch die rasante Entwicklung in der Informationstechnik konnten Roboter von einfachen Bewegungsautomaten im repetitiven Betrieb zu autark agierenden Agenten in der Produktion werden. Die gleichzeitige Entwicklung leistungsfähiger Sensorik lässt Roboter heute ihre Umwelt sicher erkennen und bildet die Grundlage für eine Autonomie zukünftiger Systeme. Roboter werden seit einigen Jahren auch zunehmend für nicht industrielle Anwendungen entwickelt, gebaut und eingesetzt. Spielzeugroboter unterhalten unsere Kinder, Haushaltsroboter putzen oder mähen unseren Rasen, Medizinroboter unterstützen unsere Ärzte bei Diagnosen oder Therapie, auch in der Alten- und Krankenpflege werden erste Robotersysteme eingesetzt. Anders als in den klassischen industriellen Anwendungen agieren diese neuen Robotersysteme gemeinsam mit Menschen oder zumindest im gleichen Arbeitsraum und bilden dabei ein soziotechnisches System.

Im Angesicht dieser Entwicklungen stehen wir heute an einem Wendepunkt in der Robotik. Auch in Industrieanwendungen entstehen zunehmend neue Assistenzsysteme, insbesondere Kollaborationsroboter (Bendel 2017). Diese werden in Mensch-Roboter-Kollaborations-Systemen, abgekürzt MRK-Systemen, eingesetzt. Kollaborationsroboter arbeiten nicht mehr isoliert hinter Zäunen, sondern Hand-in-Hand mit den Menschen (Huelke 2015). In der hinreichend bekannten Situation des demografischen Wandels einer älter werdenden Gesellschaft ist es auch von großer Bedeutung, dass die ergonomischen Belastungen der Beschäftigten in der industriellen Produktion geringer werden. Gleichzeitig sollen durch MRK die Arbeitsinhalte vielfältiger werden und die Arbeitszufriedenheit steigen (Rosen et al. 2016).

2.2 Entwicklung der Robotik

Der Begriff Roboter stammt von dem tschechischen Schriftsteller Capek (1921), der in dem Theaterstück „R.U.R. – Rossum's Universal Robots" die Vision einer Zukunftsgesellschaft beschrieb, in der menschenähnliche Maschinen, die er Roboter nannte, alle Arbeit leisteten. Asimov (1942) hat die sogenannten Three Laws of Robotics in der Kurzgeschichte „Runaround" erstmals wie folgt beschrieben:

1. Ein Roboter darf einem menschlichen Wesen keinen Schaden zufügen oder durch Untätigkeit zulassen, dass einem menschlichen Wesen Schaden zugefügt wird.
2. Ein Roboter muss den Befehlen gehorchen, die ihm von Menschen erteilt werden, es sei denn, dies würde gegen das erste Gebot verstoßen.
3. Ein Roboter muss seine eigene Existenz schützen, solange solch ein Schutz nicht gegen das erste oder zweite Gebot verstößt.

Bis zu einem nennenswerten industriellen Einsatz von Robotern dauerte es nach Capek und Asimov allerdings noch Jahrzehnte. 1954 wurde in den USA ein Patent für einen programmierbaren Manipulator erteilt, als Folge baute der weltweit erste Roboterhersteller Unimation das Handhabungsgerät UNIMATE für den Einsatz bei General Motors (Hunt 1983) als ersten Industrieroboter. Nach VDI 2860 (1982) sind Industrieroboter „ … universell einsetzbare Bewegungsautomaten mit mehreren Achsen, deren Bewegungen frei programmierbar und/oder gegebenenfalls sensorgeführt sind. Sie sind mit Werkzeugen oder Greifern ausrüstbar und können Handhabungs- oder Fertigungsaufgaben ausführen".

Wegbereiter für einen industriellen Robotereinsatz war in den 1960er-Jahren die Automobilindustrie, hier wurden im Rahmen von Rationalisierungs- und Mechanisierungskampagnen Roboter für automatische Verrichtungen in der Massen- und Großserienproduktion eingeführt, die zumeist auf Hydraulikantrieben basierten und durch mechanische Nockenschaltwerke gesteuert wurden. Der Leitgedanke beim Einsatz von Robotern war, den Menschen von gefährlichen oder schweren Aufgaben zu entlasten. Allerdings kamen in der weiteren Entwicklung der Roboter auch sehr schnell wirtschaftliche Aspekte zum Tragen.

Der flächendeckende Einsatz von Industrierobotern begann dann in den 1970er-Jahren. Die erste roboterbasierte Schweißtransferstraße Europas wurde in der Mercedes-Benz PKW-Produktion in Sindelfingen 1971 in Betrieb genommen. Dort wurden hydraulische Unimation-Roboter eingesetzt, die Schweißtechnik wurde von dem auf Schweißanlagen spezialisierten Augsburger Hersteller KUKA gebaut. Probleme bei der Systemintegration aufgrund der Hydraulikantriebe führte bei KUKA anschließend zur Entwicklung eines eigenen Industrieroboters mit dem Namen Famulus, der als weltweit erster Roboter über 6 elektromotorisch angetriebene Achsen verfügte. Für die Steuerungstechnik entwickelte KUKA eine proprietäre Prozessorsteuerung mit Programmspeicher. Ein weiterer wichtiger Meilenstein in der Entwicklung der industriellen Robotik war 1983 die Inbetriebnahme der Produktionshalle „Halle 54" der Volkswagen AG in Wolfsburg, in der Fertigung und Montage des Modells Golf II hoch automatisiert durchgeführt wurde. Eingesetzt wurden dort von Volkswagen in Eigenentwicklung gebaute Roboter mit einem Handhabungsgewicht von 60 kg. Technologisch war das Projekt „Halle 54" ein Erfolg, es wurden dort fortschrittliche Modularisierungs- und Montagekonzepte entwickelt und erprobt. Der Automatisierungsgrad in der Montage wurde von 5 % auf 25 % gesteigert. Das Ziel der Volkswagen AG, einen Automatisierungsgrad von deutlich über 30 % zu realisieren, wurde jedoch nicht erreicht (Jürgens et al. 1993).

Die Beschäftigten erlebten diesen Trend zur kompromisslosen Automatisierung als deutliche Bedrohung ihrer Arbeitsplätze. DER SPIEGEL titelte 1978 mit dem Slogan „Fortschritt macht arbeitslos" (siehe Abb. 2.1) und fasste so die damalige Stimmung unter den Beschäftigten plakativ zusammen.

Der Krankenstand unter den Beschäftigten nahm deutlich zu. Piwinger und Zerfaß (2007) führen dies auf eine mangelhafte innerbetriebliche Kommunikation zurück, da „die Beschäftigten die Irritation im Umgang mit den ihnen angebotenen Informationen über Lagerhaltung, Halbzeugfertigung im Zuge der Inselfertigung nicht bewältigen konnten,

Abb. 2.1 DER SPIEGEL 16/1978 – Titelseite

sie die Informationen also nicht mehr als gültig aufnahmen, sondern glaubten, immer wieder kontrollieren zu müssen, ob diese Informationen auch stimmen und nicht in strategischer Absicht lanciert wurden."

Das Projekt „Halle 54" zeigte erstmals deutlich die Grenzen der Automatisierung. Waren die Roboter im Karosseriebau oder in der Lackiererei einem körperlich ermüdenden und weder ununterbrochen noch qualitativ gleichförmig arbeitenden Menschen deutlich überlegen, so zeigte sich, dass die Aufgaben in der Montage wegen ihrer Komplexität nicht vergleichbar und daher nicht oder nur sehr schwer zu automatisieren waren. Noch heute ist die Montageautomation eine große technologische Herausforderung. In den 1980er-Jahren hatte man das zunächst unterschätzt und ging davon aus, dass man mit Hilfe von neuer Sensorik und Analysen der menschlichen Bewegungen den Robotern schon das Montieren beibringen könne. Es zeigte sich dabei, dass Roboter nur sicher funktionieren, wenn alles in ihrem Umfeld auf Bruchteile von Millimetern genau passt. Dies ist an einer Transferstrecke für Automobile mit zugelieferten Bauteilen unterschiedlicher Lieferanten nur schwer zu erreichen und führt entsprechend zu Fehlern. In vielen Fällen können die Roboter diese Fehler zwar selbst erkennen, jedoch können sie diese nicht selbst beheben. Als Folge steht das System still und der Mensch muss eingreifen.

Bainbridge (1983) spricht von der „Ironie der Automatisierung" und betont, dass der Einsatz der verbleibenden Menschen immer wichtiger werde, je höher der

Automatisierungsgrad sei. Dieses Argument wurde zunächst auf die Notwendigkeit der Überwachung und Steuerung automatisierter Anlagen bezogen, aber im Projekt „Halle 54" offenbarte sich ein anderer Aspekt der Ironie. Der Mensch wird im Prozess benötigt, um die Fehler der Roboter zu beheben (Heßler 2014).

Karl-Heinz Briam, Arbeitsdirektor und Vorstand der Volkswagen AG, kritisierte im Rückblick auf das Projekt „Halle 54" den vordergründigen Fokus auf die Technik, der zunächst auf die weitgehende Verdrängung des Menschen aus dem Produktionsprozess gesetzt wurde. Er sagte 1986: „Man kann nicht einerseits die Apparate ständig verfeinern, ihre Steuerung optimieren, ihre Leistung erhöhen, ihre Verzahnung perfektionieren, und andererseits kaum einen Gedanken daran verschwenden, welche Position der Mensch im modernen Produktionsprozess einnimmt" (Heßler 2014).

Produktionschef Günter Hartwich hatte dazu gesagt: „Und gerade bei der Roboterentwicklung haben wir gelernt, dass der Mensch ein sehr perfektes Wesen ist, das nicht ohne weiteres durch Maschinen ausgewechselt werden kann" (Heßler 2014).

Ausgerechnet der Versuch, menschliche Arbeit zu eliminieren, zeigte die Bedeutung des Menschen in der Produktion besonders deutlich auf. Ungeplante Situationen im Produktionsprozess machten menschliches Handeln unverzichtbar. Erfahrungswissen und Wahrnehmung werden daher wieder höher bewertet.

In den 1990er-Jahren setzten sich in der Automobilindustrie andere Prinzipien durch, die unter den Schlagworten „Schlanke Produktion" (lean production) oder „Gruppenfertigung" bekannt wurden. Diese sind teilweise noch heute im Einsatz. Dabei sehen wir eine weltweit hohe Zunahme industriell eingesetzter Roboter, die gleichzeitig im Kontext zahlreicher Spitzentechnologien weiterentwickelt werden. Die International Federation of Robotics IFR nennt dabei insbesondere die Bildverarbeitung, Machine Learning, künstliche Intelligenz, vereinfachte Programmierung als wesentliche Technologietreiber und die Mensch-Roboter-Kollaboration als Schlüsseltechnologie (IFR 2018a). In den letzten fünf Jahren hat sich der Roboter-Absatz verdoppelt (IFR 2018b). Heute liegt Deutschland mit einer Roboterdichte in der industriellen Produktion von über 300 Robotern pro 10.000 Beschäftigten etwa gleichauf mit Japan auf Platz drei hinter Südkorea und Singapur (IFR 2018c).

Klassiker der industriellen Roboteranwendung in Deutschland sind die sechsachsigen, elektromotorisch angetriebenen Gelenkarmroboter, die oft in Schweiß- oder Lackieranwendungen eingesetzt werden. Im Karosseriebau der Automobilindustrie ist ein hoher Automatisierungsgrad Stand der Technik, dort werden oft auch Mehrrobotersysteme eingesetzt, die in einem koordinierten Betrieb simultan arbeiten und durch Redundanzen auch Teilausfälle kompensieren können. Dagegen ist der Automatisierungsgrad in der Endmontage der Fahrzeuge immer noch relativ gering. Hier liegt daher das größte Wachstumspotenzial für die Zukunft der Robotik, insbesondere im Hinblick auf die Schlüsseltechnologie Mensch-Roboter-Kollaboration.

2.3 MRK

In der MRK arbeiten Menschen und Roboter in einem gemeinsamen Arbeitssystem, ohne dabei durch Einrichtungen wie Schutzzäune räumlich getrennt zu sein. So entsteht ein gemeinsamer Wirk- und Arbeitsraum, der sich von den bisherigen Konzepten abgetrennter, eingehauster oder eingezäunter Roboterarbeitsräume unterscheidet. Mensch und Roboter können in einem solchen gemeinsamen Arbeitsraum zur gleichen Zeit am selben Objekt Verrichtungen vornehmen und arbeiten dabei in echter Kollaboration. Das Ziel einer MRK ist dabei, den Menschen mit seinen Fähigkeiten als aktives Glied in der Produktion zu erhalten und dabei die Qualität von Produkt und Prozess sowie die Produktivität durch Einsatz von Robotern zu steigern (Buxbaum und Sen 2018).

MRK-Systeme sollen den Werker bei monotonen oder kraftraubenden Arbeiten unterstützen oder entlasten, wie z. B. bei der Montage von Gewindeschrauben an geometrisch bestimmten Bauteilen (Hypki 2017). Heute entwickeln viele führende Industrieroboter-Hersteller spezielle MRK-Roboter und es ist bereits eine Vielzahl von Anwendungen in Realisierung (Spillner 2014). Durch den systembedingten Wegfall von Umzäunungen und die direkte Zusammenarbeit von Mensch und Maschine rücken dabei Arbeitssicherheit und Ergonomie zunehmend in den Fokus (Barho et al. 2012) und werden Gegenstand von Vorschriften der Berufsgenossenschaften und Normungen (Huelke et al. 2010). Arbeitspsychologie und Human Factors sowie Ergonomie bekommen in der roboterbasierten Automatisierung eine neue, wichtige Bedeutung (Czaja und Nair 2012; Laughery et al. 2012; Lee und Seppelt 2009). Insbesondere zur Arbeitsplatzgestaltung in der MRK liegen bislang kaum Erfahrungen vor, Probandenexperimente zur Gewinnung von arbeitswissenschaftlichen Erkenntnissen zu Sicherheitsempfinden und Situationsbewusstsein sind noch im Anfangsstadium (Eigenstetter et al. 2017). Messmethoden für Situationsbewusstsein, wie z. B. SAGAT (Endsley 1995), sind aus anderen Branchen bereits bekannt und besitzen

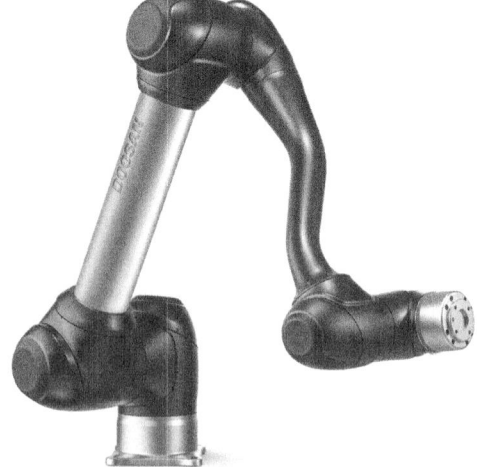

Abb. 2.2 Kollaborationsroboter des Herstellers Doosan. (Quelle: Doosan)

auch Potenziale für einen Einsatz in der MRK. Entsprechende Simulatoren und Full-Scope-Prüfstände sind in der Entwicklung (Buxbaum et al. 2018).

Als Anforderungen an eine MRK werden heute oft genannt:

- Leichtbauroboter mit Krafterkennung oder Sicherheitsabschaltung
- Skalierbarer Aufbau der Anlagen im Sinne einer wandlungsfähigen flexiblen Produktion
- Hohe Flexibilität im Prozess
- Entlastung der Werker von monotonen oder körperlich belastenden Arbeiten
- Sicherheit durch Einhaltung der Maschinenrichtlinien und Normen
- Einfache Programmierung und Bedienung
- Gegenseitige Qualitätsüberwachung durch Roboter und Werker

Diese Anforderungen zeigen deutlich, dass sich eine MRK-Applikation nicht mit gewöhnlichen Industrierobotern realisieren lässt, da diese wesentliche Anforderungen nicht erfüllen. Abb. 2.2 zeigt beispielhaft einen MRK-Roboter. Gut zu erkennen ist die Gestaltung des Geräts ohne scharfe Kanten und Ecken, eine solche Gestaltung ist typisch für MRK-Roboter. In diesem Fall handelt es sich um einen 6-Achs-Roboter, der mit Drehmomentsensoren in den Gelenken ausgerüstet ist und so beispielsweise Kollisionen durch permanente Überwachung der Drehmomente erkennen kann. Solche Roboter werden heute von allen führenden Roboterherstellern in unterschiedlicher Bauweise und Funktionalität angeboten. Die Herausforderung besteht meist in der Bereitstellung einer intuitiven Benutzerschnittstelle, bei Programmierung und Bedienung besteht in vielen Fällen noch Optimierungsbedarf.

Auch MRK-Roboter müssen mit einem Endeffektor ausgestattet werden, der in der Regel applikationsspezifisch realisiert werden muss. Klassische Endeffektoren sind Greifer in der Montage, Messgeräte oder auch Werkzeuge, wie Schraubeinheiten oder Düsen zum Applizieren von Klebstoffen. Auch diese Systeme müssen, da sie an den MRK-Roboter fest installiert werden, betriebssicher sein und dürfen keine scharfkantigen Oberflächen aufweisen. Insbesondere Greifer müssen sicher sein, damit es nicht zu Quetschungen kommen kann.

Neben den jeweils einzusetzenden Robotern und Greifern ist für die Gestaltung einer MRK die Definition des gemeinsam genutzten Arbeitsraums von Bedeutung. Thiemermann (2004) definiert den gemeinsam genutzten Arbeitsraum als die räumliche Schnittmenge des Arbeitsraums des Roboters (begrenzt durch Bewegungsfähigkeit und Reichweite der Roboterkinematik) mit dem Arbeitsraum des Menschen (begrenzt durch Armlänge des Menschen). Eine Überschneidung dieser Arbeitsräume ist für eine Kollaborationsaufgabe zwingend, in diesem gemeinsamen Arbeitsraum findet beispielsweise eine Bearbeitung an einem Werkstück statt. Beide Interaktionspartner haben dort uneingeschränkten Zugriff auf das Werkstück, um es arbeitsteilig zu bearbeiten. Tätigkeiten, die jeweils nur für einen der beiden Interaktionspartner Gültigkeit haben, wie z. B. eine Materialbereitstellung, sollten idealerweise außerhalb des gemeinsamen Arbeitsraumes angeordnet sein. Onnasch et al. (2016) unterscheiden die drei folgenden Formen der Interaktionen zwischen Mensch und Roboter:

- Ko-Existenz
  Episodisches Zusammentreffen von Roboter und Mensch, wobei die Interaktionspartner nicht dasselbe Ziel haben. Die Interaktion ist zeitlich und räumlich begrenzt.
- Kooperation
  Die Interaktion von Mensch und Roboter hat ein übergeordnetes gemeinsames Ziel. Die Handlungen sind jedoch nicht direkt miteinander verknüpft und werden durch eine sauber definierte und programmierte Aufgabenteilung, z. B. anhand von MABA-MABA-Listen beschrieben.
- Kollaboration
  Direkte Zusammenarbeit von Mensch und Roboter mit gemeinsamen Zielen und Unterzielen. Die Koordination von Teilaufgaben erfolgt laufend und situationsbedingt, wobei Synergien entstehen können und genutzt werden sollten. „Für die […] Arbeitsgestaltung ist […] eine optimale Abstimmung zwischen Maschinen und Arbeitsprozess […] die allen übrigen Teilaufgaben vorgeordnete Aufgabe." (Hacker und Sachse 2014)

2.4 Argumente für bzw. gegen MRK

MRK ist eine technologische Erweiterung des Einsatzfeldes der robotergestützten Automatisierung. Aber MRK kann und wird nicht die Vollautomatisierung in der Fertigung ersetzen oder ablösen. Genauso wenig kann MRK in jedem manuellen Arbeitsplatz einen sinnvollen Einsatz finden. Es ist im Einzelfall zu prüfen, ob MRK eine wirtschaftlich und technologisch sinnvolle Lösung sein kann. Vorteile von MRK-Arbeitsplätzen sind höhere Verfügbarkeit und gleichbleibende Qualität von Arbeit und Arbeitsergebnis bei besserer Effizienz, Nachteile sind der Bedarf an höheren Investitionen, höhere Betriebskosten und gesteigerte Komplexität der Anforderungen (Weidner et al. 2015). Vor allem im arbeitspsychologischen Bereich entstehen neue Herausforderungen. Zudem stellt sich die Frage, ob diese neue Kategorie von Robotern auf längere Sicht den Menschen entlasten oder ersetzen wird. Diese Frage hat, neben den technischen, vor allem auch gesellschaftliche und ethische Hintergründe (Bendel 2016).

Argumente für eine MRK sind:

- Schwierig zu automatisierende Teilprozesse
- Komplizierte Teilebereitstellung und -zuführung an den automatischen Prozess
- Höhere Ergonomie für den Werker
- Höhere Genauigkeit im Prozess

Im Prozess integrierte Qualitätskontrolle durch gegenseitige Beobachtung Tendenziell gegen MRK sprechen folgende Argumente:

- Sicherheitskonzept
- Eher komplizierte Arbeitsvorbereitung und -planung
- Auslastungs- und Effizienzprobleme
- Investition
- Lohnkosten

2.5 Nutzendimensionen der MRK

Oberer-Treitz und Verl (2019) definieren die folgenden 5 Nutzendimensionen der MRK:

- Flächennutzung
- Ergonomie
- Flexibilität
- Intuitivität
- Peripherie

Diese Nutzendimensionen werden im Folgenden einzeln besprochen.

2.5.1 Flächennutzung

Die Ermittlung des Platzbedarfs einer MRK-Applikation ist eine planerische Aufgabe, die systematisch durchgeführt werden muss. Durch Wegfall trennender Schutzvorrichtungen kann eine MRK platzsparender realisiert werden. Damit werden die produktiven Flächen effizienter genutzt, dies führt zu einer erhöhten Flächenproduktivität. Zudem erlauben überlappende Arbeitsbereiche eine einfachere Prozessplanung, insbesondere in einer flexiblen Fertigung mit wechselnden Arbeitsinhalten.

2.5.2 Ergonomie

Die Ergonomie lässt sich durch eine geeignete Zusammenführung der Vorteile oder Stärken von Mensch und Roboter erreichen bzw. durch eine Vermeidung der Nachteile oder Schwächen der beiden Interaktionspartner. Die Vorteile des Menschen in der MRK liegen im schnellen Erfassen, Beurteilen und Reagieren. Er verfügt über eine freie Beweglichkeit und die Fähigkeit, jederzeit Toleranzen auszugleichen und Fehler zu erkennen. Seine sensomotorischen Fähigkeiten wie Sehen, Hören, Fühlen etc. setzt er aus eigenem Antrieb dazu ein. Er ist lernfähig, die Handhabung unterschiedlich komplexer Objekte ist unproblematisch und auch Auswahl und Bedienung geeigneter Werkzeuge ist intrinsisch möglich. Er kann Prozesse in Frage stellen, optimieren und innovativ sein, er ist empathisch und kann zudem weitgehend flexibel eingesetzt werden. Die Vorteile des Roboters in der

MRK liegen in der Präzision und der Wiederholgenauigkeit. Die Maschine ist in der Lage, immer gleichbleibende Bewegungen auszuführen und kann dabei sehr genau positionieren und genau vorgegebene Geschwindigkeiten einhalten. Die Positioniergenauigkeit kommt dabei durchweg auf ein Niveau, das der Mensch nur schwer erreicht und unter Produktionsbedingungen eher nicht kontinuierlich halten kann. So ist durch Robotereinsatz auch eine höhere Qualität erreichbar. Roboter können schwere Objekte und Werkzeuge handhaben, auch die Handhabung gefährlicher Objekte ist möglich. Monotone, sich wiederholende Verrichtungen sind ideal auf Roboter übertragbar. Darüber hinaus ist ein Roboter durchgehend verfügbar, und somit auch in Schichtmodellen unproblematisch einsetzbar.

Als Nachteile sind beim Menschen zunächst die physiologischen und mentalen Leistungsgrenzen zu nennen. Es kann schnell Ermüdung eintreten, auch Aufmerksamkeitsverlust durch Monotonie der Arbeit ist ein Problem. Monotonie, aber auch geringer Entscheidungsspielraum und schwere körperliche Arbeit führen in Konsequenz auch zu Fehlzeiten (Derr 1995). Auch ist eine Einschränkung der Wahrnehmung die Folge, Wahrnehmung ist jedoch eine wesentliche Voraussetzung für sicheres Handeln (Schaub 2008). Der Mensch muss Zustandsvariablen des Systems nicht nur wahrnehmen, sondern er muss auch ihre Bedeutung interpretieren, ihre zukünftige Entwicklung prognostizieren und daraus Konsequenzen für das eigene Handeln ableiten. Diese Fähigkeiten werden als Situationsbewusstsein (Situation Awareness, SA) bezeichnet (Endsley 1995). SA ist nach Jeannot et al. (2003) „what you need to know not to be surprised". Mangelnde SA kann in Konsequenz zu Sicherheitsproblemen führen. Ein weiterer Nachteil des Menschen liegt in der Variabilität der Arbeitsleistung und der Arbeitsqualität. Wesentliche Nachteile des Roboters sind der eingeschränkte Bewegungsraum und die fest vorgegebene Aufgabencharakteristik. Es sind eindeutige logistische Schnittstellen zu definieren, z. B. für die Materialbereitstellung in definierter Position und Orientierung. Die Gestaltung eines Roboterarbeitsplatzes erfordert hohen Errichtungsaufwand für Planung, Vorrichtungsbau und Programmierung, zudem ist ein Aufwand für Sicherheitstechnik und Zertifizierung zu leisten. Die Fixkosten sind entsprechend hoch.

Aus der Betrachtung der Vor- und Nachteile der Interaktionspartner resultiert die Idee der MRK, die einfach formuliert lauten könnte: Wir kombinieren menschliche Fertigkeiten und Fähigkeiten mit der Kraft, Präzision und Wiederholgenauigkeit eines Roboters und gestalten einen Arbeitsplatz, der durch Ergonomie und Jobanrichment den menschlichen Leistungsgrenzen Rechnung trägt.

2.5.3 Flexibilität

Eine Erhöhung der Flexibilität soll zu einer wandlungsfähigen Produktion mit dem Ziel einer wirtschaftlichen Automatisierung auch bei kleinen Losgrößen führen. Der Begriff der flexiblen Fertigung wird schon seit vielen Jahren diskutiert, bereits lange bevor an MRK-Anwendungen gedacht wurde. Dolezalek definiert bereits 1956 den Begriff der Flexibilität als Anpassungsfähigkeit (Dolezalek 1956). Ein Fertigungssystem ist dann flexibel, wenn es eine Vielzahl unterschiedlicher Fertigungsaufgaben durch aktive Anpassung bewältigen kann. Aktive Anpassung beschreibt aus dieser Sicht die Rüsttätigkeiten, die manuell durchgeführt werden und beim Wechsel der Varianten anfallen. Harrington führt 1973 den Begriff des Computer Integrated Manufacturing (CIM) ein, um die Datenverarbeitung zur Planung und Organisation einer von Computern gesteuerten Produktion zu strukturieren (Harrington 1973). In den 1980er-Jahren werden flexible Fertigungssysteme industriell eingesetzt, bei denen die Varianten eines vorgegebenen Produktspektrums über Informationsschnittstellen abrufbar sind. Information wird zum Produktionsfaktor (Weck et al. 1990), die Idee einer rechnerintegrierten Fertigung setzt sich in den Anwendungen durch, Vorreiter ist dabei die Automobilindustrie. In der Folge wird der Begriff der Flexibilität auch wissenschaftlich diskutiert und erweitert, Klassifizierungen nach produktbezogener Flexibilität und fertigungsbezogener Flexibilität setzen sich durch (Kreis und Grube 1990). Buxbaum (1994) und Tidd (1997) unterscheiden dabei folgende Flexibilitätsarten:

- Variantenflexibilität (produktbezogen)
  kennzeichnet die Möglichkeit, eine Anzahl unterschiedlicher Produktvarianten in beliebiger Reihenfolge zu fertigen.
- Änderungsflexibilität (produktbezogen)
  gewährleistet eine schnelle Umsetzbarkeit bei Produktänderungen durch geringeren Rüstaufwand.
- Funktionsflexibilität (fertigungsbezogen)
  ermöglicht unterschiedliche Arbeitsvorgangsfolgen innerhalb eines Arbeitsplatzes.
- Volumenflexibilität (fertigungsbezogen)
  erlaubt wirtschaftliche Fertigung unterschiedlicher Stückzahlen, im Idealfall bis Losgröße 1.
- Erweiterungsflexibilität (fertigungsbezogen)
  ermöglicht mittels modularer Strukturen den Arbeitsplatz durch Hinzufügen oder Umstrukturieren einzelner Funktionselemente zu verändern.
- Redundanz (fertigungsbezogen)
  kann durch Ersetzbarkeit von Teilfunktionen Engpässe vermeiden und die Verfügbarkeit erhöhen.

Die wissenschaftliche Diskussion zur Flexibilität im Kontext der MRK wird jetzt erneut geführt. Die MRK stellt besondere Anforderungen und eröffnet neue Möglichkeiten der Flexibilität. Oberer-Treitz und Verl (2019) ergänzen im Hinblick auf MRK den Flexibilitätsbegriff wie folgt:

- Ortsflexibilität (fertigungsbezogen)
  beschreibt die Mobilität der Arbeitsplätze. Insbesondere bedingt durch den Wegfall von Zäunen oder Einhausungen sind Arbeitsplätze der MRK deutlich ortsflexibler als gewöhnliche Roboterzellen.

Zudem wird der Flexibilitätsbegriff heute durch die Definition von Wandelbarkeit und Wandlungsfähigkeit ergänzt. Dabei bildet der Flexibilitätsbegriff die Basis, als die reversible Anpassungsfähigkeit eines Systems innerhalb eines vordefinierten Handlungsspielraumes, die jedoch kausal einen gestalterischen Eingriff benötigt. Wandelbarkeit bezeichnet die Anpassungsfähigkeit eines Systems über den Begriff der Flexibilität hinaus und überwindet damit den Handlungsspielraum der Flexibilität. Westkamper (2000) spricht von Wandlungsfähigkeit, wenn die Wandelbarkeit durch menschliche Intelligenz und Kreativität unterstützt wird, in dem Sinne, dass der Mensch den Wandel initiiert und gestaltet.

2.5.4 Intuitivität

Intuitivität beschreibt die Anpassung der Bedienung durch eine einfache, effiziente und verlässliche Programmierung. Wischniewski et al. (2019) fassen den Begriff deutlich weiter und fordern, dass die Aktionen des Roboters für Menschen transparent und nachvollziehbar sind. Hieraus ergibt sich in Hinblick auf die von Tausch (2018) geforderte Ad-hoc-Aufgabenverteilung eine besondere Herausforderung: Bei Wiederholungen stellen sich Lerneffekte beim Menschen ein, Wiederholungen werden jedoch bei häufiger Aufgabenvariation tendenziell seltener. In der Folge wird die Wahrscheinlichkeit von sicherheitsrelevanten Störungen ansteigen. Sen (2019) schlägt vor, Prognosefähigkeit als eine der drei Stufen des Situationsbewusstseins und Erwartungskonformität von Roboterbahnen in der MRK zu untersuchen und dabei auf Methoden der robotischen Standardbahnplanung zu setzen, um eine einfache Programmierung und Bedienung weiterhin zu gewährleisten.

2.5.5 Peripherie

Dem Aspekt Peripherie werden zunächst applikationsspezifische Vorrichtungen, Zuführeinrichtungen und Greifer oder Werkzeuge zugeordnet. Die Individualität einer MRK-Applikation wird im Wesentlichen durch die eingesetzte Peripherie bestimmt. Dabei entsteht oftmals eine unübersichtliche Vielfalt an Möglichkeiten bereits bei der Anlagenplanung. Die Planung einer „guten" MRK-Applikation kann durchaus als Optimierungsaufgabe angesehen werden. Einerseits ist das Ziel, die Vielfalt möglicher Systemlösungen durch Baukastensysteme und wiederverwendbare Teillösungen zu begrenzen. Zusätzlich ist es ratsam, die Komplexität einer MRK-Applikation im Sinne schlankerer Arbeitssysteme zu reduzieren. Andererseits ergibt sich in Abhängigkeit der eingesetzten Peripheriesysteme oftmals ein unterschiedliches Zusammenspiel von Roboter, Peripherie und dem Bediener. Die Planung der Peripherie ist also wesentlich für die Gestaltung der MRK.

MRK erfordert ein spezielles Vorgehen in der Planung von Anlagen. Buxbaum et al. (2018) stellen eine Man-In-The-Loop-Simulation für MRK-Systeme vor, als eine Kombination aus realem Testumfeld und Simulator und bezeichnen diese als Full-Scope-Simulator. Full-Scope-Simulatoren werden bislang z. B. in der Kraftwerkstechnik eingesetzt, zur Schulung des Leitstandspersonals und um Störfallszenarien risikofrei zu trainieren. In der MRK kann eine Full-Scope-Simulation insbesondere bei der Planung der Peripherie und der Abläufe sinnvoll eingesetzt werden, ohne in den produktiven Fluss eingreifen zu müssen. Ergebnisse einer Simulationsstudie sind neben der Verifikation einer Anlagenplanung auch Erkenntnisse zu arbeitswissenschaftlichen und ergonomischen Aspekten. Das Ziel ist, zu statistisch relevanten Aussagen zu Situation Awareness, gefühlter Sicherheit und fokussierter Aufmerksamkeit in Abhängigkeit von der Anlagengestaltung zu gelangen. Auch Ablenkung und Fehleranfälligkeit können so untersucht werden. Die Umgebungsbedingungen Lärm, Temperatur, Beleuchtung können dabei im Simulator einer Realsituation angepasst werden, es sind also beispielsweise Probandenversuche in einem lärmkontaminierten Umfeld unter Gehörschutz möglich.

2.6 Sicherheit in der MRK

Bei der Inbetriebnahme von Maschinen, dies schließt auch MRK-Anwendungen ein, ist die Definition von Sicherheitsregeln ein zentraler Punkt. Der Arbeitgeber ist dazu verpflichtet, seinen Mitarbeitern sichere Maschinen zur Verfügung zu stellen. Dies ist insofern gerade bei MRK-Anwendungen unabdingbar, da trennende Schutzvorrichtungen wegfallen.

Gemäß § 4 Abs. 1 der neuen Betriebssicherheitsverordnung darf der Arbeitgeber Maschinen nur dann zur Verfügung stellen, wenn folgende Punkte erfüllt sind (VDE 2019):

1. es wurde Gefährdungsbeurteilung durchgeführt,
2. die aus der Gefährdungsbeurteilung resultierenden Schutzmaßnahmen wurden implementiert und
3. somit liegt eine sichere Verwendung der Maschine vor.

Gemäß Punkt 3 muss also vor Inbetriebnahme eine sicherheitstechnische Bewertung vorliegen. Die Grundlage für die sicherheitstechnische Bewertung bildet die EG-Maschinenrichtlinie. Die EG-Maschinenrichtlinie beinhaltet Anforderungen für die Konstruktion von Maschinen und dient dazu, den sicherheitstechnischen Zustand von Maschinen zu bewerten und somit sichere Maschinen zu konstruieren. Die Mitglieder der EU sind verpflichtet, die EG-Maschinenrichtlinie in nationales Recht umzusetzen, in Deutschland ist dies das Produktsicherheitsgesetz ProdSG (vgl. VDMA 2016). Die EG-Maschinenrichtlinie unterscheidet dabei vollständige und unvollständige Maschinen. Gemäß der Richtlinie ist eine unvollständige Maschine wie folgt definiert:

„Eine unvollständige Maschine ist eine Gesamtheit, die fast eine Maschine bildet, für sich genommen aber keine bestimmte Anwendung erfüllen kann. Ein Antriebssystem stellt eine unvollständige Maschine dar. Eine unvollständige Maschine ist nur dazu bestimmt, in andere Maschinen oder in andere unvollständige Maschinen oder Ausrüstungen eingebaut oder mit ihnen zusammengefügt zu werden, um zusammen mit ihnen eine Maschine im Sinne dieser Richtlinie zu bilden."

MRK-Anwendungen können damit sowohl als vollständige Maschinen als auch als unvollständige Maschinen betrachtet werden.

Bei der erstmaligen Inbetriebnahme einer Maschine sind laut Artikel 5 der EG-Maschinenrichtlinie folgende Punkte zu erfüllen:

- Die Anforderungen des Anhang I der EG-Maschinenrichtlinie müssen erfüllt sein,
- die technischen Unterlagen gemäß Anhang VII der EG-Maschinenrichtlinie müssen beiliegen,
- erforderliche Informationen, z. B. Betriebsanleitung müssen beiliegen,
- die Konformitätsbewertungsverfahren nach Artikel 12 der EG-Maschinenrichtlinie muss durchgeführt werden,
- die EG-Konformitätserklärung gemäß Anhang II der EG-Maschinenrichtlinie ist zu erstellen und beizulegen und
- die CE-Kennzeichnung gemäß Artikel 16 ist an der Maschine anzubringen.

2.7 Schadensbegrenzung

Sollte es, trotz der Sicherheitskonzepte, doch zu einer ungewollten Kollision zwischen Mensch und Roboter kommen, müssen durch Schadensbegrenzung die Folgen der Kollision für den Menschen (beispielsweise auftretende Verletzungen) auf das geringstmögliche Ausmaß reduziert werden. Hierbei werden verschiedene Strategien verfolgt:

1. Nachgiebigkeiten (Elastizitäten) in der Roboterstruktur,
2. Sollbruchstellen,
3. Dämpfung und
4. Leistungsbegrenzung.

Beim ersten Ansatz ist das Ziel, durch bewusst, konstruktiv vorgesehene Elastizitäten in der Roboterstruktur die Kontaktkräfte bei einer Kollision zu reduzieren. Die Elastizitäten können zum einen durch flexible Armstrukturen erzeugt werden, zum anderen können die Nachgiebigkeiten auch direkt in den Antrieben (Gelenken) berücksichtigt werden. Allerdings ist hier abzuwägen, welche möglichen negativen Folgen bei der Ausführung der Handhabungsaufgaben (z. B. für Positionierungsaufgaben) sich durch die Elastizitäten ergeben können. Traditionell wird im Bereich der Robotik eher auf starre Strukturen gesetzt.

Bei den Sollbruchstellen geht man einen Schritt weiter. Hier werden irreversible, plastische Verformungen oder Bruch von Teilen des Roboters bzw. des Werkzeuges in Kauf genommen, um Schäden für den Menschen bei einer ungewollten Kollision zu minimieren. Die kinetische Energie des Roboters wird in Verformungsenergie umgewandelt. In der Folge ist, vor einem Wiederanlauf des Roboters, eine Instandsetzung erforderlich.

Bei der dritten Strategie werden Dämpfungsmaterialien eingesetzt, z. B. um eine starre Struktur des Roboters teilweise zu ummanteln, mit dem Ziel, kollisionsgefährdete Stellen zu entschärfen. Durch elastische Verformungen des Dämpfungsmaterials wird die kinetische Energie des Roboters bei einer Kollision mit dem Menschen reduziert. Weiterhin können auch spitze bzw. scharfe Kanten verdeckt werden, außerdem können Stellen mit Quetschgefahr durch solche Materialien entschärft werden.

Die Strategie der Leistungsbegrenzung hat das Ziel, die Kraft- und Druckwirkung auf den Menschen bei einer Kollision mit dem Roboter möglichst gering zu halten, damit die biomechanischen Grenzwerte nicht überschritten werden (siehe DIN 2017). Der Roboter muss seine Geschwindigkeit in der Nähe des Menschen reduzieren. Durch eine permanente Kontrolle der Leistungsaufnahme in den Antrieben kann die Strategie der Leistungsbegrenzung in der Steuerung des Roboters realisiert werden.

2.8 Betriebsarten

Bei den Betriebsarten von MRK-Robotern lassen sich vier Arten unterscheiden. Dies sind im Einzelnen:

1. der sicherheitsgerichtete (sicherheitsbewerte) Stopp,
2. die Handführung,
3. die Geschwindigkeits- und Abstandsüberwachung und
4. die Leistungs- und Kraftbegrenzung.

Abb. 2.3 Handführung beim Kollaborationsroboter des Herstellers Doosan. (Quelle: Doosan)

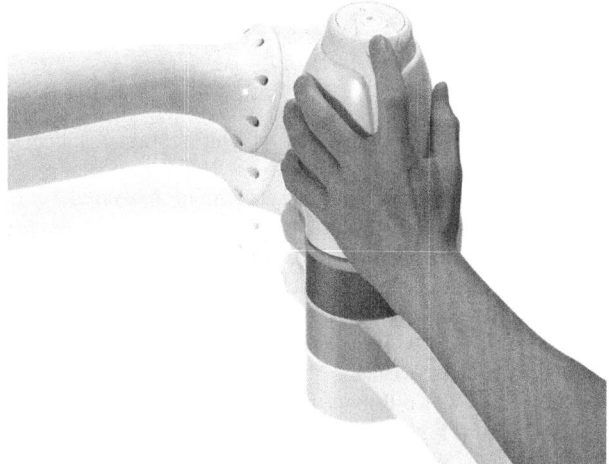

Bei dem sicherheitsgerichteten (sicherheitsbewerteten) Stopp findet eine strikte Trennung der Arbeitsbereiche von Mensch und Roboter statt. Betritt der Mensch den Arbeitsbereich des Roboters, stoppt der Roboter umgehend. Hierzu sind Personendetektionssysteme notwendig, z. B. Kamera oder Scanner. Weiterhin findet kein automatischer Wiederanlauf statt, sondern ein Wiederanlauf beginnt erst nach Betätigung des Zustimmschalters durch den Menschen. Weiterhin darf sich der Roboter nur mit sicherer Geschwindigkeit bewegen und ein NOT-HALT-Schalter muss leicht erreichbar sein. Die Sicherheitsabstände sind in der DIN EN ISO 13855 (vgl. DIN 2010) festgelegt.

Bei der Handführung kann die Steuerung der Roboterbewegung bspw. durch einen Joystick erfolgen oder der Roboter kann direkt per Hand geführt werden, wie in Abb. 2.3 gezeigt. Auch in dieser Betriebsart ist nur eine sichere Geschwindigkeit des Roboters zulässig. Ein NOT-HALT-Schalter muss leicht erreichbar sein; ein automatischer Wiederanlauf kann erst nach Betätigung des Zustimmschalters erfolgen.

Die dritte Betriebsart (Geschwindigkeits- und Abstandsüberwachung) zeichnet sich dadurch aus, dass sich Mensch und Roboter zeitgleich im gemeinsamen Arbeitsraum befinden dürfen, es darf aber ein minimaler Sicherheitsabstand a_{min} (gemäß DIN EN ISO 13855) nicht unterschritten werden. Auch hier ist eine Bewegung des Roboters nur mit sicherer Geschwindigkeit zulässig. Erst nach Bestätigung des Zustimmschalters erfolgt ein Wiederanlauf. Ein NOT-HALT-Schalter muss leicht erreichbar sein.

Bei der vierten Betriebsart (Leistungs- und Kraftbegrenzung) ist eine Berührung des Roboters mit dem Menschen zulässig, allerdings sind hier die zulässigen biomechanischen Grenzwerte (siehe DIN 2017) für die entsprechenden Körperzonen einzuhalten. Werden diese Grenzwerte überschritten, stoppt der Roboter. Es sind nur geringe statische bzw. dynamische Kontaktkräfte zulässig. Zur Detektierung des Kontaktes bzw. der Kontaktkraft sind Sensoren notwendig, dies können taktile Sensoren oder/und Drehmomentensensoren sein.

Literatur

Asimov, I. (1942). Runaround, Kurzgeschichte. In *Astounding science fiction* (März 1942). [Nachdruck in: Asimov, I.: Ich, der Roboter. Heyne (2015)].

Bainbridge, L. (1983). Ironies of automation. *Automatica, 19*(6), 775–779. https://doi.org/10.101 6/0005-1098(83)90046-8.

Barho, M., Dietz, T., Held, L., & Oberer-Treitz, S. (2012). Roboter – Sicherheit auf dem Prüfstand: Die Anforderungen an eine sichere Mensch-Roboter-Kooperation. https://www.computer-automation.de/steuerungsebene/safety-security/artikel/88886/. Zugegriffen am 01.03.2020.

Bendel, O. (2016). *Die Moral in der Maschine. Beiträge zu Roboter- und Maschinenethik. Telepolis*. Hannover: Heise-Medien.

Bendel, O. (2017). Co-Robots und Co. – Entwicklungen und Trends bei Industrierobotern. *Netzwoche, 25*(9), 4–5.

Buxbaum, H. (1994). Steuerung roboterintegrierter flexibler Fertigungszellen. *Automatisierungstechnische Praxis atp, 36*(8), 24–32.

Buxbaum, H., & Sen, S. (2018). Kollaborierende Roboter in der Pflege – Sicherheit in der Mensch-Maschine-Schnittstelle. In O. Bendel (Hrsg.), *Pflegeroboter*. Wiesbaden: Springer Gabler.

Buxbaum, H., Kleutges, M., & Sen, S. (2018). *Full-scope simulation of human-robot interaction in manufacturing systems*. Gothenburg: IEEE Winter Simulation Conference.

Capek, K. (1921). R. U. R. – Rossum's universal robots. Theaterstück, Uraufführung 1921, Prag.

Czaja, S. J., & Nair, S. N. (2012). Human factors engineering and systems design. In G. Salvendy (Hrsg.), *Handbook of human factors and ergonomics* (4. Aufl., S. 38–56). Hoboken: Wiley.

Derr, D. (1995). *Fehlzeiten im Betrieb – Ursachenanalyse und Vermeidungsstrategien* (S. 45–49). Köln: Wirtschaftsverlag Bachem.

DIN. (2010). *DIN EN ISO 13855:2010-10 Sicherheit von Maschinen – Anordnung von Schutzeinrichtungen im Hinblick auf Annäherungsgeschwindigkeiten von Körperteilen (ISO 13855:2010); Deutsche Fassung EN ISO 13855:2010*. Berlin: Beuth.

DIN. (2017). *DIN ISO/TS 15066:2017-04; DIN SPEC 5306:2017-04 DIN SPEC 5306:2017-04 Roboter und Robotikgeräte – Kollaborierende Roboter (ISO/TS 15066:2016)*. Berlin: Beuth.

Dolezalak, C. M. (1956). Automatisierung, Automation. Ein Beitrag zur Klärung der Begriffe. *VDI-Z, 98*, 12.

Eigenstetter, M., Buxbaum, H., Kleutges, M., Sen, S., & Kunz, S. (2017). Situation Awareness in der Mensch-Roboter-Kooperation. Präsentation, Workshop Expertenkreis PASIG (Fachverband Psychologie für Arbeitssicherheit und Gesundheit e.V.), Krefeld.

Endsley, M. R. (1995). Measurement of situation awareness in dynamic systems. *Human Factors, 37*, 65–84.

Hacker, W., & Sachse, P. (2014). *Allgemeine Arbeitspsychologie. Psychische Regulation von Tätigkeiten* (3. Aufl.). Göttingen: Hogrefe.

Harrington, J. (1973). *Computer integrated manufacturing*. New York: Industrial Press.

Heßler, M. (2014). Die Halle 54 bei Volkswagen und die Grenzen der Automatisierung. Überlegungen zum Mensch-Maschine-Verhältnis in der industriellen Produktion der 1980er-Jahre. *Zeithistorische Forschungen/Studies in Contemporary History, 11*, 56–76.

Huelke, M. (2015). Arbeitsplätze der Industrie 4.0 – Kollaborierende Roboter. *DGUV Forum, 3*, 10–13.

Huelke, M., Umbreit, M., & Ottersbach, H.-J. (2010). Sichere Zusammenarbeit von Mensch und Industrieroboter. *Maschinenmarkt, 33*, 32–34.

Hunt, V. D. (1983). *Industrial robotic handbook*. New York: Industrial Press.

Hypki, A. (2017). *Kollaborative Montagesysteme. Verrichtungsbasierte, digitale Planung und Integration in variable Produktionsszenarien. 3. Workshop Mensch-Roboter-Zusammenarbeit*. Dortmund: Bundesanstalt für Arbeitsschutz und Arbeitsmedizin.

IFR. (2018a). Industrie-Roboter-Absatz steigt weltweit um 29 Prozent – Weltroboterverband IFR. https://www.presseportal.de/pm/115415/3975504. Zugegriffen am 15.01.2020.

IFR. (2018b). Roboter-Absatz in fünf Jahren verdoppelt – World Robotics Report. https://ifr.org/downloads/press2018/2018-10-10_PM_IFR_WR_2018_Industrieroboter_DE.pdf. Zugegriffen am 15.01.2020.

IFR. (2018c). Roboterdichte steigt weltweit auf neuen Rekord – International Federation of Robotics. https://www.presseportal.de/pm/115415/3861707. Zugegriffen am 15.01.2020.

Jeannot, E., Kelly, C., & Thompson, D. (2003). *The development of situation awareness measures in ATM systems*. Brussels: EUROCONTROL.

Jürgens, U., Malsch, T., & Dohse, K. (1993). *Breaking from Taylorism: Changing forms of work in the automobile industry* (S. 70–72). Cambridge, UK: Cambridge University Press.

Kreis, W., & Grube, G. (1990). Tendenzen in der flexiblen Automatisierung. *Technica, 39*, 6.

Laughery, R., Plott, B., Matess, M., Archer, S., & Lebire, C. (2012). Modelling human performance in complex systems. In G. Salvendy (Hrsg.), *Handbook of human factors and ergonomics* (4. Aufl., S. 931–961). Hoboken: Wiley.

Lee, J. D., & Seppelt, B. D. (2009). Human factors in automation design. In S. Y. Nof (Hrsg.), *Automation* (S. 417–435). Berlin: Springer.

Oberer-Treitz, S., & Verl, A. (2019). Einführung in die industrielle Robotik mit Mensch-Roboter-Kollaboration. In R. Muller, J. Franke, D. Henrich, B. Kuhlenkötter, A. Raatz & A. Verl (Hrsg.), *Handbuch Mensch-Roboter-Kollaboration*. München: Carl Hanser.

Onnasch, L., Maier, X., & Jürgensohn, T. (2016). *Mensch-Roboter-Interaktion – Eine Taxonomie für alle Anwendungsfälle*. Dortmund: Bundesanstalt für Arbeitsschutz und Arbeitsmedizin. https://www.baua.de/DE/Angebote/Publikationen/Fokus/Mensch-Roboter-Interaktion.pdf. Zugegriffen am 01.03.2020.

Piwinger, M., & Zerfaß, A. (2007). *Handbuch Unternehmenskommunikation*. Wiesbaden: Springer Fachmedien.

Rosen, P., Robelski, S., Kirchhoff, B., & Wischniewski, S. (2016). Mensch-Roboter-Teams. *wt Werkstattstechnik online, 106*(H. 9), 605–609.

Schaub, H. (2008). Wahrnehmung, Aufmerksamkeit und „Situation Awareness" (SA). In P. Badke-Schaub, G. Hofinger & K. Lauche (Hrsg.), *Human factors*. Berlin/Heidelberg: Springer.

Sen, S. (2019). Gestaltungskriterien in der Mensch-Roboter-Kollaboration – Einfluss der Bahnplanung auf die Prognosefähigkeit. Präsentation, Ladenburger Diskurs der Daimler-und-Benz-Stiftung, Ladenburg.

Spillner, R. (2014). *Einsatz und Planung von Roboterassistenz zur Berücksichtigung von Leistungswandlungen in der Produktion*. München: Herbert Utz.

Tausch, A. (2018). *Aufgabenallokation in der Mensch-Roboter-Interaktion. 4. Workshop Mensch-Roboter-Zusammenarbeit*. Dortmund: Bundesanstalt für Arbeitsschutz und Arbeitsmedizin, Posterpräsentation.

Thiemermann, S. (2004). *Direkte Mensch-Roboter-Kooperation in der Kleinteilemontage mit einem SCARA-Roboter*. Heimsheim: Jost Jetter.

Tidd, J. (1997). Key characteristics of assembly automation systems. In K. Shimokawa (Hrsg.), *Transforming automobile assembly* (S. 46–60). Berlin/New York: Springer.

VDE. (2019). *DIN EN 60204-1 VDE 0113-1:2019-06 Sicherheit von Maschinen – Elektrische Ausrüstung von Maschinen, 2019*. Berlin: VDE.

VDI. (1982). *VDI-Richtlinie 2860, Blatt 1 Handhabungsfunktionen, Handhabungseinrichtungen, Begriffe, Definitionen, Symbole*. Berlin: Beuth.

VDMA. (2016). *Sicherheit bei der Mensch-Roboter-Kollaboration*. Frankfurt: VDMA Robotik + Automation.

Weck, M., Eversheim, W., König, W., & Pfeifer, T. (1990). Wettbewerbsfaktor Produktionstechnik: Information und Organisation als Produktionsfaktor. *VDI-Z., 132*, 5.

Weidner, R., Redlich, T., & Wulfsberg, J. (2015). *Technische Unterstützungssysteme*. Berlin/Heidelberg: Springer.

Westkämper, E., Zahn, E., Balve, P., & Tilebein, M. (2000). Ansätze zur Wandlungsfähigkeit von Produktionsunternehmen: Ein Bezugsrahmen für die Unternehmensentwicklung im turbulenten Umfeld. *wt Werkstattstechnik online, 90*(1/2), 22–26.

Wischniewski, S., Rosen, P. H., & Kirchhoff, B. (2019). Stand der Technik und zukünftige Entwicklungen der Mensch-Roboter-Interaktion. In *Präsentiert auf dem 65. Kongress der Gesellschaft für Arbeitswissenschaft*, Dresden.

Hans-Jürgen Buxbaum ist Professor für Automatisierung und Robotik sowie Leiter des Labors Human Engineering an der Hochschule Niederrhein in Krefeld. Er ist promovierter Diplomingenieur der Elektrotechnik und Wirtschaftsingenieur, hat Konzern- und Gründungserfahrung, war selbstständiger Unternehmensberater und Anwendungsentwickler in der industriellen Automatisierung, Oberingenieur am Institut für Roboterforschung an der TU Dortmund und Leiter der Forschungsgruppe Dezentrale Intelligente Automation am Heinz-Nixdorf-Institut der Universität Paderborn.

Markus Kleutges ist Professor für Technische Systeme, Informatik und Mathematik sowie Leiter des Labors Robotik an der Hochschule Niederrhein in Krefeld. Er ist promovierter Diplomingenieur des Maschinenbaus und war vor seiner Berufung mehrere Jahre bei einem großen Automobilhersteller in dem Bereich Berechnung Nutzfahrzeuge tätig. Während seiner Zeit als Assistent am Lehrstuhl für Mechanik und Robotik der Universität Duisburg-Essen hat er im Sonderforschungsbereich 291 „Elastische Handhabungssysteme für schwere Lasten in komplexen Operationsbereichen" mitgearbeitet.

Arbeitswissenschaftliche Aspekte der Mensch-Roboter-Kollaboration

3

Ruth Häusler und Oliver Sträter

Zusammenfassung

Die Mensch-Roboter-Kollaboration stellt aus arbeitswissenschaftlicher Sicht ein System dar, in dem der Mensch mit einem mehr oder weniger autonom arbeitenden technischen System zusammenarbeitet. Insofern ist dies ein Problem der Mensch-Automatik-Wechselwirkung. Auch wenn der Einzug von Robotern in Arbeitsbereichen wie Montage und Fertigung eine neue Entwicklung darstellt, ist das Phänomen und sind die Anforderungen an die Interaktion zwischen Roboter und Mensch in anderen technischen Bereichen bekannt und erforscht – insbesondere im Bereich der Automation des Fliegens, in der Logistik (Lagerung und Transport) und in der Prozessindustrie. Dieses Kapitel legt dar, welche Erkenntnisse aus diesen Gebieten vorliegen und analysiert deren Bedeutung für die Entwicklung einer menschengerechten Mensch-Roboter-Kollaboration.

3.1 Einleitung

Die Mensch-Roboter-Kollaboration (MRK) ist eine aktuelle Entwicklung im Bereich der Fertigung und Montage, die den Menschen durch ein automatisches System unterstützt. Fragen zu den Auswirkungen dieser Kollaborationsform auf den Menschen sind

---

R. Häusler (✉)
Zentrum für Aviatik, Zürcher Hochschule für Angewandte Wissenschaften, Winterthur, Schweiz
E-Mail: ruth.haeusler@zhaw.ch

O. Sträter
Institut für Arbeitswissenschaften und Prozessmanagement, Universität Kassel,
Kassel, Deutschland
E-Mail: straeter@uni-kassel.de

© Springer Fachmedien Wiesbaden GmbH, ein Teil von Springer Nature 2020
H.-J. Buxbaum (Hrsg.), *Mensch-Roboter-Kollaboration*,
https://doi.org/10.1007/978-3-658-28307-0_3

herausfordernd. Im Bereich der Montage und Fertigung betreten Systemgestalter neuen Boden hinsichtlich der Anforderungen an diese Kollaboration. Die Lösungsansätze gehen dabei von den technischen Gestaltungsmöglichkeiten aus. So werden Gefährdungsräume durch Verriegelungen abgesperrt und Roboter mit Sensorik ausgestattet, die eine Kollision mit dem Menschen erkennen und mögliche schädigende Kräfte reduzieren. Eine solche Art der Kollaboration ist aus menschlicher Sicht nicht sinnvoll. In den Bereichen Luftfahrt und Prozessindustrie (Kerntechnik), in denen technische Systeme hochautomatisiert sind und in Kollaboration mit Menschen stehen, sind menschengerechtere Gestaltungslösungen entwickelt worden. Die in diesen Bereichen entwickelten Gestaltungslösungen sollen in diesem Beitrag genauer beleuchtet und ihre Übertragbarkeit auf die Mensch-Roboter-Kollaboration diskutiert werden.

Aus arbeitswissenschaftlicher Sicht ist das Zusammenspiel von Mensch (M), Technik (T) und Organisation (O) sowie die Gewichtung der einzelnen Komponenten von Interesse. Die Auswirkungen der Gestaltung des MTO-Systems auf das menschliche Verhalten und die Sicherheit sind dabei zentral. Die Mensch-Roboter-Kollaboration bildet eine spezielle Form von Arbeitssystem, in welcher der Roboter mehr als ein technisches Assistenzsystem für den Menschen sein kann. Er kann als eigenständiger Agent in der Zusammenarbeit mit dem Menschen flexibel verschiedene Prozessschritte übernehmen. Dies ermöglicht eine effiziente, flexible und weniger einseitige Arbeitsteilung zwischen Mensch und Roboter als bei bisherigen technischen Hilfsmitteln.

Dieses Kapitel ergründet die Anforderungen an ein nachhaltig sicheres Arbeitssystem, die bei der Entwicklung, Gestaltung und beim Einsatz von MRK zu berücksichtigen sind. Dazu werden Erfahrungen mit technischen Assistenzsystemen aus bereits hochautomatisierten Systemen wie der Aviatik und der Kerntechnik herangezogen. Auch in anderen technischen Domänen hält die Automation derzeit Einzug und die Wechselwirkungen von automatischen Systemen und den tätigen Menschen sind von herausragender Bedeutung. Am bekanntesten ist sicher das autonome Fahren, in dessen Vorstufen bereits sehr viele Fahrer-Assistenzsysteme entwickelt wurden und analoge Problematiken wie in der Mensch-Roboter-Kollaboration beobachtbar sind (Bubb 2019).

Der gemeinsame Nenner aller Mensch-Automation-Kollaborationen sind die Eigenheiten der menschlichen Informationsverarbeitung, Motivation und Verhaltenssteuerung, welche bei der Gestaltung des MTO-Systems bisher oft unzureichend berücksichtigt wurden. Zu diesen erfolgt eine Betrachtung von Nutzen und Nebeneffekten technischer (Assistenz-)Systeme. Für den erkannten Handlungsbedarf werden Möglichkeiten aufgezeigt, wie der Arbeitsfaktor Mensch vermehrt zu einem Sicherheitsgewinn werden kann, statt als Sicherheitslücke im System in Erscheinung zu treten. Aus diesen Überlegungen resultiert eine menschenorientierte Gestaltung der Kollaboration. Eine über diesen Denkansatz etablierte menschenzentrierte Gestaltung ist auch aus gesellschaftlich ethischer Sicht zentral für eine menschengerechte Gestaltung der Mensch-Roboter-Kollaboration.

3.2 Verbessern technische Hilfsmittel die Sicherheit? Erfahrungen aus der Aviatik

Setzen wir auf die richtigen Mittel, um die Sicherheit weiter zu erhöhen, und setzen wir diese angemessen ein? Diese Fragen werden vor dem Hintergrund von Erfahrungen aus der Luftfahrt betrachtet. Eine Reihe technischer Hilfsmittel wurde in Infrastruktur und Flugzeuge eingebaut, um durch exaktere Navigation das Fliegen sicherer zu machen und das Operationsspektrum zu erweitern (NLR-CR-2017-461, Dezember 2017). Autopiloten wurden ab 1930 eingesetzt, um Kurs und Höhe zu halten. Ab 1960 verfügten Jets über eine „Auto-Land"-Funktion, die das Flugzeug auf den Gleitweg zur Landebahn positioniert. Dies machte Flughäfen wetterunabhängig operabel. Ab 1970 übernahm das System-Management die Triebwerkssteuerung, was die Arbeitsbelastung zur Bedienung des Flugzeuges verringerte und so die Position des On-Board-Engineers einsparte. Ab 1980 startete Airbus mit dem A320 das Digital-Fly-by-Wire-Konzept und ersetzte mechanische Flight Controls durch digitale Glasfaser-Technologie. Dies sparte Gewicht ein, erhöhte die Zuverlässigkeit und ermöglichte es, Flight Computer einzusetzen, die das Flugverhalten verändern. Auf diese Weise konnten fortan verschiedene Flugzeugmuster der Airbusfamilie anhand derselben Flight Modes geflogen werden, was die Trainingskosten zur Ausbildung der Piloten reduzierte. Das Flight Management System (FMS) optimiert die Flugroute in puncto Zeitdauer und Energieverbrauch. Ab 2000 wurde GPS-gestützte RNAV-Navigation (Required Navigation Performance) eingeführt. Dieses System passt die Separation von Flugzeugen anhand des selbstüberwachten Genauigkeitsniveaus von GPS an. Dies ergänzt bzw. ersetzt die zuvor gängige Navigation mit bodenstationierten Funkfeuern und On-Board-Empfängern. Bisher folgte der Technikeinsatz dem Grundsatz „Pilot in the Loop". Dies bedeutet, dass der Pilot jederzeit eingreifen kann und verantwortlich ist (Billings 1996). Was passieren kann, wenn dieser Grundsatz nicht mehr gewahrt bleibt, zeigen zwei Flugzeugabstürze vom Oktober 2018 und März 2019 des inzwischen gegroundeten Flugzeugtyps B737 Max 8. In beiden Fällen kannten die Piloten keine Möglichkeit, das zum Zeitpunkt des Starts falsch agierende Maneuvering Characteristics Augmentation System (MCAS) auszuschalten, so dass das Flugzeug durch die Automatik beim Starten fälschlicherweise in den Boden gesteuert wurde.

Diese technischen Neuerungen führten in der Luftfahrt dazu, dass die Zahl der Einsätze durch eine Erweiterung des Operationsspektrums gestiegen ist, während die Kosten durch reduzierten Personalbedarf gesenkt werden konnten. In der normalen Operation haben die technischen Hilfsmittel die Effizienz und Sicherheit um ein Vielfaches gesteigert, indem sie ein erhebliches Maß an Entlastung und Schutz vor Überlastung und Fehlern gebracht haben. Doch welchen Preis hatten diese Neuerungen? Bei der Einführung der neuen Systeme haben unerkannte Schwachstellen im Design zu Flugzeugabstürzen geführt. Nach der Behebung anfänglicher Kinderkrankheiten zeigte sich bald eine grundsätzliche Schattenseite der technischen Hilfsmittel, die Bainbridge (1983) als „Ironies of Automation" beschrieben hat. Die technischen Hilfsmittel machen fliegerische und mentale Fertigkeiten von Piloten überflüssig, wodurch diese mangels Übung verloren gehen (Skill

Degradation/Deskilling). Dies kann dazu führen, dass Piloten in Notfallsituationen aufgrund technischer Ausfälle nicht immer in der Lage sind, die Maschine zu übernehmen und in einen sicheren Zustand zu überführen, weil ihnen die Routine zum manuellen Steuern oder zum Fliegen nach Rohdaten fehlt. Die Gewöhnung an die Nutzung technischer Hilfsmittel kann so weit gehen, dass der Mensch unter Extrembelastung in seiner Rolle als Systemüberwacher und Notfallmanager versagt. Vorkommnisse zeigen, dass es Besatzungen nicht mehr gelingt, die Problemursachen für komplexe technische Ausfälle zu erkennen, wenn das Assistenzsystem die Fehlerdiagnose nicht angemessen wiedergeben kann. Ebenso zeigt sich, dass wichtige fliegerische Grundfertigkeiten in Situationen fehlen, bei denen der Modus des technisch-unterstützten Fliegens durch Ausfälle nicht mehr zur Verfügung steht (z. B. im Direct Law oder Manual Backup Law). Dies ist beispielsweise an den Ursachen des Flugzeugabsturzes der Air France AF447 im Jahre 2009 zu sehen. Oder die Piloten vertrauen zu lange auf die Technik, obschon diese die Situation nicht angemessen wiedergeben kann. So musste eine Hapag-Lloyd-Besatzung im Jahr 2000 bei Wien notlanden, weil sie sich ausschließlich auf die Vorhersagen des Computers verlassen hat. Dieser war jedoch nicht in der Lage, die Reichweite des Flugzeuges adäquat zu prognostizieren, nachdem eine Klappe des Fahrwerks nicht geschlossen werden konnte. Kurz vor der Notlandung in Wien fielen die Triebwerke wegen Kerosinmangel aus. Die Piloten hatten es versäumt, während des gesamten Fluges von Kreta bis zur Notlandung vor der Landebahn bei Wien die ungefähre Reichweite anhand des aktuellen Treibstoffverbrauchs zu überschlagen.

Neben dem Fertigkeitsverlust mangels Übung weisen moderne Cockpits weitere grundlegende Probleme auf, welche in den Kontrollwarten der Prozessindustrie (Kerntechnik, Netzversorger, chemische Industrie) ebenfalls anzutreffen sind. Das Personal wird für Überwachungsaufgaben eingesetzt (sog. Supervisory Control), denen es physiologisch nicht gewachsen ist, so dass Unzuverlässigkeit aufgrund von Unkonzentriertheit und Unachtsamkeit vorprogrammiert ist. Menschen verfügen naturgemäß über eine geringe Aufmerksamkeitskapazität und dies auch nur für kurze Dauer (ca. 20 Minuten). Außerdem ist die Aufmerksamkeitsspanne sehr begrenzt (ca. 8 Sekunden), was bedeutet, dass Informationen außerhalb dieses Zeitfensters nicht gemeinsam, sondern nur nacheinander verarbeitet werden können. Dennoch sollen die Operateure moderner technischer Anlagen über Stunden Maschinen am Computer überwachen. Diese arbeiten – sofern die Software entsprechend getestet wurde – zuverlässig, was die Notwendigkeit für Eingriffe verringert. Sind die dem Menschen übertragenen Tätigkeiten im Normalbetrieb zudem wenig vielfältig und abwechslungsreich, treten Monotonie und Ermüdung auf. Es fällt schwer, bei einer wenig aktivierenden Tätigkeit wachsam zu bleiben – Vigilanzprobleme sind die Folge. Gleichzeitig verdichtet sich die Arbeit durch gesteigerte Effizienz, so werden z. B. mehr Flugstunden geleistet. Die mit den technischen Hilfsmitteln einhergehende Vereinfachung der Tätigkeit und die damit verbundene Reduktion der Anforderungen können insgesamt zu einem Attraktivitätsverlust des Arbeitsplatzes beitragen: Die Arbeit stellt geringere Qualifikationsanforderungen, die Entlohnung sinkt, gleichzeitig steigen die Arbeitszeit und die Arbeitsauslastung.

Solche Effekte spielen beispielsweise beim Bahnunfall in Bad Aibling im Jahr 2016 eine entscheidende Rolle, bei dem zwei entgegenfahrende Züge irrtümlicherweise die Freigabe für eine eingleisige Strecke erhielten. Moderne Verkehrsführungssysteme sind so ausgelegt, dass der Fahrdienstleiter überwiegend Überwachungstätigkeiten durchzuführen hat. Um sich „wach zu halten" – d. h. seine Vigilanz aufrechtzuerhalten – hat der Fahrdienstleiter sich mit seinem privaten Handy beschäftigt. Dies lenkte ihn ab, so dass er Fehler machte und im entscheidenden Augenblick nicht mehr als Überwacher zur Verfügung stand. Aus der Perspektive einer Systemgestaltung, welche die menschliche Leistungsfähigkeit in den Vordergrund stellt, ist ein solches Verhalten von Menschen in derart gestalteten Systemen zu erwarten und mit geeigneten, menschenzentrierten Maßnahmen zu vermeiden (Sträter 2019).

Vor dem Hintergrund der zweischneidigen Erfahrungen mit technischen Hilfsmitteln in der Aviatik stellt sich die Frage, wie diese angemessener gestaltet und eingesetzt werden können, um negative Auswirkungen auf die Kompetenz und die Leistungsfähigkeit von Menschen zu verhindern. Bevor eine Betrachtung solcher Gestaltungsansätze erfolgt, werden zunächst Eigenheiten der menschlichen Informationsverarbeitung erörtert, die es bei der Gestaltung von Arbeitssystemen in Bezug auf die Sicherheit zu berücksichtigen gilt.

3.3 Menschen im Einsatz – „Mind the Gap!"

Weil dieses Buch ein interdisziplinäres Vorgehen verfolgt, erachten wir es als hilfreich, die Hintergründe zum Verständnis menschlicher Leistung, Effizienz und Fehler genauer zu betrachten. Diese zeigen aus psychologischer Sicht, worauf menschliches Handeln bei der Arbeitstätigkeit beruht. Der Titel des Abschnitts spielt darauf an, dass der Faktor Mensch aufgrund seines kognitiven Designs zur Fehlerquelle werden kann: Eigenheiten der menschlichen Informationsverarbeitung können unter bestimmten Umständen zu einer unangemessenen Situationseinschätzung, zu Fehlentscheidungen und/oder zur Ausführung unpassender oder fehlerhafter Handlungen führen. Es gibt über 100 gut erforschte Verzerrungstendenzen, die das menschliche Urteils- und Entscheidungsvermögen einschränken können (z. B. Pohl 2004). Solche Verzerrungen entstehen aufgrund von Mechanismen, die für sich genommen funktional sind, um mit den gegebenen Kapazitäts- und Verarbeitungsengpässen des Gehirns produktiv umzugehen. Sie ermöglichen es Menschen, große Informationsmengen zu bewältigen und dabei urteils- und handlungsfähig zu sein, selbst wenn Informationen fehlen, fehlerhaft oder widersprüchlich sind. In diesem Teil fokussieren wir auf menschliche Eigenheiten aus zwei Bereichen: der menschlichen Informationsverarbeitung (Abschn. 3.3.1) und der Handlungssteuerung (Abschn. 3.3.2). Beide sind für die Effizienz, aber auch für die Fehleranfälligkeit menschlichen Handelns maßgeblich. Diesem Aspekt ist Abschn. 3.3.3 gewidmet.

3.3.1 Vereinfachte Informationsverarbeitung durch Schemata

Im Langzeitgedächtnis gespeicherte Schablonen – sog. Schemata – erlauben es dem Menschen, mit geringem Aufwand an Aufmerksamkeit und einem Minimum an Informationsverarbeitung vertraute Gegenstände, Personen, Probleme oder Situationen wiederzuerkennen. Anstelle einer umfangreichen Orientierung aktivieren einzelne, selektiv aufgenommene Merkmale direkt ein umfassendes, bekanntes Muster im Gedächtnis. Lesen wir zum Beispiel die Zeit auf einer Uhr ab, so beachten wir die relative Position der Zeiger. Wie die Uhr im Detail aussieht – welches Format die Ziffern haben etc. – nehmen wir kaum wahr. Eine Wahrnehmung basiert also auf einem Rekonstruktionsprozess, bei welchem ein Minimum an Informationen von außen und/oder innen aufgenommen und mit Informationen eines passenden Musters aus dem gespeicherten Erfahrungsschatz abgeglichen und ergänzt wird. *Passend* ist ein Schema, wenn es dem Muster in der vorliegenden Situation *ähnlich* ist oder wenn es *häufig aktiviert* wird. Der Prozess folgt dabei der Logik, dass für das top-down aus dem Langzeitgedächtnis aktivierte Schema nach übereinstimmenden Informationen im Umfeld gesucht wird. Diesem Vorgehen ist eine Bestätigungstendenz (Confirmation Bias) inhärent: Wir suchen nach Bestätigung für das, was wir erwarten. Dabei versuchen wir nicht, unsere Erwartungen zu widerlegen. Bin ich beispielsweise überzeugt, dass ein Mitarbeiter mutwillig die Regeln nicht eingehalten hat, dann suche und finde ich v. a. Indizien für diese Erwartung – beispielsweise, dass er auch schon unpünktlich war. Erwartungswidrige Informationen dagegen werden übersehen, ausgeblendet oder wegerklärt – zum Beispiel, dass dieser Mitarbeiter bereits früher Bedenken geäußert hat, dass diese Vorschrift in der Praxis aufgrund von Zeitdruck nicht immer eingehalten werden könne.

Abb. 3.1 veranschaulicht, wie die erfahrungs- oder schemagetriebene Wahrnehmung funktioniert. Die meisten Erwachsenen sehen auf der abgebildeten Flasche ein eng umschlungenes, nacktes Paar. Kinder dagegen erkennen häufiger Delfine. Bei beiden Betrachtergruppen beeinflussen der Erfahrungshintergrund und die Erwartungen, welche Informationen selektiv aufgenommen und entsprechend interpretiert werden. Sobald ein passendes Schema im Langzeitgedächtnis aktiviert wird, fällt es schwer, eine alternative Interpretation für die vorhandenen Informationen zu erkennen – in Abb. 3.1 das jeweils andere Kippbild. Das aktivierte Schema „fixiert" uns auf eine von möglicherweise vielen Interpretationen des Wahrgenommenen. Unser Wahrnehmungssystem ist in hohem Masse interpretativ und erspart sich so das aufwändige Verarbeiten und Erinnern einer Vielfalt von Informationen.

Das überaus Praktische dabei ist, dass die im Langzeitgedächtnis gespeicherten Schemata auch gleich bewährte Handlungsmuster und Problemlösungen mitliefern. Diesem Aspekt widmet sich der nächste Abschnitt.

Abb. 3.1 „Message d'amour des dauphins" von Sandro Del-Prete (1987), Copyright

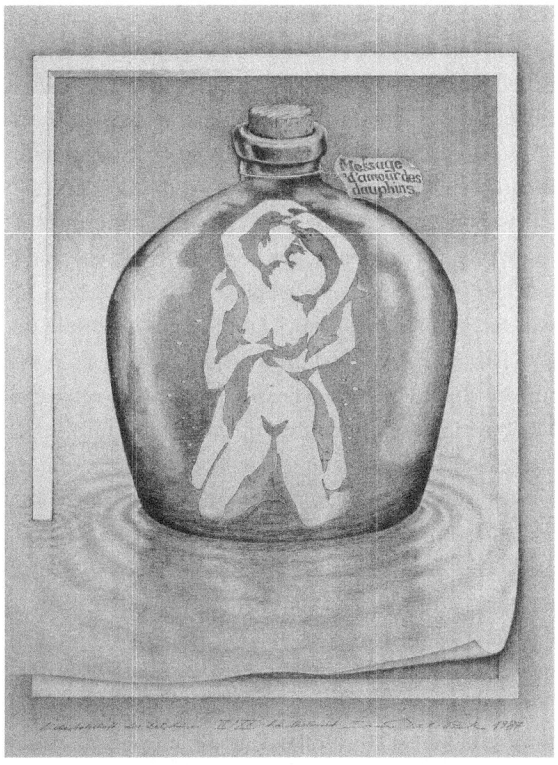

3.3.2 Automatisierung der Handlungsausführung

Mit zunehmender Übung und Erfahrung in der Ausführung einer Handlung verknüpfen sich handlungsleitende Signale der Ausführungsbedingung mit den erforderlichen Handlungsschritten zu Wenn-Dann-Einheiten. Diese steuern die Handlung, indem sie spezifizieren: „Wenn Situation X eintritt (z. B. rote Ampel), dann ist Handlung Y (bremsen) auszuführen". Komplexere Handlungen wie z. B. Autofahren bestehen aus Ketten solcher Wenn-Dann-Gruppierungen. Diese werden als motorische Programme im Langzeitgedächtnis gespeichert (Anderson 1982). Dadurch reduziert sich die Informationsmenge, die zur Steuerung der Handlung aufgenommen und verarbeitet werden muss, und der Aufmerksamkeitsbedarf sinkt.

Dies zeigt sich am Beispiel einer Autofahrt vom Wohnort zum Arbeitsplatz. Vergleicht man das Vorgehen bei der allerersten Fahrt zu einem neuen Arbeitsort mit demjenigen nach einem Monat, so fällt auf: Zu Beginn orientieren wir uns ausführlich und detailliert, wohin und wie wir fahren müssen. Wir planen die Handlung (Route und Zeit), wir entwerfen ein Vorgehen, führen es aus, überwachen die Ausführung und kontrollieren das Ergebnis. Nach Rasmussen (1986) entspricht dies der obersten von drei hierarchischen Ebenen der Handlungssteuerung, der *wissensbasierten*. Der Handelnde hat ein hohes Maß an Bewusstsein bezüglich der ausgeführten Handlung. Mit etwas mehr Übung – z. B. bei der fünften Fahrt – konzentrieren wir uns bei der Ausführung der Handlungsschritte bereits auf wenige, ausgewählte Aspekte der Ausführungsbedingung, weil wir handlungsrelevantes Wissen erworben haben. So lesen wir auf der Autobahn nicht mehr alle Ausfahrtsschilder, sondern erkennen anhand von markanten Merkmalen wie einer Brücke, unter der wir durchfahren, dass wir jetzt die Spur wechseln und die nächste Ausfahrt nehmen müssen. Diese Art der Handlungssteuerung wird als *regelbasiert* bezeichnet. Dabei werden die für die Steuerung von Handlungsschritten relevanten Signale bewusst wahrgenommen. Für die Handlungsausführung irrelevante Informationen dagegen nehmen wir nicht bewusst wahr. Mit zunehmender Übung führen wir Handlungsschritte auch ganz ohne bewusste Aufmerksamkeit aus. So reduzieren wir vor der Autobahnausfahrt automatisch das Tempo, weil sich unser Gedächtnis eingeprägt hat, dass die Ausfahrt besonders kurz oder engkurvig ist. Dieser Aspekt des Handelns erfordert keine bewusste Aufmerksamkeit mehr, er läuft *fertigkeitsbasiert* ab. Wenn wir geübt sind, können wir die ganze Handlung der Fahrt zum Arbeitsort oder der Rückfahrt von der Arbeit mit minimaler bewusster Aufmerksamkeit ausführen. So kann es im Extremfall passieren, dass wir uns nach einem langen Arbeitstag und einer möglicherweise wenig erholsamen Nacht vor dem Garagentor wiederfinden, ohne bewusst erlebt zu haben, wie wir nach Hause gefahren sind. Fertigkeitsbasiertes Handeln ermöglicht es Menschen, selbst bei minimal verfügbaren Aufmerksamkeitsressourcen, wie dies im Zustand starker Ermüdung oder bei stressbedingter Überlastung der Fall ist, handlungsfähig zu bleiben, da diese Art zu Handeln *automatisiert* ist.

Abb. 3.2 zeigt die Unterschiede in der Hirnaktivität bei einer bewussten, wissensbasierten Handlung im Vergleich zu einem unbewussten, fertigkeitsbasierten Automatismus. Die linke Bildseite zeigt einen Kopf (Nase oben) mit den aktivierten Hirnarealen bei der Lösung einer neuartigen Aufgabe. Die Person agiert bewusst: Sie orientiert, plant, entscheidet, überwacht die Handlungsausführung und kontrolliert das Ergebnis. Dazu ist u. a. das Arbeitsgedächtnis im Präfrontallappen (Stirnbereich) involviert. Der visuelle Kortex im hinteren Schädelbereich ist ebenfalls stark aktiviert. Er nimmt Informationen auf und verarbeitet sie. Die rechte Bildhälfte zeigt einen Hirn-Scan derselben Person bei der Ausführung einer hoch geübten Aufgabe. Diese erfordert eine minimale Hirnaktivität: Keine bewusste Orientierung, keine Planung und keine bewusste Handlungssteuerung im Präfrontallappen. Ein gespeichertes Programm mit Wenn-Dann-Verkettungen steuert die automatisierte Handlungssequenz quasi im Blindflug.

Bei automatisierten, fertigkeitsbasiert gesteuerten Handlungen können handlungsleitende Reize ohne bewusste Kontrolle durch die Aufmerksamkeit ganze Handlungssequenzen auslösen (triggern). Motorische Programme steuern auf diese Weise koordinierte

3 Arbeitswissenschaftliche Aspekte der Mensch-Roboter-Kollaboration

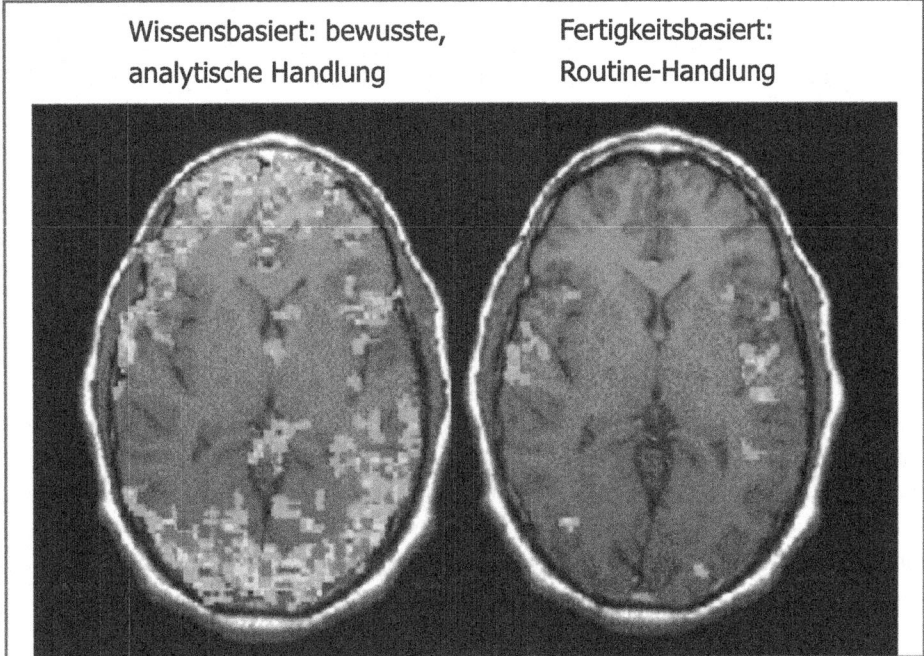

Abb. 3.2 Unterschiede in der Hirnaktivität (fMRI) bei der Handlungsausführung (Schneider 2003)

Handlungen. Werden neu zu erlernende Fertigkeiten bis zum Niveau der Automatisierung geübt, so entlastet dies das Arbeitsgedächtnis um ca. 90 % (Schneider und Chein 2003). Der reduzierte Aufmerksamkeitsbedarf macht Menschen robust gegen Überlastung. Denn Zustände wie Stress, Ermüdung, Unterforderung oder Monotonie gehen mit einer reduzierten Aufmerksamkeitskapazität einher. Eine solche Systemdegradation wird kompensiert, indem auf Routinehandlungen aus dem Langzeitgedächtnis zurückgegriffen wird. Dabei kommen vor allem alte, vertraute Handlungen zum Einsatz, also nicht unbedingt jene, die im letzten Training neu einstudiert oder abgeändert worden sind.

3.3.3 Effizienz und Fehleranfälligkeit als Kehrseiten der Medaille

Die menschliche Fähigkeit, komplexe Handlungen automatisiert auszuführen, ist die Grundlage von Exzellenz, wie sie beispielsweise bei einem virtuosen Berufsmusiker zu beobachten ist. Die Effizienz aufgrund von selektiver Wahrnehmung, direkter Verdrahtung von Auslöser mit Handlungsschritten und aufgrund der Fähigkeit, Handlungen ohne Aufmerksamkeit auszuführen, hat aber auch eine Kehrseite: Sie ist eine Quelle menschlicher Unzuverlässigkeit und eine Ursache für menschliche Fehler (Reason 1994). So können auf der fertigkeitsbasierten Ebene Automatismen ablaufen, deren Konsequenzen nicht beabsichtigt waren. Wenn die Ausführung einer automatisierten Handlung verrutscht, beispielsweise wenn ich aus Versehen die falsche Taste drücke, so wird dies als fertigkeitsbasierter Fehler in Form eines *Slip* bezeichnet. Oder wenn ich vergesse, nach einer Unterbrechung einer Routinehandlung einen Handlungsschritt auszuführen oder eine beabsichtigte Anpassung vorzunehmen, dann entspricht dies einem fertigkeitsbasierten Fehler in Form eines *Lapse*. Beispielsweise vergesse ich auf dem Nachhauseweg – wie beabsichtigt – bei der Post Halt zu machen, und fahre stattdessen wie gewohnt direkt nach Hause. Dagegen unterlaufen Fehler auf der regelbasierten Ebene, weil uns nicht bewusst ist, dass wir uns jetzt gerade in einer anderen Situation als der erwarteten, gewohnten befinden. Unser bewährter Lösungsansatz greift aufgrund der Situationsverkennung nicht. So kann es passieren, dass Piloten meinen, sie hätten „Three Greens" gesehen, als sie überprüften, ob das Ausfahren der Fahrwerke durch drei grüne Kontrolllampen bestätigt wurde. Tatsächlich leuchteten aber nicht alle drei Lämpchen. Weil der Anblick der drei grünen Lichter aber sehr gewohnt ist, „sieht" der Pilot, was sein Schema im Langzeitgedächtnis aufgrund seiner bisherigen Erfahrungen erwarten lässt. Oder im medizinischen Bereich kann es vorkommen, dass ein Arzt beim Ausbleiben des Behandlungserfolges zunächst die Dosis des verabreichten Medikamentes steigert, bevor er sich bewusst wird, dass dieser Patient möglicherweise eine andere Krankheit hat. Er hat den Patienten vorschnell für einen weiteren Fall einer häufigen oder typischen Diagnose gehalten. Dies sind Fälle von *regelbasierten Fehlern*. Fehler passieren aber auch, wenn wir nicht über das notwendige Wissen oder über inadäquate mentale Modelle verfügen. Fehlen einem Arzt Wissen und Erfahrung, um Krankheitssymptome richtig einzuordnen, so vergibt er eine falsche Diagnose. Dies entspricht einem *wissensbasierten Fehler*.

Diese Fehlermechanismen weisen auf zwei grundsätzliche Schwierigkeiten menschlicher Leistung hin: Zum einen geht Expertise aufgrund höherer Fertigkeit und Geübtheit mit weniger bewusster Handlungssteuerung einher, was zu Routine und entsprechender Betriebsblindheit führen kann. Die Aufmerksamkeit geht dabei von der Handlung weg, was das Entdecken von Abweichungen und Fehlern erschwert. Zum anderen wird das menschliche Bewusstsein eingeschränkt, weil die Erwartungen und aktivierten Schemata darüber entscheiden, welche Informationen bemerkt und aufgenommen und wie sie interpretiert werden. Die Folge ist ein in sich tendenziell geschlossener Kreislauf aus Denken und Wahrnehmen auf der Basis bisher gemachter Erfahrungen. Dieser Kreis wird durch die Bestätigungstendenz weiter verstärkt.

Daraus ergeben sich Anforderungen an die Gestaltung von MTO-Systemen: Wie kann der Aufbau von Expertise gefördert werden, so dass eine differenzierte Wahrnehmung und Interpretation resultieren und ein nuancenreiches Spektrum an Handlungsoptionen zur Verfügung steht? Und wie können die Auswirkungen für die im Lernprozess auftretenden menschlichen Fehler verringert werden? Als nächstes werden gängige Lösungen bei der Gestaltung des MTO-Systems auf ihre Auswirkung auf menschliches Verhalten und die Sicherheit betrachtet.

3.4 Auswirkungen der Technikgestaltung auf den Menschen

Dieser Teil betrachtet den Nutzen und die Nebeneffekte technischer, insbesondere automatisierter Systeme bezüglich Sicherheit vor dem Hintergrund menschlichen Verhaltens. Der Nutzen technischer Hilfsmittel liegt in ökonomischen Vorteilen, die aus höherer Effizienz, reduziertem Personalbedarf und erweitertem Einsatzspektrum resultieren. Doch oft wird beim Betrachten des Nutzens das Funktionieren der Automation und der Software vorausgesetzt; die versteckten bzw. indirekten Kosten und Folgekosten sowie Abhängigkeiten innerhalb des Gesamtsystems dagegen werden nicht hinreichend beleuchtet. Mögliche Kostenfaktoren stellen typischerweise dar:

- Ungeeignete oder nur teilweise für den Arbeitsprozess geeignete technische Ausführung
- Umgestaltung und Verbesserungen des Designs (Updates, Re-Designs – insbesondere wenn für die spezifische Applikation nicht getestet wurde)
- Technische Nachrüstungen und Alterungsmanagement
- Wartung und Instandhaltung (ebenfalls Personalkosten!)
- Zeitdruck durch schnellen Takt und enge Koppelung sowie Dominoeffekt
- Folgekosten aus Unfällen aufgrund technischer Fehler und/oder Fehlbedienungen
- Training für Systemkenntnisse und zur Bedienung
- Zusatztraining, um Fertigkeiten zu erhalten, die bei konsequenter Nutzung der Technik verloren gehen
- Unterbrechungen und Nicht-Verfügbarkeiten bei technischen Problemen und Ausfällen
- Abhängigkeit von Servicedienstleistern (insb. Softwaredienstleistungen)
- Vulnerabilität (z. B. Informationssicherheit, Terrorismus)
- Einfluss auf die Mitarbeiterkompetenz und -motivation

Aus Sicht des Arbeitenden zeigt sich der Vorzug technischer Systeme darin, dass sich der Zeitbedarf und der mentale Aufwand zur Aufgabenausführung reduzieren. Das Arbeiten wird müheloser, indem mental aufwändige Prozesse wie Berechnungen, räumliches Orientieren, Planen und Vorhersagen sowie Überwachen und Kontrollieren erleichtert werden oder erspart bleiben. Die durch die technischen Hilfsmittel erreichten Arbeitserleichterungen können beim Handelnden aber zu unerwünschten Nebeneffekten führen, die mental (Abschn. 3.4.1) und motivational (Abschn. 3.4.2) bedingt sind.

3.4.1 Mentale Nebeneffekte technischer Hilfsmittel

In Bezug auf die Handlungssteuerung führen technische Hilfsmittel zu einem Abbau bis hin zum Verlust der hierzu erforderlichen mentalen Kontrolle: Für die auszuführenden Handlungsschritte braucht es keinen Plan, der die relevanten Ausführungsbedingungen spezifiziert und das Timing, die Koordination und die Feinabstimmung regelt. So bewirken beispielsweise Navigationshilfen, dass sich ein Fahrer ohne mentale Vorbereitung auf die Fahrt zu einem neuen Ziel in einer ihm unbekannten Umgebung begibt und sich auf die Handlungsanweisungen des technischen Systems verlässt. Er verfügt über keinen übergeordneten Plan, der es ihm ermöglicht, wissensbasiert eine mentale Kontrolle über das Vorgehen auszuüben, Fehler zu erkennen und das Vorgehen an situative Veränderungen anzupassen. Seine Handlungen stehen in keinem mentalen Gesamtzusammenhang. Er führt hauptsächlich Bewegungen zur Lenkung des Fahrzeuges aus und handelt scheinbar fertigkeitsbasiert. Im Unterschied zu tatsächlich fertigkeitsbasiertem Handeln verfügt der Handelnde hier allerdings nicht über ein fundiertes mentales Modell, das den Gesamtzusammenhang erfasst und ein automatisiertes motorische Programm steuert, um die einzelnen Handlungsschritte im Gesamtkontext der Handlung auszuführen. In Wirklichkeit führt er regel- oder fertigkeitsbasiert, getriggert von der Stimme oder der Anzeige des Navigationsgerätes, Handlungsschritte aus, die losgelöst von einem übergeordneten mentalen Plan sind. Dieser bleibt dem Handelnden verborgen: Das Navigationsgerät zeigt auf dem Kartenausschnitt nur einen begrenzten Bereich der Umgebung, dem Fahrer wird der Gesamtkontext und die Logik der Routenwahl vorenthalten. Entsprechend sind die Lernmöglichkeiten in Bezug auf die auszuführende Tätigkeit stark begrenzt. Sollte das Assistenzsystem ausfallen, so erschweren die geringe Handlungskompetenz durch fehlende mentale Kontrolle und die reduzierte geistige Präsenz des Fahrers ein rasches und eigenständiges Eingreifen. So findet also nicht nur ein Deskilling – ein Abbau vormals gut beherrschter motorischer und mentaler Fertigkeiten – statt, sondern insgesamt eine *Dementalisierung*: Die mentale Kontrolle geht verloren. Dies führt zu einem mangelhaften Vorstellungsvermögen und reduziert das Urteilsvermögen. Beides sind wichtige Voraussetzungen für das Arbeiten in komplexen Arbeitssystemen (Dörner und Funke 2017).

3.4.2 Motivationale Nebeneffekte technischer Hilfsmittel

Die Vorteile technischer Systeme hinsichtlich Zuverlässigkeit und Sicherheit können verloren gehen, wenn technische Verbesserungen der Sicherheit beim Menschen zu einem höheren Sicherheitsgefühl führen und seine Motivation für vorsichtiges Verhalten untergraben. Dieses Sicherheitsparadox wird als Risikokompensation (Wilde 1982) bezeichnet. So können technische Sicherheitsvorkehrungen, wie z. B. FI-Schalter, in bestimmten Situationen Verhaltensvorkehrungen, wie das Ziehen einer Sicherung, überflüssig erscheinen lassen. Oder der Mensch riskiert aufgrund von Schutzausrüstung mehr: Das Tragen von Skihelmen führt beispielsweise zu schnellerem Fahren. Der Sicherheitsgewinn durch aktive und passive technische Sicherheitshilfsmittel kann durch unsicheres Verhalten wieder aufgehoben werden und zu unerwarteten Risiken führen.

Auf diese Weise führten die Anpreisungen technischer Wunder ihrer Zeit wie z. B. der Titanic als „unsinkable ship" dazu, dass die Besatzung der Titanic sich in falscher Sicherheit wog. Ähnliches versprach Airbus bezüglich seiner damals bahnbrechenden neuen

Technologie des „glass cockpit" beim A320, bevor es 1988 bei der öffentlichen Erstvorführung in Habsheim wider Erwarten zum Absturz kam. Menschen vermeiden Anstrengung und Aufwand für den Aufbau von Sicherheitsmargen und Redundanzen, die intuitiv unnötig erscheinen. So verlassen sich Piloten auf die Anzeige des Traffic Alert and Collision Avoidance System (TCAS) und reduzieren die visuelle Suche nach anderen Verkehrsteilnehmern im äußeren Bereich des optischen Feldes.

Neben dem Verlust mentaler Kontrolle durch ungenügende aktive Involvierung in die Tätigkeit und der motivationalen Unterwanderung durch technisch verbesserte Sicherheit führen technische Hilfsmittel zu einer Reihe weiterer Effekte in Bezug auf das menschliche Verhalten: Der Arbeitende wird durch die Maschine getaktet. Trotz dieser Entmachtung und beschnittenem Handlungsspielraum bleibt dem Menschen aber eine große Verantwortung. Außerdem führen die dem Menschen übertragenen Resttätigkeiten zu einer Entfremdung von der Arbeit. Weil Arbeitsschritte nicht mehr selber ausgeführt werden, fällt es schwer, den aktuellen Systemzustand zu erkennen, den zukünftigen Zustand zu antizipieren und Zusammenhänge zu verstehen. „Erst durch das eigene Ausführen aller Produktionsschritte ist der menschliche Arbeiter in der Lage, die Prozesse zu verstehen, zu verbessern und im Falle von Fehlern einzuschreiten" (Wischmann 2015, S. 150). Überraschungen und Fehlmanipulationen werden durch ein mangelhaftes Technologieverständnis verstärkt.

Wie Roboter durch MRK den unerwünschten Nebeneffekten technikgetriebener Systemgestaltung entgegenwirken können, und welche Gestaltungsmaßnahmen darüber hinaus für nachhaltige Sicherheit erforderlich sind, wird als nächstes erläutert.

3.5 Technik- und Systemgestaltung: MTO oder TOM – eine Frage der Priorität

Die sozio-technische Systemgestaltung, wie sie Emery und Trist (1960) als notwendige Balance zwischen technischen Möglichkeiten, organisatorischer Umsetzung und menschlichen Kapazitäten und Bedürfnissen erkannt haben, wird bis heute nur begrenzt umgesetzt. Statt mit *MTO*-Gestaltung Mensch, Technik und Organisation in Einklang zu bringen, wird mangels interdisziplinärer Zusammenarbeit vielmehr *TOM* praktiziert: Die Technik bestimmt die Organisation, und der Mensch hat sich darin einzupassen. Er übernimmt Resttätigkeiten, überwacht die Maschine, arbeitet gemäß den Vorgaben und Prozeduren, was seine Arbeit abwechslungs- und inhaltsarm macht. Neuste Robotertechnologie eröffnet ein breites Spektrum an Optionen für die Gestaltung von Arbeitssystemen mit unterschiedlichen Auswirkungen für die menschlichen Arbeitskräfte. Sie hat das Potenzial, Nachteile der technikgetriebenen Systemgestaltung aufzuwiegen. So können Tätigkeiten zwar weiterhin ganz oder teilweise von Robotern übernommen werden – oder Roboter können dem Menschen zudienen und seinen Arbeitsplatz ergonomischer machen, indem sie z. B. schwere Bauteile halten. Neue Robotertechnologie ermöglicht darüber hinaus eine direkte Interaktion mit dem Menschen, in welcher die Tätigkeiten flexibel im Wechselspiel mit dem Arbeitenden erledigt werden. Dadurch kann der Mensch in den

Mittelpunkt gestellt werden: Er kann jederzeit eingreifen und auf Arbeitsprozesse, die der Roboter übernommen hat, korrigierend einwirken. Umgekehrt wird er vom Roboter entlastet. Dadurch wird erreicht, dass der Mensch trotz technischer Hilfsmittel *vollständige* Arbeitstätigkeiten übernimmt und beherrscht (Wischmann 2015) – statt der üblichen Überwachungsaufgaben und nicht-automatisierbaren Resttätigkeiten.

Ob Ansätze der MRK Arbeitssysteme redundanter und resilienter machen, so dass unerwartete Ereignisse erfolgreich bewältigt werden, hängt davon ab, wie gut es gelingt, den Menschen in seiner Rolle im System zu stärken. Zentrale Fragen sind dabei: Welche Fähigkeiten und Fertigkeiten müssen beim Arbeitenden erhalten bleiben und wie können diese möglichst bei der Ausführung der Arbeitstätigkeiten und nicht nur im Training aufgebaut und aufrechterhalten werden? Wie können Errungenschaften der Digitalisierung, Datenerfassung und automatisierten Datenauswertung für eine differenzierte, handlungswirksame Rückmeldung aus der Arbeitstätigkeit (Knowledge of Result) genutzt werden, um das Lernen zu verbessern? Und wie kann das Training individualisiert werden, damit effektives und umfassendes Lernen stattfindet?

Damit Expertise entstehen kann, braucht es zum einen ein vielfältiges Aufgabenspektrum, um das Verständnis dafür aufzubauen, wann welche Vorgehensweisen angemessen sind und um ihre Ausführung zu beherrschen. Zum anderen erfordert es eine Haltung und ein Arbeitsumfeld, welche die Bereitschaft und Fähigkeit zum Reflektieren des geplanten Vorgehens in Anbetracht der spezifischen Umstände fördern. Störungen, Unterbrechungen oder Anpassungen sollten bei der Ausführung automatisierter Handlungen minimiert werden, da Routinehandlungen nicht ohne Weiteres wieder der bewussten Kontrolle zugeführt und unterstellt werden können. Wo immer möglich, ist Multitasking zu vermeiden. Und es braucht Zeit, technische Hilfsmittel, ein geeignetes Herangehen sowie eine Kultur, die das Reflektieren von Erfahrungen im Sinne von Best Practice, Lernen und Erfahrungsaustausch fördern.

Um dies zu erreichen, muss der Fokus auf das menschliche Verhalten in Systemen gelegt werden, und es braucht Anstrengungen, die über die Innovation technischer Hilfsmittel hinausgehen. Zur Regulierung des menschlichen Verhaltens in Systemen sind Maßnahmen auf drei Ebenen bedeutsam:

(1) **Ebene der Ordnung und Struktur:**
   Organisatorische Maßnahmen wie Prozesse, Regeln und Vorschriften steuern das Verhalten der Arbeitenden und bilden die Grundlage für Qualitäts- und Sicherheitskontrollen. Sie ergeben sich mehrheitlich aus der Gestaltung des technischen Systems und berücksichtigen gesetzliche Vorschriften, welche im Rahmen von Zulassung, Zertifizierung und Aufsicht kontrolliert wurden bzw. werden. Diese Ebene regelt die Rechte und Pflichten der Beteiligten. Sie schafft Sachzwänge – z. B. durch das technische Layout oder durch Verfahrensvorgaben – und/oder sie appelliert an die Vernunft (so verhält man sich korrekt, sicher oder optimal). Dies ist die oberste und abstrakte Ebene der Verhaltensregulierung, die losgelöst vom Kontext, von den Be-

dürfnissen und vom Selbstverständnis der Mitarbeitenden sein kann. Richtlinien und Verordnungen können je nach Situation unangemessen sein oder gar veraltet, weshalb Mitarbeitende sie bisweilen interpretieren oder anpassen müssen.

(2) **Ebene der Verhaltensanreize:**

Mit Belohnungen und Sanktionen wird das Verhalten von außen gelenkt. Wer rasch und in hoher Qualität arbeitet, die vorgegebenen Ziele erreicht oder übertrifft, etwas Besonderes leistet oder sich loyal verhält, erhält mehr Lohn oder bessere Karrieremöglichkeiten. Wer sich an die Vorgaben hält, wird belohnt oder zumindest nicht bestraft.

(3) **Ebene der Einbindung über Bedürfnisse und das Selbstverständnis:**

Erleben Mitarbeitende Wertschätzung und werden sie bei der Entwicklung von Anwendungen und Problemlösungen einbezogen, so können sie ihre eigenen Anliegen und Bedürfnisse für ein gutes Funktionieren des Produktionsprozesses und für die Sicherheit wahrnehmen und einbringen. Dies schafft eine intrinsisch motivierte Verhaltenssteuerung, die den Arbeitenden von innen lenkt, zu einer guten Sicherheitskultur führt und eine lernende Organisation ermöglicht. Diese dritte Steuerungsebene wird aktiviert, wenn eine bestimmte Art des Umgangs zwischen Mitarbeitenden sowie unter Managern, Führungskräften und Mitarbeitenden gepflegt wird, die auf Eigenverantwortung, Vertrauen und Wachstum durch Lernen setzt.

Von den drei Steuerungsebenen fördert die oberste Ebene *Compliance* im Sinne einer Gesetzes- und Regelkonformität, die mittlere Ebene Opportunismus – den Eigensinn. Die unterste Ebene spricht das Selbstverständnis der Mitarbeitenden an und schafft eine Ausrichtung auf den Gemeinsinn – verstanden als Interessenwahrung und Sicherheit des Betriebs, der Mitarbeitenden, der Kunden, des erweiterten Betroffenenkreises wie Nachbarn oder nächste Generationen. Die dritte Ebene führt zu einem nachhaltigen Commitment im Sinne einer guten Sicherheitskultur. Sie erfüllt als einzige Ebene der Verhaltensregulation echte menschliche Bedürfnisse nach Kompetenz, Autonomie und Zugehörigkeit und operiert nicht über Angst vor Konsequenzen oder einen durch Anreize geweckten Bedarf. Die Einbindung der ganzen Person der Mitarbeitenden erzeugt eine Adhäsion gegenüber geteilten betrieblichen Werten und Vorgaben und ermöglicht eine soziale Art von Kontrolle innerhalb der Arbeitsgemeinschaft. Es entstehen verbindende Beziehungen unter Mitarbeitenden sowie zwischen Führungspersonen und Mitarbeitenden – eine zwischenmenschliche Basis für gegenseitige Verbindlichkeit.

Alle drei Ebenen sind von Nutzen. Struktur und Ordnung schaffen Übersicht, Zuverlässigkeit und Kontrolle und können Komplexität reduzieren, sollten aber nicht zu einer Überregulierung im Sinne eines Verwaltens von Sicherheit führen. Für eine nachhaltige Sicherheit und eine gute Sicherheitskultur können Arbeitende nicht primär von außen gelenkt werden, sondern sollten Eigenverantwortung entwickeln, indem sie die Vorgaben in ihrem Arbeitsumfeld und im situativen Kontext reflektieren und angemessen umsetzen. Anreize können helfen, Startschwierigkeiten zu überwinden oder Nachteile auszugleichen. Der Aufbau von vertrauensvollen Beziehungen (Ebene 3), das Wertschätzen der

Person und das Anerkennen von Bedürfnissen – insbesondere nach Autonomie, Kompetenz und Zugehörigkeit – sind gerade für Unternehmen in komplexen, dynamischen Arbeitsumfeldern unumgänglich. Sie sind darauf angewiesen, dass Mitarbeitende ihre Erfahrung und ihr Urteilsvermögen aufbauen und weiterentwickeln, um diese zugunsten des Unternehmens einzubringen.

Bis heute wird der Schwerpunkt bei der Systemsteuerung überwiegend auf die Gestaltung des technischen Systems und des optimierten Prozesses sowie auf Vorgaben und Richtlinien gelegt, was durch Normierungs- und Qualitätssicherungsbestrebungen verstärkt wird. Eine einseitige Schwertpunktlegung auf die Ebene „Ordnung und Struktur" führt zu Standardisierung des Vorgehens über Vorschriften und Verfahren und erreicht Vorhersehbarkeit und Zuverlässigkeit. Sie hat aber auch Schattenseiten: Sie führt zu Handlungsroutinen (fertigkeitsbasiertem Handeln) und damit zur Gefahr von Betriebsblindheit, vermehrter Bestätigungstendenz durch Erwartungen und schemagetriebene Informationsverarbeitung sowie zu einer Verminderung der Wahrnehmungs- und Urteilsfähigkeit, des Problemlösedenkens und des kritischen Hinterfragens. Durch Routine gehen Kreativität, divergentes Denken und Anpassungsfähigkeit verloren. Ein einseitiger Fokus auf der Ebene „Ordnung und Struktur" appelliert an die Selbstdisziplin der Mitarbeitenden. Dass dies nicht ausreicht, zeigen Ermahnungsplakate und ergänzende Anreizsysteme z. B. für Unfallfreiheit. Über die extrinsische Steuerung hinaus braucht es ergänzende Maßnahmen mit dem Ziel …

- ein Umfeld zu schaffen, welches die Bedürfnisse der Mitarbeitenden wahrnimmt und anspricht sowie ihre Kompetenzen fordert und fördert,
- die betrieblichen Vorgaben mit dem Selbstbild der Mitarbeitenden zu verbinden und ihnen Handlungsspielräume und Autonomie zuzugestehen,
- Verbindungen zwischen den im gesamten Arbeitsprozess Involvierten (Ingenieuren, Managern, Führungskräften und Mitarbeitenden) zu schaffen und damit Zusammenhänge sichtbar zu machen und das Zusammenwirken zu fördern.

Entwickler, Betreiber und Behörden tendieren dazu, die Compliance mit dem von ihnen etablierten System zu forcieren und orientieren sich an entsprechenden Quantifizierungen und Kennzahlen. Bleiben diese hinter den Erwartungen, erfolgen meist neue Vorgaben und Prozesse von oben. Dies schafft einen einseitigen Durchsetzungsdruck, der an der Basis gelöst werden muss. Wird dagegen Gelegenheit zur Partizipation geboten und ein vertrauensvoller und offener Umgang mit Mitarbeitern gepflegt, aktiviert dies die Eigenverantwortung der Mitarbeitenden und fördert eine gute Sicherheitskultur. Dies bedeutet für Entwickler, Betreiber und Aufsicht, dass sie über das Definieren von „Absolutheitsansprüchen" in Form von Funktionen, Richtlinien und Vorgaben hinaus ein Bewusstsein für den Prozess und die (Aus-)Wirkung der damit geschaffenen Arbeitsumwelt erwerben und dass sie zusätzlich Maßnahmen für eine nachhaltige Sicherheit entwickeln und diese in der Umsetzung begleiten: eine aktive Einbindung der Mitarbeitenden in das Umsetzen von Vorgaben und Prozessen – bereits bei deren Festlegung. Ebenso notwendig ist eine stärkere Involvierung der Führungspersonen und der Manager in die Umsetzung der Vorgaben und Prozesse in der Produktion vor Ort.

Durch die stark arbeitsteilige Strukturierung des Produktionsprozesses sind in herkömmlichen Arbeitssystemen Silos entstanden, die zu unterschiedlichen Interessen, Gruppenzugehörigkeiten und Identitäten geführt haben. Die Organisation mit Über- und Unterordnung kann die mangelhafte Vernetzung nicht kompensieren. Sie macht menschliche Beziehungen ebenfalls zu einer Strukturierungsangelegenheit, die Interessen regeln und Konflikte vermeiden soll. Sie schafft eine Qualität von Beziehung ohne zwischenmenschliche Begegnung und Verbindung. Diese Art der Beziehungsstrukturierung soll gewährleisten, dass Menschen praktisch ohne emotionale und soziale Kompetenz, ohne Konflikt- oder Kooperationsfähigkeit auskommen und miteinander arbeiten können (Dittmar 2017). Um zwischenmenschliche Verbindungen aufzubauen, braucht es eine differenzierte Wahrnehmung, Zuhören, Empathie, klare Bedürfnisäußerungen und Kooperation. Dadurch entstehen Verbindungen, die auf Respekt, Gleichwertigkeit und Gegenseitigkeit basieren.

Methoden, wie solche Verbindungen konkret gefördert werden können, beschreiben u. a. Konzepte des positiven Führens (z. B. Hunziker 2018; Mölleney und Sachs 2019) und Ansätze zur Gestaltung von sinnstiftender Zusammenarbeit (z. B. Laloux 2015; Quinn 2015). Diese liefern inspirierende Anwendungen, die zeigen, wie …

- an die Stelle von Macht eine Einflussnahme im Sinne von *Bewirken* und *für andere Dienstleisten* treten kann, so dass aus Einseitigkeit Gegenseitigkeit wird,
- eine Gesamtausrichtung im Interesse des Produktionsprozesses erreicht und das Zusammenwirken über die eigenen Prozessschritte hinaus gefördert wird,
- das Interesse an und die Wertschätzung für die einzelne Person über ihre jeweilige Rolle hinaus zum Schlüssel werden für verbindende Beziehungen und den Aufbau von Vertrauen, Respekt und Verbindlichkeit.

Wie wichtig eine Kultur des Vertrauens und der Gleichwertigkeit ist, zeigen Flugunfälle wie jener der Alitalia im Jahr 1990 beim Anflug auf Zürich. Der Copilot hatte das Durchstarten eingeleitet, als er den Eindruck hatte, dass die Anzeige des Captains – und nicht die seine – fehlerhaft sei und sie folglich zu früh abgesunken waren. Der Captain ließ den Copiloten nicht gewähren, sondern setzte sich aufgrund seiner Machtposition und seiner aus dem Erfahrungsvorsprung resultierenden Selbstsicherheit durch. Er führte das Absinken fort. Die Maschine kollidierte kurz darauf mit dem Stadlerberg, weil der Copilot seinen Beitrag zur Sicherheit nicht einbringen konnte.

Begegnungen, die das Verbindende hervorheben, lassen Unterschiede bezüglich Erfahrungen, Zielvorstellungen, Problemwahrnehmungen und Lösungspräferenzen in den Hintergrund treten, die naturgemäß zu Diskussionen führen und der Verteidigung der eigenen Position dienen. Begegnungen entstehen in einem Dialog mit einer offenen, fragenden Grundhaltung und einem Schwerpunkt auf dem Zuhören. Dies ermöglicht Lernen durch kritische Selbstreflexion, ein Sich-Einlassen auf andere Sichtweisen und eine Veränderung der Perspektive. Wertschätzung entsteht über die Art und Weise, wie wir einander zuhören, aufeinander eingehen, einander ernst nehmen und unsere Bedürfnisse gegenseitig würdigen (Dittmar 2017).

3.6 Fazit

Erfahrungen mit Mensch-Automation-Zusammenarbeit, die im Bereich der Luftfahrt und Prozessindustrie zu Sicherheitsfragen gewonnen wurden, sind von der menschlichen, psychologischen Seite ohne Weiteres auf die Sicherheitsfragestellungen der Mensch-Roboter-Kollaboration übertragbar (Hollnagel 2009). Der wirtschaftliche Erfolg wird sogar wesentlich von einer menschenzentrierten Betrachtungsweise abhängen, wie die nachfolgende Zusammenstellung nahe legt:

- Erfahrungen aus der Luftfahrt zeigen, dass durch die Vereinfachung der kognitiven Aufgaben dank der technischen Hilfsmittel auf Dauer die Leistungsbereitschaft der Piloten abnimmt. Hinsichtlich des Gestaltungsgedankens, durch eine Mensch-Roboter-Kollaboration physische und psychische Belastungen zu reduzieren, bedeutet dies, dass eine an Belastungswechseln orientierte Gestaltung sinnvoller ist als eine Reduktion von Belastungen insgesamt (Sträter et al. 2018).
- Weil Menschen von Natur aus Heurismen nutzen, um sich in der Welt effektiver zu bewegen, sind auch beim Arbeit mit automatisierten Systemen unvorhergesehene Verhaltensänderungen auf Basis der Eigenschaften und Möglichkeiten des autonomen Systems zu erwarten. In der Luftfahrt oder Kerntechnik beispielsweise werden die eingesetzten Sicherungssysteme auch zur Erhöhung der Produktivität genutzt und führen zu Nebeneffekten. Mitarbeitende werden in einer gemeinsamen Arbeit mit Robotern neue, auch unerwünschte Verhaltensweisen zeigen, die der Systemdesigner oder der Arbeitsgestalter so nicht konzipiert haben. Hieraus können kritische Szenarien erwachsen sowie Produktionsziele unerreicht bleiben. Welches Verhalten generiert wird, muss im Rahmen der Einführung solcher Systeme beobachtet werden. Der Gestaltungsprozess muss entsprechend flexibel sein, um unerwünschten Szenarien entgegenwirken zu können.
- Die Leistungsbereitschaft der Mitarbeitenden wird im Vergleich zur Leistungsfähigkeit eine wesentlich bedeutendere Rolle für die Arbeitsgestaltung haben. Reduziert die Automation in der Mensch-Roboter-Kollaboration die Leistungsfähigkeit des Menschen, so können Mitarbeitende „entstehen", die nicht mehr die notwendige Arbeitszufriedenheit und damit Leistungsbereitschaft haben. Eine andere, menschenorientierte Arbeitsgestaltung ist deshalb unabdingbar für eine zielführende und funktionsfähige Mensch-Roboter-Kollaboration. Eine entsprechende Beteiligung der Mitarbeitenden in der Systemgestaltung ist hier ein wichtiges Erfolgskriterium.

Insgesamt kann aus den Erfahrungen resümiert werden, dass gerade für das Thema Mensch-Roboter-Kollaboration ein menschenzentrierter Ansatz gewählt werden muss, um Sicherheit und Produktivität der Systeme zu gewährleisten. Der Versuch, Nachteile der technikgetriebenen Systemgestaltung wiederum durch den Einsatz einer neuen MRK-Technologie ausgleichen zu wollen, stellt in sich ein Paradox dar. Sie eröffnet für den arbeitenden Menschen Optionen, die zu einem tatsächlichen Systemwechsel führen könnten. Was Systeme dabei nachhaltig sicher macht, sind ausgefeiltere technische Anwendungen, deren Auswirkungen auf die Leistungsfähigkeit und das Verhalten von Menschen im Design berücksichtigt sind. Zum anderen braucht es Gestaltungsansätze und Maßnahmen, welche die Kompetenzen und die Eigenverantwortung der Menschen bei ihrer Arbeit stärken und ein differenziertes Verständnis der Zusammenhänge in Bezug auf den gesamten Leistungsprozess fördern. Darüber hinaus ist es wichtig, ein Rollenverständnis zu haben, das zu einem Zusammenspiel von Entwickler, Aufsicht und Betreiber führt, das über die Herausgabe von Vorgaben und die Kontrolle der Einhaltung von Vorschriften hinaus geht und Aspekte der sozialen Wahrnehmung, Interaktion und Kommunikation einbezieht. Diese leisten einen wichtigen Beitrag zu einer guten Betriebs- und Sicherheitskultur und damit einer hohen Identifikation mit dem Umgestaltungsprozess hin zu einer produktiven Mensch-Roboter-Kollaboration.

Ein im Rahmen der Industrialisierung durchgetakteter, arbeitsteiliger Prozess hat menschliche Beziehungen bei der Arbeit durch Unabhängigkeit der Arbeitsleistung von der arbeitenden Person überflüssig gemacht. Der Arbeitseinsatz wird gegen Lohn aufgewogen. Auf der Strecke geblieben sind Selbstständigkeit und Eigenverantwortung der Mitarbeitenden, die beim Einzelnen das Bewusstsein für seinen Einfluss auf den Gesamtprozess schaffen. Aufgabe von Führungspersonen ist es, über die Organisationsstruktur hinaus den Prozess der Beteiligung und des Zusammenwirkens der Mitarbeitenden in Gang zu bringen. Die Fähigkeit, die eigene Einstellung hinter dem Denken und Verhalten zu erkennen, zu hinterfragen und anzupassen ist wichtig, um die unterschiedlichen Sichtweisen und Anliegen der Beteiligten angemessen wahrzunehmen, diese für alle Beteiligten zu übersetzen und verständlich zu machen. Dadurch können Perspektivdifferenzen und damit einhergehende Bereichsegoismen überwunden, Ressourcen freigesetzt und Systeme nachhaltig sicher gemacht werden. Dies erfordert auf der menschlichen Seite des Arbeitssystems eine Funktionsweise, die über das Einhalten und Befolgen von Vorgaben hinausgeht.

Auf diese Weise können die durch stark arbeitsteilige Arbeitsstrukturen geschaffenen Verschiedenheiten über menschliche Beziehung wieder vernetzt und kongruent gemacht werden. Zwischenmenschliche Verbindungen herzustellen ist ein wichtiger Weg, um den gesamten Arbeitsprozess effektiver und sicherer zu machen. Organisatorische Maßnahmen für verbindende Beziehungen und Eigenverantwortung sind eine wertvolle Ergänzung zu einer menschzentrierten Gestaltung von MRK, die den Kompetenzerhalt und den Handlungsspielraum der Mitarbeitenden bei der Ausführung ihrer Tätigkeit sicherstellt. Durch menschenzentriertes Gestalten kann das zwiespältige Verhältnis zwischen Systemgestalter (Denker) und Maschinenbediener (Ausführer) aufgelöst werden. Gerade bei der derzeit zu verzeichnenden Spaltung innerhalb der Gesellschaft ist ein solcher Gestaltungsansatz auch ethisch erforderlich.

Literatur

Anderson, J. R. (1982). *The architecture of cognition*. Cambridge: Harvard University Press.
Bainbridge, L. (1983). Ironies of automation. *Automatica, 19*(6), 775–779.
Billings, C. (1996). *Human-centered aviation automation: Principles and guidelines*. NASA Technical Memorandum 110381. Moffett Field: NASA Ames.
Bubb, H. (2019). *Gestaltung menschlicher Zuverlässigkeit beim autonomen Autofahren. Tagung Technische Zuverlässigkeit 2019. Tagungsband*. Düsseldorf: VDI.
Del-Prete, S. (1987). Message d'amour des dauphins. https://www.sandrodelprete.com/index.php/dolphins.html. Zugegriffen am 27.11.21019.
Dittmar, V. (2017). *beziehungsweise. Beziehung kann man lernen*. München: edition est.
Dörner, D., & Funke, J. (2017). Complex problem solving: What it is and what it is not. *Frontiers in Psychology, 8*, Article 1153.
Emery, F. E., & Trist, E. L. (1960). Socio-technical systems. In C. W. Churchman & M. Verhulst (Hrsg.), *Management science, models and techniques* (Bd. 2, S. 83–97). Oxford: Pergamon.
Hollnagel, E. (2009). *The ETTO principle: Efficiency-thoroughness trade-off: Why things that go right sometimes go wrong*. Aldershot: Ashgate.
Hunziker, A. W. (2018). *Positiv führen. Leadership – mit Wertschätzung zum Erfolg*. Zürich: SKV.
Laloux, F. (2015). *Reinventing Organizations: ein Leitfaden zur Gestaltung sinnstiftender Formen der Zusammenarbeit*. München: Franz Vahlen.
Mölleney, M., & Sachs, S. (2019). *Beyond leadership*. Zürich: SKV.
Pohl, R. F. (2004). *Cognitive illusions. A handbook on fallacies and biases in thinking, judgement and memory*. Hove: Psychology Press.
Quinn, R. E. (2015). *The positive organization*. Oakland: Berrett-Koehler Publisher.
Rasmussen, J. (1986). *Information processing and human-machine interaction: An approach to cognitive engineering*. New York: Elsevier Science Publishing.
Reason, J. (1994). *Menschliches Versagen. Psychologische Risikofaktoren und moderne Technologien*. Heidelberg: Spektrum Akademischer Verlag.
Schneider, W. (2003). Automaticity in complex cognition. Center for Cognitive Brain Imaging at Carnegie Mellon University. https://www.hf.faa.gov/Webtraining/Cognition/CogFinal015.htm. Zugegriffen am 27.11.2019.
Schneider, W., & Chein, J. M. (2003). Controlled & automatic processing: Behavior, theory, and biological mechanisms. *Cognitive Science, 27*, 525–559.
Sträter, O. (2019). *Risikofaktor Mensch? – Zuverlässiges Handeln gestalten*. Düsseldorf: Beuth.
Sträter, O., Schmidt, S., Stache, S., Saki, S., Wakula, J., Bruder, R., Ditchen, D., & Glitsch, U. (2018). *Abschlussbericht Forschungsvorhaben U-Linien-Montagesysteme – Instrumente zur Gefährdungsbeurteilung und arbeitswissenschaftliche Gestaltungsempfehlungen zur Prävention*. Düsseldorf: BGHM.
Wilde, G. J. S. (1982). The theory of risk homeostasis: Implications for safety and health. *Risk Analysis, 2*, 209–225.
Wischmann, S. (2015). Arbeitssystemgestaltung im Spannungsfeld zwischen Organisation und Mensch–Technik-Interaktion – das Beispiel Robotik. In A. Botthof & E. A. Hartmann (Hrsg.), *Zukunft der Arbeit in Industrie 4.0*. Berlin/Heidelberg: Springer Vieweg.

Ruth Häusler ist promovierte Psychologin, Dozentin am Zentrum für Aviatik an der Zürcher Hochschule für Angewandte Wissenschaften (ZHAW) und Mitinhaberin von HFsolutions GmbH.

Oliver Sträter ist habilitierter Professor und leitet das Fachgebiet Arbeits- und Organisationspsychologie am Institut für Arbeitswissenschaft und Prozessmanagement der Universität Kassel.

Ethische Perspektiven der Mensch-Roboter-Kollaboration

4

Peter Remmers

Zusammenfassung

In technikethischen Erörterungen werden die Grundlagen für die Bewertung technisch bedingter Veränderungen unserer Lebenswelt erarbeitet. Die Entwicklung von Szenarien der Mensch-Roboter-Kollaboration (MRK) bildet in dieser Hinsicht einen wichtigen Gegenstandsbereich für ethische Überlegungen. Dabei stehen im vorliegenden Beitrag insbesondere einige Veränderungen der industriellen Arbeitswelt im Vordergrund. Einerseits adressieren MRK-Szenarien traditionelle Automatisierungsängste, indem statt technologischer Arbeitslosigkeit eine produktive Zusammenarbeit zwischen Menschen und Robotern angestrebt wird. Andererseits ergeben sich ethisch motivierte Anschlussfragen nach der Gestaltung *guter* Arbeit in der MRK. In diesem Zusammenhang bleibt zu bestimmen, wie weit Sicherheitsmaßnahmen vernünftigerweise gehen sollten, wie sich die Selbstbestimmung des Arbeiters in der MRK äußern kann, welche Arten von Tätigkeiten für den menschlichen Interaktionspartner „übrigbleiben" und wie sich menschliche Fähigkeiten und Belastungen in diesen Konstellationen verändern. Darüber hinaus bietet sich in bestimmten MRK-Szenarien der gezielte Einsatz von „Vermenschlichungseffekten" an, nicht nur durch das typisch humanoide Aussehen einiger Roboter, sondern bereits durch die kollaborative Ausgestaltung der Interaktionsszenarien. Interaktionen, die auf diese Weise intuitiv, angenehm und (subjektiv) sicher erscheinen, eröffnen allerdings ein weites Feld für ethische Überlegungen, zumal Roboter dadurch tendenziell nicht mehr nur wie technische Artefakte behandelt werden.

P. Remmers (✉)
Technische Universität Berlin, Berlin, Deutschland
E-Mail: peter.remmers@tu-berlin.de

4.1 Einleitung

Technikethische Untersuchungen nehmen das „große Ganze" aktueller Technologien in den Blick. In Bezug auf Szenarien der Mensch-Roboter-Kollaboration (MRK) stellen sie umfassende Fragen: Wie sollen wir mit Robotern arbeiten und leben? Wie sind die aktuellen und anvisierten Entwicklungen in der Robotik zu bewerten? Was ist wünschenswert, was kritisch, was inakzeptabel? Antworten auf diese Fragen setzen übergreifende Perspektiven und wertende Positionierungen voraus, wie sie in technikethischen und technikphilosophischen Beiträgen entwickelt werden. Im Rahmen einer interdisziplinären Zusammenarbeit mit der Robotik und weiteren Disziplinen geht es insbesondere um das Aufzeigen konkreter ethisch-sozialer Gestaltungsmöglichkeiten, die die technologischen Entwicklungsziele ergänzen und bereichern.

Für Entwicklungen im Bereich der MRK sind entsprechende Überlegungen besonders relevant, zumal die MRK zur Automatisierung komplexer Handlungen und Prozesse beiträgt, perspektivisch auch in sozialen Kontexten. Denkt man über die Motivationen und Zukunftsbilder nach, die die Entwicklungen von MRK-Technologien antreiben, dann finden sich neben wirtschaftlichen und technischen Begründungen in vielen Szenarien auch ethische Vorstellungen, beispielsweise wenn es um die Arbeitswelt oder soziale Anwendungen geht. In diesen Bereichen könnten Interaktionen zwischen Menschen und Robotern, in denen unmittelbare Kontakte zumindest möglich sind und die folglich keinen Sicherheitsabstand mehr vorsehen, weitreichende Folgen haben. Die damit verbundenen Veränderungen der Arbeits- und Lebenswelt erscheinen ähnlich fantastisch wie die anstehenden Innovationen in den ebenfalls gegenwärtig intensiv erforschten Technologien fahrerloser Fahrzeuge für den öffentlichen Straßenverkehr.

Im Diskurs über die Bedeutung der MRK werden daher häufig auch Hoffnungen und Befürchtungen mit ethischer Tragweite verhandelt – allerdings nicht immer explizit und systematisch. Im folgenden Beitrag geht es daher um einen klärenden Einblick in einige ethisch relevante Aspekte der MRK. Ziel ist die Verdeutlichung einer übergreifenden ethischen Perspektive auf die Entwicklungen der MRK, die als Grundlage für weitere Klärungen und Diskussionen und schließlich auch für konkrete ethisch-soziale Bewertungen hilfreich sein kann.

MRK ist zunächst ein großes Thema in der Industrie. Auch wenn Roboter immer häufiger für Einsatzgebiete außerhalb des industriellen Umfelds entwickelt werden, so bleibt die Industriehalle der paradigmatische Herkunfts- und Einsatzort real existierender Roboter. Die Vorteile der robotischen Automation können im geschützten und in gewissem Maße kontrollierten industriellen Umfeld voll ausgenutzt werden (Haag 2015). Daher bilden die technischen Grundlagen und konkreten Anwendungen der MRK in industriellen Szenarien neben Servicerobotern einen wichtigen Gegenstandsbereich für ethische Überlegungen. Hier steht insbesondere die Entwicklung der Arbeit in MRK-Szenarien im Vordergrund. Entsprechende Anknüpfungspunkte werden in Abschn. 4.3 näher erörtert.

In Abschn. 4.4 wird darüber hinaus eine spezifische Charakteristik von kollaborativen Mensch-Roboter-Interaktionen erläutert, die ethische Fragen eigener Art aufwirft. Hier wird auch ein Ausblick auf den Einsatz von Robotern für soziale Interaktionen relevant. Denn nicht nur die Zielvorstellungen der MRK sind ethisch aufgeladen. Darüber hinaus greifen bestimmte Merkmale der MRK in unseren gewohnten Umgang mit Technik ein: Die MRK reiht sich ein in eine neue Klasse technologischer Entwicklungen, in der sich die Grenzen zwischen Werkzeuggebrauch und Zusammenarbeit langsam auflösen. Diese zunächst eher technikphilosophisch motivierte Diagnose wird auch tiefgreifende ethische Implikationen haben.

Bevor allerdings die spezifischen ethischen Aspekte der MRK genauer in den Blick geraten, ist im Sinne einer interdisziplinären Verständigung eine kurze Erläuterung der Herangehensweisen und Ziele der technikethischen Mitarbeit in technologischen Forschungs- und Entwicklungsprojekten angebracht. Dazu mögen ein paar kurze Bemerkungen im folgenden Abschnitt dienen.

4.2 Welche Rolle spielen ethische Überlegungen in der Technikentwicklung?

Der Einbezug von ethischen, rechtlichen und sozialen Implikationen (ELSI) in Technologieentwicklungen ist inzwischen zu einem förderpolitischen Grundsatz geworden, so dass für viele Forschungs- und Entwicklungsprogramme entsprechende Mittel bereitgestellt werden. Zugleich ist die Integration technikethischer Auseinandersetzungen in konkrete Forschungs- und Entwicklungsprojekte eine vergleichsweise neue und innovative Unternehmung (Kehl 2018). Sowohl theoretisch als auch methodisch werden einige Voraussetzungen und Instrumente noch intensiv diskutiert und erprobt (van den Hoven et al. 2015). Um dem interdisziplinären Charakter der MRK-Forschung gerecht zu werden, ist daher eine Positionierung zur Rolle und zum Status der spezifisch ethischen Expertise hilfreich.

Traditionell bezieht sich die Ethik als philosophische Disziplin auf Handlungen von Personen. Im Unterschied dazu beschäftigt sich die Technikethik üblicherweise mit strukturellen Phänomenen. Nicht Bewertungen der individuellen Handlungen von Techniknutzern oder Ingenieuren stehen unmittelbar im Vordergrund, sondern vielmehr Einschätzungen von neuen Handlungsoptionen, Verhaltenstendenzen und Sachzwängen, die sich durch die Verwendung der jeweiligen Technologie einstellen könnten. Die Ausgangsfrage lautet: Wie sind diese technologisch bedingten Veränderungen unserer Lebenswelt zu bewerten?

Während die Notwendigkeit für eine rechtliche „Harmonisierung" von innovativen Technologien unmittelbar einleuchtet, da Markteinführung und Verwendung entscheidend von den rechtlichen Rahmenbedingungen abhängen, ist das Bewusstsein für die produktive Rolle von ethischen und sozialwissenschaftlichen Beiträgen zur Technologieentwicklung nicht unbedingt selbstverständlich. Daher werden diese Aspekte häufig in Analogie zur rechtlichen Regulierung mit der generellen Akzeptanz einer Technologie durch Benutzer und Betroffene gleichgesetzt. Dabei handelt es sich aber um eine übermäßige Engführung. Zu bedenken ist, dass Akzeptanz oder Nichtakzeptanz einer neuen Technologie durch Nutzer oder Nutzergruppen nicht unbedingt auf ethische Gründe im engeren Sinne zurückzuführen ist. So kann mangelnde Akzeptanz auch einfach aus einer Bedürfnislage folgen, die etwa durch Gewohnheit, Bequemlichkeit oder auch Berührungsängste bedingt ist. Diese Hintergründe haben häufig nichts mit Ethik zu tun; vielmehr kann auf dieser Ebene Akzeptanz auch gezielt hergestellt werden, zum Beispiel im Rahmen von Marketingkampagnen oder Schulungen.

Umgekehrt ist in Betracht zu ziehen, dass ethisch problematische Aspekte von Technologien durchaus allgemein akzeptiert sein könnten. Auch würde eine einseitige Untersuchung der individuellen Akzeptanz das Problem der strukturellen Wirkungen der Technologie ausblenden. Gerade bei teuren hochtechnologischen Produkten liegt die Entscheidung für die Anwendung nicht immer nur bei den Nutzern, beispielsweise wenn Institutionen wie Krankenhäuser oder Pflegeeinrichtung sich für die Anschaffung eines Roboters entscheiden; ist die Technologie erst einmal angeschafft, dann entsteht auch ein gewisser Verwendungsdruck, unter dem sich die Akzeptanz des Nutzers ganz anders darstellt.

Hilfreich ist in diesem Zusammenhang die begriffliche Abgrenzung der Nutzerakzeptanz von der (ethischen) Akzeptabilität. Fragen der Akzeptabilität gehen nicht von der tatsächlichen Akzeptanz der Nutzer und weiterer Betroffener aus, sondern beziehen sich auf begründete Interessen, über die sich die Betroffenen möglicherweise nicht immer vollständig im Klaren sind. Dagegen können rein empirische Untersuchungen der Akzeptanz u. a. aufgrund von fehlenden Expertisen der Betroffenen oder auch aus strukturellen Gründen nicht als alleinige Grundlage für ethische Bewertungen dienen. Darüber hinaus erfordern konkrete technikethische Untersuchungen letztendlich systematische Abwägungen zwischen verschiedenen Entwicklungsperspektiven, die in fachlichen Diskussionen vertieft und verhandelt werden.

Ziel einer technikethischen Beratung der Forschung und Entwicklung ist schließlich ein klares Bewusstsein über die ethischen Implikationen, mit denen beim Einsatz der Technologie zu rechnen ist. Dabei geht es nicht unbedingt darum, Verbote oder Vorgaben auszusprechen, sondern vielmehr um Transparenz, partizipative Verständigung und (möglicherweise ganz neue) Gestaltungsperspektiven in ethischer Hinsicht.

4.3   MRK in der Arbeitswelt: Von Ersetzungsszenarien zur MRK

Die Entwicklung von MRK-Szenarien im Arbeitskontext bietet die Gelegenheit, neu über konkrete Realisierungen von *guter Arbeit* nachzudenken. Daran anknüpfend besteht der Anspruch, die Arbeitswelt durch entsprechende Gestaltungen der Technologien entsprechend zu verändern. Die jeweiligen Debatten eröffnen ein Spektrum, das alte Automatisierungsängste, produktive Szenarien der Zusammenarbeit von Menschen und Robotern sowie schließlich Utopien der totalen Automatisierung jeglicher Arbeit abdeckt.

Debatten in der breiten Öffentlichkeit thematisieren häufig die immer wiederkehrenden Befürchtungen einer generellen Ersetzung von Arbeitskräften durch Automation. Dabei geht es in erster Linie um den Einfluss von Robotern auf den Status Quo. Gerne wird beispielsweise die Frage adressiert, welche Tätigkeiten, Arbeitsplätze oder gar Berufssparten durch Roboter und künstlich intelligente Systeme wegfallen werden.[1] Insbesondere der Ausblick auf neue Möglichkeiten der Automatisierung von „Wissensarbeit" im Paradigma der künstlichen Intelligenz scheint eine neue Qualität in der Geschichte der Automatisierung einzuleiten. Spezifisch ethisch relevant ist in diesen Diskussionen, dass Ersetzungsszenarien die Perspektive auf eine Zukunft eröffnen, in der umfangreiche Arbeitsbereiche komplett von Maschinen übernommen werden. Bedenkt man die Bedeutung und den Wert, den Arbeit in unserer aktuellen Gesellschaft und in unserer Lebenswelt hat, dann ergeben sich aus den vorgestellten radikalen Umwälzungen der Robotisierung grundsätzliche Fragen nach dem Sinn menschlicher Tätigkeit und ihrer gesellschaftlichen Organisation.[2]

Vor dem Hintergrund der MRK stellt sich die Vision einer Ersetzung von Arbeitskräften durch Roboter jedoch differenzierter dar. Denn realistisch ist damit zu rechnen, dass Roboter aufgrund ihrer eingeschränkten Flexibilität zumeist bestenfalls einzelne Tätigkeiten im Gesamtprozess ersetzen können (Haag 2015). Die offensichtliche Alternative zum vermeintlich drohenden Arbeitsplatzverlust besteht dann in Szenarien kollaborativer Zusammenarbeit von Robotern und Menschen. Fachdiskussionen abseits der öffentlichen Kontroversen setzen daher an Fragen nach der Gestaltung der Arbeit durch MRK an. Mit der Entwicklung von MRK-Szenarien im Rahmen der zunehmend vorangetriebenen Informatisierung der Arbeitswelt erscheinen gezielte Veränderungen der Arbeitsabläufe möglich und nötig, die zu einer umfassenden Verbesserung der Arbeit in verschiedenen Hinsichten führen sollen.

Der Anspruch auf eine menschengerechte Technisierung von Arbeitsprozessen ist in Normen wie der DIN EN 9241-2 und der DIN EN 10075-2 beschrieben. Im Einzelnen orientieren sich die Merkmale guter Arbeit an den Begriffen Benutzerorientierung, Vielseitigkeit, Ganzheitlichkeit, Bedeutsamkeit, Handlungsspielraum, soziale Rückendeckung und Entwicklungsmöglichkeit. Die dort formulierten konkreten Merkmale gut gestalteter Arbeitsaufgaben lassen sich den Bereichen Sicherheit, Ergonomie und Sinnstiftung zuordnen. In den folgenden Überlegungen wird insbesondere auf die Bereiche Sicherheit und Sinnstiftung eingegangen.

---

[1] Beispielhaft etwa der „Job-Futuromat" des Instituts für Arbeitsmarkt und Berufsforschung, in dem „Substituierbarkeitspotenziale für die technologischen Möglichkeiten im Jahr 2016 abrufbar" sind (https://job-futuromat.iab.de).

[2] Darüber hinaus wirken im Hintergrund von Ersetzungsszenarien auch implizite Vergleiche von Menschen und Maschinen, zumal Roboter kulturgeschichtlich als künstliche Menschen vorgestellt wurden. Die spezifisch ethische Relevanz dieses Aspekts der MRK wird in Abschn. 4.4 aufgegriffen.

4.3.1 Funktionale Sicherheit und eigenverantwortliches Handeln

Die Realisierung von (funktionaler) Sicherheit in MRK-Systemen ist eine enorme technische Herausforderung. Dabei ist das Einvernehmen darüber, dass jegliche Verletzung von Menschen durch technische Geräte unbedingt zu verhindern ist, auf eine ethische Haltung zum Schutz unserer körperlichen Unversehrtheit zurückzuführen. Da technische Artefakte planmäßig entwickelt und zu unserem allgemeinen Nutzen eingeführt werden, dürfen sie uns mindestens so wenig verletzen wie Menschen es dürfen.

Für die Entwicklung der MRK ergibt sich eine besondere Situation: Roboter werden im großen Maßstab als nicht-kollaborierende Systeme in der industriellen Produktion eingesetzt, nämlich als voll automatisierte Roboterzellen. Aufgrund ihres Gefahrenpotenzials für die Mitarbeiterinnen sind sie durch festinstallierte Schutzzäune abgegrenzt. Bisher sind Roboter also als gefährliche Systeme bekannt. Der Einsatz von Robotern außerhalb der Sicherheitszonen ist daher mit potenziellen Ängsten verbunden, da eine erfahrungsgemäß gefährliche Technologie erst sicher gemacht werden muss. Diese auf gewohnte Verhältnisse zurückgehenden Ängste sind zu berücksichtigen, wenn die Ansprüche an die Sicherheit des Systems formuliert werden (Fletcher und Webb 2017). So verlangsamen bestimmte kollaborative Roboter zum Beispiel aus Sicherheitsgründen ihre Bewegungen, wenn eine Person in unmittelbare Nähe kommt, womit nicht zuletzt auch der Eindruck eines sicheren Umgangs vermittelt wird.

Doch gerade hier ergeben sich ab einem bestimmten Punkt der Entwicklung gewisse Unsicherheiten über die Ausweitung der Sicherheitsmaßnahmen. Abgesehen von der quantitativen Festlegung von Schmerztoleranzen z. B. bei Kollisionen stellt sich insbesondere die Frage, wie zwischen Schutzmaßnahmen und der Eigenverantwortlichkeit der interagierenden Personen abzuwägen ist. So könnten Personen weitreichende Schutzmaßnahmen und hohe Sicherheitsanforderungen als Einschränkungen ihres vernünftigen Handlungsspielraums wahrnehmen. Diese Reaktion könnte dadurch verstärkt werden, dass die ursprünglichen Berührungsängste im längerfristigen Verlauf der Interaktionen abgebaut werden und ein gewohnt sicherer Umgang mit dem Roboter zur Regel wird.

Weitreichende Sicherheitsmaßnahmen können also auch als belastende Einschränkungen empfunden werden. Je weiter ein System sich dem extremen Ideal der absoluten Sicherheit annähert, desto stärker werden auch die Freiheitsgrade des Menschen eingeschränkt. Wer nichts mehr machen kann, kann auch nichts mehr falsch machen. Doch der im engeren Sinne ethische Aspekt besteht nicht allein darin, dass bestimmte Roboterfunktionen aus Nutzerperspektive einschränkend oder umständlich erscheinen könnten. Darüber hinaus könnten Personen hohe Sicherheitsvorkehrungen als Bevormundung empfinden, indem ihre eigenverantwortlichen Fähigkeiten nicht gebührend anerkannt werden. Das kann durch die damit verbundene Unterforderung des Nutzers im ungünstigsten Fall zu einer Vernachlässigung dieser Fähigkeiten führen: Wenn das System auf alles aufpasst, braucht ja sonst niemand mehr aufzupassen. Mit der sicheren Gestaltung des MRK-Systems wird somit ein mittelbarer Einfluss auf die Verantwortlichkeit des Nutzers ausgeübt und etabliert.

An diesen Beispielen zeigt sich, dass die ethischen Aspekte der funktionalen Sicherheit nicht alleine auf das Ziel der Vermeidung von Verletzungen beschränkt sind. Häufig ist in vielen Details zwischen vorausschauenden Einschränkungen des Systems und einem eigenverantwortlichem Handlungsspielraum des Nutzers abzuwägen. Beide Seiten der Abwägung enthalten somit neben technischen und psychologischen gerade auch ethische Gesichtspunkte, die es zu berücksichtigen gilt.

4.3.2 Wer tut was? Selbstbestimmung vs. technische Fremdbestimmung

Die Entwicklung der MRK orientiert sich an der leitenden Idee der Automatisierung im Allgemeinen, nämlich an der Übertragung von menschlichen Arbeitsvorgängen auf Maschinen. Spezifisch für die MRK gilt, dass Prozesse nicht vollständig zwischen Menschen und Robotern getrennt sind, sondern einzelne Tätigkeiten einer übergeordneten Aufgabe zwischen beiden interagierenden Seiten verteilt werden. So sollen die verschiedenen Fähigkeiten von Menschen und Robotern optimal miteinander kombiniert werden. Ein Beispiel für einen derartigen Ansatz der Automation sind Maba-Maba-Listen („Men are better at-Machines are better at"), in denen die Fähigkeiten von Menschen und Maschinen verglichen, bewertet und möglichst optimal in einem (teil-)automatisierten System miteinander verknüpft werden (Price 1985).

Die Automatisierung von Teilaufgaben im Gesamtprozess erreicht mit der MRK eine neue Stufe der Komplexität. Indem Roboter im gleichen Raum und gegebenenfalls sogar im direkten Kontakt mit Menschen agieren, können die einzelnen Arbeitsschritte insgesamt feinteiliger und interaktiver definiert werden. Auch gezielte Übergänge zwischen automatischen und manuell gesteuerten Aktionen sind hier denkbar, und zwar nicht beschränkt auf Situationen, in denen der automatisierte Prozess unerwünscht verläuft. Die MRK eröffnet insofern neue Perspektiven für die Kombinationen der verschiedenen Fähigkeiten, durch die sich die beiden ungleichen Interaktionsteilnehmer jeweils auszeichnen: Roboter sind beispielsweise schnell, präzise und ausdauernd, während Menschen flexibel, rational und feinfühlig sind. Durch die interaktive Zusammenarbeit von Menschen und Robotern könnte daher die Effizienz von Aufgaben im Produktionsablauf durch (Teil-)Automatisierung weiter gesteigert werden.

Aus ethischer Perspektive ergibt sich die Frage, inwiefern die Arbeit in entsprechenden MRK-Situationen benutzerorientiert gestaltet ist und ob der Mensch noch hinreichend selbstbestimmt agiert. Folgt die Allokation der Tätigkeiten in der MRK ausschließlich dem Effizienzgedanken, dann könnten Merkmale guter Arbeit wie Benutzerorientierung, Vielseitigkeit, Ganzheitlichkeit und Bedeutsamkeit darunter leiden. Im Zusammenhang der MRK sind insbesondere zwei Aspekte relevant: Die Definition der Tätigkeit, die der Mensch in der MRK übernimmt, und die Entwicklung seiner Fähigkeiten in der Kollaboration mit dem Roboter.

4.3.3 Die Zergliederung von Aufgaben in der MRK: Was bleibt für den Menschen übrig?

Zunächst stellt sich die Frage, welche Auswirkungen die Allokation von Aufgaben in der MRK auf die Qualität der Tätigkeiten hat, die dem menschlichen Interaktionspartner zugeteilt werden. Die Möglichkeiten für die Zergliederung von Gesamtaufgaben in kleinere Unteraufgaben hängt dabei hauptsächlich von den Fähigkeiten und der Programmierbarkeit des Roboters ab. Die Definition der Unteraufgaben ist insofern an technischen Anforderungen ausgerichtet, während die menschliche Seite in der Interaktion durch ihre prinzipielle Flexibilität nicht im selben Maße einschränkend wirkt.

Vor diesem Hintergrund orientieren sich Zergliederung und Allokation der Unteraufgaben an Modellen, die eine entsprechende Programmierung des Roboters begünstigen. So schlagen Parasuraman et al. (2000) zwar eine Einteilung von Unteraufgaben nach einem kognitivistischen Modell menschlicher Informationsverarbeitung vor, in dem die Verarbeitungsschritte Informationsaufnahme, Informationsverarbeitung, Entscheidungsauswahl und Handlungsausführung unterschieden werden. Doch gestehen die Autoren zu, dass dieses Vier-Stufen-Modell offensichtlich nur eine grobe Vereinfachung darstellt. Dennoch verwenden sie das Modell für die Strukturierung von interaktiven Automationsszenarien, weil sie sich davon einen Nutzen in der Praxis versprechen.[3]

An diesem Beispiel wird deutlich, dass Aufgaben, die von Menschen und Robotern gemeinsam in einer MRK zu bearbeiten sind, auf einer Ebene zu definieren sind, die den effektiven Einsatz des Roboters auch technisch ermöglicht. Beide „Seiten" der Kollaboration müssen daher in bestimmten Hinsichten vergleichbar gemacht werden, wobei die robotischen Fähigkeiten den kleinsten gemeinsamen Nenner bilden (Dekker und Woods 2002). Daraus können sich nun je nach Modell und Praxis der Aufgabenverteilung bestimmte Einseitigkeiten ergeben. Im Extremfall könnte daraus folgen, dass der Mensch in einer ungünstig gestalteten MRK wie ein Roboter arbeiten muss, um *mit* einem Roboter arbeiten zu können. In diesem Zusammenhang sind also die Merkmale guter Arbeit wie Benutzerorientierung und insbesondere Ganzheitlichkeit der Tätigkeiten besonders zu berücksichtigen und auf die Definition der Tätigkeiten in der MRK zu beziehen.

---

[3] „This four-stage model is almost certainly a gross simplification of the many components of human information processing as discovered by information processing and cognitive psychologists. [...] Our goal is not to debate the theoretical structure of the human cognitive system but to propose a structure that is useful in practice. In this respect, the conceptualization [...] provides a simple starting point with surprisingly far-reaching implications for automation design." (Parasuraman et al. 2000, S. 287 f.).

4.3.4 Maschinelle Tätigkeiten und menschliche Fähigkeiten

Im Hinblick auf die Entwicklung der Fähigkeiten des menschlichen Arbeiters sind bei der Allokation von Tätigkeiten in der MRK zwei Tendenzen zu erwarten: Einerseits können die nicht automatisierbaren Teilaufgaben durch ihre Kleinteiligkeit zu einer unterfordernden Vereinfachung und Vereinzelung der menschlichen Tätigkeiten führen. Damit sind geringere Anforderungen an die Fähigkeiten des Menschen verbunden, es kommt also zu einem Down-Skill-Effekt. Andererseits stellen komplexe Automationsszenarien der MRK höhere Anforderungen an die Überwachung der Vorgänge, wodurch sich prinzipiell ein Up-Skill-Effekt einstellt (Decker 2013). Aus den spezifischen Anforderungen an die Überwachung der automatisierten Abläufe ergeben sich dann allerdings bestimmte „Ironien der Automation" (Bainbridge 1983; Strauch 2018): Der Einsatz von Robotern kann Benutzer zwar weitreichend physisch entlasten, schafft aber zugleich häufig neue kognitive und psychische Anforderungen (Adolph et al. 2016), die wiederum den Merkmalen guter Arbeit entsprechen sollten.

Darüber hinaus geht der Ansatz einer Kombination von technischen Funktionen und menschlichen Fähigkeiten von mehr oder weniger gleichbleibenden Fähigkeiten aufseiten des Menschen aus. Auch hier wird der Mensch zum Zwecke der Interaktion tendenziell in Anlehnung an die Auffassung der Maschine operationalisiert. Dagegen ist argumentiert worden, dass sich die menschlichen Tätigkeiten durch Automatisierungsmaßnahmen qualitativ verändern, wodurch die menschlichen Interaktionsteilnehmer ihre Fähigkeiten und Gewohnheiten entsprechend anpassen (Dekker und Woods 2002). Es entsteht also das Problem, dass quantitative Effizienzsteigerungen nicht sicher auf der Grundlage von gegebenen Tätigkeiten und gleichbleibenden Fähigkeiten *vor* der Automatisierung abgeleitet werden können. Im Unterschied zu Maschinen passen Menschen ihre Tätigkeiten der Situation auf verschiedene Weisen an und entwickeln sich grundsätzlich weiter (was ja auch im Rahmen menschengerechter Arbeitsgestaltung explizit erwünscht ist).

Im Unterschied zur menschlichen Seite kann das Verhalten eines Roboters in der MRK in viel engeren Grenzen antizipiert werden. Ein Roboter verändert seine Tätigkeiten nicht grundsätzlich und wird sich nicht „von selbst" neue Fähigkeiten aneignen. Das gilt übrigens auch für selbstlernende Systeme, wenngleich einige der aktuell viel diskutierten Technologien des Machine Learning diesen Eindruck erwecken mögen. Hier gilt es zu beachten: Wenn Roboter tatsächlich im Rahmen der entsprechenden Technologien so trainiert werden, dass sie in einem bestimmten Sinne neue Bewegungsmuster, Tätigkeiten und Wahrnehmungsleistungen lernen, dann ist das ein Prozess, der nicht im laufenden Betrieb erfolgt, sondern unabhängig davon, gewissermaßen „im Labor". Ein Roboter kann zwar unter Umständen in die Lage versetzt werden, seine Leistung in der tatsächlichen Anwendung zu optimieren (quantitativ), aber es wäre insgesamt der Kollaboration nicht zuträglich, die Möglichkeit der Ausbildung qualitativ neuer Fähigkeiten und entsprechend unerwarteter Verhaltensweisen im laufenden Betrieb zu schaffen – selbst wenn es technisch möglich sein sollte (Remmers 2020).

Obwohl die Idee der interaktiven Automatisierung und die damit verbundene Allokation von Aufgaben etwas anderes suggeriert, haben wir es im Hinblick auf die Entwicklung von Fähigkeiten und die Anpassung an gegebene Tätigkeiten mit stark voneinander abweichenden Interaktionsteilnehmern zu tun. Vor dem Hintergrund der genannten Merkmale guter Arbeit sind diese Unterschiede in der Gestaltung der MRK zu berücksichtigen, um einer ethisch problematischen „Maschinisierung" des Menschen entgegenzuwirken.

Zusammenfassend ist festzuhalten, dass die Idee einer Zergliederung und Allokation von Unteraufgaben zwischen Menschen und Maschinen aus ethischer Perspektive eine Abwägung zwischen den Merkmalen guter Arbeit und den technischen Einschränkungen des robotischen Systems erfordert. Es gilt zu bedenken, dass Einschränkungen des Roboters in der MRK auch für den menschlichen Interaktionsteilnehmer einschränkend wirken – und zwar in höherem Maße als in nicht-kollaborativen Szenarien.

4.3.5 Flexible Allokation als Lösung?

Ein Lösungsansatz für eine in gewissem Maße selbstbestimmte, benutzerorientierte und vielseitige Aufgabenallokation in der Kollaboration könnte darin bestehen, die Allokation dem menschlichen Interaktionsteilnehmer zu übertragen und so zu flexibilisieren (Wischniewski et al. 2019). Das bedeutet, dass Allokation und Koordination der Arbeitsprozesse nicht im Voraus über den gesamten Verlauf feststehen müssen, sondern im Ablauf der Interaktion vom menschlichen Interaktionspartner neu geordnet werden können. Dadurch kann der Mensch selbst bestimmen, welche Tätigkeit er übernimmt und welche der Roboter ausführt. Insofern müssen im Rahmen der ablaufenden Prozesse a) Möglichkeiten zur Intervention gegeben sein und b) gewisse Auswahlmöglichkeiten an Tätigkeiten zur Verfügung stehen, die entweder der Mensch oder der Roboter übernehmen kann.

Abgesehen von den damit verbundenen technischen und organisatorischen Schwierigkeiten kann dieser Ansatz allerdings nicht darüber hinwegtäuschen, dass die Möglichkeiten zur Definition der Teilaufgaben grundsätzlich durch die Anforderungen des Roboters eingeschränkt sind. Darüber hinaus steigt auch hier die Anforderung an den Arbeiter, der die Tätigkeiten flexibel verteilen muss; er muss nicht nur wissen, wie die jeweilige Verteilung einzustellen ist, sondern vor allem auch, welche Verteilung für ihn optimal ist. Hier gibt es noch viel Potenzial zur Gestaltung von MRK-Szenarien und vor allem auch von Robotern, die für eine menschengerechte MRK entwickelt werden. Hilfreich wären beispielsweise Entwicklungen im Bereich der künstlichen Intelligenz, mit denen sich die Roboter-Programmierung an menschliche Kategorien der Arbeitsgestaltung annähern könnte. Aus ethischer Perspektive sind schließlich die Differenzen zwischen den Merkmalen guter Arbeit und den Anforderungen der technischen (Teil-)Automatisierung per MRK zu betonen und konkret die Anpassung der Technik an den Menschen einzufordern – gegen Entwicklungen, die (auch im Rahmen der MRK) umgekehrt verlaufen können.

4.4 Vermenschlichung in der Mensch-Roboter-Kollaboration

Die Forderung, Technik an den Menschen anzupassen und nicht umgekehrt, spiegelt sich im Bereich der Robotik in der Vermenschlichung der Technik wider. Diese Tendenz ist nicht zuletzt auf die kulturelle Vorgeschichte des Roboters zurückzuführen, die durch die Figuren des künstlichen Menschen und des Maschinenmenschen geprägt ist. Selbst nüchterne Ansätze in der heutigen Industrierobotik können sich diesem Hintergrund selten gänzlich entziehen (Remmers 2019). So wurde in den Formulierungen der vorigen Abschnitte bereits an einigen Stellen ein Zugang zum Verhältnis zwischen Mensch und Roboter deutlich, der immer wieder zwischen beiden Seiten der Kollaboration vergleicht und in dem Roboter durch menschliche Metaphern beschrieben werden. MRK beschreibt generell „eine Interaktion als direkte Zusammenarbeit von Mensch und Roboter" (Onnasch et al. 2016, S. 5); wir sprechen daher in der MRK ohne weitere Verständnisschwierigkeiten von einer Zusammenarbeit „Hand in Hand". In diesem Zusammenhang schreiben wir Robotern Handlungen, Verhaltensweisen und Fähigkeiten zu und sprechen in bestimmten Fällen von „lernenden" Maschinen. Diese und ähnliche Sprechweisen über Roboter mögen ungewöhnlich und gelegentlich vielleicht sogar unheimlich wirken; dennoch verstehen wir unmittelbar, was damit jeweils gemeint ist – in manchen Fällen erscheint es sogar schwierig, die Metaphern zu umgehen. Dagegen dürften vermenschlichende Redewendungen dieser Art in Bezug auf andere Arten von Maschinen deutlich unpassender erscheinen. Beispielsweise würde man normalerweise nicht sagen, dass es eine „Hand-in-Hand-Zusammenarbeit" von Mensch und Schweißgerät gibt.

Doch die Redeweisen sind nicht von den Funktionsweisen der Technologie getrennt. Denn kollaborative Interaktionen zwischen Menschen und Robotern funktionieren genau in dieser Hinsicht prinzipiell anders als bloße Steuerungen von Maschinen. Zwar wird auch in der MRK der Roboter vom Menschen programmiert und für die entsprechende Aufgabe eingestellt. Sobald der Roboter allerdings in kollaborativen Szenarien arbeitet, bewegt er sich mindestens im selben Raum wie der menschliche Interaktionsteilnehmer und tritt unter Umständen in direkten Kontakt mit ihm. Um eine Zusammenarbeit zwischen Mensch und Roboter in diesem spezifischen Kontext zu ermöglichen, muss der menschliche Interaktionsteilnehmer das Verhalten des Roboters möglichst gut und sehr spontan erkennen können. Das gilt bereits dann, wenn es nicht zum direkten Kontakt kommt, wenn also nur im selben Raum gearbeitet wird. Eine flüssige Zusammenarbeit kann dann einfach dadurch realisiert werden, dass der Mensch dem Roboter ein Verhalten nach dem Vorbild menschlicher Handlungen zuschreibt. Es bietet sich für die Gestaltung der MRK also an, Interaktionsmuster aus der Zusammenarbeit von Menschen zu simulieren. In diesem Sinne lehnt sich die MRK häufig an vergleichbare Mensch-Mensch-Interaktionen an. Wäre die MRK dagegen nicht nach dem Vorbild menschlicher Zusammenarbeit gestaltet, dann wäre sie weniger intuitiv: Interaktionen, die von bekannten Handlungsmustern abweichen, müssen insgesamt aufwändiger erlernt werden (Onnasch et al. 2019).

"Vermenschlichungseffekte" dieser Art sind keineswegs auf äußerlich sichtbare Gestaltungen angewiesen, wie wir sie aus dem paradigmatischen Bild des humanoiden Roboters kennen. Denn bereits die gegenseitige Einschätzung von Handlungsabsichten ist ein elementarer Zug in Interaktionen und zugleich Bedingung für ihre Koordination. Um die Bewegungen und Operationen von Robotern richtig einschätzen zu können, ist es daher hilfreich, ihnen spontan bestimmte Absichten und Handlungsziele zu unterstellen. In der Philosophie des Geistes spricht man in diesem Zusammenhang von einer „intentionalen Haltung" gegenüber einem System (Dennett 1987). Und durch diese Interaktionselemente ergeben sich bereits subtile Vermenschlichungseffekte aufseiten des Roboters.

Der nächste Schritt in der Entwicklung der MRK besteht dann darin, Roboter gezielt zu vermenschlichen, um bestimmte Interaktionen einfacher, intuitiver und flüssiger zu gestalten. Dies muss ebenfalls nicht unbedingt über die äußere Gestalt geschehen; alternativ können beispielsweise auch die Bewegungen eines Roboterarms entsprechend dem menschlichen Vorbild angepasst werden. Auf diesem Weg können menschliche Interaktionsteilnehmer in der MRK potenziell ganz anders eingebunden werden, als es bei der Steuerung von Maschinen und beim Benutzen von Werkzeugen geschieht. Das wird noch deutlicher, wenn wir über Kollaborationen in Industrie-Szenarien hinaus auf bestimmte Bereiche der Servicerobotik oder auf soziale Roboter schauen. Auch hier werden die Tätigkeiten von interaktiven Robotern deutlich als *Handlungen* eingeordnet (Remmers 2018).

Was ist daran aus ethischer Perspektive relevant? In der Literatur zur Ethik der Robotik wird ausführlich darüber debattiert, ob die Vermenschlichung von Robotern ethisch vertretbar ist oder nicht (Bryson 2010; Johnson und Verdicchio 2018). Es liegt aber bisher keine überzeugende Argumentation für die Annahme vor, dass Vermenschlichung von Technik in *jedem* Fall inakzeptabel ist – zumal entsprechende Dynamiken kaum zu vermeiden sind, wenn man der obigen Darstellung der intentionalen Haltung folgt. Abgesehen davon treffen wir vermenschlichendes Verhalten in Bezug auf Dinge in vielen Bereichen an; entsprechende Projektionen sind nicht ungewöhnlich und gehören zu unserem Verhaltensspektrum. Sie erscheinen für sich genommen weitgehend harmlos, beispielsweise wenn Kinder mit Puppen spielen oder Erwachsene technische Geräte beschimpfen. Für die Entwicklung der MRK ist vielmehr zu differenzieren: In einigen Fällen können Vermenschlichungseffekte die Kollaboration unterstützen, ohne dass sich daraus sofort eine ethische Relevanz ergibt. In anderen Fällen können allerdings psychologische Effekte wie z. B. Verantwortungsdiffusion oder emotionale Bindungen bestimmte Risiken nach sich ziehen. Hier empfiehlt sich eine Gestaltung der MRK nach dem Grundsatz: „So viel Vermenschlichung wie nötig, aber so wenig wie möglich" (Onnasch et al. 2019).

Ein weiteres, sehr grundlegendes „ethisches Unbehagen" mit der Vermenschlichung von Robotern, das bisher allerdings noch nicht klar theoretisch formuliert wurde, betrifft das Bild des Menschen, das uns in vermenschlichten Robotern entgegentritt. Denn wenn ein Wesen mit uns in Interaktion tritt, das eindeutig als Maschine erkannt wird, zugleich aber starke Assoziationen zu Personen auslöst, dann neigen nicht nur technische Laien dazu, Robotern tatsächlich eine Art Lebendigkeit zu unterstellen. Einerseits gehen nun mit

Projektionen dieser Art auch Wertungen einher: Da der Mensch in einer humanistischen Ethik den höchsten Wert darstellt, fällt es intuitiv nicht leicht, dem Menschähnlichen jeglichen Wert abzusprechen. Es entsteht das irrationale Bedürfnis, Roboter nicht nur wie Dinge, sondern wie lebendige Wesen zu behandeln. Andererseits kommen schnell alte philosophische Fragen ins Spiel, die unser Menschenbild ganz grundsätzlich in Frage stellen: Wenn es uns so geläufig ist, in Maschinen etwas Menschliches zu erkennen – sind wir dann nicht selbst nur komplexe Maschinen? Entsprechende Irritationen dürften hauptsächlich bei sozialen Robotern und insbesondere bei solchen mit humanoider Gestaltung auftreten; so kann das in der Robotik bekannte *uncanny valley* als Versuch interpretiert werden, Phänomene dieser Art mit psychologischen Mitteln auszudrücken (Mori 2012). An dieses Themenfeld knüpfen allerdings weiterführende Fragen an, die über die ethischen Aspekte der MRK im engeren Sinne hinausgehen und an anderer Stelle weiter zu verhandeln wären.

Literatur

Adolph, L., Rothe, I., & Windel, A. (2016). Arbeit in der digitalen Welt – Mensch im Mittelpunkt. *Zeitschrift für Arbeitswissenschaft, 70*(2), 77–81. https://doi.org/10.1007/s41449-016-0015-x.

Bainbridge, L. (1983). Ironies of automation. *Automatica, 19*(6), 775–779. https://doi.org/10.1016/0005-1098(83)90046-8.

Bryson, J. J. (2010). Robots should be slaves. In Y. Wilks (Hrsg.), *Close engagements with artificial companions: Key social, psychological, ethical and design issues* (S. 63–74). Amsterdam: Benjamins.

Decker, M. (2013). Robotik. In A. Grunwald (Hrsg.), *Handbuch Technikethik* (S. 354–358). Stuttgart: J.B. Metzler.

Dekker, S. W. A., & Woods, D. D. (2002). MABA-MABA or Abracadabra? Progress on human-automation co-ordination. *Cognition, Technology & Work, 4*(4), 240–244. https://doi.org/10.1007/s101110200022.

Dennett, D. C. (1987). *The intentional stance*. Cambridge, MA: MIT Press.

Fletcher, S. R., & Webb, P. (2017). Industrial robot ethics: The challenges of closer human collaboration in future manufacturing systems. In M. I. A. Ferreira, J. S. Sequeira, M.O. Tokhi, E. E. Kadar & G. S. Virk (Hrsg.), *A world with robots. International Conference on Robot Ethics: ICRE 2015* (S. 159–169). https://doi.org/10.1007/978-3-319-46667-5_12.

Haag, M. (2015). Kollaboratives Arbeiten mit Robotern – Vision und realistische Perspektive. In A. Botthof & E. A. Hartmann (Hrsg.), *Zukunft der Arbeit in Industrie 4.0* (S. 59–64). https://doi.org/10.1007/978-3-662-45915-7_2.

van den Hoven, J., Vermaas, P. E., & van de Poel, I. (Hrsg.). (2015). *Handbook of ethics, values, and technological design*. Dordrecht: Springer Netherlands.

Johnson, D. G., & Verdicchio, M. (2018). Why robots should not be treated like animals. *Ethics and Information Technology 20*(4), 291–301. https://doi.org/10.1007/s10676-018-9481-5.

Kehl, C. (2018). *Robotik und assistive Neurotechnologien in der Pflege – Gesellschaftliche Herausforderungen* (Arbeitsbericht Nr. 177). Berlin: Büro für Technikfolgen-Abschätzung beim Deutschen Bundestag (TAB).

Mori, M. (2012). The Uncanny valley. *IEEE Robotics & Automation Magazine, 19*(2), 98–100. https://doi.org/10.1109/MRA.2012.2192811.

Onnasch, L., Maier, X., & Jürgensohn, T. (2016). Mensch-Roboter-Interaktion – Eine Taxonomie für alle Anwendungsfälle. *baua: Fokus, Bundesanstalt für Arbeitsschutz und Arbeitsmedizin.* https://doi.org/10.21934/baua:fokus20160630.

Onnasch, L., Jürgensohn, T., Remmers, P., & Asmuth, C. (2019). Ethische und soziologische Aspekte der Mensch-Roboter-Interaktion. *Bundesanstalt für Arbeitsschutz und Arbeitsmedizin.* https://doi.org/10.21934/baua:bericht20190128.

Parasuraman, R., Sheridan, T. B., & Wickens, C. D. (2000). A model for types and levels of human interaction with automation. *IEEE Transactions on Systems, Man, and Cybernetics – Part A: Systems and Humans, 30*(3), 286–297. https://doi.org/10.1109/3468.844354.

Price, H. E. (1985). The allocation of functions in systems. *Human Factors: The Journal of the Human Factors and Ergonomics Society, 27*(1), 33–45. https://doi.org/10.1177/001872088502700104.

Remmers, P. (2018). *Mensch-Roboter-Interaktion – Philosophische und ethische Perspektiven*. Berlin: Logos.

Remmers, P. (2019). The ethical significance of human likeness in robotics and AI. *Ethics in Progress, 10*(2), 52–67. https://doi.org/10.14746/eip.2019.2.6.

Remmers, P. (2020). Would moral machines close the responsibility gap? In B. Beck & M. Kühler (Hrsg.), *Technology, Anthropology, and Dimensions of Responsibility* (S. 133–145). Stuttgart: J.B. Metzler.

Strauch, B. (2018). Ironies of automation: Still unresolved after all these years. *IEEE Transactions on Human-Machine Systems, 48*(5), 419–433. https://doi.org/10.1109/THMS.2017.2732506.

Wischniewski, S., Rosen, P. H., & Kirchhoff, B. (2019). *Stand der Technik und zukünftige Entwicklungen der Mensch-Roboter-Interaktion*. Präsentiert auf dem 65. Kongress der Gesellschaft für Arbeitswissenschaft, Dresden.

Dr. Peter Remmers hat Philosophie, Kommunikationswissenschaft und Musikwissenschaft an der Technischen Universität Berlin studiert. Seit 2009 arbeitet er als wissenschaftlicher Mitarbeiter und Lehrbeauftragter am Institut für Philosophie, Literatur-, Wissenschafts- und Technikgeschichte der TU Berlin. Er promovierte 2017 ebendort mit einer philosophischen Arbeit zur Epistemologie des Films. Nach der Mitarbeit an einem Gutachten zu den ethischen und sozialen Aspekten der Mensch-Roboter-Interaktion für die Bundesanstalt für Arbeitsschutz und Arbeitsmedizin (BAuA) arbeitet er aktuell im BMBF-Begleitforschungsprojekt „Autonome Roboter für Assistenzfunktionen: Interaktive Grundfertigkeiten (ARAIG)" zu den ethischen und rechtlichen Aspekten der Servicerobotik. Seine Forschungsschwerpunkte liegen in den Bereichen Technikphilosophie und -ethik, Philosophie der Mensch-Roboter-Interaktion, Epistemologie, Ästhetik und Philosophie des Films.

Wo kann Teamwork mit Mensch und Roboter funktionieren?

5

Bernd Kuhlenkötter und Alfred Hypki

Zusammenfassung

Für das erfolgreiche Zusammenarbeiten von Mensch und Roboter in der industriellen Montage muss ein mehrstufiger und teilweise iterativer Planungs-, Simulations- und Umsetzungsprozess mit unterschiedlichen Beteiligten aus verschiedenen Disziplinen abgebildet werden.

Mit der Mensch-Roboter-Kollaboration kann eine Umsetzung von Automatisierungslösungen erfolgen, in der sowohl ergonomische und sicherheitstechnische als auch demografische Aspekte adressiert und in der die Stärken von Mensch und Roboter in idealer Weise kombiniert werden können. Im Rahmen dieses Beitrages wird dazu ein Workflow dargestellt, der Werkzeuge für die gesamte Kette vorstellt und Realisierungen von Mensch-Roboter-Kollaborationen im industriellen Umfeld bei verschiedenen Partnern aufzeigt.

Der Beitrag wurde unter Leitung der genannten Hauptautoren von einem Konsortium erstellt. Weitere Mitglieder dieses Konsortiums sind Kai Lemmerz, Paul Glogowski, Michael Miro, Ann-Kathrin Ermer, Tatjana Seckelmann, Vanessa Weßkamp, André Barthelmey, Manfred Wannöffel, Claudia Niewerth, Marvin Schäfer, Carsten Otto, Marcus Kaiser, Michael Spitzhirn, Michael Wissing, Martin Jung, Gabriele Höptner, Janina Horlebein, Henry Arenbeck, Dirk Wettlaufer, Mirco Rogalla, Björn Kasperitz, Jonas Hellmich und Vignaesh Sankaran.

B. Kuhlenkötter
Ruhr-Universität Bochum, Bochum, Deutschland
E-Mail: kuhlenkoetter@lps.ruhr-uni-bochum.de

A. Hypki (✉)
Ruhr-Universität Bochum, Bochum, Deutschland
E-Mail: hypki@lps.ruhr-uni-bochum.de

5.1 Mensch-Roboter-Kollaboration in der Montage

Die steigende Variantenvielfalt durch fortschreitende Produktindividualisierung, geringere Losgrößen und zunehmend kürzer werdende Produktlebenszyklen erfordert neue Konzepte und Umsetzungen in der Produktion. Durch den Einsatz hybrider Montagesysteme und Mensch-Roboter-Kollaboration (MRK) werden die spezifischen, positiven Fähigkeiten von Mensch (Flexibilität, Lernfähigkeit, Kreativität) und Roboter (Kraft, Ausdauer, Geschwindigkeit, Präzision) kombiniert. Die MRK fördert durch ihre höhere Systemflexibilität sowie die fähigkeitsorientierte Aufgabenverteilung zwischen Mensch und Roboter die Humanisierung der Arbeit durch die Verbesserung der Ergonomie und Einhaltung der Sicherheit (Handbuch Mensch-Roboter-Kollaboration 2018).

Die Planung eines manuellen Montagearbeitsplatzes in Bezug auf Arbeitsinhalt und Arbeitszeit ist eine komplexe Aufgabe. Aufgrund der Vielfalt der zu berücksichtigenden Daten geschieht dies heute meistens mit dafür speziell entwickelter Software zur Modellierung, Simulation und Optimierung der Arbeitstakte der manuellen Montageprozesse. Erwägt ein Unternehmen den Einsatz von Arbeitsplatzsystemen, in denen Menschen und Roboter kollaborieren, gibt es bislang noch keine durchgängigen digitalen Werkzeuge, welche den Einsatz des Systems im Hinblick auf Automatisierbarkeit, technisch-wirtschaftliche Eignung, Ergonomie und Sicherheit simulieren und bewerten können. Dies erschwert Unternehmen, insbesondere kleinen und mittleren Unternehmen (KMU), eine ganzheitliche Planung einer MRK-Applikation durchzuführen und stellt eine starke Hemmschwelle für den Einsatz von Robotern in Montagesystemen dar.

Das Ziel des Forschungsprojektes KoMPI (Verrichtungsbasierte, digitale Planung kollaborativer Montagesysteme und Integration in variable Produktionsszenarien) (Homepage des Projektes KoMPI 2019) ist es, durch eine enge Verzahnung von arbeitswissenschaftlichen und automatisierungstechnischen Methoden einen neuartigen Ansatz zur integrierten Planung und Realisierung von MRK-Systemen zu entwickeln, der insbesondere KMUs befähigt, MRK-Systeme sicher, effektiv und erfolgreich zum Einsatz zu bringen. Dabei wurden zwei zentrale Aspekte für solche Umsetzungen gelöst: die Umsetzung von MRK-Systemen durch ein zu entwickelndes MRK-Simulationswerkzeug und parallel ein integriertes Beteiligungs- und Qualifizierungskonzept, das sowohl den Planungsingenieur als auch den operativen Mitarbeitenden an der Montagelinie im Umgang mit MRK-Systemen unterstützt. Das System trägt somit dazu bei, bestehende technische und soziale Hemmnisse abzubauen. Durch die Umsetzung branchenübergreifender Anwendungsszenarien bei drei Anwenderunternehmen in den Branchen Automobil, Heizungs- und Prozesswärme sowie Schaltersysteme mit ihren typischen variantenreichen Produktspektren wurden die entwickelten Forschungsergebnisse projektbegleitend validiert und erfolgreiche Referenzprojekte geschaffen, die weitere Unternehmen zur Anwendung motivieren. Die Anwendungsszenarien sind so gewählt, dass diese unterschiedliche Industriezweige und Unternehmensgrößen abdecken, so dass eine Übertragbarkeit der Forschungsergebnisse sichergestellt ist.

Verschiedene MRK-fähige Systeme sind auf dem Markt verfügbar, Abb. 5.1 zeigt einige Beispiele. MRK-Roboter haben aufgrund ihres eingeschränkten Handhabungsgewichtes und integrierter berührender oder berührungsloser Schutzeinrichtungen nur ein

5 Wo kann Teamwork mit Mensch und Roboter funktionieren?

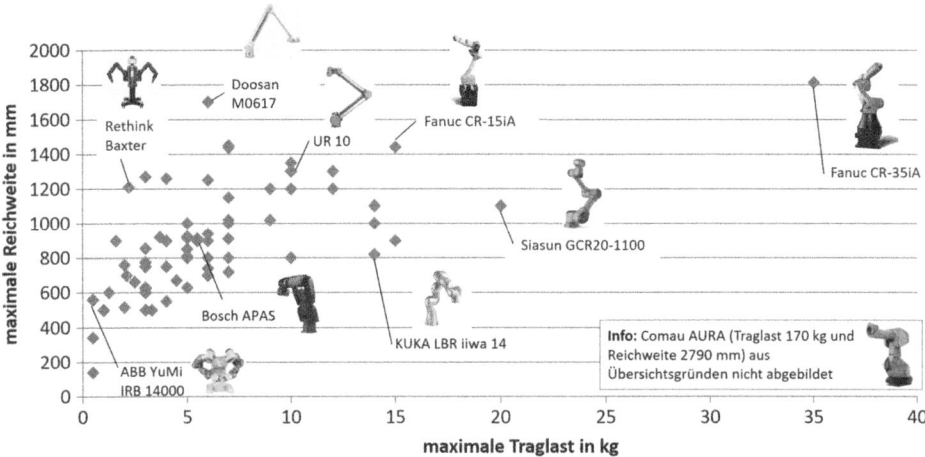

Abb. 5.1 Übersicht MRK-Roboter in Abhängigkeit von maximaler Reichweite und Traglast (Spitzhirn und Fritzsche 2019)

geringes Gefahrenpotential für den Menschen. Auf externe Schutzeinrichtungen wie Lichtschranken oder Kamerasysteme kann in der Regel je nach Anwendungsbereich oder Form der Werkstücke verzichtet werden. Viele MRK-Roboter können durch handgeführte Teach-In-Verfahren, grafische Benutzeroberflächen oder vorprogrammierte Aufgaben-Bausteine ohne Programmierkenntnisse programmiert werden. Allerdings wirken sich bei MRK-Robotern häufig die eingeschränkte Geschwindigkeit, die niedrige Traglast und Reichweite sowie die geringere Steifigkeit einschränkend auf ihre Prozesseignung aus.

Insgesamt ergibt sich für das Vorhaben der in Abb. 5.2 gezeigte Workflow, dessen einzelne Schritte im Verlauf des Beitrages weiter ausgeführt werden.

5.2 Ermittlung von MRK-Potentialen von Arbeitsplätzen mittels Quick-Check

Um MRK-Systeme effektiv entwickeln und einsetzen zu können, ist es wichtig, bestehende Montagesysteme bereits in einer frühen Planungsphase auf ihr MRK-Eignungspotential hin zu überprüfen. Ermöglicht wird dies durch den im Verbundprojekt KoMPI entwickelten MRK-Quick-Check, der anhand verschiedener Anwendungsfälle u. a. bei der Karl Dungs GmbH & Co. KG erprobt wurde. Der Quick-Check ist ein Werkzeug zur schnellen, objektiven und belastbaren Bewertung bestehender Arbeitsplätze hinsichtlich MRK-Potentiale durch den Planer (Ermer et al. 2019). Die Quick-Check-Durchführung ist der erste Schritt des digitalen Planungsprozesses für kollaborative Montagesysteme, wie in (Weßkamp et al. 2019) vorgestellt.

In einem Excel-Arbeitsblatt, in einem Ausdruck oder in der KoMPI-App wird der Montageprozess in Teilprozesse untergliedert. Diese werden jeweils anhand von zwölf Kriterien aus den fünf Kategorien Bauteile (Anzahl, Gewicht, Empfindlichkeit, Handhabbarkeit),

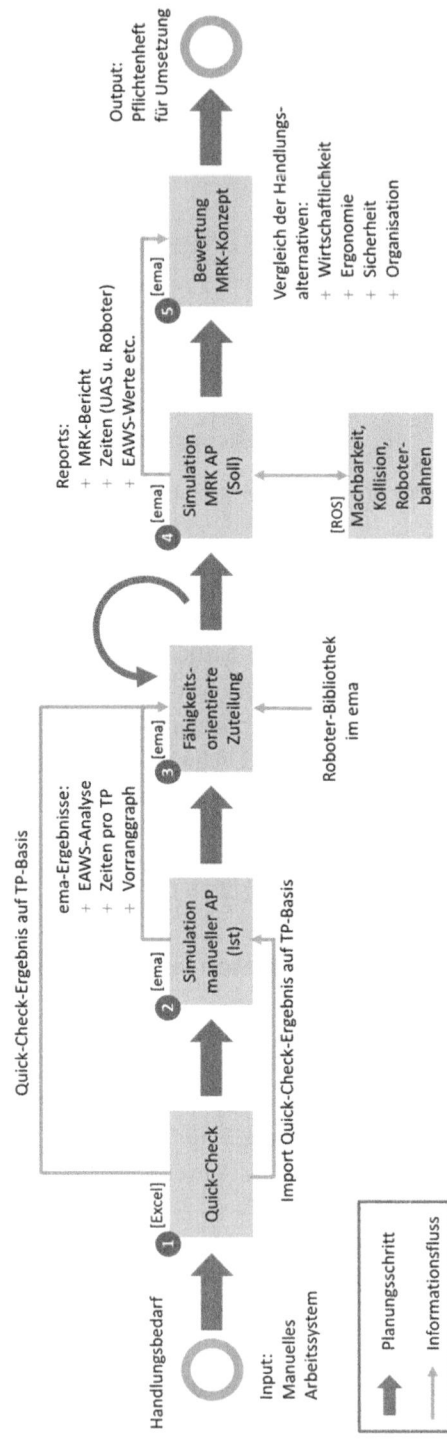

Abb. 5.2 KoMPI-Workflow zur ganzheitlichen Planung von MRK-Arbeitsplätzen (Seckelmann et al. 2019)

5 Wo kann Teamwork mit Mensch und Roboter funktionieren?

Zu- und Abführung (Aktionsradius, Ordnungszustand, Materialversorgung durch Mitarbeitende), Verbesserungspotential (Ergonomie, Zeitbedarf), Sicherheit (Quetsch- und Kollisionsgefahr) und Sonstiges bewertet. Der Aufwand für die Bewertung beträgt insgesamt weniger als eine Stunde (vgl. Abb. 5.3). Mithilfe dieser Kriterien werden die technische Machbarkeit sowie Optimierungsmöglichkeiten des Arbeitssystems durch MRK untersucht und auf einer Skala von 0 bis 4 Punkte bewertet. Dem Nutzer wird darüber hinaus die Möglichkeit gegeben, ein individuelles Kriterium selbst festzulegen und den Quick-Check somit aufwandsarm an die spezifischen Anforderungen konkreter Anwendungsfälle anzupassen (Ermer et al. 2019).

Aus der Betrachtung der einzelnen Kriterien ergeben sich Bewertungen der Teilprozesse. Aus dem Vergleich dieser Bewertungen untereinander ergibt sich eine erste Aussage, ob ein Teilprozess für eine Automatisierung geeignet ist. Darüber hinaus lassen sich durch den Vergleich verschiedener Montagesysteme miteinander Aussagen zur Eignung der jeweiligen Systeme für eine Erhöhung ihres Automatisierungsgrades anhand der Ausprägung der Bewertungskriterien treffen (Ermer et al. 2019).

Basierend auf den Ergebnissen kann die Auswahl eines geeigneten Arbeitsplatzes zur vertieften Planung des MRK-Einsatzes erfolgen. In den weiteren Schritten der Planungssystematik fließen die für die Teilprozesse ermittelten Ergebnisse in die Aufgabenverteilung zwischen Mensch und Roboter ein (Weßkamp et al. 2019).

Zielgruppe des Quick-Checks sind Produktions- und Fertigungsplaner bzw. Industrial Engineers. Vorkenntnisse im Bereich der MRK werden für die Anwendung des Quick-Checks allerdings nicht vorausgesetzt. Aus diesem Grund wird der Quick-Check durch ein umfassendes, multimediales Schulungskonzept angereichert, welches in Kooperation mit dem Konsortialpartner cognitas Gesellschaft für Technik-Dokumentation mbH entwickelt wurde. Neben Schulungsaspekten werden zudem akzeptanzfördernde Maßnahmen in Form von Aufklärung und Einbindung operativer Mitarbeitender in den Planungsprozess berücksichtigt. Die berücksichtigte Praxiserfahrung verbessert die Ergebnisse des Planungsprozesses und verringert mögliche Vorbehalte gegen die Einführung von Robo-

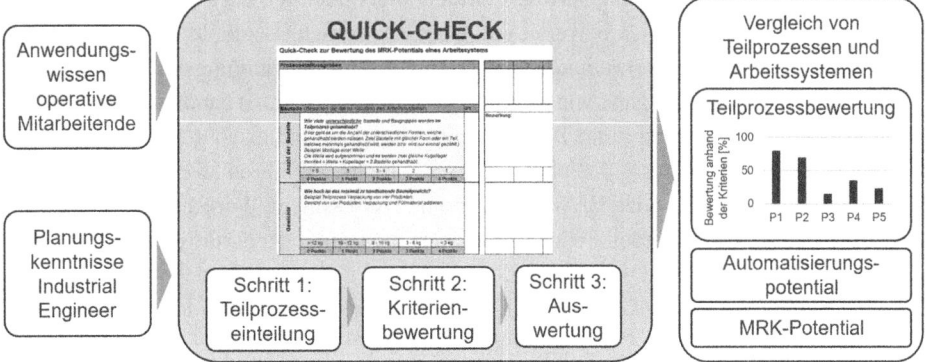

Abb. 5.3 Ermittlung von Automatisierungs- und MRK-Potential mittels Quick-Check

Abb. 5.4 Präsentation der KoMPI-App auf der automatica 2018

terarbeitsplätzen im Betrieb. Der Quick-Check wurde praktisch anhand verschiedener Anwendungsfälle erprobt und in der App-Version auf der automatica 2018 in München einem breiten Fachpublikum vorgestellt (Abb. 5.4).

5.3 Simulationsgestützte Planung von MRK-Arbeitsplätzen mittels ema Work Designer

Im Rahmen des Projektes KoMPI werden neue Simulationsmöglichkeiten für die Zusammenarbeit von Mensch und Roboter erforscht. Hauptschwerpunkt stellt die Kombination von bereits am Markt existierenden Lösungen zur Menschsimulation mit einer validen Robotersimulation dar. Hierbei erfolgt die Integration von Planungs- und Bewertungsfunktionen der Automatisierungstechnik, basierend auf dem Robot Operating System (ROS),[1] in das Planungssystem ema Work Designer.[2] Die hier entstandene Systemarchitektur für ein ganzheitliches MRK-Simulationswerkzeug ist ausführlich in den Veröffentlichungen (Glogowski et al. 2017; Lemmerz et al. 2018) beschrieben.

Mit Hilfe des digitalen Planungssystems ema Work Designer können Arbeitsprozesse und Produkte bereits im Planungsprozess virtuell abgebildet und nach ergonomischen sowie wirtschaftlichen Kriterien bewertet und gestaltet werden (Leidholdt et al. 2016). Auf Basis einer parametrisierten Tätigkeitsbeschreibung (ema-Verrichtungsbibliothek) agiert das Menschmodel unter Angabe von Rahmenbedingungen (z. B. zu handhabende Objekte, Zielpositionen) eigeninitiativ und Bewegungen werden automatisch generiert. Zur Auswertung von Arbeitsprozessen können unterschiedliche Verfahren wie MTM-UAS zur Fertigungszeitermittlung oder EAWS (Ergonomic Assessment Worksheet) zur Ergonomiebewertung genutzt werden. Weitere Auswertungen und Reports hinsichtlich Lauf-

---

[1] Quelloffenes Framework zur Erstellung von Simulationen und Steuerungen für Roboter, Greifer und Sensoren (https://www.ros.org/. Zugegriffen am 17.09.2019).

[2] Proprietäre Softwarelösung der Fa. imk automotive GmbH für die arbeitswissenschaftliche Simulation von manuellen Montagearbeitsplätzen.

wege, Taktzeitdiagramme, Platzbedarf, Wertschöpfung können zur weiterführenden Ableitung von Optimierungsmaßnahmen eingesetzt werden. Damit können unter Nutzung verschiedener anthropometrischer Menschmodelle eine Analyse manueller und teilautomatisierter Prozesse sowie Mensch-Roboter-Interaktionen mittels Prozesssimulationen durchgeführt werden (Zhang et al. 2017; Ullmann und Spitzhirn 2019).

Um eine valide und effiziente Gestaltung von MRK-Arbeitsplätzen treffen zu können, wurde die Software ema Work Designer um relevante Funktionalitäten erweitert, welche die Gestaltungs- und Sicherheitsrichtlinien der DIN ISO/TS 15066 berücksichtigen. Damit kann im ema Work Designer unter Nutzung einer integrierten Roboter- und Sensorbibliothek sowie der logischen Verknüpfung von Mensch und Sensoren mit Roboterbewegungen ein Sicherheitskonzept unter Berücksichtigung der Anforderungen der verschiedenen MRK-Betriebsarten (Koexistenz bis Kollaboration) und den daraus resultierenden notwendigen Sicherheitsabständen erstellt werden. Der Planer wird bei der Beurteilung des Sicherheitsrisikos durch Kollisionsinformationen (Nr. 3 in Abb. 5.5) und einer Kollisions-Risikobewertung (Nr. 4 in Abb. 5.5) in Form eines MRK-Berichts unterstützt. Zu den Kollisionsinformationen gehören u. a. die Ermittlung der Kollisions- und Kontaktkräfte, Kollisionsobjekt und involvierten Körperteile des Menschen Bei der Risikobewertung werden die max. zulässigen Höchstgeschwindigkeiten des Roboters in Abhängigkeit von Körperteil, Risikobereich und effektiver Masse bestimmt. Zusätzlich können zur Gestaltung von MRK-Applikationen Informationen (Nr. 1 in Abb. 5.3) zur benötigen Zeit (Simulationszeit), der Auslastung und dem Platzbedarf der Systempartner Mensch und Roboter sowie weitere Informationen (Zugang über Nr. 2 in Abb. 5.3) wie Robotergeschwindigkeit und Höhenanhaben der einzelnen Gliederung des Roboters in der Detailauswertung eingeholt werden. Ebenso können Spezifikationen hinsichtlich einer sicheren Robotergeschwindigkeit oder der Bewegungsräume (Nr. 2 in Abb. 5.5) vorgenommen werden.

Im Kontext des Simulationsworkflows ist vom Planer zunächst der gesamte Montagearbeitsplatz mit allen Mensch-, Roboter- und Umgebungsmodellen in ema Work Designer zu erstellen (Abb. 5.6). Durch die Integration von Sensoren kann eine ereignisgesteuerte Simulationsanpassung wie das Verlangsamen oder Stoppen von bewegten Objekten wie Robotern

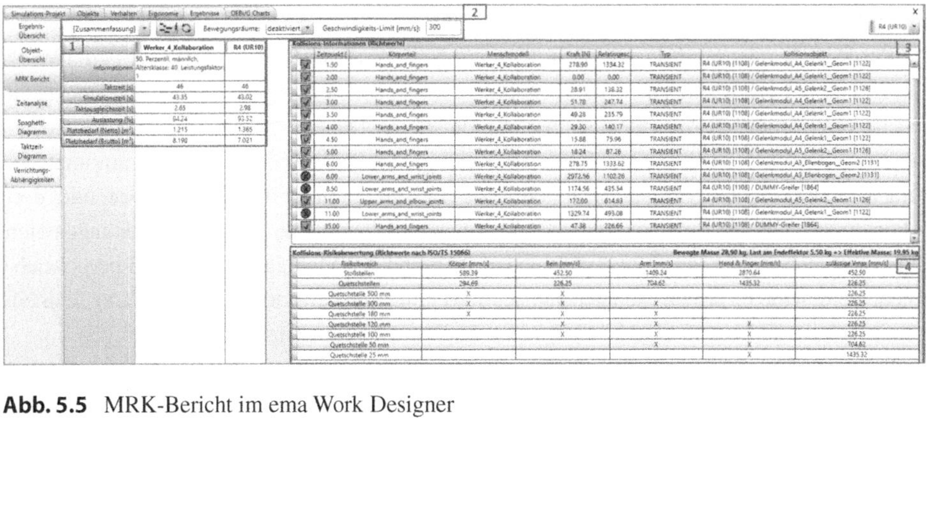

Abb. 5.5 MRK-Bericht im ema Work Designer

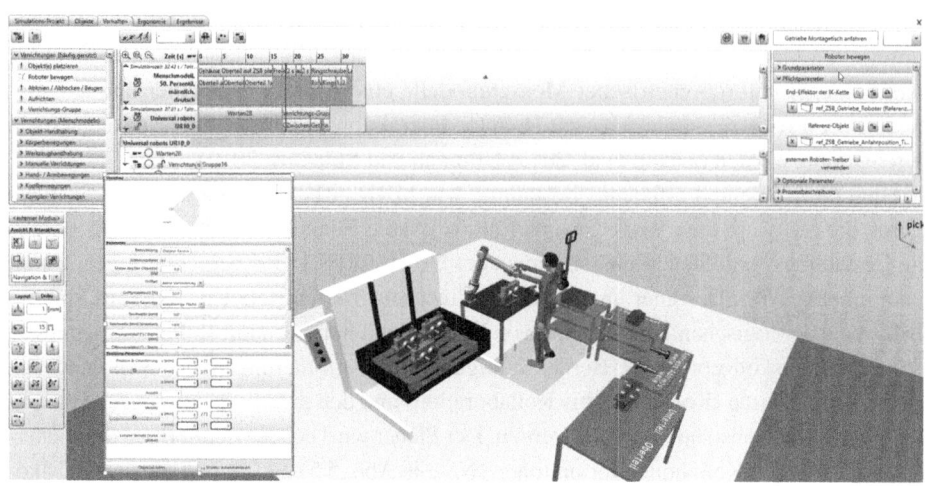

Abb. 5.6 Erstellen eines MRK-Arbeitsplatzes inkl. Mensch- und Roboterbewegung sowie integrierter Sensortechnik im ema Work Designer

beim Eintritt des Menschen in einen vorab definierten Sensorbereich bewirkt werden. Dabei können Einflussgrößen, wie Sensortyp, Reichweite, Öffnungswinkel, spezifiziert werden.

Um die Arbeitsaufgaben fähigkeitsorientiert zuzuweisen, können die Ergebnisse des in Abschn. 5.2 beschriebenen Quick-Checks als Excel-Import in ema Work Designer direkt importiert und zusammen mit dem Ergonomiepotential der Teilprozesse sowie dem zeitlichen Anteil herangezogen werden (vgl. Abb. 5.7 links). Anhand der Ergebnisse kann der Nutzer belastende Tätigkeiten vom Menschen auf den Roboter per Drag & Drop verschieben (vgl. Abb. 5.7 rechts), um eine Verbesserung der Ergonomie und Produktivität zu bewirken.

Für eine valide Bewertung des MRK-Prozesses ist eine realistische und kollisionsfreie Roboterbahnplanung notwendig. ROS ermöglicht hier die Simulation und Ansteuerung von Robotern, Sensoren und Umgebung. Hierbei stehen herstellerübergreifende Treiber und Pakete zur Steuerung von Sensoren, Aktoren und ganzen Roboterapplikationen zur Verfügung. Diese werden durch zahlreiche Algorithmen aus dem Bereich der Bahnplanung, Datenverarbeitung sowie Kollisionsprüfung ergänzt (Guzman et al. 2016).

Zur Realisierung einer Daten- und Kommunikationsschnittstelle zwischen dem ema Work Designer und ROS wurde eine entsprechende Prozessbeschreibung für automatisierungstechnische Verrichtungen (Prozessbausteine) implementiert. Dabei wird der im ema Work Designer erstellte MRK-Arbeitsplatz (inkl. Robotertyp, Umgebungsobjekten und automatisierungstechnischen Verrichtungen) an die Robotersimulation in ROS übergeben und dort rekonstruiert. Um die Bewegungen des Menschen und die im ema Work Designer angelegten Umgebungsobjekte in der Robotersimulation während des Montageprozesses zu berücksichtigen, werden die Informationen der Menschbewegung und der statischen Umgebung über ein vereinfachtes 3D-Voxelfeld (Abb. 5.8) von ema Work Designer nach ROS übertragen.

Das 3D-Voxelfeld repräsentiert die während des Montageprozesses belegten Punkte der Umgebung und liefert somit die erforderlichen Daten für eine kollisionsfreie Bahn-

5 Wo kann Teamwork mit Mensch und Roboter funktionieren?

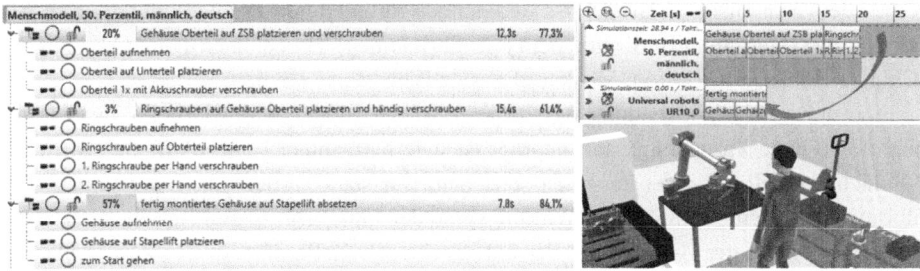

Abb. 5.7 Fähigkeitsorientierte Aufgabenverteilung zwischen Mensch und Roboter (links: Darstellung Ergonomie und Quick-Check-Ergebnisse im Verrichtungsbaum; rechts: Verschieben von Tätigkeiten zwischen Mensch und Roboter per Drag & Drop)

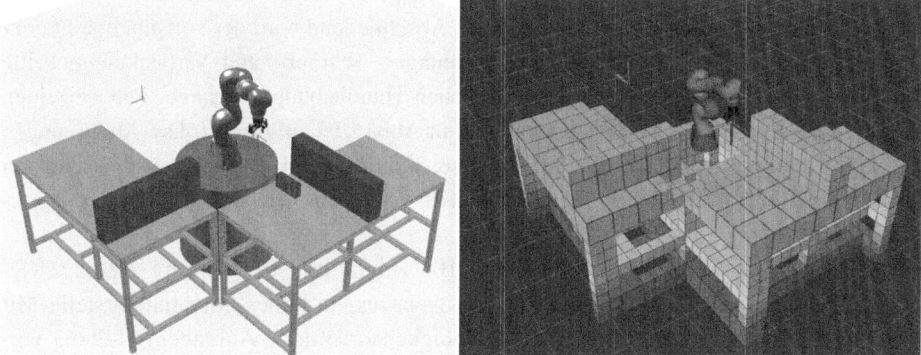

Abb. 5.8 Übertragung des Umgebungsmodells der MRK-Applikation als 3D-Voxelfeld

und Greifplanung. Nachdem die Umgebungs- und Bewegungsdaten an ROS übertragen wurden, erfolgt dort die Roboter- und Peripheriesimulation.

Die berechneten Bewegungsdaten sowie Auswerteinformationen über die technische Machbarkeit der geplanten Prozessschritte werden anschließend von ROS über die Daten- und Kommunikationsschnittstelle zurück an den ema Work Designer geschickt und dort zur Visualisierung, Zeit- und Ergonomieauswertung sowie Prozessoptimierung genutzt. Hierdurch steht dem Planer eine ganzheitliche Simulationsumgebung für die Planung individueller MRK-Applikationen zur Verfügung.

5.4 Manuelle Montageszenarien beim Anwender Karl Dungs GmbH & Co. KG

Die Karl Dungs GmbH & Co. KG ist ein unabhängiges inhabergeführtes Familienunternehmen. Es produziert Produkte und Systeme in der Gassicherheits- und Regeltechnik für die Heizungs- und Prozesswärmeindustrie sowie für Gasmotorenhersteller und Packager.

Neben dem Stammsitz in Urbach ist Dungs noch mit weiteren Produktionsstätten in Albershausen (Deutschland), Birmingham (Großbritannien), Barcelona (Spanien), Shanghai (China), Minneapolis (USA), Moskau (Russland) und Pune (Indien) vertreten.

Eine industrielle Anwendung des Projekts ist die Montage von Druckwächtern, die durch eine hohe Variantenvielfalt geprägt ist. Die betrachtete Linie (Abb. 5.9) wird im 2-Schicht-Modell mit zwei Personen betrieben. Der stark variierende Typ-Mengen-Mix führt u. a. zu einem verminderten Wirkungsgrad der Linie (Deuse und Busch 2012).

Abb. 5.9 stellt die Bestandteile der untersuchten U-Zelle dar. An den Arbeitsplätzen „Montage Gerätestecker" und „Montage Flachstecker" werden Druckwächtervarianten vormontiert. Am nächsten Arbeitsplatz „Sollwert/Montage Luftdruckwächter" wird die eigentliche Vormontage durchgeführt. Darauf folgt ein vollautomatischer Prozess und am Ende wird der Druckwächter manuell komplettiert und verpackt.

An dem im Quick-Check betrachteten Arbeitsplatz „Komplettieren und Verpacken" werden die restlichen Komponenten montiert. Abschließend wird der vollständige Druckwächter verpackt. Es sind verschiedene Montage-, Schraub- und Verpackungsschritte durchzuführen, einschließlich der erforderlichen Handhabungsvorgänge. Die einzelnen Schritte und das Quick-Check-Ergebnis sind in Abb. 5.10 aufgezeigt. Die Abkürzungen P1 bis P9 kennzeichnen dabei die Teilprozesse, während die Bewertungszahlen rechts in der Abb. 5.10 die prozentualen Werte des MRK-Potentials, wie es sich aus dem Quick-Check ergibt, aufzeigen.

Die Quick-Check-Anwendung (Abb. 5.10) zeigt, dass der Einsatz eines MRK-Roboters als Teil eines koexistierenden Arbeitsplatzes ein hohes Potential darstellt. Mit den Quick-Check-Ergebnissen wurde eine fähigkeitsorientierte Aufgabenverteilung vorgenommen: Der Teilprozess P9 wird alleinig durch den Menschen abgearbeitet, die Teilprozesse P2 bis P7 durch den Roboter und die Teilprozesse P1 und P8 werden im MRK-Betrieb gemeinsam ausgeführt.

Als ein bedeutendes Ergebnis ergibt sich, dass die Druckwächter-Fließlinie in ihrer MRK-Implementierung mit einem Mitarbeitenden pro Schicht betrieben werden kann, der seinen Arbeitsplatz wechselt (Abb. 5.11).

5.5 Die Realisierungen

In diesem Abschnitt werden verschiedene Realisierungen vorgestellt, wie sie bei den Anwendungspartnern im Projekt KoMPI umgesetzt wurden.

5.5.1 Boll Automation GmbH und Karl Dungs GmbH & Co. KG

Die Boll Automation GmbH setzte eine MRK-Lösung zur Automation am Arbeitsplatz „Komplettieren" in der Druckwächter-Fließlinie der Karl Dungs GmbH & Co. KG um. Die MRK-Lösung wird im realen Produktionsbetrieb eingesetzt.

5 Wo kann Teamwork mit Mensch und Roboter funktionieren?

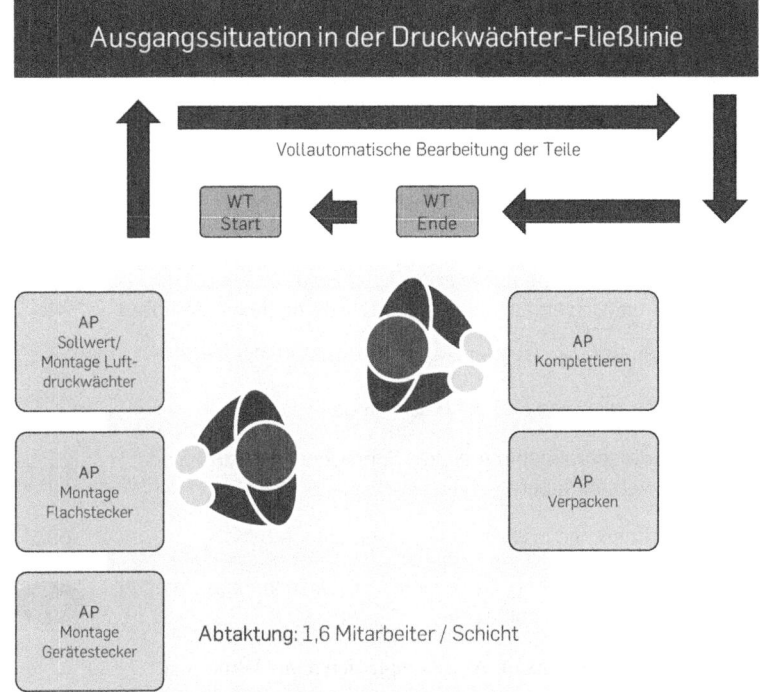

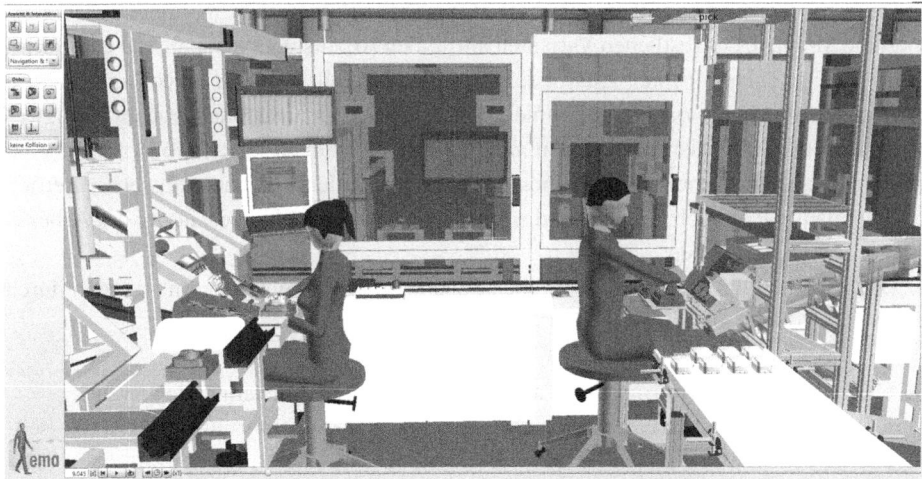

Abb. 5.9 Die Druckwächter-Fließlinie im Ist-Zustand (oben: Stationssicht; unten: Simulation im ema Work Designer)

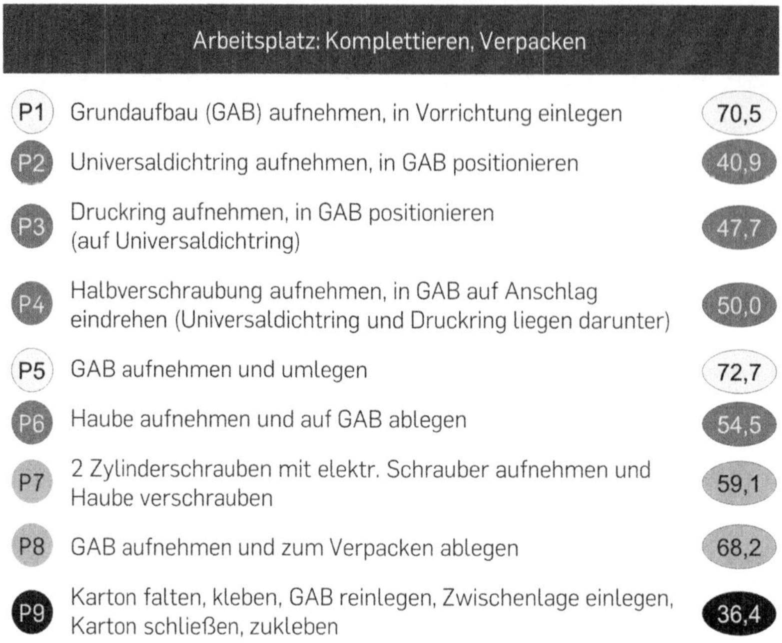

Arbeitsplatz: Komplettieren, Verpacken

- P1 — Grundaufbau (GAB) aufnehmen, in Vorrichtung einlegen — 70,5
- P2 — Universaldichtring aufnehmen, in GAB positionieren — 40,9
- P3 — Druckring aufnehmen, in GAB positionieren (auf Universaldichtring) — 47,7
- P4 — Halbverschraubung aufnehmen, in GAB auf Anschlag eindrehen (Universaldichtring und Druckring liegen darunter) — 50,0
- P5 — GAB aufnehmen und umlegen — 72,7
- P6 — Haube aufnehmen und auf GAB ablegen — 54,5
- P7 — 2 Zylinderschrauben mit elektr. Schrauber aufnehmen und Haube verschrauben — 59,1
- P8 — GAB aufnehmen und zum Verpacken ablegen — 68,2
- P9 — Karton falten, kleben, GAB reinlegen, Zwischenlage einlegen, Karton schließen, zukleben — 36,4

Abb. 5.10 Quick-Check-Ergebnis für AP „Komplettieren und Verpacken"

Das MRK-System wurde als Plugin-System konzipiert: Während Varianten, die häufig und in signifikanten Losgrößen auftreten, durch das MRK-System montiert werden, erfolgt die Montage der restlichen Varianten am selben Arbeitsplatz manuell, die Linie wird also zeitweise auch mit zwei Mitarbeitenden betrieben. Mit Hilfe eines Rollwagens wird der Roboter flexibel in die Montagelinie ein- und aus dieser ausgebracht (Abb. 5.12). Roboter- und menschlicher Arm werden an ähnlichen Positionen in Relation zum Arbeitsplatz platziert. Die Arbeitsplatzkomponenten für manuellen und automatisierten Betrieb konnten dadurch ähnlich platziert und somit die erforderliche Umgestaltung des Arbeitsplatzes minimiert werden.

Die folgenden Prozessschritte am oben genannten AP „Komplettieren" wurden durch den MRK-Roboter automatisiert:

1) Grundaufbau vom Transportband aufnehmen und auf Spannstation platzieren
2) Drei rotationssymmetrische Anbauteile aufnehmen, konzentrisch stapeln sowie seitlich an Grundaufbau platzieren und verschrauben
3) Haube aufnehmen und auf Grundaufbau platzieren
4) Schrauben aufnehmen und in Haube einschrauben
5) Fertig montiertes Bauteil auf Transportband ablegen

Die rotationssymmetrischen Anbauteile werden im manuellen Betrieb als Schüttgut bereitgestellt. Im automatisierten Betrieb erfolgt eine Vereinzelung und lagesichere Be-

5 Wo kann Teamwork mit Mensch und Roboter funktionieren?

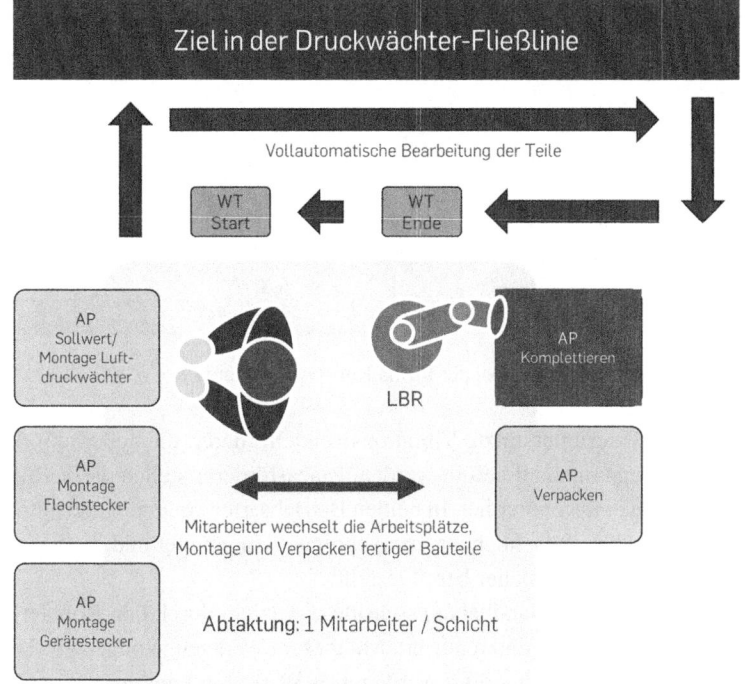

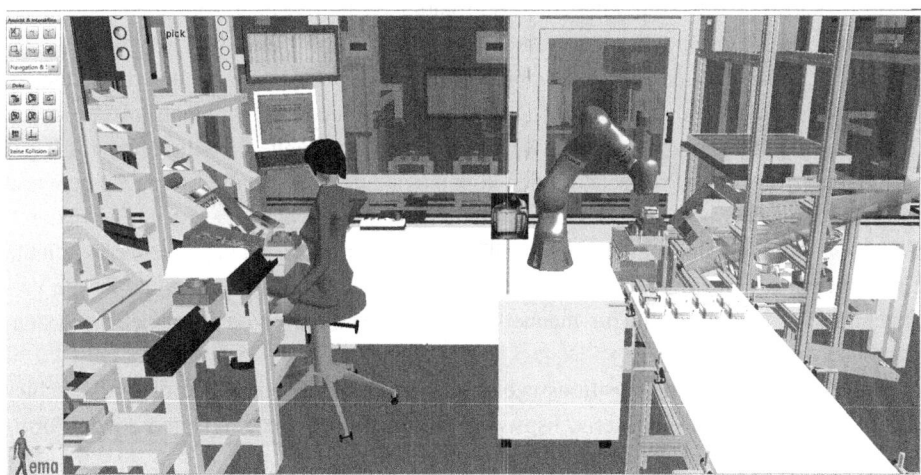

Abb. 5.11 AP-Aufteilung zwischen Mensch und Roboter (oben: Stationssicht; unten: Simulation im ema Work Designer)

Abb. 5.12 Die MRK-Realisierung bei der Firma Karl Dungs GmbH & Co. KG

reitstellung durch sensorunterstützte Vibrationswendelförderer, die außerhalb des Gefahrenbereichs der Anlage manuell befüllt werden. Linearförderer stellen die Verbindung zur Abholposition durch den Roboter her. In beiden Betriebsarten (manuell und automatisiert) werden die Hauben über Rutschbahnen zur Abholposition geleitet und die Schrauben automatisch vereinzelt und lagesicher bereitgestellt.

Zur Umsetzung der o. g. Handhabungsschritte wurde ein durch den Roboter geführtes Universalwerkzeug konzipiert und realisiert. Mit diesem Werkzeug können alle beschriebenen Handhabungsschritte durchgeführt werden. Das Werkzeug kombiniert ein Greifmodul und ein Schraubmodul. Letztgenanntes ermöglicht ein gleichzeitiges Aufnehmen, lagesicheres Platzieren und Einschrauben der drei rotationssymmetrischen Anbauteile sowie das Aufnehmen und Einschrauben der Schrauben. Die Drehzahl- und die Drehmomentregelung des Servomotors, der das Schraubmodul antreibt, werden an die unterschiedlichen Schraubprozesse dynamisch angepasst. Die Drehwinkel- und Drehmomentsensoren in den Gelenken des eingesetzten Roboters werden zur Überwachung der Schraubprozesse genutzt. Ohne zusätzliche Prüftechnologien konnten dadurch fehlerhafte Montageergebnisse erkannt und die betreffenden Bauteile automatisiert ausgeschleust werden. Die dadurch erreichte Robustheit hinsichtlich Fehler im automatisierten Montageprozess ermöglichte Einsparungen in den eingesetzten Prozesstechnologien: Beispielsweise konnte für die Vereinzelung der Schrauben ein für manuelle Prozesse optimiertes niedrigpreisiges System eingesetzt werden.

Kombinierte Kraft- und Positionsregelungen des MRK-Roboters wurden in verschiedenen Prozessschritten eingesetzt, bspw. um an Positionsungenauigkeiten sowie Form- und Lagetoleranzen der montierten Bauteile zu adaptieren.

Zur Verhinderung von Gefährdungssituationen für Menschen im Umfeld des MRK-Roboters wurde ein hybrides Sicherheitskonzept eingesetzt, das Absicherungsmethoden aus dem Bereich der Vollautomation und der MRK kombiniert. Zwei Sicherheits-Laserscanner mit jeweils vertikalen und sich in einem Winkel von 90° treffenden Schutz-Flächenfeldern ermöglichen eine Stillsetzung der Anlage, sobald sich ein Mensch dem MRK-Roboter nähert. Unter Berücksichtigung aller involvierten Auslöseverzögerungen, der Nachlaufzeit des Roboters und der erwarteten Bewegungsgeschwindigkeit des

Menschen können alle Anlagenbereiche mit möglichen quasi-statischen Kontaktsituationen (Klemmen von Körperteilen) erst nach einem Stillstand der Roboterbewegung erreicht werden. Der Roboterarm ist für den Menschen theoretisch bereits 70 Millisekunden vor dessen Stillstand erreichbar. Alle dadurch ermöglichten Kontaktsituationen wurden simulativ, rechnerisch und experimentell analysiert mit dem Ergebnis, dass u. a. aufgrund des ausschließlich freien transienten Kontakts, den großen Radien am Kontaktpunkt und der geringen reflektierten Masse des MRK-Roboters eine Gefährdung für den Menschen ausgeschlossen werden kann.

5.5.2 Leopold Kostal GmbH & Co. KG

Ein weiteres Beispiel für den Einsatz der Quick-Check-Systematik und einer simulationsgestützten Planung von MRK-Arbeitsplätzen bietet der Automobilzulieferer Leopold Kostal GmbH & Co. KG. Dort wurden Arbeitssysteme, die sich in der Serienphase befinden, hinsichtlich des Einsatzes von MRK analysiert.

Zur Abschätzung des technischen Potenzials ausgewählter Arbeitsplätze am Standort Lüdenscheid hat sich der im Forschungsprojekt KoMPI entwickelte Quick-Check im Unternehmen etabliert. Dieser Quick-Check befähigt Mitarbeitende der Produktionsplanung, des Industrial Engineerings oder weitere prozessnahe Ingenieure, die bis dato noch wenig Erfahrung mit dem Einsatz von MRK-fähigen Applikationen haben, das technische Potenzial einzelner Prozesse zu quantifizieren.

Entsprechend der Zielsetzung wurden verschiedene Arbeitssysteme am Standort Lüdenscheid hinsichtlich der technischen Eignung untersucht. Hierbei hat sich gezeigt, dass einzelne zusammengefasste Arbeitsoperationen im Hinblick einer Bandaustaktung mithilfe des Quick-Checks möglichst auf einem niedrig aggregierten Niveau zu analysieren sind, da sich vereinzelte Arbeitsoperationen an einer Arbeitsstation oftmals als Restriktion auswirken können. Neben der quantifizierten technischen Eignung, aus der sich indirekt der Aufwand zur Realisierung einer Applikation ergibt, wurde das Rationalisierungspotenzial quantifiziert, um so letztendlich mithilfe einer Matrix eine fundierte Projektentscheidung zu treffen.

Als Anwendungsszenario wurde ein Arbeitssystem am Standort in Lüdenscheid identifiziert (Abb. 5.13), in dem im Ausgangszustand zwei Mitarbeitende in einem getakteten Arbeits-

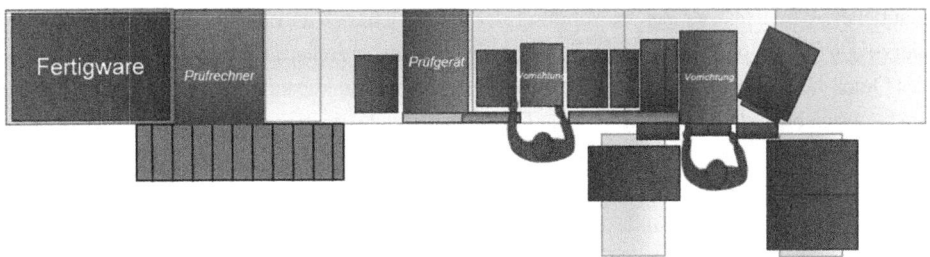

Abb. 5.13 Das betrachtete Arbeitssystem bei der Leopold Kostal GmbH & Co. KG

system eine Komponente für ein Duftsystem, das zur Steigerung der Wohlfühl-Atmosphäre im Fahrzeuginnenraum eingesetzt wird, montieren. Hierzu wird an der ersten Arbeitsstation eine Baugruppe erzeugt. Die erzeugte Baugruppe wird an der zweiten Arbeitsstation genutzt, um den Montagevorgang abzuschließen. Anschließend wird das Produkt auf Funktion im Prüfgerät getestet, optisch geprüft und letztendlich im Kundenladungsträger verpackt.

Die Untersuchung mittels des Quick-Checks zeigte ein hohes Potenzial für eine Vielzahl der Arbeitsoperationen an der zweiten Station. Gleichzeitig wurden jedoch auch Arbeitsoperationen identifiziert, die eine Realisierung der Applikation unmöglich oder aber den Automatisierungsaufwand signifikant erhöht hätten.

Aus diesem Grund wurden mithilfe der simulationsgestützten Software ema Work Designer der Aufbau und die Organisation des Arbeitssystems neu konzipiert. Konkret wurden die erforderlichen Arbeitsoperationen der MRK-fähigen Robotik bzw. dem Mitarbeitenden zugeordnet, um im nächsten Schritt ein Soll-Layout zu erstellen. Unter Beachtung einer geänderten Form der Materialbereitstellung wurde mithilfe der Simulation insbesondere die Zykluszeit für den Mitarbeitenden simuliert, um das zuvor abgeschätzte Rationalisierungspotenzial zu bestätigen und den zukünftigen Output des Arbeitssystems sicherzustellen. Gleichzeitig konnte der Kooperationsraum zwischen Applikation und Mitarbeitenden bestimmt werden, um so zu einem frühen Zeitpunkt mögliche Kollisionsszenarien zu bestimmen und daraus erforderliche Kraft- und Druckmessungen abzuleiten.

Im realisierten Soll-Konzept wird die Baugruppe weiterhin durch einen Mitarbeitenden produziert. Über eine definierte Übergabeposition stellt der Mitarbeitende der Applikation die erzeugte Baugruppe orientiert zur Verfügung. Die Robotik montiert die Baugruppe und zwei weitere Bauteile unter Zuhilfenahme einer Pressvorrichtung zum Endprodukt, führt die Funktionsprüfung unter Verwendung eines Prüfgeräts durch, um anschließend das geprüfte Produkt dem Mitarbeitenden zu übergeben. Der Mitarbeitende prüft abschließend das Endprodukt, bevor er dieses im Kundenladungsträger verpackt.

5.5.3 Albrecht Jung GmbH & Co. KG

Der erste Schritt zur Identifizierung geeigneter Arbeitsplätze für MRK bei der Albrecht Jung GmbH & Co. KG beginnt mit der Durchführung einer Potentialanalyse. Hierzu wird der entwickelte Quick-Check angewendet. Er dient der Bewertung des vorhandenen MRK-Potentials manueller Arbeitsplätze. Bei Anwendung des Quick-Checks an einer Fertigungslinie wurde hierzu den Gesamtprozess in Teilprozesse (Abb. 5.14, links) zerlegt. Basierend auf den Kriterien des Quick-Checks wurden die Teilprozesse anhand einer Punkteskala bewertet. Der prozentual am höchsten bewertete Prozess lag in der Bearbeitungszeit jedoch nur im einstelligen Sekundenbereich und war aus wirtschaftlicher Betrachtung zu verwerfen. Der am zweithöchsten bewertete Prozess (Schraubprozess in der Mitte des oberen Bildes in Abb. 5.14) mit einer deutlich höheren Bearbeitungszeit wurde somit zur Umsetzung eines MRK-Prozesses ausgewählt.

Ein besonderer Aspekt bei der Roboterauswahl und -integration ist nicht ausschließlich die Ersparnis der Bearbeitungszeit des ausgewählten manuellen Prozesses aus wirtschaftli-

Abb. 5.14 Betrachtete Fertigungslinie, der automatisierte Schraubprozess in der Simulation und in der Umsetzung bei der Albrecht Jung GmbH & Co. KG

cher Sicht, sondern zugleich der zukünftige Zeitfaktor des zugeordneten MRK-Prozesses, denn in vielen Fällen ist der Roboter im MRK-System langsamer als der Mensch. Somit müssen die weiterhin manuellen Prozesse dem zeitlichen Anteil des MRK-Systems überwiegen, damit keine Wartezeiten für den Mitarbeitenden entstehen, wobei natürlich insgesamt darauf geachtet werden sollte, dass im Wesentlichen alle Stationen synchron im Takt laufen sollten. Innerhalb einer Simulationsstudie (Abb. 5.14, unten links) wurde die automatisierte Lösung für den Schraubprozess entwickelt und durch einen Roboter UR3 von Universal Robots und einer Schraubenzuführung mit Vereinzelung realisiert (Abb. 5.14, unten rechts).

5.6 Akzeptanzförderung durch Beteiligung von Beschäftigten und Betriebsrat am Einführungsprozess

Die Einführung einer MRK kann in der Industrie auch unter Rationalisierungsaspekten betrachtet werden. Die Angst vor Arbeitsplatzverlust bzw. Substitution durch das MRK-System führt bei Beschäftigten häufig zu Wiederständen bei der Einführung, da die Vermutung besteht, die Investitionskosten für Roboter amortisieren sich durch den Wegfall von Mitarbeiterstellen. Dies ist – so der aktuelle Beobachtungsstand im Projekt KoMPI – jedoch nicht die Regel. Häufig übernehmen die Roboter Teilaufgaben im Montageprozess, die den Beschäftigten am Arbeitsplatz nicht vollständig ersetzen können. (Lins et al. 2018)

Eine Akzeptanz der MRK als Form des Teamworks lässt sich insbesondere dann beobachten, wenn der Roboter körperlich belastende Arbeitsschritte übernimmt und der Arbeitsplatz ergonomischer ausfällt. Darüber hinaus ist die Akzeptanz der Beschäftigten von großer Bedeutung – dies gilt nicht nur im Hinblick auf ihre individuellen fachlichen Kompetenzen und Fertigkeiten, sondern auch im Hinblick auf die Motivation, den Einführungsprozess aktiv zu unterstützen. Für sie können in der MRK sowohl Chancen als auch Herausforderungen liegen: Die Erweiterung von Handlungsspielräumen, die Entwicklung von Kompetenzen und die Verbesserung von Arbeits- und Beschäftigungsbedingungen stehen als mögliche Chancen den Herausforderungen von Arbeitsverdichtung, entgrenzter Flexibilisierung und unsteten Beschäftigungsverhältnissen gegenüber. Vor diesem Hintergrund führt eine frühzeitige Einbindung der Beschäftigten zu größerer Akzeptanz. So können sie an der Ausgestaltung des MRK-Systems teilhaben und Ablehnungsmotive frühzeitig bearbeiten werden.

Die Einbindung der betrieblichen Interessenvertretungsorgane kann darüber hinaus zu einer Akzeptanzerhöhung führen, denn sie sind – sofern vorhanden – im Rahmen der Wahrnehmung ihrer Schutz- und Gestaltungsfunktionen an der Ausgestaltung von MRK zu beteiligen. Dies ist insbesondere dann der Fall, wenn regelungsrelevante Bereiche, die über das Betriebsverfassungsgesetz geregelt sind, betroffen sind. Dazu gehören Felder wie Qualifizierung, Datenschutz, Arbeits- und Beschäftigungsbedingungen, Softwareergonomie und vielerlei mehr. Aber nicht allein die rechtlichen Aspekte sprechen dafür, den Betriebsrat früh in den Veränderungsprozess einzubinden. Sie können zum einen Ansprechpartner für die Beschäftigten sein, die mit konkreten aber auch z. T. sehr unspezifischen Ängsten und Sorgen dem MRK-System gegenüberstehen. Zum anderen können Betriebsräte als Vermittler im soziotechnischen System zwischen dem technikgetriebenen Anspruch einer MRK und den sozialen wie psychologischen Aspekten betroffener Beschäftigten fungieren.

Nicht nur eine Beteiligung der Mitarbeitenden spricht für deren frühzeitige Einbindung, sondern auch die Einbeziehung der betrieblichen Interessenvertreter hilft, das Teamwork von Mensch und Roboter für alle Beteiligten erfolgreich zu gestalten.

5.7 Zusammenfassung

Das hier vorgestellte Projekt KoMPI zeigt die vielfältigen Aspekte, die bei einer erfolgreichen Realisierung von industriellen Mensch-Roboter-Kollaborationslösungen von Bedeutung sind. Zur effizienten Umsetzung der Fragen „Wo setze in eine derartige Lösung ein?" und „Wie erziele ich eine hohe Planungssicherheit?" wurden im Projekt KoMPI mit dem hier vorgestellten Quick-Check sowie den Erweiterungen der Planungs- und Simulationssoftware ema Work Designer leistungsfähige Systeme zur Unterstützung in der Konzept- und Planungsphase entwickelt, die bei den dargestellten Realisierungen ihre Leistungsfähigkeit bewiesen haben. Es sind aber gerade auch Punkte wie „Wen soll und muss ich in welcher Phase beteiligen?" von entscheidender Bedeutung für den Gesamterfolg. Insofern sind MRK-Projekte neben allen technischen Ansprüchen auch immer eine Herausforderung für ein interdisziplinäres Change-Management – damit Mensch und Roboter in idealer Weise zusammenarbeiten.

5.8 Förderhinweis

Das Verbundforschungsprojekt „KoMPI" wird im Rahmen des Förderprogramms „Innovationen für die Produktion, Dienstleistung und Arbeit von morgen" zum Themenfeld „Kompetenz Montage – kollaborativ und wandlungsfähig (KoMo)" vom Bundesministerium für Bildung und Forschung (BMBF) gefördert (Förderkennzeichen 02P15A060) und vom Projektträger Karlsruhe Produktion und Fertigungstechnologien (PTKA-PFT) betreut. Die Projektlaufzeit ist vom 01.01.2017 bis zum 31.12.2019.

Anhang

Kai Lemmerz, Paul Glogowski, Michael Miro sind wissenschaftliche Mitarbeiter am Lehrstuhl für Produktionssysteme der Ruhr-Universität Bochum und bearbeiten unterschiedliche Themen im Bereich der Simulation und Beteiligung im BMBF-Projekt KoMPI.

Ann-Kathrin Ermer, Tatjana Seckelmann, Vanessa Weßkamp und André Barthelmey sind wissenschaftliche Mitarbeiter am Institut für Produktionssysteme der Technischen Universität Dortmund. Sie bearbeiten unterschiedliche Themen wie Mensch-Roboter-Kollaboration, Zeitwirtschaft, Automatisierungstechnik, Industrial Engineering, dynamische Wertstromanalyse, Digitale Fabrik und Industrie 4.0. Im Rahmen des BMBF-Projektes KoMPI liegen die Arbeitsschwerpunkte in den Bereichen MRK-Potenzialabschätzung, Simulation, Qualifizierung sowie der Planung und Bewertung von MRK-Systemen.

Prof. Dr. Manfred Wannöffel ist Geschäftsführender Leiter der Gemeinsamen Arbeitsstelle RUB/IGM und Hochschullehrer an den Fakultäten für Sozialwissenschaft und Maschinenbau der Ruhr-Universität Bochum. Er ist Vertrauensdozent der Hans-Böckler-Stiftung und der Friedrich-Ebert-Stiftung. Sein Arbeitsschwerpunkt ist die Transdisziplinäre Mitbestimmungsforschung.

Dr. Claudia Niewerth ist wissenschaftliche Mitarbeiterin an der Gemeinsamen Arbeitsstelle RUB/IGM und Geschäftsführerin des Helex Instituts in Bochum. Ihre Arbeitsschwerpunkte liegen in den Feldern von Mitbestimmung und Arbeitsorganisation.

Marvin Schäfer ist wissenschaftlicher Mitarbeiter an der Gemeinsamen Arbeitsstelle RUB/IGM und beschäftigt sich überwiegend mit der Digitalisierung der Arbeitswelt und der Weiterbildungspraxis von Betriebsräten.

Michael Spitzhirn betreut als Fachreferent virtuelle Ergonomie bei der Firma imk automotive GmbH verschiedene Forschungs- und Praxisprojekte und beschäftigt sich mit diversen Fragestellungen rundum Ergonomie und IE. Einen Schwerpunkt seiner Arbeit bilden arbeitswissenschaftliche Prozessbewertungen mittels zeitwirtschaftlicher und ergonomischen Verfahren sowie der virtuellen Ergonomie. Zudem ist er Ansprechpartner für Universitäten und Forschungseinrichtungen.

Carsten Otto ist seit 2006 Fachbereichsleiter Fertigungsprozessentwicklung und seit 2011 Prokurist der imk automotive GmbH. Vorher war er u. a. als wissenschaftlicher Mitarbeiter an der Technischen Universität Chemnitz sowie als Planungsingenieur in zwei weiteren Ingenieurgesellschaften tätig.

Marcus Kaiser studierte an der Technischen Universität Chemnitz „Automobilproduktion und -technik" und schloss sein Masterstudium im Jahr 2017 ab. Seitdem arbeitet er bei der imk automotive GmbH in der digitalen Produktionsplanung, mit den Schwerpunkten Simulation und MRK.

Martin Jung und Michael Wissing sind Mitarbeiter der cognitas. Gesellschaft für Technik-Dokumentation mbH und arbeiten dort mit Schwerpunkt Business Development sowie an der Entwicklung innovativer Informations- und Wissensmanagementlösungen.

Gabriele Höptner ist seit 2008 bei der Karl Dungs GmbH & Co. KG beschäftigt. In Ihrer Funktion als Assistentin des Leiters Produktion Komponenten koordiniert und leitet sie Projekte im Produktionsbereich, u. a. auch das BMBF-Projekt „KoMPI".

Dr. Henry Arenbeck leitet seit 2015 die Forschung und Entwicklung bei der Boll Automation GmbH. Vorher war er als Innovationsmanager bei der KUKA AG und Arbeitsgruppenleiter am Institut für Regelungstechnik der RWTH Aachen im Schwerpunkt Medizinrobotik tätig.

Janina Horlebein ist Produktmanagerin für den Bereich 3D Machine Vision bei der ISRA VISION AG in Darmstadt.

Dipl.-Ing. Dirk Wettlaufer von der Albrecht Jung GmbH & Co. KG) ist Leiter Werk Lünen / Director Operations. Er ist zuständig für die Bereiche Produktion, Logistik und Gestaltung der gesamten Prozesskette nach Lean Prinzipien.

Mirco Rogalla ist Mitarbeiter im Bereich Lean-Management bei der Albrecht Jung GmbH & Co. KG.

Björn Kasperitz ist seit 2016 bei der Leopold Kostal GmbH & Co. KG im Bereich Industrial Engineering tätig und projektiert u. a. MRI-Applikationen vom Production Engineering in die Fertigung.

Jonas Hellmich hat 2015 mit einem Traineeprogramm und dem Schwerpunkt Automatisierungstechnik bei Kostal seinen Berufseinstieg gestaltet und war wesentlich an der Einführung der ersten MRI Applikation bei Kostal beteiligt. 2017 ist er in den Bereich Technologiemanagement und -entwicklung gewechselt.

Dr. Vignaesh Sankaran arbeitet seit 2016 bei Kostal und ist in dem Bereich Production Engineering mit dem Schwerpunkt Robotics tätig. Er koordiniert die Aktivitäten des „Global Competence Robotics Networks" im Hause Kostal und ist für die Konzeptionierung sowie Entwicklung innovativer robotergestützten Lösungen für die Produktion verantwortlich.

Literatur

Deuse, J., & Busch, F. (2012). In B. Lotter & H.-P. Wiendahl (Hrsg.), *Montage in der industriellen Produktion: Ein Handbuch für die Praxis* (S. 91). Berlin/Heidelberg: Springer.

Ermer, A.-K., Seckelmann, T., Barthelmey, A., Lemmerz, K., Glogowski, P., Kuhlenkötter, B., & Deuse, J. (2019). *A quick-check to evaluate assembly systems' HRI potential*. Tagungsband des 4. Kongresses Montage Handhabung Industrieroboter. Berlin: Springer Vieweg.

Glogowski, P., Lemmerz, K., Schulte, L., Barthelmey, A., Hypki, A., Kuhlenkötter, B., & Deuse, J. (2017). *Task-based simulation tool for human-robot collaboration within assembly systems*. Tagungsband des 2. Kongresses Montage Handhabung Industrieroboter. Berlin/Heidelberg: Springer Vieweg.

Guzman, R., Navarro, R., Beneto, M., & Carbonell, D. (2016). Robotnik – Professional service robotics applications with ROS. In A. Koubaa (Hrsg.), *Robot Operating System (ROS): The complete reference (Bd. 1)*. Cham: Springer International Publishing.

Franke, J., Henrich, D., Kuhlenkötter, B., Müller, R., Raatz, A., & Verl, A. (Hrsg.). (2018). *Handbuch Mensch-Roboter-Kollaboration*. München: Hanser.

Homepage des Projektes KoMPI. www.KoMPI.org. Zugegriffen am 17.09.2019.

Leidholdt, W., Fritzsche, L., & Bauer, S. (2016). Editor menschlicher Arbeit (ema): Vom digitalen Menschmodell zum virtuellen Facharbeiter. In A. C. Bullinger-Hoffmann & J. Mühlstedt (Hrsg.), *Homo Sapiens Digitalis – Virtuelle Ergonomie und digitale Menschmodelle*. Berlin/Heidelberg: Springer.

Lemmerz, K., Glogowski, P., Hypki, A., & Kuhlenkoetter, B. (2018). Functional integration of a robotics software framework into a human simulation system, ISR 2018; 50th International Symposium on Robotics, Munich, Germany.

Lins, D., Ruhe, A. H., Bicer, E., Schäfer, M., Esteban Palomo, M. E., Filipiak, K., Niewerth, C., Kreimeier, D., Welling, S., & Wannöffel, M. (2018). *Industrie 4.0: Mitbestimmen – mitgestalten. Umsetzungsstand von Industrie 4.0 in nordrhein-westfälischen Industrieunternehmen. FGW-Studie Digitalisierung von Arbeit 06*. FGW -Forschungsinstitut für gesellschaftliche Weiterentwicklung (e.V.)

Seckelmann, T., & Spitzhirn, M. (2019). MRK-Planungssystematik: Überprüfung von Machbarkeit und Eignung. In Gesellschaft für Arbeitswissenschaft (Hrsg.), *Frühjahrskongress 2019 in Dresden: Arbeit interdisziplinär analysieren – bewerten – gestalten*. Dortmund: GfA-Press.

Spitzhirn, M., & Fritzsche, L. (2019). Mensch-Roboter-Kollaboration (MRK) – Quo Vadis? – Ergonomische und wirtschaftliche Vorteilhaftigkeit von MRK-Anwendungen. In Gesellschaft für Arbeitswissenschaft (Hrsg.), *Frühjahrskongress 2019 in Dresden: Arbeit interdisziplinär analysieren – bewerten – gestalten*. Dortmund: GfA-Press.

Ullmann, S., & Spitzhirn, M. (Oktober 2019). Virtuelle Arbeitsgestaltung – Vorstellung des ema Work Designer. *ASU Arbeitsmed Sozialmed Umweltmed, 54*.

Weßkamp, V., Seckelmann, T., Barthelmey, A., Kaiser, M., Lemmerz, K., Glogowski, P., Kuhlenkötter, B., Deuse, J. (2019). Development of a sociotechnical planning system for human-robot interaction in assembly systems focusing on small and medium-sized enterprises. 52nd conference on manufacturing systems.

Zhang, P., Bauer, S., & Sontag, T. M. (2017). Mensch-Roboter-Kooperation in der Digitalen Fabrik. Konzept zur Planung und Absicherung. *Zeitschrift für wirtschaftlichen Fabrik, 112*, 73–78.

Bernd Kuhlenkötter ist seit 2015 Inhaber des Lehrstuhls für Produktionssysteme (LPS) an der Ruhr-Universität Bochum. Vorher war er Leiter des Instituts für Produktionssysteme der TU Dortmund und hatte den Lehrstuhl für Industrielle Robotik und Produktionsautomatisierung (IRPA) an der TU Dortmund inne. Von 2007 bis 2009 war Prof. Dr.-Ing. Bernd Kuhlenkötter Leiter Entwicklung, Produktmanagement und Technologie in der ABB Group, Unternehmensbereich Robotics.

Alfred Hypki ist Oberingenieur am Lehrstuhl für Produktionssysteme (LPS) und Koordinator des BMBF-Verbundprojektes Projektes KoMPI. Vorher war Dr.-Ing. Alfred Hypki u. a. Oberingenieur am Institut für Produktionssysteme und Abteilungsleiter am Institut für Roboterforschung, beide an der TU Dortmund, tätig.

Kooperation und Kollaboration mit Schwerlastrobotern – Sicherheit, Perspektive und Anwendungen

6

Dragoljub Surdilovic, Arturo Bastidas-Cruz, Kevin Haninger und Philipp Heyne

Zusammenfassung

Kollaborative Roboter mit hoher Nutzlast stehen vor Herausforderungen beim mechatronischen Design und der Definition von Rollen zwischen Mensch und Roboter. Die ersten in zahlreichen Forschungsprojekten entwickelten Prototypen der kollaborativen Schwerlastroboter haben gezeigt, dass solche Roboter dem Menschen bei der Handhabung von Schwerlasten enorm helfen, und ihn dadurch vor gesundheitsschädlichen Arbeitsbelastungen schützen. Durch leistungsstarke Sensorik und fortgeschrittene Steuerungstechnik wird diese Aufgabe machbar. Dabei ist es auch möglich, die strengen Bedingungen der Sicherheitsstandards, wie bei kleinen Robotern, zu erfüllen und Sicherheit der Menschen trotz höherer Trägheit des Roboters und höherer Lasten zu gewährleisten. In diesem Beitrag werden diese Herausforderungen im Kontext mehrerer Taxonomien der Mensch-Roboter-Kollaboration und industrieller Anwendungen analysiert und erklärt.

D. Surdilovic (✉)
Reha-Stim Medtec Gmbh & Co. KG, Berlin, Deutschland
E-Mail: dragoljub.surdilovic@reha-stim.com

A. Bastidas-Cruz · K. Haninger · P. Heyne
Fraunhofer Institut IPK, Berlin, Deutschland
E-Mail: arturo.bastidas-cruz@ipk.fraunhofer.de; kevin.haninger@ipk.fraunhofer.de; philipp.heyne@ipk.fraunhofer.de

6.1 Kollaborative Schwerlastroboter

Die kollaborativen Roboter (Begriffe, die auch verwendet werden: Koboter, Cobots, Roboterassistenten usw.) haben sich in jüngster Zeit auf den Märkten des Produktions- und Dienstleistungssektors etabliert und demonstrieren deutlich die potenziellen Vorteile dieser neuen Technologie, insbesondere für KMU. Aufgrund der wegweisenden Anwendungen käfigloser UR-Roboter für die Automobilmontage in VW (Salzgitter) und BMW (Spartanburg) im Jahr 2013 wächst das Interesse an der Entwicklung und Anwendung von kollaborativen Robotern (mit einer exponentiellen Wachstumsprognose bis 2025). Laut dem „Collaborative Robots Ebook" von Robotiq wurden etwa 30 auf dem Markt erhältliche Roboter als kollaborative (sichere, kraftbegrenzte usw.) Roboter deklariert. Fast alle sind Leichtbauroboter mit einer Nutzlast von 1 bis 5 kg, einige bis maximal 10 kg, mit Ausnahme der schwereren Variante des KUKA LBR-iiwa (14 kg) und des kürzlich entwickelten Fanuc CR-35iA (35 kg). Die Armspanne der verfügbaren kollaborativen Roboter ist ebenfalls relativ klein, meistens ungefähr 1 m. Trotz dieser Einschränkungen haben zahlreiche industrielle Anwendungen mit Einzel- und Doppelarm-Kollaborationsrobotern kürzlich die Vorteile der Flexibilität, der Fingerfertigkeit und der interaktiven Programmierung dieser neuen Roboter bewiesen.

Mehrere kürzlich durchgeführte und laufende Forschungsprojekte haben sich auf kooperative Anwendungen größerer Industrieroboter konzentriert und verschiedene innovative Lösungen entwickelt, um die Anforderungen an Benutzer- und Umgebungssicherheit zu bewältigen, die bei Anwendungen mit Robotern mit mittlerer und schwerer Nutzlast im Vergleich zu Leichtbausystemen kritischer sind. Es gibt jedoch immer noch einige grundlegende technologische und wirtschaftliche Hindernisse, die die Ausweitung und Übertragung der entwickelten kollaborativen Technologien auf Standard-Industrierobotern mit mittlerer bis hoher Nutzlast verhindern. Die Interaktionssteuerung (z. B. die explizite Kraftsteuerung von LBR iiwa) und Sicherheitslösungen (z. B. die seriell-elastischen Antriebe von Baxter), die in verfügbaren kleinen kollaborativen Robotern implementiert sind, sind weder einfach noch kostengünstig skalierbar und daher für große Systeme nicht direkt geeignet. Die Risikobewertung und Zertifizierung für bestimmte Anwendungen mit verschiedenen Zusatzgeräten erfordert einen erheblichen Aufwand und hohe Kosten, auch wenn kleinere Roboter als sichere Cobots eingestuft werden. Dies hemmt auch ihre Anwendungen, insbesondere in KMU, in denen die Cobots erhebliche Fortschritte versprechen.

Mit den auf der Automatica 2016 vorgestellten Comau AURA-Systemen (Advanced Use Robotic Arm), einem neuartigen kollaborativen Roboter mit der weltweit größten Nutzlast von 110 kg ist ein Durchbruch gelungen. AURA hat die Funktionen von kollaborativen Robotern auf herkömmliche industrielle Roboter mit mittlerer bis hoher Last ausgeweitet und bietet effiziente Steuerungs- und Sicherheitslösungen, wie z. B. eine künstliche, sensorisierte und nachgiebige Haut, implizite Kraft- und Impedanzregelung, Prototyp einer sicheren Robotersteuerung sowie mehrere menschliche Überwachungssysteme.

Ein weiteres relevantes Hindernis für einen wesentlich breiteren Einstieg der Cobot-Technologie in neuartigen Märkten ist, neben der begrenzten Nutzlast, auch die eingeschränkte Reichweite. Die zahlreichen Industrie- und Serviceanwendungen mit größeren Werkstücken und Hindernissen im Arbeitsumfeld erfordern große Systeme, häufig auch kooperative Mehrarm-Cobots. Das Installieren von Schwerlast-Cobots (z. B. AURA) auf einer mobilen Plattform, um eine größere Reichweite zu erzielen, wie z. B. auf schweren Plattformen mit omnidirektionalen Antrieben oder präzisen Gantry-Führungen, erfordert erhebliche zusätzliche Kosten. Darüber hinaus müssen die Funktionen der kollaborativen Steuerung und der Sicherheitskontrolle auf diese und andere Subsysteme erweitert werden, die an den halb automatischen kollaborativen Arbeitsszenarien beteiligt sind. Zudem sind ein verbessertes Situationsbewusstsein und eine intelligente Teamkommunikation zwischen allen Kooperationspartnern, einschließlich des Menschen, unerlässlich, um eine wirklich kollaborative, modulare und skalierbare Arbeitsumgebung zu erreichen.

Trotz bedeutender technischer Fortschritte in der Robotik-Welt existieren immer noch viele Aufgaben, die schwer zu automatisieren sind und ohne menschliche Unterstützung nicht optimal realisierbar wären. Zahlreiche Anwendungsbeispiele, zum Beispiel komplexe Montage- und Handhabungsvorgänge, für welche bisher noch keine ausreichenden technischen und wirtschaftlichen Konzepte für eine flexible Automatisierung geschaffen wurden, zeigen den dringenden Bedarf an neuen Konzepten und Lösungen.

Zum einen gibt es voll automatisierte Lösungen mit konventionellen Industrierobotern, die hohe Investitionen erfordern und deren Anpassung an Produktvarianten zeit- und kostenintensiv ist. Kollaborative Roboter haben vor kurzem Einzug in die Märkte Fertigung und Service gehalten. Die ersten praktischen Anwendungen zeigen deutlich die potenziellen Vorteile dieser neuen Technologie: Die heterogenen Stärken von Mensch und Roboter werden kombiniert und optimal genutzt, um Anwendern bei mental und physisch schweren Arbeitsbelastungen zu helfen und die Arbeit humaner, ergonomisch sicherer sowie effizienter zu gestalten. Seit dem Jahr 2013, als UR Roboter ohne Schutzzaun für die Automobilmontage entwickelte, wächst das Interesse für kollaborative Roboter zunehmend. Das Marktwachstum wird bis 2025 als exponentiell prognostiziert. Momentan sind etwa 20 tatsächlich kollaborative Robotermodelle auf dem Markt erhältlich. Fast alle sind leichte Roboter mit einer Nutzlast von 1–5 kg. In jüngster Zeit wurden auch die ersten Schwerlast-Roboter, beispielsweise COMAU AURA (110 kg Traglast) entwickelt.

Zum anderen gibt es einige Lösungen mit passiven technischen Hilfsmitteln (Manipulatoren, Balancer usw.), die die Flexibilität und Intelligenz des Menschen nutzen. Die Handhabungsmanipulatoren gleichen dabei das Gewicht der Nutzlast aus, aber nicht die Trägheitseffekte bei Beschleunigung oder Abbremsen (Inertia Management). Entwicklungsziel ist dabei, die Menschen zu unterstützen, um die Ergonomie zu verbessern, damit körperliche und psychische Belastungen minimiert werden.

Die rapide Erforschung von neuen nachgiebigen Aktoren (Vanderborght et al. 2013), die die intrinsische Sicherheit des Menschen während der Interaktion gewährleisten, öffnet

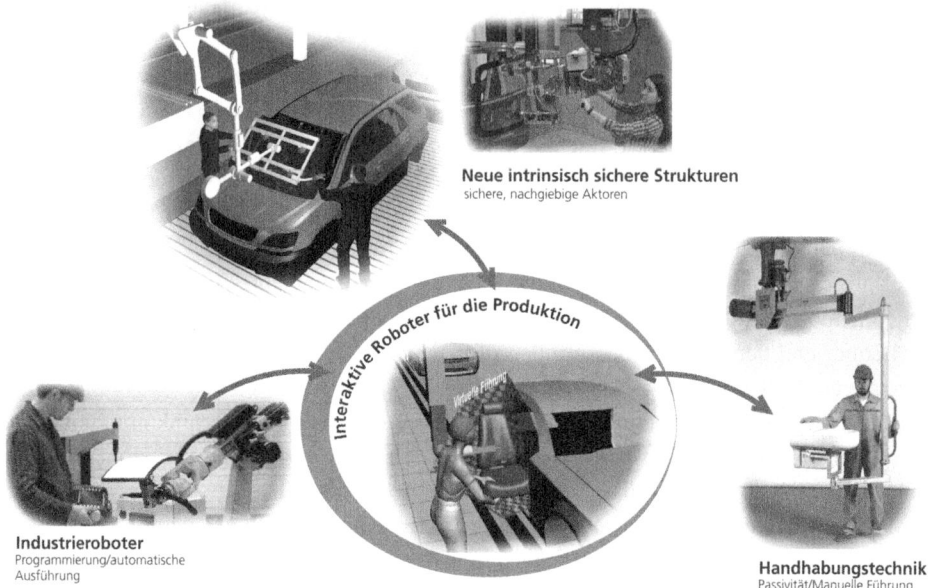

Abb. 6.1 Entwicklung der interaktiven Roboter für die Produktion aus drei Perspektiven (Surdilovic et al. 2015)

neue Möglichkeiten zur Entwicklung innovativer kollaborativer Roboter, die für die Interaktion mit Mensch und Umgebung spezialisiert sind.

Die wichtigsten Einsatzszenarien von neuen interaktiven Robotern, die auf einer weiteren Entwicklung dieser drei Gruppen (Abb. 6.1) von Systemen (Industrieroboter, Handhabungsmanipulatoren und die neuen, von Anfang an für die Kollaboration mit dem Mensch konzipierten Systeme) basieren, zielen darauf ab, ein effizientes und sicheres Zusammenarbeiten mit dem Menschen zu ermöglichen. Die ersten Prototypen, die am Fraunhofer IPK entwickelt wurden bzw. sich noch in der Entwurfsphase in zahlreichen Projekten befinden, werden kurz dargestellt und diskutiert.

6.2 Kooperation vs. Kollaboration

Es gibt eine vielversprechende Option, die Fähigkeiten von Menschen und Robotersystemen so zu kombinieren, dass spezifische Stärken (Abb. 6.2) von allen Beteiligten zum Vorschein kommen. Eine typische Aufgabe, die die Vorteile der Mensch-Roboter-Zusammenarbeit nutzt, ist die Montage. Montageaufgaben werden immer noch durch den Menschen, aufgrund seiner Fertigkeiten und Kognition, durchgeführt und können derzeit nur schwer allein durch einen Roboter automatisiert werden (Dumora et al. 2012). In vielen kollaborativen Anwendungsszenarien wurden Robotern untergeordnete Rollen zugedacht, während der Mensch meistens als Aufseher und/oder Kontrollautorität erscheint.

6 Kooperation und Kollaboration mit Schwerlastrobotern – Sicherheit, Perspektive ...

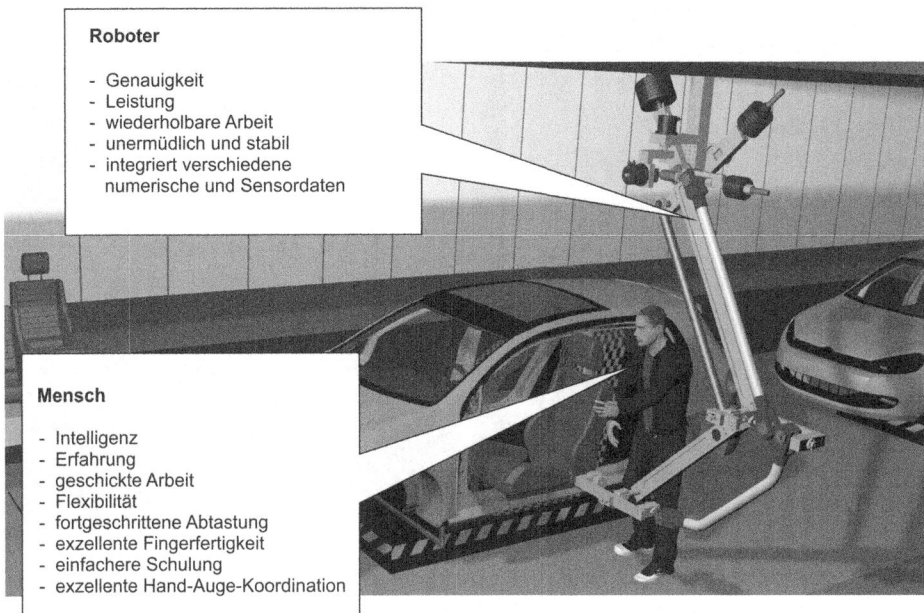

Abb. 6.2 Die Vorteile von Menschen und Roboter (Surdilovic et al. 2018)

Bei der Arbeitsverteilung übernimmt der Roboter relativ einfache und wiederholbare Bewegungen („Pick-And-Place"), während der Mensch die geschickten Tätigkeiten mit Hilfe seiner Erfahrung und Intelligenz erledigt. Diese Tätigkeiten sind mit strengen räumlichen und zeitlichen Einschränkungen vordefiniert.

Die Mensch-Roboter-Interaktion (Human-Robot-Interaction HRI) umfasst zahlreiche Anordnungen von Mensch-Roboter-Verhältnissen, Größen von HRI-Modellen und Kommunikationsmethoden in verschiedenen Anwendungsbereichen. Die Zusammenarbeit zwischen Mensch und Roboter beinhaltet oft direkten Kontakt bzw. physische Interaktion (pHRI), was aus steuerungstechnischer Sicht eine Herausforderung ist.

Dabei sind zwei grundsätzliche Formen zu unterscheiden: Kooperation und Kollaboration. Diese beiden Bezeichnungen werden häufig als Synonym verwendet, um alle Mensch-Roboter-Beziehungen oder allgemeine Aspekte der Teamarbeit zu beschreiben. Zu beachten ist, dass die Begriffe Kooperation und Kollaboration im Zusammenhang mit der Mensch-Roboter-Arbeit grundsätzlich verschiedene Dinge bedeuten.

6.2.1 Mensch-Roboter Kooperation

Bei der „Kooperation" verfolgen Mensch und Roboter ihre eigenen Teilaufgaben und kombinieren ihre jeweilige Geschicklichkeit, um die Aufgabe zu erfüllen. Dabei entstehen aus der Kooperation durch Synergien auch neue Arbeitsfähigkeiten, welche die Teilnehmer

Abb. 6.3 PISA-Koboter-Demonstrator am Fraunhofer IPK für die halbautomatische Windschutzscheibenmontage (VW-Touran): Walk-Through, Programmierung (oben links), automatisierte Windschutzscheiben-Aufnahme (oben rechts) und die Positionierung in der Nähe der beweglichen Karosserie (unten links) sowie abschließende interaktive Mensch-Koboter-Mensch-Montage (unten rechts) (Surdilovic 2012)

vorher nicht hatten. Ein typisches Beispiel stellen die am Fraunhofer IPK entwickelten kraftverstärkenden Koboter dar (Surdilovic und Bernhardt 2005; Surdilovic et al. 2010; Surdilovic 2012), die als Erweiterung von Handhabungssystemen in Richtung leichterer kostengünstiger Portalroboter entstanden sind, wobei die Fähigkeit der automatischen Durchführung einiger Operationen (zum Beispiel Teile-Bereitstellung) weiterhin bestehen bleibt (Abb. 6.3).

Im „IP-PISA"-Projekt (Krüger et al. 2010) wurde ein flexibler, kraftverstärkender Roboter für die teilautomatisierte Montage von Windschutz- und Heckscheiben für die Automobilindustrie entwickelt (Abb. 6.3). Die eigentliche Montage erfolgt in Kooperation zweier Werker zusammen mit dem Roboter. Die am Portal einstellbaren Reibantriebe steuern dabei die maximal einsetzbaren Kräfte.

Die komplexeren Montage-Operationen erfolgen durch physische Kooperation nach dem „Admittanz-Prinzip" (Vukobratović et al. 2009): Die Bewegungskommandos oder Kräfte, mit den ein Mensch auf das gemeinsame Werkstück einwirkt, werden hierbei mit einem Kraft/Momenten-Sensor erfasst und in eine entsprechende Roboterbewegung umgesetzt. Dabei wird das Roboterverhalten so transparent geregelt, dass der Mensch die virtuelle Masse-Dämpfer-Feder-Systemreaktion in allen Bewegungsfreiheitsgraden spürt. Die Parameter des virtuellen Systems lassen sich durch die Steuerung beliebig an die Aufgabe oder den Menschen anpassen.

6 Kooperation und Kollaboration mit Schwerlastrobotern – Sicherheit, Perspektive ...

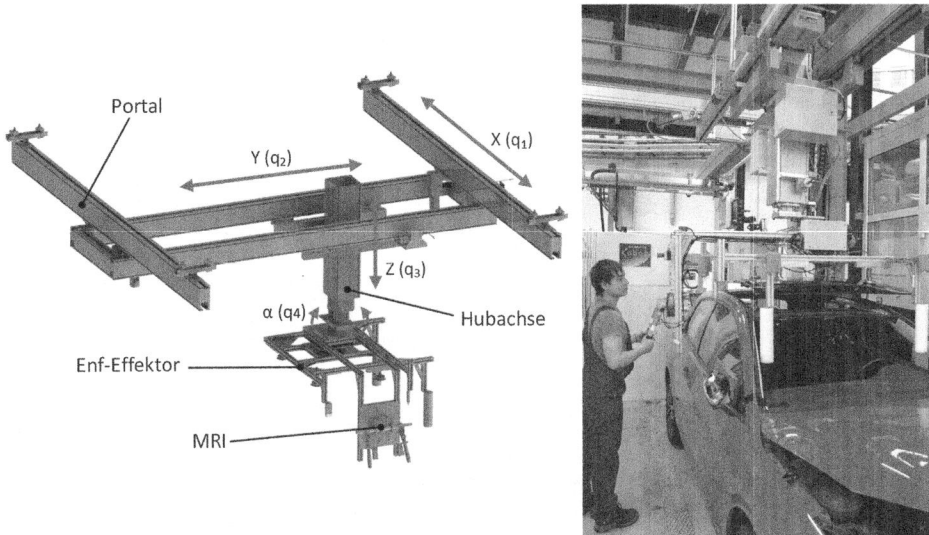

Abb. 6.4 KobotAERGO Aufbau (links) und Erprobung am IPK (rechts) (Surdilovic et al. 2018)

Das BMBF-Projekt „KobotAERGO" (www.kobotaergo.de) stellt den Menschen in den Mittelpunkt der Forschung und fokussiert die Anpassungsfähigkeit der Technik an den Menschen. Um eine einfache Beweglichkeit zu realisieren, wird grundsätzlich die große Trägheit des Objekts reduziert (bis auf wenige kg). Eine größere Dämpfung ist bei präziser Montage und Kontakten mit einer steifen Umgebung erforderlich. Eine nützliche Besonderheit ist die Möglichkeit, virtuelle passive und aktive Hindernisse durch die Steuerung zu erzeugen (sogenannte virtuelle Wände und Führungen). Dies unterstützt und erleichtert die Führung des Menschen bei der Montage komplexer Teile (Abb. 6.4 und 6.5).

Um die Sicherheit weiter zu erhöhen und die Zertifizierung einfacher und effizienter zu machen, wurde in dem vor kurzem abgeschlossenen Fraunhofer-Leitprojekt E3 (Negebauer 2017) die schwere Hubachse durch eine neuartige leichte und ausbalancierte Kinematik mit intrinsisch sicheren hybriden Antrieben mit differenziellen Getrieben ersetzt, die die übertragbare Leistung an dem Menschen regeln und zusätzliche Bewegungen realisieren.

Für einen komplexeren Montageprozess (z. B. Sitzmontage), die mehr als 3 Freiheitsgrade verlangt (auch Redundanz, um Hindernisse im Arbeitsraum zu umgehen), wurde das Konzeptdesign einer neuen intrinsisch sicheren Kinematik entwickelt. Ein leichter und kostengünstiger Roboterarm wird verschiedene innovative Konzepte für die ergonomisch sichere physische Mensch-Roboter-Interaktion integrieren (Abb. 6.6). Eine Besonderheit dieser Kinematik ist das menschengerechte und -angepasste Leichtbau-Design, bei dem vier Antriebe und Gegengewichte an der Portalkonstruktion angebracht sind. Die Kinematik ist des Weiteren durch sichere Achsen mit den intrinsisch sicheren Hybrid-An-

Abb. 6.5 Der Koboter holt automatisch ein Panoramadach von einer Klebestation ab (oben) und zentriert sich in dem vorderen Rahmen mit Hilfe von Kraft/Nachgiebigkeitsregelung. Anschließend montiert er kooperativ mit dem Menschen das Dach, unterstützt durch eine virtuelle Führung in Form einer abgeschnittenen quadratischen Pyramide (unten) (Surdilovic et al. 2018)

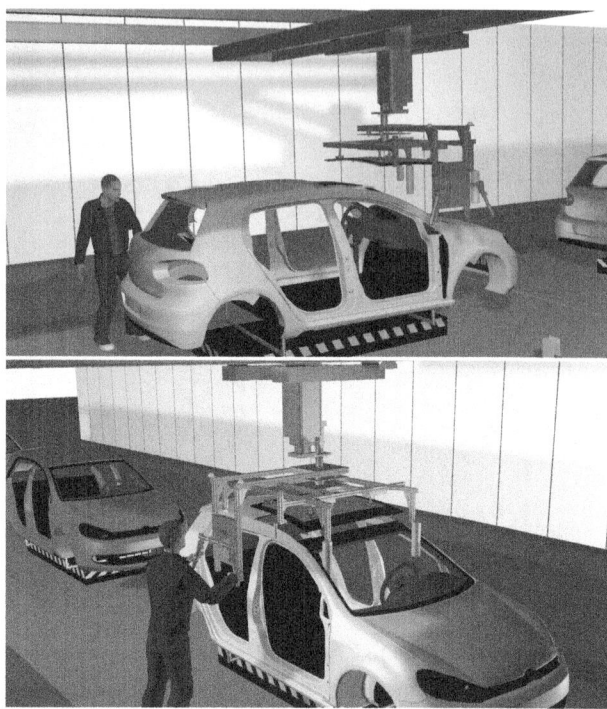

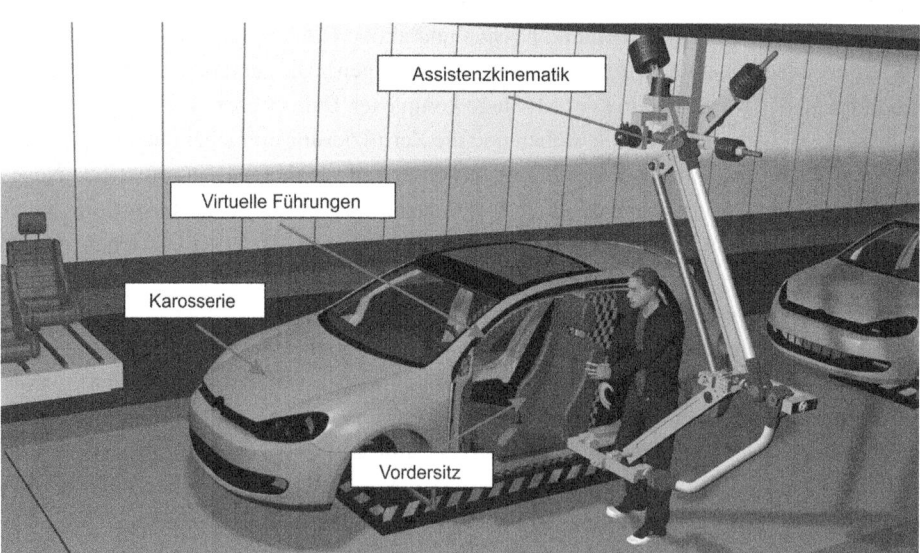

Abb. 6.6 Virtuelle Führung und Redundanz des Koboters mit 8 Freiheitsgraden erleichtern die Sitz-Montage durch die vorderen Türen (Surdilovic et al. 2018)

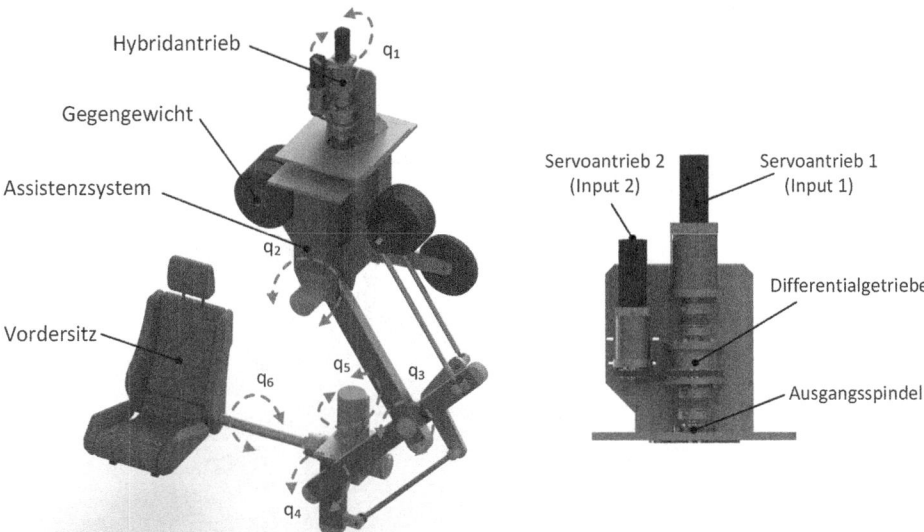

Abb. 6.7 Intrinsisch sicherer dualer Hybridantrieb. Bei der Kollision mit dem Menschen verteilt das Differentialgetriebe die Störmomente stärker an den Servoantrieb 2, der begrenzte Momente realisieren kann, was zu einer Abweichung von der Nominal-Bewegung oder einer Geschwindigkeitsabweichung (dessen Regelung hauptsächlich Servoantrieb 1 übernimmt) führt (Surdilovic et al. 2018)

trieben (gleichzeitige Überwachung/Regelung der Geschwindigkeiten und Momenten) in relevanten Gelenken noch weiter für die Zusammenarbeit mit dem Menschen optimiert. Der E3-Demonstrator wurde für die Montage des Vordersitzes entwickelt (Abb. 6.7).

6.2.2 Mensch-Roboter Kollaboration

In einem Kollaborationsszenario führen Mensch und Roboter synchron oder zeitlich getrennt eigene Teilaufgaben im gemeinsamen Arbeitsraum aus, um ein „gemeinsames Ziel" (wie in einem „Orchester" – zum Beispiel eine Montageaufgabe) zu erreichen. Konventionelle Industrie-Roboter ohne Schutzzaun und mit virtuellen sowie dynamischen kartesischen Arbeits- und Bewegungsraumbegrenzungen sind im Prinzip für solche Szenarien geeignet. Die zusätzlichen Sensoren sind jedoch erforderlich, um den Menschen im Kollaborationsarbeitsraum zu überwachen (Geschwindigkeit und Separation). Eine sichere manuelle Führung (Programmierung) verlangt neue Schnittstellen und sichere Roboterfunktionen, die zusätzlich Energie und Kräfte begrenzen (auf Basis der neuesten Sicherheitsstandards ISO-10218 und technischer Spezifikation TS15066, die maximale Kräfte, bzw. mechanische Energie an verschiedenen Körperteilen, und eine quantitative Gefahrenanalyse des physischen Kontakts definiert).

Diese Verfahren für konventionelle Roboter werden in jüngster Zeit in dem EU-Projekt „Robot-Partner" (www.robot-partner.eu) entwickelt. Ein besonderer Schwerpunkt liegt in der offenen Roboter-Steuerung und Echtzeit-Integration von Sensoren und Verfahren,

Abb. 6.8 Erweiterungen des i3-Frameworks (Fraunhofer IPK) um Scratch-Programmierung (oben) und Instruieren durch Sprache und Gestik mit Leap Motion (unten) (Surdilovic et al. 2018)

beispielsweise in einer am Fraunhofer IPK entwickelten robusten Kraft- und Nachgiebigkeitsregelung (Surdilovic und Radojicic 2007). Das Fraunhofer IPK setzt sich zusätzlich im Projekt mit dem Entwurf einer intuitiven, interaktiven und instruktiven (i3) taskorientierten Roboterprogrammierung auseinander, die in MRI-Systemen eine besondere Rolle spielt. Mithilfe einer neuen universalen C++ -Roboter-Programmierungssprache (CURL++, publiziert vor kurzem in ROS) werden neue Befehle (wie Approach, Attach, Insert und so weiter) einfach durch den Menschen über multimodale Schnittstellen (Sprache, Augmented Reality, Gestik etc.) an den Roboter übertragen (Abb. 6.8).

Mit den neuen „Aura"-Robotern (Advanced Use Robotic Arm) stellte der italienische Roboterhersteller COMAU auf der AUTOMATICA 2016 in München unter Beweis, dass auch Industrieroboter mit großer Nutzlast gefahrlos mit dem Menschen interagieren können. Die neuen „Aura"-Roboter sind mit einer speziellen Außenhülle versehen, die sie Berührungen von Personen und anderen Geräten fühlen lassen. Zudem nehmen sie mit Kamerasystemen und Laserscannern Bewegungen von Menschen in ihrem Umfeld wahr. Sie können ihre Bewegungsbahnen selbständig entsprechend anpassen oder vollständig vom

Abb. 6.9 Die neuen „Aura"-Roboter können Bearbeitungsaufgaben automatisch (links) oder in direkter physischer Interaktion mit dem Mensch ausführen (rechts) (Radojicic 2016)

Menschen geführt werden. Solche Technologien machen Schutzzäune überflüssig, Menschen können unmittelbar mit großformatigen Assistenten zusammenarbeiten (Abb. 6.9).

Die Interaktion zwischen Mensch und Roboter mit hoher Nutzlast stellt die Fabrikintegration vor mehrere Herausforderungen. Neben den Herausforderungen bei der Konstruktion und Steuerung des Roboters selbst, stellt die hohe Trägheit (sowohl durch die Nutzlast als auch durch den Roboter) ein Kollisionsrisiko dar. Um die Anforderungen relevanter Normen, z. B. der ISO 10218 und ISO/TS 15066, bei produktionsrelevanten Geschwindigkeiten zu erfüllen, besteht ein Ansatz darin, die Trennung zwischen Bediener und Roboter, während der berührungslosen Phasen der Aufgabe, aufrechtzuerhalten. Die Aufrechterhaltung der Trennung in dynamischen Zellen erfordert, dass der Standort des menschlichen Bedieners dem Robotersystem bekannt ist. Eine weitere Herausforderung in der allgemeinen Mensch-Roboter-Interaktion ist die Akzeptanz der Benutzer. Dies ist eine Herausforderung, die durch das offensichtliche Risiko großer, sich bewegender Maschinen noch verstärkt wird.

Diese beiden Probleme – das Wissen des Roboters über die Bedienerposition und das des Bedieners über den Roboter – können teilweise durch die Integration neuer Sensor- und Kommunikationssysteme gelöst werden. Für die Arbeitsplatzüberwachung werden mehrere Schlüsseltechnologien etabliert (kamerabasierte, mattenbasierte Bodenkontaktsensoren, Lasermonitore). Methoden und Praktiken für deren Integration müssen jedoch weiterentwickelt werden. Für die Kommunikation zwischen Roboter und Mensch beinhalten roboter- oder arbeitsplatzmontierte Lösungen Leuchten, die am Roboter montiert sind,

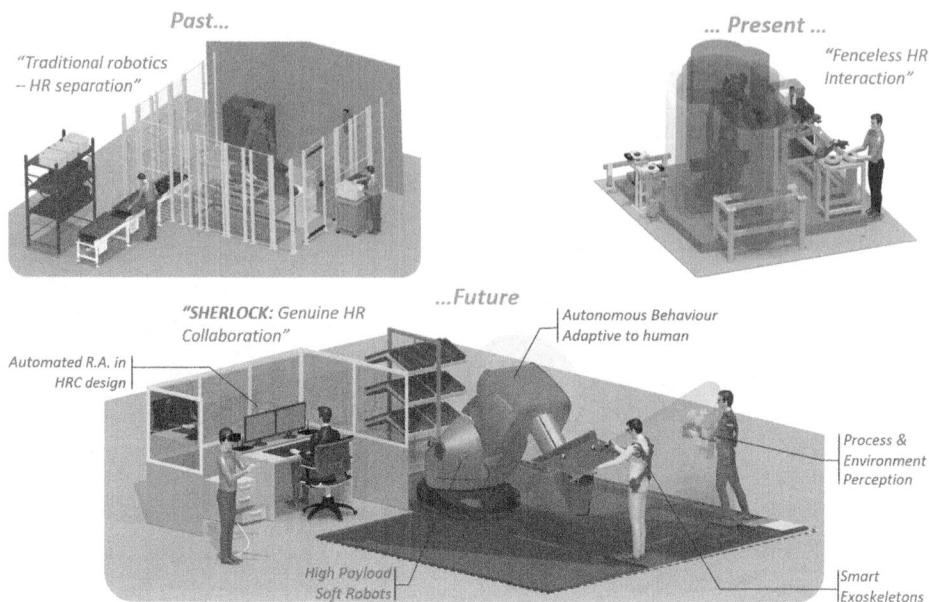

Abb. 6.10 Sherlock MRK-Vision (http://www.sherlock-project.eu/)

die Verwendung eines Projektors zur Darstellung der geplanten Bewegung oder Audiosignale. Weitere Optionen sind vom Bediener getragene Schnittstellen: intelligente Uhren oder AR-Displays, die Hinweise oder andere notwendige Informationen anzeigen können. Das laufende EU-H2020-Projekt „SHERLOCK" (www.sherlock-project.eu) untersucht die Anwendung solcher Geräte und die Entwicklung entsprechender Methoden in mehreren industriellen Anwendungsfällen (Abb. 6.10).

6.2.3 Mensch-Roboter-Kooperation/-Kollaboration

Die Kollaborations- und Kooperationsaspekte der Teamarbeit sind in einem Diagramm in Abb. 6.11 verdeutlicht. Es ist erwähnenswert, dass gemischte HRI Fälle, die sowohl Kollaborations- und Kooperationsaspekte beinhalten, sowohl in der Industrie, als auch Service-Bereich möglich sind.

Wie oben bereits erwähnt, werden die Begriffe Mensch-Roboter-Kooperation und Mensch-Roboter-Kollaboration bisweilen synonym verwendet. Es gibt jedoch deutliche Unterschiede im Hinblick auf verschiedene Eigenschaften; diese sind in Tab. 6.1 zusammengefasst.

Die Anwendung in Abb. 6.9 kann man auch als eine Kombination aus Kooperation und Kollaboration betrachten. Die manuelle Programmierungsphase stellt hauptsächlich eine Kooperation dar (links), während die automatische Ausführung der Polieraufgabe, wobei der Mensch gleichzeitig andere Aufgabe ausführen kann, eine Kollaboration ist.

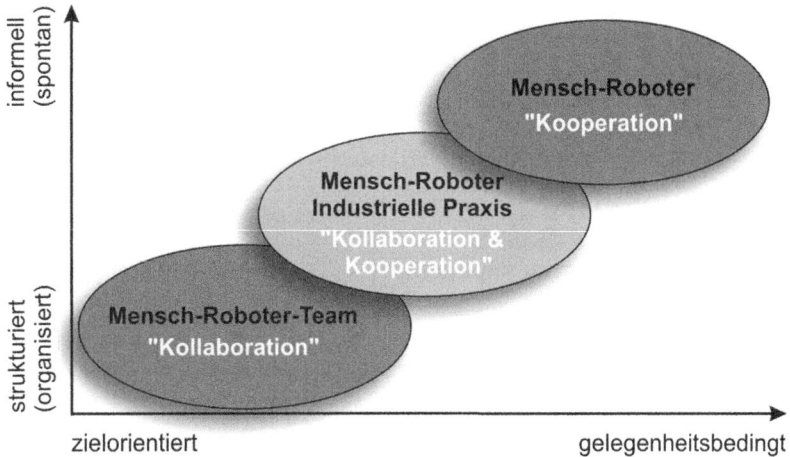

Abb. 6.11 Mensch-Roboter-Team Arbeitsmodelle (Surdilovic et al. 2018)

Tab. 6.1 Kooperation und Kollaboration- Besonderheiten

	HRI	
Eigenschaften	Kollaboration	Kooperation
Gruppenarbeit	kollektiv	konnektiv
Verantwortung	individuelle	gemeinsame
Fähigkeit	individuelle	geteilte
Planung	Autorität/Priorität	selbstgeführt/selbsttragend
Beteiligung	„peer-to-peer" verteiltes Netzwerk	spontan, selbst-organisierend
Priorität (Individuum/Gruppe)	Gruppe	beides gleichzeitig
Entfernung	größer	kleiner, nah
Vorschrifte/Schnittstellen	Regeln der Autorität/Quelle von Konflikten	spontan, dynamischer, natürlich
Gruppengröße	signifikant	nicht relevant
Ziele	gemeinsame/Zusammensetzung	individuelle/Dekomposition
Autorität	vertikale, hierarchisch (pyramidenartige)	horizontale
Gruppenwerte	Verknüpfte einzelne Werte	Entstehung neuer Arten von Gruppenwerten

Mensch-Roboter Kooperation/Kollaboration

6.3 Zeit-Raum-Mensch-Roboter-Modelle

Eine grundlegende Klassifikation der HRI ist die Zeit-Raum-Taxonomie. Diese Taxonomie wurde ursprünglich für das Gebiet der s. g. „Computer-Supported Cooperative Work (CSCW)" entwickelt, kann aber auch an die Thematik der Mensch-Roboter-Interaktion ange-

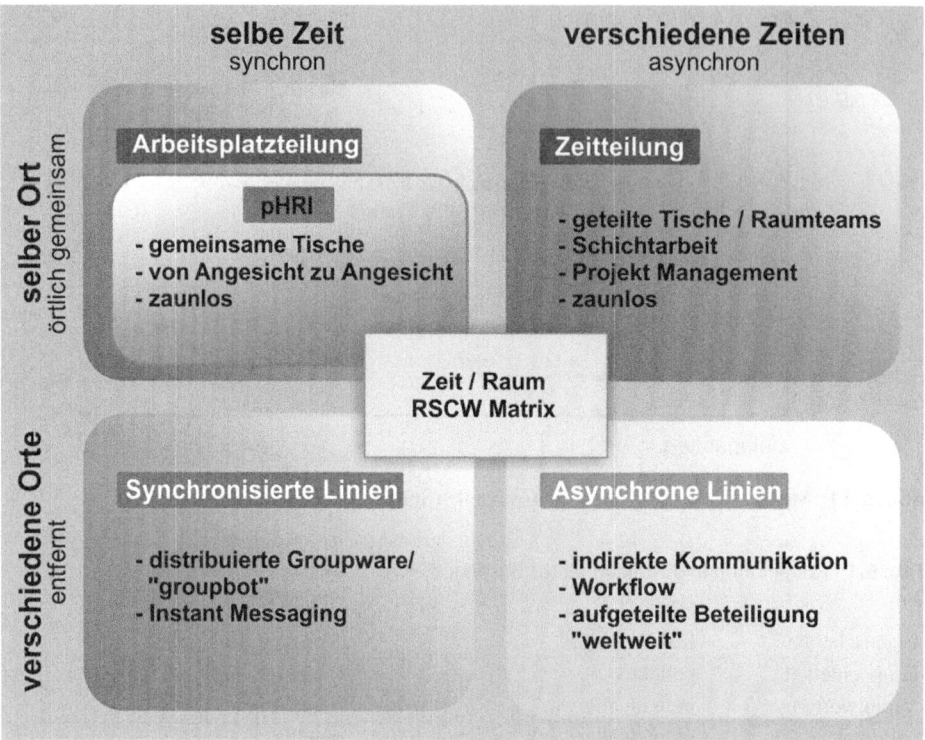

Abb. 6.12 Zeit-Raum-Matrix für kobotergestützte kooperative Arbeit (Surdilovic et al. 2018)

passt und prinzipiell übernommen werden. Dementsprechend geht es hierbei um eine Grundmatrix für robotergestützte kooperative Arbeit („Robot-Supported Cooperative Work", RSCW).

Die verbesserte Zwei-mal-zwei-Matrix in HRI (RSCW), die ursprünglich für CSCW in (Johansen 1988) vorgeschlagen wurde, ist in Abb. 6.12 dargestellt. Danach kann die HRI nach Zeit/Raum-Klassifizierung auf vier Arten eingeteilt werden:

1. Dieselbe Zeit/derselbe Ort:
   Arbeitsplatz-Sharing-Roboter, die den gleichen Raum mit Menschen teilen (ohne Zäune). Eine Unterkategorie umfasst den körperlichen Kontakt (pHRI)
2. Dieselbe Zeit/verschiedene Orte:
   Synchronisierte entfernte Produktionslinien mit Menschen und Robotern
3. Verschiedene Zeiten/derselbe Ort:
   Time-Sharing-Roboter – Menschen und Roboter arbeiten am gleichen Ort zu verschiedenen Zeiten
4. Verschiedene Zeiten/verschiedene Orte:
Asynchrone Produktionslinien mit Menschen und Robotern

Die Zeit-Raum-Matrix ist nützlich, um HRI-Systeme in der Industrie zu beschreiben. Arbeitsraum- und Time-Sharing-Roboter sind ein Novum in der Branche. Typisch für die neuen Anwendungen sind gemeinsame Arbeitsräume (zusammen oder an den gleichen

Arbeitstischen, in gemeinsamen Zimmern usw.) sowie zaunlose Roboter, die beträchtliche Vorteile durch ihre einfache Installation und niedrigere Kosten bieten. Die Arbeitsbereichsteilung spielt sich entweder ohne physische Kontakte oder auf Basis von pHRI ab.

Die in Abb. 6.13 dargestellten Arbeitsplatz-Sharing-Roboter-Szenarien wurden auch im EU FP6 IP-PISA-Projekt (www.pisa.org) behandelt. Für den Time-Sharing-Fall wurde ein neuer anthropomorpher Dual-Arm-Roboter entwickelt, der ohne wesentliche Anpassungen im gleichen Arbeitsbereich wie der Mensch arbeiten kann (Abb. 6.14).

Abb. 6.13 Zeitteilung des Arbeitsraums von einem Mensch und einem anthropomorphen Dual-Arm-Roboter (Krüger et al. 2010)

Abb. 6.14 Workerbot I – Time-Sharing Robot für geschickte Montage mit dual-arm-geregelter Kraft- und Nachgiebigkeits- (Impedanz) Regelung (Fraunhofer IPK 2011)

Literatur

Dumora, J., Geffard, F., Bidard, C., Brouillet, T., & Fraisse, P. (2012). Experimental study on haptic communication of a human in a shared human-robot collaborative task. In *Proceedings of the IEEE/RSJ international conference on intelligent robots and systems (IROS), October 7–12, 2012, Vilamoura, Algarve (Portugal)*, S. 5137–5144.

Fraunhofer IPK. (2011). pi4_workerbot – zweiarmiger humanoider Roboter für die Praxishumanoider Roboter für die Praxis. In *FUTUR 2/2011: Medizintzechnik, 13 Jahrgang,* Published on Jul 10, 2012, (S. 20–21). https://www.ipk.fraunhofer.de, https://issuu.com/claudiaengel/docs/futur_2011_2_medizintechnik/36.

Johansen, R. (1988). *Groupware: Computer support for business teams*. New York: The Free Press.

Krüger, J., Katschinski, V., Surdilovic, D., & Schreck, G. (2010). Flexible assembly systems through workplace sharing and time-sharing human machine cooperation (PISA). In *Proceedings of the 41st International Symposium on Robotics (ISR) and the 6th German Conference on Robotics (ROBOTIK)*, 7–9 June 2010, Munich, Germany. https://ieeexplore.ieee.org/document/5756891. Zugegriffen am 01.06.2011.

Negebauer, R. (Hrsg.). (2017). *Resourceneffizienz – Schlüsseltechnologien für Wirtschaft & Gesellschaft* (1. Aufl.). Berlin: Springer-Verlag GmbH. ISBN 978-3-662-52889-1.

Radojicic, J. (2016). AUTOMATICA 2016: Polieren ohne Schutzzaun. Fraunhofer IPK unterstützt COMAU bei der Entwicklung kooperativer Großroboter. In *FUTUR 2/2016, Digitalisierte Produktion,* Published on Aug 2, 2016, S. 28. https://www.ipk.fraunhofer.de, https://issuu.com/claudiaengel/docs/futur_digitalisierteproduktion.

Surdilovic, D. (2012). *Kooperative Roboter – gemeinsam sind wir stärker, Futur 2/2012: Smart Automation Vision, Innovation, Realisierung. Mitteilungen aus dem Produktionstechnischen Zentrum (PTZ),* Published on Sep 6, 2012, (S. 10–11). Berlin: Fraunhofer IPK. https://issuu.com/claudiaengel/docs/futur_2_2012_web/34.

Surdilovic, D., & Bernhardt, R. (2005). Novel interactive human-robot-systems. *Proceedings of the 16th IFAC World Congress, 16*(1), Prague, Czech Republic, July 3–8, 2005, S. 1314–1319.

Surdilovic, D., & Radojicic, J. (2007). Robust control of interaction with haptic interfaces. In *Proceedings of 2007 IEEE International Conference on Robotics and Automation,* 10–14 April 2007, ICRA , Rome, Italy, S. 3237–3234.

Surdilovic, D., Schreck, G., & Schmidt, U. (2010). Development of collaborative robots (COBOTS) for flexible human-integrated assembly automation. In *Proceedings of the 41st international symposium on robotics (ISR) and 6th German conference on robotics (ROBOTIK)*, 7–9 June 2010, Munich, Germany, S. 1–8.

Surdilovic, D., Radojicic, J., & Bastidas-Cruz, A. (2015). Interaktionsfähige Roboter – Vielseitige Entwicklungsaussichten. *wt Werkstattstechnik online, 105*(9), 619–621. http://www.technikwissen.de/wt/.

Surdilovic, D., Bastidas-Cruz, A., Radojicic, J., & Heyne, P. (2018). *Interaktionsfähige intrinsisch sichere Roboter für vielseitige Zusammenarbeit mit dem Menschen* (1. Aufl.). Dortmund: Bundesanstalt für Arbeitsschutz und Arbeitsmedizin, baua-Fokus 20180305. https://www.baua.de/DE/Angebote/Publikationen/Fokus/Mensch-Roboter-Kollaboration-2.html.

Vanderborght, B., Albu-Schaeffer, A., Bicchi, A., Burdet, E., Cald-well, D., Carloni, R., Catalano, M., Eiberger, O., Friedl, W., Ganesh, G., Garabini, M., Grebenstein, M., Grioli, G., Haddadin, S., Hoppner, H., Jafari, A., Laffranchi, M., Lefeber, D., Petit, F., Stramigioli, S., Tsagarakis, N., van Damme, M., van Ham, R., Visser, L., & Wolf, S. (2013). Variable impedance actuators: A review. *Robotics and Autonomous Systems, 61*(12), 1601–1614.

Vukobratović, M., Surdilovic, D., Ekalo, Y., Ekalo, Y., & Katic, D. (2009). *Dynamics and robust control of robot-environment interaction, Buch 660 S in englisher Sprache. In der Reihe: New Frontiers in Robotics: 2,* World Scientific. ISBN 9789812834751

Dragoljub Surdilovic ist der Leiter der Rehabilitationsroboter-Entwicklungen in der Firma Reha-Stim Medtec GmbH & Co. KG in Berlin. Nach dem abgeschlossenen Maschinenbau-Studium hat er die Postdiplomstudien und die Promotion in der Robotik unter der Leitung von Prof. Miomir Vukobratovic abgeschlossen. Nach zehnjähriger Tätigkeit an der Maschinenbaufakultät in Nis und am Institut Mihajlo-Pupin in Belgrad, hat er seine Berufung am Fraunhofer Institut IPK-Berlin fortgesetzt. Sein Hauptforschungsgebiet ist die Modellierung und Regelung der Interaktion zwischen Roboter, Mensch und Umgebung. Er hat erste Koboter-Systeme für den Einsatz in der Industrie mit der Firma Schmidt-Handling entwickelt und implementiert. Zu seinen wichtigsten Entwicklungen gehört auch die Steuerung für den weltweit größten kollaborativen Roboter AURA. In jüngster Zeit entwickelt er die interaktiven Seilroboter für die Rehabilitation (FLOAT).

Arturo Bastidas-Cruz ist ein wissenschaftlicher Mitarbeiter am Fraunhofer IPK, der Mechatronik an der Nationalen Autonomen Universität von Mexiko studiert und ein Masterstudium in Global Production Engineering for Manufacturing an der Technischen Universität von Berlin absolviert hat. Er ist seit mehreren Jahren in der Entwicklung kundenspezifischer intelligenter Montage- und Handhabungssysteme (Cobots) für die Industrie sowie in der Entwicklung und Erprobung von Industrieroboter-Prototypen tätig.

Kevin Haninger ist ein wissenschaftlicher Mitarbeiter am Fraunhofer IPK in Berlin. Seine Forschungsinteressen liegen in der Entwicklung und Steuerung von interaktiven Robotern, die auf Mensch-Roboter- und Roboter-Umgebung-Interaktion angewendet werden. Er promovierte im 2016 bei Professor Tomizuka an der UC Berkeley mit Unterstützung des John and Janet McMurty Fellowship. Er absolvierte sein MS (2014) und BS (2012, magna cum laude, Minor Electrical Engineering) in der Abteilung für Maschinenbau an der UC Berkeley.

Philipp Heyne ist ein wissenschaftlicher Mitarbeiter am Fraunhofer IPK und hat an der Technischen Universität Berlin seinen Masterabschluss in Maschinenbau mit dem Schwerpunkt Konstruktion und Entwicklung absolviert. Er ist in mehreren Projekten, insbesondere für die Entwicklung von robotisierten Handhabungssystemen tätig und seine Interessen liegen vor allem in der konstruktiven Entwicklung und statischen und dynamischen Modellierung und Simulationen von mechanischen Systemen.

Mensch-Roboter-Kollaboration – Wichtiges Zukunftsthema oder nur ein Hype?

Konrad Wöllhaf

> **Zusammenfassung**
>
> Die Mensch-Roboter-Kollaboration (MRK) steht auf Messen und Konferenzen im Kontext der Robotik im Vordergrund. Firmen, die sich derzeit noch nicht mit dem Thema auseinandersetzen, sind teilweise verunsichert, ob sie eine wichtige Entwicklung verpassen. Dieser Beitrag stellt dar, dass es gute Gründe dafür gibt, das Thema MRK nicht zu hoch zu bewerten.

7.1 Faszination Roboter

Roboter üben auf Menschen eine hohe Faszination aus, da sie ihre Möglichkeiten mit Hilfe von menschenähnlichen, vollkommen kontrollierbaren Maschinen deutlich erweitern können. Wir müssen immer weniger Tätigkeiten ausüben, die stumpfsinnig, schmutzig oder gar gefährlich sind, die Rationalisierung in der Produktion ist nicht zuletzt durch den Einsatz von Robotern schon so weit fortgeschritten, dass Menschen teilweise gar nicht mehr benötigt werden. Diese Entwicklung ist bei der Produktion von Autos am weitesten fortgeschritten und breitet sich in andere Produktionszweige aus. Auch in der Messtechnik, Medizintechnik und anderen Bereichen werden Roboter zunehmend eingesetzt und selbst in unserem privaten Umfeld sind Roboter als Rasenmäher oder Staubsauger schon fast eine Selbstverständlichkeit. Wenn Roboter scheinbar autonom handeln und mit Menschen in Kontakt treten, müssen die Fähigkeiten von Robotern deutlich erweitert werden. Höchste Priorität haben dabei die Sicherheit und die Fähigkeit, situationsabhängig handeln

K. Wöllhaf (✉)
Hochschule Ravensburg-Weingarten, Weingarten, Deutschland
E-Mail: woellhaf@rwu.de

zu können. Zwangsläufig gelten dann für Roboter ganz neue Anforderungen an die Antriebe, an die Sensorik und an die Steuerung, die „intelligent" reagieren muss.

Der Arbeitsbereich von Industrierobotern wurde bisher aus Sicherheitsgründen mit Zäunen abgesichert. Diese wirken auf manche Menschen wie Absperrungen, mit denen im Zoo wilde Tiere unter Kontrolle gehalten werden sollen. Dass nun bei den MRK-Robotern auf diese Zäune verzichtet wird, vermittelt subjektiv den Eindruck, als hätte man die Roboter nun so weit unter Kontrolle, dass auf diese Sicherheitsmaßnahmen verzichtet werden kann. Scheinbar wird dadurch auch der Aufwand für den Einsatz von Robotern deutlich verringert.

Die unmittelbare Zusammenarbeit von Robotern mit Menschen erweckt auch den Eindruck, dass die Menschen nun einen neuen Kollegen gewonnen haben, einen Helfer, der unermüdlich und ohne mögliche soziale Spannungen mitarbeitet.

Diese und viele weitere emotionale Aspekte sollten einerseits bei der nüchternen Betrachtung von Robotern eigentlich keine Rolle spielen. Jedoch sind es sehr oft die Emotionen, die uns handeln lassen, und nicht alleine der Verstand. Auch wenn Emotionen subjektiv sind, ist es daher nicht sinnvoll, sie bei einer nüchternen Betrachtung dieses Themas zu ignorieren.

7.2 Fähigkeiten von Robotern

Die wichtigsten Eigenschaften von klassischen Industrierobotern sind folgende Fähigkeiten:

- Hohe Lasten bewegen
- Schnelligkeit
- Genauigkeit
- Beweglichkeit
- Großes Arbeitsvolumen

Diese Fähigkeiten sind beim Bau von Robotern und der Erschließung neuer Anwendungen oft noch eine große Herausforderung. Um neue Anwendungen zu erschließen und vor allem Roboter mit Menschen zusammenarbeiten zu lassen, müssen zuerst die sensorischen Fähigkeiten erweitert werden. Die meisten Roboter verfügen zwar schon über Drehmomentüberwachung, die beim Überschreiten von Schwellwerten den Roboter anhalten lassen, um mögliche Schäden zu vermeiden. Wenn diese Kraft-/Drehmomentüberwachung weiter verfeinert wird, ergeben sich ganz neue Möglichkeiten, da dann diese Signale dazu verwendet werden können, die Umgebung des Roboters zu erkennen. Die Anforderung an einen Roboter, die Umgebung zu erkennen und sinnvoll zu reagieren, ist für die Mensch-Roboter-Kollaboration absolut notwendig. Jedoch ist diese Forderung in letzter Konsequenz so umfangreich, dass sich wohl noch einige Generationen an Forschern und Entwicklern damit beschäftigen dürfen. Wie auch für die meisten Lebewesen werden für Roboter dabei optische Signale und deren Verarbeitung eine zentrale Rolle spielen.

7.3 Die These

Nach diesen einführenden Betrachtungen soll nun die These aufgestellt und erläutert werden. Diese These steht nicht als wissenschaftliche Aussage im Raum, sondern soll Gedanken zu einer Diskussion liefern, ob das Thema MRK für die Zukunft tatsächlich so wichtig ist. Zudem soll sie einen Beitrag leisten, wenn es für kleinere und mittlere Unternehmen darum geht, in dieses Thema zu investieren.

MRK-Roboter werden während der nächsten zehn Jahre keine große praktische Bedeutung haben. Die Gründe dafür sind:

1. Ein Roboter sollte stark und schnell sein und eine große Reichweite besitzen, um wirtschaftlich arbeiten zu können.
2. Der Aufwand, der notwendig ist, um auf einen abgegrenzten Schutzraum verzichten zu können, steht oft in keinem vernünftigen Verhältnis zum Nutzen.
3. Ein Roboter, der mit Menschen zusammenarbeitet, muss von dem Menschen, der ihn nutzt, direkt konfiguriert und programmiert werden können.
4. Maschinen sind derzeit noch weit davon entfernt, intelligent und sicher mit Menschen zusammenarbeiten zu können. Erfolge in Teilbereichen der KI können nicht einfach auf andere Aufgaben übertragen werden.

Nachfolgend werden diese Gründe näher erläutert.

7.3.1 Roboter sollen stark und schnell sein und eine große Reichweite besitzen

Diese Forderungen stammen vor allem aus wirtschaftlichen Betrachtungen. Da der Kostendruck in der Produktion nicht abnehmen wird, sind diese Aspekte von zentraler Bedeutung. Die Gefahr durch Roboter geht aber genau von diesen Eigenschaften aus und stellt offensichtlich einen Widerspruch dabei dar, Roboter und Menschen enger zusammenarbeiten zu lassen. Nur durch die Einschränkung dieser wichtigen Fähigkeiten ist ein derartiger Einsatz denkbar. Daher werden MRK-Roboter die klassischen Roboter nicht ersetzen, sondern ergänzen. In Abb. 7.1 wird der wirtschaftliche Bereich für den Einsatz von MRK-Robotern (HRC-Zone) diskutiert und illustriert. Auch wenn diese Grafik nicht tatsächlich skaliert ist, zeigt sie doch anschaulich, wie der Einsatz auf bestimmte Anwendungen reduziert bleibt.

7.3.2 Keine Schutzzäune

Die Konsequenzen, die sich aus dem Verzicht von Schutzzäunen ergeben, sind enorm. Wenn der Schutzzaun nur durch eine Lichtschranke oder Ähnliches ersetzt wird und der

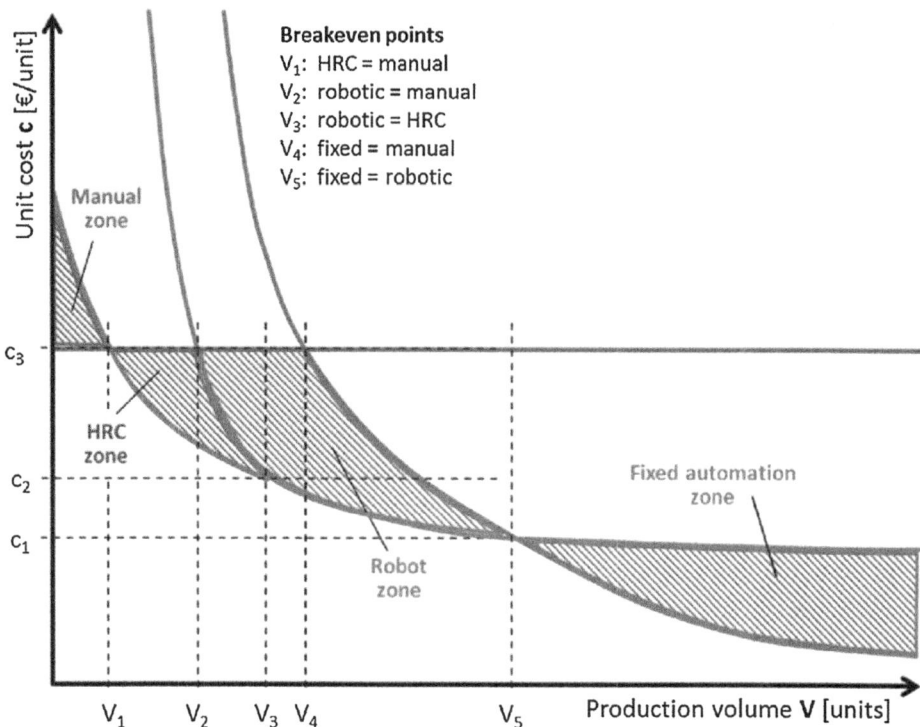

Abb. 7.1 Wirtschaftliche Anwendbarkeit von verschiedenen Produktionsparadigmen (Matthias et al. 2013)

Roboter bei Annäherung des Menschen zum Stillstand kommt, dann handelt es sich nicht mehr um eine MRK-Anwendung. Ansonsten muss die Sicherheit dadurch hergestellt werden, dass der Roboter sich langsam bewegt, die Kräfte reduziert und scharfe Kanten vermieden werden. Wie im vorherigen Absatz bereits erläutert, beeinflussen die Kraft und die Geschwindigkeit die Wirtschaftlichkeit erheblich. Das Vermeiden von scharfen Kanten ist eine große Herausforderung, wenn gleichzeitig die Größe einer Arbeitszelle gering gehalten und Kollisionen vermieden werden sollen.

Die Forderung nach geringen Kräften und der Verzicht auf scharfe Kanten haben auf die Gestaltung des Greifers und der Werkzeuge einen erheblichen Einfluss. Oft ist formschlüssiges Greifen die sinnvollste Art des Greifens. Dabei scharfe Kanten zu vermeiden ist schwierig. Soll das Greifen jedoch über Reibkräfte ermöglicht werden, sind wiederum höhere Kräfte erforderlich. Wie schwierig bis unmöglich der Verzicht auf scharfe Kanten bei der Gestaltung von Werkzeugen ist, lässt sich beim Blick in jede Werkzeugkiste erahnen.

Ein ganz anderer Ansatz wäre, die rechtlichen Rahmenbedingungen so anzupassen, dass der Aufwand zur Vermeidung von Unfällen deutlich reduziert wird. Diese Forderung erscheint unmenschlich und widerspricht den Asimov'schen Gesetzen für Roboter ((Asimov 1942), ein Roboter darf kein menschliches Wesen verletzen). Andererseits ist unsere Gesellschaft in anderen Bereichen wie im Straßenverkehr bezüglich der Risikobereitschaft deutlich toleranter. Technik lässt sich kaum ganz ohne Risiko nutzen. Wenn man schon im öffentlichen Bereich darauf verzichtet, und wohl auch aus praktischen Gründen darauf verzichten muss, alles absolut sicher zu machen, dann sollte dies im Bereich der beruflichen Nutzung von Maschinen, wo eine Einweisung selbstverständlich sein sollte, auch gelten.

7.3.3 Einfache Programmierung

Bei der Programmierung von Robotern wurden große Fortschritte gemacht und die Hersteller arbeiten intensiv daran, die Programmierung weiter zu vereinfachen. Teach-In-Programmierung, grafische Programmierumgebungen und auf konkrete Anwendungen angepasste Programmierumgebungen machen es zunehmend auch für Nicht-Experten möglich, Roboter zu programmieren. Für Anwendungen, bei denen der Roboter quasi als flexibles Stativ oder für einfache Pick-And-Place-Aufgaben verwendet wird, ist dies ausreichend. Sollte ein Roboter als dritte Hand oder als Handlanger tätig sein, kann die Steuerung des Roboters deutlich komplexer sein. Für eine wirklich hilfreiche Unterstützung des Menschen ist es erforderlich, dass der Roboter die Situation erkennt und sozusagen mitdenkt. Wie weitreichend diese Forderung schon für einfache Tätigkeiten sein kann, lässt sich erahnen, wenn man dies an eigenen handwerklichen Tätigkeiten reflektiert und da vielleicht schon die Erfahrung gemacht hat, dass selbst Menschen nicht immer eine wirkliche Unterstützung sind.

Arbeitet ein Roboter mit einem Menschen zusammen, werden zumindest grundlegende sensorische Fähigkeiten, wie zuvor beschrieben, notwendig. Die Einbindung von weiteren Sensorsignalen macht jedoch auch die Programmierung komplexer. Es genügt dann oft nicht, die Sensorsignale durch „if-then"-Programmverzweigungen in einem linearen Programm zu berücksichtigen, sondern es wird dann eine Art ereignisbasierte Programmierung erforderlich. Selbst ein erfahrener Roboter-Programmierer wird damit mehr Mühe haben, auf den Werker würde dies umso stärker zutreffen.

Ein weiterer Aspekt der einfachen Programmierung ist die Sicherheit. Schon bei einfachen Programmen wird man versuchen, die Abläufe möglichst einfach und reproduzierbar zu gestalten, um die Sicherheit gewährleisten zu können. Jede Öffnung eines Programms bzgl. der flexiblen Nutzung erhöht die Komplexität und macht es praktisch unmöglich, ein Programm vollständig testen zu können.

7.3.4 Intelligente Roboter

Derzeit sind die Fortschritte und der Forschungsbedarf im Bereich „Künstliche Intelligenz" in aller Munde. Im Bereich Sprach- und Bildverarbeitung wurden beachtliche Fortschritte gemacht. So scheint der Schritt zu intelligenten Robotern kein großer mehr zu sein und der Roboter kann den Werker durch intelligente Mitarbeit unterstützen.

Die letzten Fortschritte in der KI sollten jedoch nicht darüber hinwegtäuschen, wie lang der Weg bis zum heutigen Stand war (Newell et al. 1958) und wie weit der Weg noch sein wird. Das Erkennen einer Situation und das Ableiten einer sinnvollen Handlung daraus ist eine komplexe Aufgabe. Diese wird durch die gewünschte Zusammenarbeit mit dem Menschen nicht einfacher. So muss u. a. für den Menschen die vom Roboter getroffene Entscheidung jederzeit transparent sein. Ansonsten würde dem Menschen nichts anderes übrig bleiben, als sich den Entscheidungen der Maschine unterzuordnen.

Ein anderer Aspekt ist wiederum die Sicherheit. Eine Maschine kann zwar viel schneller handeln als der Mensch und Überwachungsaufgaben sind für Maschinen keine Herausforderung, aber wenn es darum geht, komplexe Entscheidungen zu treffen und die Entscheidungen mit Hilfe der Erfahrungen zu reflektieren und damit abzusichern, ist der Mensch der Maschine weit überlegen. Ein anderer zu Recht viel diskutierter Aspekt ist die Frage der Haftung. Auch wenn zuvor eine höhere Risikobereitschaft gefordert wurde, muss die Frage der Haftung geklärt sein.

7.4   Resümee

Die geschilderten Herausforderungen für den Einsatz von MRK-Robotern lassen vermuten, dass der breite Einsatz noch etwas in der Zukunft liegt. Gespräche mit Experten aus der Industrie belegen dies. Oft hört man die Aussage: „Ja, wir haben uns einen Roboter gekauft und versucht, diesen in die Produktion zu integrieren. Letztlich wurde der Roboter für mögliche zukünftige Anwendungen in die Ecke gestellt". Selbst in der Produktion von Kuka, in der viele Roboter im Einsatz sind, war bei einer Besichtigung Anfang Juni 2019 kein Einsatz von echter MRK zu erkennen.

Dieser Beitrag soll keinesfalls Forscher und Entwickler davon abhalten, auf dem Gebiet weitere Anstrengungen zu unternehmen. Wie die anderen Beiträge des Ladenburger Diskurses zeigen, werden wir nicht umhinkommen, Roboter in neuen Bereichen einzusetzen, und dazu sind MRK-Roboter notwendig. Die Experten sind weiter gefragt, auf den Gebieten zu forschen, einerseits bzgl. der technischen Herausforderungen, andererseits hinsichtlich der Folgen in der Gesellschaft. Auch bietet das Thema die Chance, Technik und deren Möglichkeiten in der Öffentlichkeit kritisch zu diskutieren. Dabei soll „kritisch" aber nicht unbedingt „ablehnend" bedeuten, denn es kann auch äußerst kritisch sein, auf die Verwendung dieser technischen Möglichkeit in Zukunft zu verzichten.

Für den breiten Einsatz vom MRK bleibe ich bei der These, dass durchaus noch einige Jahre vergehen werden, in denen nicht mehr so intensiv über MRK gesprochen wird, bis die Technik für den breiten Einsatz wirklich reif ist.

Literatur

Asimov, I. (1942). Runaround, Kurzgeschichte. In: Astounding Science Fiction (März 1942). [Nachdruck in: Asimov, I.: Ich, der Roboter. Heyne (2015)].

Matthias, B., Ding, H., & Miegel, V. (2013). Die Zukunft der Mensch-Roboter Kollaboration in der industriellen Montage. *Mechatronik, 121*(12), 8–35.

Newell, A., Shaw, J. C., & Simon, H. A. (1958). *Report on a general problem-solving program.* Pittsburgh: Carnegie Institute of Technology.

Konrad Wöllhaf ist Professor an der Hochschule Ravensburg-Weingarten sowie Leiter des Steinbeis-Zentrums ASIS. Er hat Elektrotechnik in Karlsruhe studiert und promovierte an der TU Dortmund am Lehrstuhl Anlagensteuerungstechnik. Danach arbeitete er fünf Jahre bei Siemens in Erlangen. Seit 2000 ist er an der Hochschule und lehrt die Fächer Industrieroboter, Mechatronik, Simulation und Automatisierung. Er pflegt Kontakte zu Unternehmen der Region und berät diese in technischen Fragen.

Neural-gesteuerte Robotik für Assistenz und Rehabilitation im Alltag

Surjo R. Soekadar und Marius Nann

Zusammenfassung

Die Entwicklung kollaborativer, robotischer Systeme, die direkt mit dem menschlichen Nervensystem interagieren, verspricht, die Autonomie, Lebensqualität und Leistungsfähigkeit von Menschen mit Behinderungen, beispielsweise nach einem Schlaganfall oder einer Rückenmarksverletzung, substanziell zu verbessern. Durch die direkte Übersetzung elektrischer, magnetischer oder metabolischer Hirnaktivität ermöglichen solche Systeme die aktive und intuitive Steuerung tragbarer Exoskelette, die beispielsweise bei Greif- oder Laufbewegungen assistieren. So wurde es Querschnittsgelähmten mit kompletter Fingerlähmung ermöglicht, erstmals wieder selbstständig zu essen und zu trinken. Zudem konnte gezeigt werden, dass der wiederholte Einsatz solch neural-gesteuerter Exoskelette unter bestimmten Voraussetzungen auch zu einer Wiederherstellung verlorengegangener motorischer Funktionen führen kann. Trainierten Schlaganfallüberlebende mit chronischer Fingerlähmung über mehrere Wochen hinweg täglich mit einem solchen Exoskelett, so wiesen sie eine deutliche Verbesserung ihrer Arm- und Handfunktion auf. Um neural-gesteuerte Robotik in die breite medizinische Versorgung zu integrieren, müssen jedoch noch eine Reihe wissenschaftlich-technischer sowie rechtlich-regulatorischer Herausforderungen gemeistert werden. Neben einer Übersicht über den Stand der Technik sowie die aktuellen Herausforderungen in der

---

S. R. Soekadar (✉)
Clinical Neurotechnology Laboratory, Charité – Universitätsmedizin Berlin, Berlin, Deutschland
E-Mail: surjo.soekadar@charite.de

M. Nann
Clinical Neurotechnology Laboratory, Charité – Universitätsmedizin Berlin, Berlin, Deutschland
E-Mail: marius.nann@charite.de

Weiterentwicklung neural-gesteuerter robotischer Systeme werden in diesem Kapitel mögliche Lösungsansätze und Anwendungsperspektiven skizziert.

8.1 Gehirn-Computer-Schnittstellen zur aktiven Kontrolle robotischer Systeme bei Lähmungen

Jedes Jahr erleiden alleine in Deutschland hunderttausende Menschen einen Schlaganfall, der zu einem Verlust motorischer Funktionen führt (Busch et al. 2013). Entsprechend sind Schlaganfälle aktuell die führende Ursache für Langzeitbehinderung im Erwachsenenalter (WHO 2012; GBD 2019). Oft sind die Einschränkungen so schwer, dass es für Betroffene nicht möglich ist, Alltagstätigkeiten wie Essen und Trinken ohne fremde Hilfe auszuführen (Kwakkel et al. 2003; Rosamond et al. 2008). Insbesondere der Verlust der Handfunktion führt zu erheblichen Einschränkungen im Alltag. Neben den Einbußen an Lebensqualität werden die direkten und indirekten (sozialen) Kosten im Zusammenhang mit Schlaganfällen und den daraus resultierenden Folgen allein in Deutschland auf über 10 Mrd. € jährlich geschätzt (Kolominsky-Rabas et al. 2006; Winter et al. 2008).

Es wird erwartet, dass aufgrund der demografischen Entwicklung die Zahl der Schlaganfall-Überlebenden mit schweren Handlähmungen in den kommenden Jahren erheblich zunehmen wird (Feigin et al. 2016). Die Wiederherstellung verlorener Handfunktion ist daher ein wichtiges medizinisches, soziales und ökonomisches Ziel. Derzeit existiert jedoch keine etablierte Möglichkeit oder Therapie, um die Handfunktion von Schlaganfallüberlebenden im Alltag wiederherzustellen.

Im Gegensatz zu Schädigungen des Hirnstamms oder Rückenmarks, die häufig zu einer beidseitigen Lähmung führen (sog. Tetraparese, bzw. Tetraplegie), führen die meisten Schlaganfälle zu einer einseitigen Lähmung (einer sog. Hemiparese, bzw. Hemiplegie, oder Halbseitenlähmung). Dies hat zur Folge, dass die meisten Schlaganfallpatienten mit funktionalen motorischen Einbußen bevorzugt die nicht-betroffene Seite einsetzen, was wiederum zu einer zunehmenden Vernachlässigung der betroffenen Körperhälfte führt (sog. „Learned Non-Use") (Wolf et al. 1989).

Die Entwicklung alltagstauglicher, neurorobotischer Systeme verspricht hier neue, effektive Lösungsansätze zur Wiederherstellung der Autonomie Gelähmter (Borton et al. 2013). Es konnte z. B. gezeigt werden, dass sog. Gehirn-Computer-, bzw. Gehirn-Maschine-Schnittstellen (engl. Brain-Machine Interfaces, BMIs) ermöglichen, komplexe Bewegungen eines Roboterarmes mittels Hirnaktivität direkt zu steuern (Bouton et al. 2016; Hochberg et al. 2012). Patienten mit schwersten Lähmungen konnten so ohne Hilfe Dritter eine Tasse Kaffee oder einen Schokoladenriegel per Roboter zu ihrem Mund führen (Collinger et al. 2013; Ajiboye et al. 2017).

Die Steuerung komplexer Bewegungen mittels neuraler Aktivität erforderte jedoch die Implantation von Elektroden. Aufgrund der damit verbundenen Risiken und Kosten ist davon auszugehen, dass implantierbare BMIs in absehbarer Zeit nur bei wenigen Personen zum Einsatz kommen werden, und die meisten der etwa 1,3 Mio. Schlaganfallüberlebenden in Deutschland nicht von dieser Technologie profitieren werden. Im Gegensatz zur Tetraplegie, d. h. der Lähmung aller vier Extremitäten, liegt zudem die Schwelle zur Implantation bei Hemiplegie, d. h. der sog. Halbseitenlähmung, deutlich höher, da die meisten Betroffenen zumindest die Gliedmaßen der nicht-betroffenen Körperhälfte aktiv bewegen können.

Im Gegensatz zu implantierbaren BMIs bedienen sich nicht-invasive BMI, z. B. auf Basis der sog. Elektroenzephalografie (EEG), einer völlig risikolosen und verhältnismäßig kostengünstigen Technik. Hierbei wird die elektrische Aktivität des Gehirns von der Kopfoberfläche über entsprechende Elektroden abgeleitet. Der Einsatz dieser Technologie im Alltag ist jedoch aufgrund der instabilen Signalqualität und der begrenzten Informationen, die aus solchen Signalen dekodierbar sind, mit besonderen Herausforderungen verbunden. So lässt sich derzeit im Single Trial, d. h. auf der Ebene der Echtzeitanalyse von EEG-Aktivität, typischerweise feststellen, ob eine Bewegungsabsicht, beispielsweise der Hand oder der Füße, vorliegt oder nicht. Aber welche Bewegung der Hand oder Finger im Einzelnen beabsichtigt wird, lässt sich derzeit nicht zuverlässig auslesen. Die Klassifikationsgenauigkeit liegt je nach Umgebungsbedingungen zwischen 60–90 %. Im Umkehrschluss heißt dies, dass etwa 10–40 % der Steuersignale falsch interpretiert werden und somit der Einsatz nicht-invasiver BMI zur Steuerung von Assistenzsystemen im Alltag noch sehr begrenzt ist. 2016 ist es jedoch erstmals gelungen, ein EEG-BMI-gesteuertes Hand-Exoskelett (ein sog. Brain/Neural Hand Exoskeleton, B/NHE) auch außerhalb des Labors zuverlässig einzusetzen. Dieses System ermöglichte Querschnittsgelähmten in einem Restaurant wieder selbstständig zu essen und zu trinken (Soekadar et al. 2016) (Abb. 8.1).

Grundlage dieser erfolgreichen Demonstration war die Integration eines innovativen Steuer-Paradigmas, das auf der Fusion von EEG-Signalen mit dem sog. Elektrookulogramm

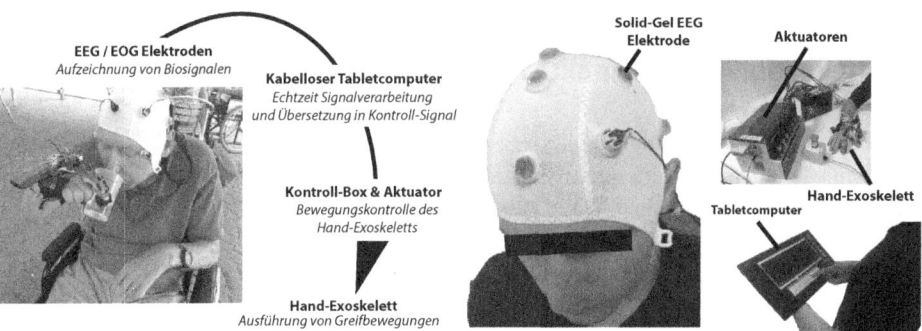

Abb. 8.1 Hybride Steuerung eines Hand-Exoskeletts mittels Elektroenzephalografie und Elektrookulografie (EEG/EOG). EEG- und EOG-Signale werden an einen Tabletcomputer gesendet, der die aufgezeichneten Biosignale verarbeitet und in aktive Greifbewegungen des Hand-Exoskeletts übersetzt. Rechter Bereich: Das System besteht aus einem Solid-Gel-EEG-System, einem Tabletcomputer sowie einer Steuerbox mit integrierten Motoren (angepasst aus Soekadar et al. 2016, Science Robotics)

(EOG) basierte. Das EOG spiegelt willkürliche und unwillkürliche Augenbewegungen wider und lässt sich dafür nutzen, spezifische Augenbewegungen anhand ihrer elektrischen Signatur zu erkennen (Soekadar et al. 2015a). Das EOG wird hierbei typischerweise am sog. Epikanthus, d. h. seitlich der Augen abgeleitet. Die Zuverlässigkeit und Sicherheit des Systems konnte durch die Einbeziehung von EOG-Signalen wesentlich erhöht werden (Witkowski et al. 2014). Während die Absicht, das Exoskelett zu schließen, aus dem EEG Signal ausgelesen wurde, konnte die Hand-Öffnung über horizontale Augenbewegungen (sog. Horizontal Oculoversion, HOV) gesteuert werden. Die relative Ungenauigkeit in der Klassifikation von EEG Signalen (60–90 %) wurde durch die sehr hohe Klassifikationsgenauigkeit von EOG Signalen (95–100 %) kompensiert. Kam es zu einer fälschlicherweise ausgelösten Schließbewegung, so konnten die Probanden diese Schließbewegung innerhalb weniger hundert Millisekunden durch eine horizontale Augenbewegung neutralisieren (sog. Veto-Funktion). Durch diesen Mechanismus wurde es den teilnehmenden querschnittsgelähmten Patientinnen und Patienten ermöglicht, nach vielen Jahren erstmals wieder selbstständig zu essen und zu trinken.

Doch trotz dieser bemerkenswerten Fortschritte im Bereich der neural-gesteuerten assistiven Robotik, müssen noch zahlreiche Herausforderungen gemeistert werden, um diese Technologie in den breiten klinischen Einsatz zu bringen. Diese Herausforderungen betreffen insbesondere den wissenschaftlich-technischen Bereich, aber auch den rechtlich-regulatorischen Bereich. Besonders herausfordernd sind die erheblichen physiologischen und anatomischen Unterschiede zwischen den End-Anwendern, die eine entsprechend individualisierte Anpassung des Assistenzsystems erfordern. Dass sich aber die konsequente Weiterentwicklung BMI-basierter Assistenzsysteme lohnt, ergibt sich nicht nur aus dem gezeigten unmittelbaren Nutzen bei der Verrichtung von Alltagstätigkeiten, sondern auch hinsichtlich des Potenzials dieser Technologie für die Rehabilitation verlorener motorischer Funktionen.

8.2 Rehabilitative Aspekte neural-gesteuerter Robotik

Aktuell existieren eine Reihe etablierter Rehabilitationsmethoden für Schlaganfallüberlebende mit leichten bis mittelgradigen Lähmungen, beispielsweise die sog. Constrained Induced Movement Therapy (CIMT) (Wolf et al. 1989; Taub et al. 1999). Diese Methoden erfordern jedoch eine gewisse motorische Restfunktion, auf der aufbauend alltagsrelevante Bewegungsabläufe trainiert werden.

Schlaganfallüberlebende mit schweren Lähmungen (etwa 30–40 % aller von einem Schlaganfall Betroffenen) qualifizieren sich typischerweise nicht für diese Rehabilitationsmethoden. Zudem kommt es nach partiellem oder vollständigem Funktionsverlust, beispielsweise der Greiffunktion der Hand, häufig zu dem bereits erwähnten „Learned Non-Use" des gesamtem Arms, wodurch sich die Motorik der betroffenen Gliedmaße weiter verschlechtert (beispielsweise des Oberarms und der Schulter). Der Einsatz neural-gesteuerter Robotik kann hier einen entscheidenden Beitrag dazu leisten, um Schlaganfallüberlebenden mit schweren Lähmungen eine therapeutische Perspektive zu bieten (Soekadar et al. 2015b).

Eine erste randomisierte und Placebo-kontrollierte Studie konnte zeigen, dass die regelmäßige Anwendung eines neural-gesteuerten Hand-Exoskeletts in Kombination mit einer alltagsorientierten Physiotherapie zu einer Wiederherstellung der motorischen Funktionen nach Schlaganfall führen kann (Ramos-Murguialday et al. 2013). In dieser Studie wurde die elektrische Aktivität sog. perilesionaler (d. h. die Schädigung umgebender) Hirnareale in Steuersignale eines vergleichsweise einfachen Hand-Exoskeletts übersetzt. Über 30 Schlaganfallüberlebende mit schwerer chronischer Fingerlähmung trainierten täglich für etwa eine Stunde, ihre gelähmte Hand zu öffnen und zu schließen. Bei der Hälfte der Patientinnen und Patienten wurde die Veränderung der Hirnaktivität beim Versuch, die gelähmten Finger zu bewegen, in eine aktive Bewegung des Exoskeletts übersetzt (Experimentalgruppe). Bei der anderen Hälfte hatten die Bewegungen des Exoskeletts keine direkte Beziehung zur Hirnaktivität (Kontrollgruppe). Nach einem Monat täglichen Trainings hatte sich die Handfunktion in der Experimentalgruppe gegenüber der Kontrollgruppe stärker erholt. Mit der verbesserten Handfunktion ging auch eine Normalisierung der Hirnaktivierung einher, die mittels funktioneller Kernspintomografie untersucht wurde. Während der Versuch, die gelähmte Hand zu bewegen, vor dem Training zu einer Aktivierung beider Hirnhemisphären führte, so zeigte sich nach dem Training eine sog. Lateralisierung der Hirnaktivität, ähnlich der Aktivierung bei einem Gesunden. Die positiven Effekte der regelmäßigen Verwendung eines BMIs nach Schlaganfall konnten in weiteren Studien weiter untermauert werden (Cervera et al. 2018).

Die genauen zugrundeliegenden Mechanismen, die hierbei eine Rolle spielen, sind allerdings weitgehend ungeklärt (Soekadar et al. 2015b). Zudem ist unklar, welche Patienten von einem solchen Neurorehabilitationstraining profitieren, sowie wie lange und in welcher Intensität ein solches Training durchgeführt werden soll und welche Faktoren die Effektivität des Trainings maßgeblich bestimmen. Um diese wichtigen grundlagenwissenschaftlichen sowie klinischen Fragestellungen zu klären, sind weitere umfangreiche Studien notwendig. Aufgrund der hohen Heterogenität von Schlaganfallpatienten hinsichtlich der geschädigten Hirnareale sowie der allgemeinen klinischen Präsentation sind hierfür jedoch hohe Fallzahlen erforderlich. Nur durch entsprechend hohe Fallzahlen können verlässliche Aussagen zu den Faktoren gemacht werden, die einen Rehabilitationserfolg begünstigen.

Der strukturelle, logistische und personelle Aufwand für Studien mit BMI-Komponente ist allerdings aktuell noch sehr hoch, da bisher sämtliche Untersuchungen und Trainingssitzungen an klinischen Forschungszentren durchgeführt werden müssen und speziell geschultes Personal notwendig ist (dies trifft im Prinzip auf alle Hightech-basierten Rehabilitationsansätze zu). Um die erforderlichen Fallzahlen zu erreichen, müssen daher insbesondere die Kosten und der personelle Aufwand für die Durchführung der Studien gesenkt werden. Dies ist nur möglich, wenn die einzelnen Systemkomponenten hinsichtlich ihrer Benutzerfreundlichkeit optimiert werden und auch in weniger kontrollierten Umgebungen zuverlässig eingesetzt werden können. Viele Studienteilnehmer entscheiden sich aufgrund ihrer eingeschränkten Mobilität für eine stationäre Aufnahme oder wohnen für die Dauer der Studien in betreuten Pflegeheimen, da die tägliche Anreise zum Studienzentrum sonst nicht zu bewerkstelligen ist. Neben dem Aufwand für die Studienteilnehmer und deren Angehörige ist hierdurch die Generalisierung erlernter, bzw. wiedergewonnener Fähigkeiten in das häusliche Umfeld der Patienten zusätzlich erschwert. Mittel- bis langfristig werden sich daher mit hoher Wahrscheinlichkeit, insbesondere aber auch aus ökonomischen Gründen, sog. Home-Use-Anwendungen durchsetzen. Dies setzt voraus, dass die Technologie auch ohne die Anwesenheit speziell geschulten Personals sicher, korrekt und anwenderfreundlich (d. h. auch ohne die Hilfe Dritter) zu Hause eingesetzt werden kann. Der Weg zur Home-Use-Anwendung eines BMI-basierten robotischen Systems ist aus heutiger Perspektive noch weit und erfordert eine Reihe von Zwischenschritten. Die konsequente Weiterentwicklung von neural-gesteuerten, assistiven robotischen Systemen, die von halbseitengelähmten Patienten selbstständig angelegt und eingesetzt werden können, ist jedoch ein wesentlicher und entscheidender Schritt in dieser Richtung.

Im Folgenden gehen wir daher auf die einzelnen Komponenten solcher Systeme ein (u. a. Sensor-/Biosignal-Verstärkerebene, Signalverarbeitungsebene, Aktorik/Biomechanik), beschreiben den Stand der Technik, gehen auf aktuelle Herausforderungen ein und stellen mögliche Lösungsansätze vor, um neural-gesteuerte Exoskelette in die breite Anwendung zu bringen.

8.3 Tragbare und kabellose Sensoren und Biosignal-Verstärker

Zur Ableitung elektrischer Hirnaktivität mittels EEG existieren unterschiedliche technische Lösungen, die sich in Bezug auf ihre Anwenderfreundlichkeit und Signalqualität sehr unterscheiden. Am besten sind sog. Feucht- oder Nass-Elektroden auf Basis von Silberchlorid etabliert. Mit solchen Elektroden lassen sich auch sehr langsame Potenzialänderungen (bis hin zu Gleichspannungskomponenten) erfassen. Der Nachteil von Feucht- oder Nass-Elektroden besteht jedoch darin, dass die Elektroden individuell unter Einsatz von Elektrolyt-Paste oder Gel präpariert werden müssen. Der zeitliche Aufwand hierfür kann mehrere Minuten pro Elektrode betragen. Die Elektrolyt-Paste, bzw. das Gel, muss dann nach der Anwendung aus den Haaren der gelähmten Patienten herausgelöst bzw. ausgewaschen werden.

Trocken-Elektroden können innerhalb weniger Minuten angelegt werden, liefern allerdings eine deutlich schlechtere Signalqualität als Feucht-Elektroden und sind aufgrund des benötigten Anpressdrucks – insbesondere bei längerer Anwendung – recht unangenehm zu tragen. Besonders vielversprechend sind hingegen sog. Solid-Gel oder Textil-Elektroden, die gute Signalqualität mit hohem Tragekomfort verbinden (Soekadar et al. 2016; Toyama et al. 2012). Die Präparationszeit von Solid-Gel bzw. Textil-Elektroden ist mit Trocken-Elektroden vergleichbar und liegt bei wenigen Minuten. Insbesondere ist nach dem Einsatz von Solid-Gel, bzw. Textil-Elektroden keine Haarwäsche erforderlich.

Bisher etablierte EEG-Systeme mit hoher Signalqualität, wie sie aktuell in der Forschung eingesetzt werden, bestehen gewöhnlich aus einem Hauben- (bzw. Kappen-)System mit gel-basierten Aktiv-Elektroden und einem stationären Signalverstärker. Mit diesen stationären Systemen sind die Messungen und Studien jedoch auf Labor-Umgebungen begrenzt und erfordern während des Betriebs entsprechend ausgebildetes Personal. Eine selbstständige und mobile Anwendung, insbesondere durch Halbseitengelähmte, ist damit nicht umsetzbar. Die in den letzten Jahren vorangetriebene Miniaturisierung von EEG-Verstärkern (z. B. LiveAmp®, BrainProducts GmbH, Gilching, Deutschland, Größe: 83x 51x14 mm; Gewicht < 60 g; oder Smarting®, mBrainTrain LLC, Belgrad, Serbien, Größe: 81x52x12 mm, Gewicht: 60 g) erlaubt nun jedoch auch die Aufzeichnung von Hirnaktivität in einem mobilen Setting. Hierbei wird der EEG-Verstärker am Kopf befestigt. Kopf- oder Körperbewegungen können hierbei zusätzlich durch Beschleunigungssensoren aufgezeichnet werden und bei der Identifikation von Bewegungsartefakten berücksichtigt werden. So ist es mittlerweile beispielsweise möglich, auch sehr schwache hirnelektrische Signale, z. B. das sog. Bereitschaftspotential (BP), außerhalb des Labors in Alltagsumgebungen zu messen (Nann et al. 2019).

Neben den Systemen, die im Bereich der Forschung eingesetzt werden, wurden in letzter Zeit auch deutlich kostengünstigere EEG-Systeme für den sog. Lifestyle-Bereich entwickelt. Hier zeigten sich jedoch große Schwächen in der Signalqualität sowie in der Flexibilität der Elektrodenmontage.

Um Signalartefakte bei Kopfbewegungen zu vermeiden, erfordern alle EEG-Elektroden einen gewissen Anpressdruck. Daher verwenden die gängigen EEG-Systeme eine elastische Kappe, die allerdings von Halbseitengelähmten nicht selbstständig angelegt werden kann. Durch die Entwicklung spezieller Headsets, die mit EEG-Elektroden ausgestattet sind, könnte auch dieses Problem in naher Zukunft gelöst werden.

Um die Klassifikationsgenauigkeit zusätzlich zu verbessern, kann neben EEG-Signalen auch die Einbeziehung anderer Informationen sinnvoll sein, z. B. Informationen über Müdigkeit oder eine zu hohe kognitive Arbeitsbelastung. Das gilt insbesondere für Schlaganfallpatienten, die aufgrund der zerebralen Schädigung häufig schneller ermüden. Erste sog. bio-reaktive Systeme versuchen diesen Aspekt miteinzubeziehen und physiologische Zustände zu berücksichtigen. Ähnlich der Integration von Augenbewegungen (Soekadar et al. 2016), können Brain-Neural Computer Interaction (BNCI)-Systeme neben dem EEG-Signal auch noch andere Biosignale, wie beispielsweise das Elektrokardiogramm (EKG) oder die Atembewegungen des Brustkorbes (respiratorische Plethysmografie) erfassen und integrieren. Hieraus können sekundäre Parameter wie Herzrate (HR), Herzratenvariabilität (HRV), inspiratorisches Respirationsvolumen (IRV) oder Respirationsfrequenz abgeleitet und einbezogen werden. Derzeit existiert jedoch kein System, das sowohl hirn-elektrische als auch periphere Biosignale in Echtzeit aufzeichnen, verarbeiten und interpretieren kann. Ein solches System würde jedoch wichtige Rückschlüsse über den physiologischen Zustand der BMI-Nutzer erlauben und dazu beitragen, dass eine Reihe wissenschaftlicher Fragestellung zum Einfluss von BMI-Systemen auf die allgemeine menschliche Physiologie untersucht werden können.

8.4 Echtzeit-Signalverarbeitung und Interpretation

Kern aller BCI-, bzw. BMI-Technologie bildet die sog. Echtzeit-Signalverarbeitungs- und Interpretationseinheit (Signal Processing Unit), welche elektrische, magnetische oder metabolische Hirnaktivität nach entsprechender Digitalisierung in Echtzeit analysiert und in Kontrollsignale externer Geräte übersetzt. Die Einheit ist in der Regel auf einem entsprechend ausgelegten Computer verwirklicht. Hierbei spielt eine optimale Abstimmung der Computer-Hardware und Software eine wichtige Rolle. Mittlerweile existieren eine Reihe gut etablierter BCI-Software-Plattformen, z. B. die sog. BCI2000-Plattform (www.bci2000.org) oder OpenBCI (openbci.com).

Eine große Herausforderung in der Echtzeit-Signalverarbeitung und -Interpretation stellt die inter- und intra-individuelle Variabilität sowie Nicht-Stationarität von Hirnzuständen dar (Muller et al. 2008). Diese erfordern ein wiederholtes, häufig zeitaufwendiges, Nachkalibrieren der BCI/BMI-Einheit. Um auf diesen zeitaufwendigen Prozess verzichten zu können, wurden verschiedene adaptive Methoden entwickelt (Acqualagna et al. 2016), bei denen u. a. der Dekodier-Algorithmus während des Betriebs des BMI-Systems kontinuierlich angepasst wird (sog. Auto-Kalibration). Neben der insgesamt deutlich stabileren Klassifikationsgenauigkeit durch adaptive maschinelle Lernverfahren, wird somit eine wiederholte Neukalibration verzichtbar, was die Benutzerfreundlichkeit des BMI-Systems entscheidend verbessern kann. Nach Aufzeichnung und Analyse der Eingangsparameter (z. B. EEG, EOG, peripher-physiologische Biosignale, etc.) wird schließlich ein entsprechend erzeugtes Kontrollsignal an eine Ausgabe-Einheit, z. B. einen Computer oder ein robotisches Assistenzsystem, übertragen. Im Falle eines chronischen Schlaganfallpatienten mit schwerer Handlähmung kann das Kontrollsignal beispielsweise an ein Hand-Exoskelett geleitet und dort in das Öffnen oder Schließen der gelähmten Hand übersetzt werden.

8.5 Spezielle Anforderungen an die Aktorik/Biomechanik im Kontext der Mobilisierung gelähmter Gliedmaßen

Aufgrund der physiologischen und anatomischen Besonderheiten der Hände gelähmter Personen (u. a. Spastik, Atrophie, reduzierte Sensibilität, Osteoporose) sind die Mehrzahl der aktuell verfügbaren oder in der Literatur beschriebenen Handorthesen bzw. Hand-Exoskelette hinsichtlich ihrer Assistenzfunktion im Alltag für die meisten Patienten unbrauchbar. Insbesondere existiert aktuell kein kommerziell verfügbares System, das von einer Person mit Halbseitenlähmung selbstständig angelegt werden kann. Weitere Anforderungen betreffen zudem eine umfassende Alltagstauglichkeit, insbesondere auch unter Berücksichtigung kosmetisch-ästhetischer Aspekte, da Personen mit Handfunktionsstörungen das Tragen auffälliger Apparaturen im Alltag eher vermeiden oder völlig ablehnen.

Durch die Unterstützung der Baden-Württemberg Stiftung konnte ein erster Exoskelett-Prototyp entwickelt werden, der auf Basis des 3D-Drucks eine individuelle Anpassung

Abb. 8.2 Eine Schlaganfallpatientin mit chronischer Fingerlähmung nutzt ein neural-gesteuertes Hand-Exoskelett im Alltag (Bild: Wolfram Scheible)

ermöglicht (Abb. 8.2). Zudem wurden Mechanismen integriert, die ein eigenständiges Anlegen des Exoskeletts trotz Halbseitenlähmung erleichtern.

Ein solches Hand-Exoskelett, das individuell an die Anatomie der Nutzer angepasst wird und von diesen trotz körperlicher Beeinträchtigung selbstständig angelegt werden kann, ist derzeit weltweit nicht kommerziell verfügbar, wäre aber notwendig, um den Einsatz von Gehirn-Maschine-Schnittstellen zur Wiederherstellung von Bewegungsfähigkeit im Alltag zu ermöglichen und hierbei wichtige wissenschaftliche Fragestellungen zu bearbeiten. Neben Exoskeletten auf Basis von 3D-Druckelementen sind auch sog. Soft-Exoskelette sehr vielversprechend (Mohammadi et al. 2018; Singh et al. 2019). Solche weichen und elastischen Exoskelette nutzen innovative Textilien und kombinieren sie mit aktiven oder passiven Mechanismen zur Unterstützung von Bewegungsabläufen. So konnte eine aktuelle Studie beispielsweise zeigen, dass der metabolische Energieverbrauch beim Gehen oder Laufen mittels eines solchen Exoskeletts deutlich gesenkt werden kann (Kim et al. 2019). Neben der vereinfachten Anziehbarkeit und dem höhere Tragekomfort gegenüber rigiden Stützelementen besteht ein weiterer Vorteil in dem geringen Gewicht des Systems.

Insbesondere wenn ganze Gliedmaßen aktiv durch rigide, an wenigen Punkten ansetzende, Stützstrukturen bewegt werden sollen, sind dafür erhebliche Kräfte notwendig. Der Einsatz konventioneller Elektromotoren mit entsprechendem Gewicht kann sehr schnell dazu führen, dass die resultierende Konstruktion für den Einsatz im Alltag nicht geeignet ist. Zudem erhöhen die notwendigen, leistungsstarken Elektromotoren, die in direktem Kontakt zum Körper stehen, das mögliche Verletzungsrisiko. Demgegenüber sind tragbare Soft-Exoskelette auf Textilbasis deutlich leichter und weisen ein eher geringeres Verletzungsrisiko auf. Grundsätzlich bestimmen aber die konkreten Einsatzbedingungen darüber, welcher technologische Ansatz zu bevorzugen ist.

8.6 Kontextsensitivität als Voraussetzung für die Integration in den Alltag

Da aktuell etablierte Verfahren zur mobilen nichtinvasiven Aufzeichnung von Hirnaktivität (z. B. EEG oder die funktionelle Nahinfrarotspektroskopie, fNIRS) nicht erlauben, komplexe Bewegungsabläufe oder einzelne Fingerbewegungen auszulesen (Soekadar et al. 2007), ist eine höherdimensionale und komplexe Steuerung eines assistiven robotischen Systems nur dann möglich, wenn diese Informationen aus anderer Quelle bezogen werden können. Kontextsensitivität ist somit – neben der zuverlässigen Erkennung spezifischer Handlungsabsichten – eine entscheidende Voraussetzung für die Integration neuralgesteuerter assistiver Systeme in Alltagsumgebungen. Eine solche Kontextsensitivität spielt auch in der Automatisierung unter komplexen Bedingungen, z. B. in der Entwicklung autonomer Fahrzeuge, eine wichtige Rolle. Insbesondere die fortwährende Funktionserweiterung von Smartphones führte zudem in den letzten Jahren zur Entwicklung zahlreicher innovativer Ansätze im Bereich der Kontexterkennung. Aufgrund ihrer weiten Verbreitung sind die dabei eingesetzten Sensoren (u. a. optische Sensoren, Beschleunigungssensoren, Neigungssensoren, Fluxgate-Magnetometer, Mikrofone) mittlerweile sehr kostengünstig. Vor allem durch die Entwicklung und den Einsatz effektiver Methoden zur Objekt- und Mustererkennung (z. B. auf Basis von künstlichen neuronalen Netzwerken/Deep Learning) konnten in letzter Zeit wichtige Fortschritte erzielt werden. Die Einbeziehung dieser Methoden erlaubt so beispielsweise eine Optimierung der Greifbewegungen an die speziellen Umstände im Alltag. Hierbei ermöglicht eine integrierte visuelle Objekterkennung sowie Echtzeit-Bewegungsanalyse des tragbaren robotischen Systems sowie des übrigen Körpers (einschließlich Schulter, Oberkörper) eine Greifabsicht zu erkennen und die Stellung der Finger an die Beschaffenheit des Objektes (Form, Größe, geschätztes Gewicht) dynamisch anzupassen.

Gegenüber dem zuverlässigen Erkennen relevanter situativer Aspekte ist allerdings die korrekte Bestimmung spezifischer Handlungsabsichten wesentlich anspruchsvoller. Unabhängig davon, auf welcher Basis eine solche Bestimmung erfolgt (beispielsweise Inferenz über Biosignale, gelernte Verhaltensmuster oder kontextspezifische Faktoren), ist sie aktuell noch von hoher Fehleranfälligkeit gekennzeichnet. Diese Fehleranfälligkeit ist u. a. auf die hohe Varianz menschlichen Verhaltens und die Fülle verschiedener Alltagssituationen zurückzuführen. Noch ist unklar, inwieweit technologische Fortschritte dazu beitragen können, diese Fehleranfälligkeit zu reduzieren. Ein solcher Fortschritt wäre nicht nur für assistive Anwendungen, sondern auch für die Effektivität rehabilitativer Systeme von entscheidender Bedeutung. Aufgrund der begrenzten Möglichkeit und Zuverlässigkeit in der Bestimmung spezifischer Handlungsabsichten erfordern kollaborative Ansätze zwischen Mensch und Robotik, z. B. im Sinne eines Shared Control, die Einbeziehung peripher physiologischer Signale (EOG, Elektromyografie). Um in Alltagsumgebungen eine ausreichende Zuverlässigkeit und ein gewisses Maß an Sicherheit zu gewährleisten, ist in jedem Falle die Verwirklichung einer zuverlässigen Veto-Funktion auf dieser Basis erforderlich (Clausen et al. 2017).

8.7 Rechtlich-regulatorische Herausforderungen

Neben den bereits erwähnten wissenschaftlich-technischen Herausforderungen (u. a. Individualisierung, Robustheit, Zuverlässigkeit/Sicherheit, Berücksichtigung kosmetisch-ästhetischer Aspekte, Selbstanziehbarkeit, Anwenderfreundlichkeit), müssen auch eine Reihe rechtlich-regulatorischer Fragen geklärt werden, um neural-gesteuerte Robotik für Assistenz und Rehabilitation in die breite Anwendung zu bringen. Grundsätzlich gilt, dass assistive Exoskelette nach § 139 Sozialgesetzbuch V auf Antrag in das sog. Hilfsmittelverzeichnis aufgenommen werden können, wenn bestimmte Voraussetzungen erfüllt werden. Diese betreffen den medizinischen und pflegerischen Nutzen, die Funktionstauglichkeit, sowie die Sicherheit und Qualität des Systems. In der Regel wird eine Certificate Europe (CE) oder äquivalente Zertifizierung (beispielsweise durch die Food and Drug Administration, FDA) vorausgesetzt. Um diese Voraussetzungen zu erfüllen, sind beachtliche Investitionen in Entwicklung und Testung erforderlich, die sich über mehrere Jahre hinziehen können. Ohne die Aufnahme ins Hilfsmittelverzeichnis ist jedoch eine Verordnung des Hilfsmittels sowie Erstattung durch die Krankenkassen in Deutschland in der Regel nicht möglich, bzw. wesentlich erschwert. Dies macht es insbesondere Start-Up-Unternehmen schwer, Investoren zu finden. Nur wenige Betroffene sind in der Lage, die Kosten für ein Exoskelett selbst zu übernehmen.

Die Tatsache, dass das Hilfsmittelverzeichnis mit seinen über 32.000 Produkten in 41 Produktgruppen nur ein einziges Exoskelett aufführt (Stand 2019), spricht für sich. Es ist aber zu erwarten, dass in den kommenden Jahren die Zahl der verordnungsfähigen Exoskelette deutlich zunehmen wird.

Bei den rehabilitativen robotischen Systemen sind die Hürden für die breite Anwendung noch etwas höher, da eine Erstattung von den Kostenträgern nur dann möglich ist, wenn auch ein eindeutiger Wirknachweis im Rahmen kontrollierter multizentrischer, klinischer Studien erbracht wurde. Diese Studien sind sehr kostenintensiv und beanspruchen teilweise mehrere Jahre. Es ist evident, dass nur wenige Unternehmen in der Lage sind, die entsprechenden Investitionen aufzubringen. Zwar existiert auch die Möglichkeit, klinische Studien über andere Mechanismen zu finanzieren (beispielsweise über das Bundesministerium für Bildung und Forschung oder die Deutsche Forschungsgemeinschaft), allerdings haben die Zuwendungsempfänger (meist öffentliche Institutionen, insbesondere Universitätskliniken) häufig wenig Interesse, die von ihnen für Forschungszwecke entwickelten robotischen Systeme zertifizieren zu lassen. Weitere Herausforderungen im Einsatz neural-gesteuerter, robotischer Systeme im Alltag finden sich in den Bereichen Datensicherheit, Schutz der Privatsphäre sowie Haftung (Clausen et al. 2017). Zudem sind auch eine Reihe neuroethischer Dimensionen zu berücksichtigen (Soekadar und Birbaumer 2015), deren allgemeine Relevanz durch den Einzug von Neurotechnologien in den Alltag zweifellos weiter zunehmen wird.

8.8 Ausblick in die Zukunft: Neural-gesteuerte Exoskelette in der medizinischen Versorgung 2030

Neural-gesteuerte Exoskelette sind neuartige und sehr leistungsstarke Werkzeuge, die es Schlaganfallüberlebenden oder Querschnittsgelähmten ermöglichen, Alltagstätigkeiten wieder selbstständig auszuführen. Damit können sie einen wichtigen Beitrag zur Verbesserung der Autonomie und Lebensqualität dieser Patienten leisten. Die skizzierten wissenschaftlich-technischen Herausforderungen sind in weiten Teilen lösbar, sodass eine breitere Anwendung solch neurotechnologischer Systeme zur Wiederherstellung von Bewegungsfähigkeit als sehr wahrscheinlich gilt. Die rechtlich-regulatorischen Herausforderungen sowie die Zeiträume für eine entsprechende Zertifizierung und klinische Prüfung sollten jedoch nicht unterschätzt werden. Hinsichtlich ihrer Implementierung liegen neural-gesteuerte, assistive Anwendungen gegenüber rehabilitativen Ansätzen im Vorteil, da lediglich ein medizinischer und pflegerischer Nutzen, die Funktionstauglichkeit, sowie Sicherheit des Systems nachgewiesen werden müssen. Dahingegen werden die Kosten für rehabilitative Anwendungen von den Kostenträgern erst nach eindeutigem Wirknachweis übernommen. Die Hürden für das erste kommerziell-verfügbare und zertifizierte neural-gesteuerte Exoskelett für Assistenz im Alltag sind zwar hoch, versprechen aber eine unmittelbare Verbesserung der Autonomie von Gelähmten. Zudem ist es nicht unwahrscheinlich, dass entscheidende Erkenntnisse über die zugrunde liegenden Mechanismen von Neurorehabilitationseffekten im Rahmen der primär assistiven Anwendung neural-gesteuerter Robotik gewonnen werden, da hier Fallzahlen zu erwarten sind, die in keiner kontrollierten Interventionsstudie erreicht werden. Voraussetzung hierfür ist allerdings, dass die (neuro-)physiologischen und Anwendungsdaten für entsprechende Analysen zur Verfügung gestellt werden (im Sinne des Crowdsourcing). Die weltweit zunehmenden Investitionen in den Bereich der Neurotechnologie lassen weitere wichtige Impulse für die Weiterentwicklung und Verbesserung neural-gesteuerter, kollaborativer Robotik erwarten. Zusammen mit den Fortschritten im Bereich der Digitalen Medizin und des Maschinellen Lernens versprechen sie innovative Behandlungskonzepte für Schwerstgelähmte, für die bisher keine effektiven Behandlungsoptionen existierten.

Literatur

Acqualagna, L., Botrel, L., Vidaurre, C., Kubler, A., & Blankertz, B. (2016). Large-scale assessment of a fully automatic co-adaptive motor imagery-based brain computer interface. *PLoS One, 11*(2), e0148886.

Ajiboye, A. B., et al. (2017). Restoration of reaching and grasping movements through brain-controlled muscle stimulation in a person with tetraplegia: A proof-of-concept demonstration (in English). *Lancet, 389*(10081), 1821–1830.

Borton, D., Micera, S., Millan Jdel, R., & Courtine, G. (2013). Personalized neuroprosthetics. *Science Translational Medicine, 5*(210), 210rv2.

Bouton, C. E., et al. (2016). Restoring cortical control of functional movement in a human with quadriplegia. *Nature, 533*(7602), 247–250.

Busch, M. A., Schienkiewitz, A., Nowossadeck, E., & Gosswald, A. (2013). Prevalence of stroke in adults aged 40 to 79 years in Germany: Results of the German Health Interview and Examination Survey for Adults (DEGS1) (in German). *Bundesgesundheitsblatt, Gesundheitsforschung, Gesundheitsschutz, 56*(5-6), 656–660. Pravalenz des Schlaganfalls bei Erwachsenen im Alter von 40 bis 79 Jahren in Deutschland: Ergebnisse der Studie zur Gesundheit Erwachsener in Deutschland (DEGS1).

Cervera, M. A., et al. (2018). Brain-computer interfaces for post-stroke motor rehabilitation: A meta-analysis. *Annals of Clinical Translational Neurology, 5*(5), 651–663.

Clausen, J., et al. (2017). Help, hope, and hype: Ethical dimensions of neuroprosthetics. *Science, 356*(6345), 1338–1339.

Collinger, J. L., et al. (2013). High-performance neuroprosthetic control by an individual with tetraplegia. *Lancet, 381*(9866), 557–564.

Feigin, V., et al. (2016). Global Burden of Diseases, Injuries and Risk Factors Study 2013 and Stroke Experts Writing Group. Global burden of stroke and risk factors in 188 countries, during 1990–2013: A systematic analysis for the Global Burden of Disease Study 2013. *Lancet Neurology, 15*(9), 913–924.

GBD 2016 Stroke Collaborators. (2019). Global, regional, and national burden of stroke, 1990–2016: A systematic analysis for the Global Burden of Disease Study 2016. *Lancet Neurology, 18*(5), 439–458. https://doi.org/10.1016/S1474-4422(19)30034-1.

Hochberg, L. R., et al. (2012). Reach and grasp by people with tetraplegia using a neurally controlled robotic arm (in English). *Nature, 485*(7398), 372–375.

Kim, J., et al. (2019). Reducing the metabolic rate of walking and running with a versatile, portable exosuit. *Science, 365*(6454), 668–672.

Kolominsky-Rabas, P. L., et al. (2006). Lifetime cost of ischemic stroke in Germany: Results and national projections from a population-based stroke registry: the Erlangen Stroke Project. *Stroke, 37*(5), 1179–1183.

Kwakkel, G., Kollen, B. J., van der Grond, J., & Prevo, A. J. (2003). Probability of regaining dexterity in the flaccid upper limb: Impact of severity of paresis and time since onset in acute stroke. *Stroke, 34*(9), 2181–2186.

Mohammadi, A., Lavranos, J., Choong, P., & Oetomo, D. (2018). Flexo-glove: A 3D printed soft exoskeleton robotic glove for impaired hand rehabilitation and assistance. *Conference Proceedings: Annual International Conference of the IEEE Engineering in Medicine and Biology Society,* Honolulu, Hawaii *2018*, 2120–2123.

Muller, K. R., Tangermann, M., Dornhege, G., Krauledat, M., Curio, G., & Blankertz, B. (2008). Machine learning for real-time single-trial EEG-analysis: From brain-computer interfacing to mental state monitoring. *Journal of Neuroscience Methods, 167*(1), 82–90.

Nann, M., Cohen, L. G., Deecke, L., & Soekadar, S. R. (2019). To jump or not to jump – The Bereitschaftspotential required to jump into 192-meter abyss. *Scientific Reports, 9*(1), 2243.

Ramos-Murguialday, A., et al. (2013). Brain-machine interface in chronic stroke rehabilitation: A controlled study. *Annals of Neurology, 74*(1), 100–108.

Rosamond, W., et al. (2008). American Heart Association Statistics Committee And Stroke Statistics Subcommittee. Disease and stroke statistics – 2008 update: A report from the American Heart Association Statistics Committee and Stroke Statistics Subcommittee. *Circulation, 117*(4), e25–e146.

Singh, N., Saini, M., Anand, S., Kumar, N., Srivastava, M. V. P., & Mehndiratta, A. (2019). Robotic exoskeleton for wrist and fingers joint in post-stroke neuro-rehabilitation for low-resource settings. *IEEE Transactions on Neural Systems and Rehabilitation Engineering, 27*, 2369–2377.

Soekadar, S., & Birbaumer, N. (2015). Brain-machine interfaces for communication in complete paralysis: Ethical implications and challenges. In J. N. L. Clausen (Hrsg.), *Handbook of neuroethics* (S. 705–724). Dordrecht: Springer.

Soekadar, S. R., Haagen, K., & Birbaumer, N. (2007). Brain-Computer Interfaces (BCI): Restoration of movement and thought from neuroelectric and metabolic brain activity. In A. Schuster (Hrsg.), *Intelligent computing everywhere* (S. 229–252). London: Springer.

Soekadar, S. R., Witkowski, M., Vitiello, N., & Birbaumer, N. (2015a). An EEG/EOG-based hybrid brain-neural computer interaction (BNCI) system to control an exoskeleton for the paralyzed hand. *Biomedizinische Technik. Biomedical Engineering, 60*(3), 199–205.

Soekadar, S. R., Birbaumer, N., Slutzky, M. W., & Cohen, L. G. (2015b). Brain-machine interfaces in neurorehabilitation of stroke. *Neurobiology of Disease, 83*, 172–179.

Soekadar, S. R., et al. (2016). Hybrid EEG/EOG-based brain/neural hand exoskeleton restores fully independent daily living activities after quadriplegia. *Science Robotics, 1*(1). https://doi.org/10.1126/scirobotics.aag3296.

Taub, E., Uswatte, G., & Pidikiti, R. (1999). Constraint-induced movement therapy: A new family of techniques with broad application to physical rehabilitation – A clinical review. *Journal of Rehabilitation Research and Development, 36*(3), 237–251.

Toyama, S., Takano, K., & Kansaku, K. (2012). A non-adhesive solid-gel electrode for a non-invasive brain-machine interface (in English). *Frontiers in Neurology, 3*(114), 114.

WHO. (2012). *World health report*. Geneva: World Health Organization.

Winter, Y., Wolfram, C., Schoffski, O., Dodel, R. C., & Back, T. (2008). Long-term disease-related costs 4 years after stroke or TIA in Germany. *Nervenarzt, 79*(8), 918–920. 922–924, 926. Langzeitkrankheitskosten 4 Jahre nach Schlaganfall oder TIA in Deutschland.

Witkowski, M., Cortese, M., Cempini, M., Mellinger, J., Vitiello, N., & Soekadar, S. R. (2014). Enhancing brain-machine interface (BMI) control of a hand exoskeleton using electrooculography (EOG). *Journal of Neuroengineering and Rehabilitation, 11*(1), 165.

Wolf, S. L., Lecraw, D. E., Barton, L. A., & Jann, B. B. (1989). Forced use of hemiplegic upper extremities to reverse the effect of learned nonuse among chronic stroke and head-injured patients (in English). *Experimental Neurology, 104*(2), 125–132.

Surjo R. Soekadar ist Einstein Professor für Klinische Neurotechnologie an der Charité – Universitätsmedizin Berlin. Nach dem Studium der Medizin in Mainz, Heidelberg und Baltimore arbeitete er von 2005–2008 und von 2011–2018 an der Klinik für Psychiatrie und Psychotherapie der Universität Tübingen, wo er zuletzt als Oberarzt und Arbeitsgruppenleiter tätig war. Von 2008–2011 forschte er am National Institute of Neurological Disorders and Stroke (NINDS) in den USA. 2017 habilitierte er an der Universität Tübingen und wurde 2018 auf die deutschlandweit erste Professur für Klinische Neurotechnologie berufen. Für seine wissenschaftlichen Arbeiten, die u. a. vom Europäischen Forschungsrat (ERC) gefördert werden, wurde Surjo Soekadar vielfach ausgezeichnet, u. a. mit dem International BCI Research Award oder dem Young Investigator Award der Internationalen Gesellschaft für Biomagnetismus.

Marius Nann ist wissenschaftlicher Mitarbeiter und Doktorand an der Universität Tübingen sowie der Charité – Universitätsmedizin Berlin und arbeitet seit 2016 in der Arbeitsgruppe „Angewandte Neurotechnologie" unter der Leitung von Professor Soekadar. Von 2008–2012 studierte er Medizintechnik an der Hochschule Ulm und setzte dieses Studium von 2012–2015 an der Friedrich-Alexander-Universität Erlangen/Nürnberg fort. 2014 erhielt er ein Stipendium des Deutschen Akademischen Auslandsdienstes (DAAD), um seine Master-Arbeit an der Universität Calgary anzufertigen. Studienbegleitend arbeitete Marius Nann u. a. bei der Otto-Bock Healthcare GmbH in Duderstadt sowie der adidas AG in Herzogenaurach.

Mensch-Roboter-Kollaboration in der Medizin

9

Andreas Keibel

Zusammenfassung

Während die Mensch-Roboter-Kollaboration in der Industrie Einzug hält und die normativen Vorgaben der einschlägigen Richtlinien den schutzzaunlosen Einsatz von Industrierobotern seit einigen Jahren erlauben, ist dies in der Medizintechnik schon viel länger möglich. Wie kann das sein? Zu erwarten wäre doch, dass in der Medizin noch viel strengere Regeln gelten als in der Produktion. Dieser Beitrag gibt einen Einblick in die Hintergründe und stellt einige konkrete Anwendungen dar.

9.1 Motivation

Die steigende Lebenserwartung führt zu einer Gesellschaft mit immer mehr Menschen in hohem Alter. Der Altersdurchschnitt aller Menschen der Gesellschaft würde bei Gleichverteilung moderat steigen. Da die demografische Entwicklung in Deutschland jedoch zu deutlich weniger jungen als alten Menschen geführt hat, steigt der Altersdurchschnitt weiter an. Es lässt sich statistisch recht präzise erfassen, dass die ersten Babyboomer-Jahrgänge mittlerweile in Rente gehen und es nach den Babyboomern keine Zeit gegeben hat, in denen die Menschen mehr Kinder hatten. Sozialökonomisch vollzieht sich mit dem Eintritt ins Rentenalter der Wechsel von der Geber- zur Nehmerseite. Rentner verlassen sowohl das Arbeitsleben, womit ihre Arbeitskraft nicht mehr der Allgemeinheit zur Verfügung steht, als auch den Status als Zahler in die Sozialkassen, indem sie weniger oder gar nicht mehr in die sozialen Kassen einzahlen. Das ist ganz normal, wird aber zur

A. Keibel (✉)
KUKA Deutschland GmbH – Division Industries, Augsburg, Deutschland
E-Mail: andreas.keibel@kuka.com

Herausforderung, wenn – wie jetzt – ein richtiger Berg im Demografiediagramm diesen Wandel zu vollziehen beginnt, und sich an diesen Berg ein Tal von jüngeren Mitmenschen anschließt. Da unser Sozialstaat darauf aufbaut, dass die arbeitende Bevölkerung für die Renten aufkommt, nun aber viel weniger Arbeitnehmer zur Verfügung stehen, als zu Zeiten der Etablierung des Systems, kann es schon bald zu Versorgungsengpässen im System kommen. Bereits heute wird ein eklatanter Mangel an Pflegern, Therapeuten und Servicepersonal in Gesundheit und Pflege beklagt. Auch die Industrie beklagt bereits Mangel an Nachwuchs. Dabei hat das Problem noch lange nicht seinen Höhepunkt erreicht. Wenn die Babyboomer in wenigen Jahren den Peak an Bedürftigkeit bzgl. Gesundheit und Pflege erreichen, wird es ohne Maßnahmen zu einem elementaren humanitären Problem kommen. Es gibt einfach deutlich zu wenig junge Leute, die das stemmen könnten. Zudem trägt eine Gesundheits- oder Pflegedienstleistung nichts zum Exportprodukt eines Staates bei. Es wird durch die Arbeit im Gesundheits- und Pflegesektor kein Produkt erzeugt, das durch die Dienstleistung wertvoller wird und verkauft werden kann, sondern es ist etwas, das getan werden muss und Geld kostet, und das Geld ist hinterher ohne materiellen Gegenwert „verbraucht" worden. Es handelt sich hier nicht um eine nachhaltige Investition mit Renditepotential oder einen Exportschlager. Komplett unbenommen von diesen herauforderenden Tatsachen durch Personalmangel und Geldmangel im Gesundheitswesen steigen gleichzeitig die Anforderungen an die Qualität beliebiger Therapien, an die Ergonomie der Arbeitsplätze im Gesundheitswesen und an die Geschwindigkeit der Behandlungserfolge.

Da die gesamte Branche bisher kaum automatisiert ist und sogar Logistikvorgänge innerhalb von Gebäuden vornehmlich manuell durchgeführt werden, bietet sich für die Automatisierungstechnik, für die kooperative Robotik und für die robotischen Assistenzsysteme in der Medizin ein fast unbestelltes Feld dar. Ausgehend von dem sichtbaren und in Zukunft stark steigenden Bedarf und den mittlerweile technischen Möglichkeiten der Robotik ergibt sich eine starke Motivation für die Hersteller.

9.2   Roboter in der Therapie

Mensch-Roboter-Kollaboration (MRK) bedeutet, dass Mensch und Roboter sich einen Arbeitsraum ohne trennende Schutzeinrichtung teilen. Was in der produzierenden Industrie immer noch als Novum gilt und sich seit ca. 10 Jahren entwickelt, ist in der Medizintechnik seit längerem Alltag. Verschiedene klinische Anwendungen greifen seit über zwanzig Jahren auf Robotertechnologie zurück, die direkt im Behandlungsraum positioniert ist, wobei sich mitten im Arbeitsraum der Roboter Menschen aufhalten dürfen und wobei Roboter auch dazu eingesetzt werden, Instrumente innerhalb des Körpers des Patienten motorgetrieben zu bewegen. Diese Diskrepanz zum Robotereinsatz in der Industrie besteht in den unterschiedlichen relevanten Regulatorien und Normen der beiden Bereiche. Während für die Produktion eines Gegenstands unter keinen Umständen Risiken für das Personal in Kauf zu nehmen sind, verhält es sich bei Medizinprodukten spezifisch anders. Ein minimales und möglichst genau benennbares Risiko insbesondere für den Patienten ist durchaus hinnehmbar, wenn der medizinische Zweck der Anlage zu Gunsten des Wohls für Leib und Leben das Risiko des Betriebs der Anlage bei Weitem übersteigt. Eine Anlage respektive ein Medizinprodukt zur Behandlung einer Krankheit darf, anders als in der Produktion, daher die minimale Wahrscheinlichkeit eines Risikos aufweisen oder auch therapiebedingt eine Beeinträchtigung gesunder Körperbereiche des Patienten in Kauf nehmen, wenn das therapeutisch-medizinische Gesamtergebnis zu einer Verbesserung des Wohls der Patienten beiträgt, die diese medizinische Anwendung bzw. Therapie genießen. Dabei ist mitunter ebenfalls akzeptabel, dass die Therapie bei sehr wenigen Patienten statistisch keinen Nutzen erzielt. Eine gute Analogie zu diesem Prinzip findet man auf Beipackzetteln pharmazeutischer Präparate, auf denen vor Nebenwirkungen gewarnt wird oder auf denen sogar die äußerst unwahrscheinliche Möglichkeit für z. B. einen lebensbedrohlichen anaphylaktischen Schock quantisiert wird.

Um trotz möglichst gut bezifferbarer Risiken eine Zulassung nach dem Medizinproduktegesetz zu erhalten, muss ein Medizinprodukt seine Nützlichkeit nachweisen, wofür oft präklinische Studien erforderlich sind. Das Prinzip ist sehr ähnlich dem in der Pharma-Industrie angewendeten Vorgehen, bei dem Medikamente komplizierte Zulassungsstufen zu durchlaufen haben. Basierend auf positiv verlaufenden Studien, kann im Rahmen der Zulassung ein möglicherweise bestehendes Risiko durch den Beleg des höheren Gesamtnutzens, den das System für seine Patientenzielgruppe bietet, aufgewogen werden. Die sogenannte „Benannte Stelle" als zulassende Instanz eines Medizinproduktes analysiert und bewertet die vom Hersteller vorzulegenden Risikoanalysen, vergleicht diese mit dem bewertbaren medizinischen Nutzen und erteilt im Gut-Fall die Zulassung für den Markteintritt. In der EU müssen hierzu die unter der Medial Device Regulation MDR (Johner 2019) befindlichen harmonisierten Normen eingehalten und deren Einhaltung belegt werden (gültig ab 31.05.2020, davor gilt das Medizinproduktegesetz MPG). Je nach Medizinprodukt kann das ein komplexer Prozess sein, der anders funktioniert als in der produzierenden Industrie, bei dem z. B. die Maschinenrichtlinie und ihre Normen zur Anwendung kommen.

Damit befindet sich ein Roboter im OP in einem vollständig anderen Szenario als Roboter in der Produktion.

Die Entwicklung der MRK-fähigen Roboter für die Produktion, in der gar kein Risiko für die Mitarbeiter existieren sollte, hat in den letzten Jahren eine rasante Entwicklung durchlaufen, die ihren Höhepunkt noch längst nicht erreicht haben dürfte. Was vor wenigen Jahren noch allgemeine Skepsis hervorgerufen hat, gehört für manche, jedoch noch viel zu selten anzutreffende Industriebetriebe bereits zum Produktionsstandard. Für jede MRK-Roboteranlage muss individuell belegt werden, dass kein Risiko für die Mitarbeiter besteht, die sich in dem Umfeld des Roboters aufhalten können. Dabei wird die gesamte Anlage betrachtet und nicht nur der Roboter, denn auch von der weiteren Auslegung kann eine Gefahr ausgehen. Ein vollständig auf MRK ausgelegter Roboter reicht noch nicht für die MRK-Fähigkeit der gesamten Roboterzelle aus, wenn dort z. B. noch andere riskante Objekte bewegt werden. Ein mit einem Lasercutter ausgestatteter MRK-fähiger Roboter gehört ganz sicher immer hinter eine sichere Abschirmung mit automatischer Abschaltung, sofern der Schutz beeinträchtigt wird. In der Medizin ist es vielleicht ausreichend, wenn dem medizinischen Personal vorgeschrieben wird, eine Laserschutzbrille zu tragen.

Gegenüber der Anwendung der Maschinenrichtlinie bei roboterbasierten Produktionsanlagen haben MRK-Anlagen und Medizinische Robotik eine Gemeinsamkeit: Die Maschinenrichtlinie schreibt z. B. allgemein vor, welche Schutzeinrichtungen anzuwenden sind, damit eine Anlage sicher abschaltet, wenn Menschen in die Nähe der Roboter kommen. Dabei ist es fast unerheblich, welchen Prozess der Roboter ausführt. Hauptsache, alles schaltet ab, sobald z. B. die Zellentür geöffnet wird. In der Medizin und in MRK-Produktionsanlagen wird hingegen individuell ermittelt, ob eine Anlage zugelassen werden kann. Hier steht in beiden Anwendungen der *gesamte* Prozess im Fokus der Risikoermittlung zwecks Zulassung. In MRK-basierten Produktionsanlagen darf gar kein Risiko für die Mitarbeiter bestehen und in der Medizintechnik muss der medizinische Nutzen für die Menschheit das Risiko deutlich überwiegen.

9.3 Beispiele für Medizinprodukte mit Robotern

Der Einsatz von Robotern in der Medizintechnik steht nicht mehr am Anfang der Entwicklung. Viele Systeme haben sich bereits am Markt etabliert und noch viele mehr stehen kurz vor dem Markteintritt. Dies ist ein globaler Trend. Der bekannteste „Medizinroboter" ist der Da-Vinci von der Firma Intuitive Surgical (2019). Das System dient der minimalinvasiven Chirurgie und verfolgt den Einsatz als Telemanipulationssystem, bei dem Roboterarme chirurgische Instrumente bewegen und diese Bewegungen von einer Bedienkonsole manuell vorgegeben werden. Innerhalb der Bedienkonsole wird dem Arzt ein hochauflösendes Bild des „Situs" dargestellt, das von einem Endoskop aufgenommen wird. Das System verfügt über keine eigene therapeutische Intelligenz, und den Ärzten wird prinzipiell keine Handlung oder Kompetenz abgenommen. Einfach ausgedrückt bewegt der Arzt nun die Instrumente nicht direkt durch persönliches Anfassen der Instrumente, sondern es sind die Eingabekonsole und der Roboterarm dazwischengeschaltet. Diese Anordnung bietet eine Reihe von Vorteilen:

1. Der Arzt kann innerhalb des „Bedien-Cockpits" eine sitzende Haltung einnehmen, die ergonomischer ist, als stundenlang über den Patienten gebeugt zu arbeiten.
2. Die Kamera (Endoskop) und die Bildschirmdarstellung liefern extrem klare Aufnahmen vom Ort (Situs), an dem operiert wird. Die Darstellung kann zudem gezoomt und mit Bildverarbeitung weiter aufbereitet werden, so dass das Bild tatsächlich viel besser ist, als wenn man es mit eigenen Augen sehen würde (Kontrastverstärkung, Aufhellung, Vergrößerung, Falschfarbendarstellung, Fluoreszenzspektroskopie).
3. Menschliche ungewollte „Wackler" oder „Zittern" können herausgefiltert werden, so dass die Instrumentenführung im Patienten viel harmonischer und ruhiger abläuft, als wenn man die Instrumente, wie in der minimalinvasiven Chirurgie, traditionell führen

würde. Man bedenke, dass die Instrumente in der manuellen minimalinvasiven Chirurgie oft eine lange, stabartige Ausprägung aufweisen, an deren einem Ende die Finger des Chirurgen (außerhalb des Patienten) die Mechanik am anderen Ende (innerhalb des Patienten) bewegen. Beim Da-Vinci-System wird auch herausgerechnet, dass die Instrumente durch einen Pivot-Punkt in der Bauchdecke führen, und man außen „gespiegelte" Bewegungen durchführen muss.
4. Die Bewegungen des Eingabesystems können skaliert werden, so dass größere Bewegungen am Eingabegerät auf feinste Bewegungen der Instrumente im Patienten übersetzt werden können. Diese Möglichkeit gestattet Interventionen auf kleinstem Raum im Inneren des Patienten, die traditionell von Hand kaum noch machbar sind.
5. Der Arzt könnte eine OP ggf. von einer entfernten Bedienkonsole durchführen, womit er effizienter arbeiten kann, weil Wege gespart werden.
6. Durch Einsatz von Augmented-Reality-Technik können weitere Informationen in das Bild eingeblendet werden, die für den Eingriff wertvoll sind.

Das Da-Vinci-System ist der erste Medizinroboter, dem ein echter Durchbruch gelungen ist und der bisher immer noch Seinesgleichen sucht. Das Hauptanwendungsgebiet dieses Roboters liegt nach wie vor in der Prostataentfernung bei Prostatakrebs. Bezogen auf die Risikoeinschätzung des Einsatzes gegenüber dem Nutzen hatte es der Anbieter möglicherweise nicht schwer, denn Tumore zu entfernen bedeutet potenziell eine signifikante Erhöhung der zu erwartenden Restlebenszeit des Patienten. Da darf auch ein gewisses minimales Restrisiko mitschwingen, dass etwas schief gehen kann. Mittlerweile diversifiziert sich die Anwendung des Da-Vinci-Systems, und immer weitere Einsatzmöglichkeiten zeichnen sich ab. Neben dem Da-Vinci-System, das einen Vorbildcharakter für viele Nachahmer hat, existieren viele weitere medizinische Anwendungsfelder, in denen Roboter zum Einsatz kommen.

Erwähnenswert ist dabei auch das Cyberknife von Accuray (2019). Dabei handelt es sich ebenfalls um ein System zur Bekämpfung von Tumoren, und auch hier dürfte die Risikobetrachtung des Gesamtsystems unproblematisch sein, da die Argumentation ähnlich der des Da-Vinci-Systems geführt werden kann. Die Intervention mit dem Cyberknife bestrahlt den Tumor mit hochenergetischer Röntgenstrahlung, die mittels eines Linearbeschleunigers erzeugt wird, der direkt am Flansch des Roboters montiert ist. Dabei wird der Patient nicht chirurgisch „aufgeschnitten" und ein Zugang zum Tumor gelegt, sondern der Röntgenstrahl durchtritt den Patienten komplett. Die hochenergetische Röntgenstrahlung schädigt dabei *alle* Zellen des Patienten, die im Strahl liegen. Der ionisierende schädliche Röntgenphotonenstrahl durchleuchtet den Patienten, und alle Zellen auf dem Weg bekommen eine nachhaltige Röntgendosis ab. Würde die Energie des Strahls zu hoch sein oder der Strahl zu lange in der gleichen Position auf den Patienten gerichtet, würden alle Zellen im Strahl sterben. Der Patient würde sprichwörtlich durchlöchert. Damit das nicht passiert, hat ein Strahlentherapeut, der für die Therapie seiner Patienten verantwortlich ist, die verantwortungsvolle Aufgabe, einen sogenannten Strahlentherapieplan zu erstellen, der zu vielen „Schüssen" führt, die für den Patienten möglichst schonend sind. In der virtuellen

Welt werden dazu der digitalisierte Patient und sein Tumor genau modelliert (aus CT- und MR-Bildgebungsdaten) und das Cyberknife-Planungssystem unterstützt den Therapeuten in der Gestaltung seines Angriffs auf den Tumor. Dabei werden oftmals hunderte Schüsse aus verschiedenen Richtungen geplant, die alle durch den Tumor laufen. Das Ziel ist, dass sich damit nur im Tumor die Gesamtdosisleistung auf die für die Zellen letale Dosis akkumuliert. Das Ergebnis der Planung ist immer ein Kompromiss, der in Simulationsläufen vielfach optimiert wird, bis der Strahlentherapeut zufrieden ist und die Behandlung für den Patienten freigibt. Danach ist der Patient allein im strahlensicheren Therapieraum und die automatisch ablaufende Behandlung kann beginnen. Der Patient bekommt von der Strahlung gar nichts mit. Erst später treten ggfs. Strahlentherapie-Nebenwirkungen auf, die mit der Zeit abklingen, und hoffentlich ist der Tumor erfolgreich bekämpft worden und die Lebenserwartung des Patienten ist signifikant gestiegen. Der Roboter, der diese „Strahlenkanone" als Endeffektor montiert hat, sollte naturgemäß die erforderliche Präzision einhalten, damit keine Strukturen im Körper des Patienten getroffen werden, die besser unbestrahlt blieben. Eine besondere Anforderung an die Präzision besteht auch darin, dass der Roboter eine hohe Orientierungsgenauigkeit bei hoher Belastung erreichen muss, denn kleinste Änderungen der Winkel der Zentralhand des Roboters erzeugen deutliche Positionsänderungen in einiger Entfernung vom Handachsenschnittpunkt. Mit dem Strahl und der Größe und dem Gewicht des Linearbeschleunigers sind das beim Cyberknife relevante Abstände, die nicht unbedingt industrieüblich sind. Accuray hat sich letztlich für Produkte der Firma KUKA entschieden.

Neben der Therapie mit hochenergetischen Photonen im Röntgenspektrum existiert auch die Partikeltherapie, bei der Atomkerne auf den Tumor geschossen werden, der sich unter dem Beschuss möglichst zu einer nicht lebensfähigen Masse umwandelt. Zur Beschleunigung von Atomkernen sind deutlich größere Anlagen erforderlich, als die Linearbeschleuniger in der Röntgentherapie. Für Protonen reichen sog. Zyklotrone, die einige Meter Durchmesser aufweisen und viele Tonnen wiegen, und für gebräuchliche Kohlenstoff- oder Sauerstoffkerne sind Synchrotrone erforderlich, wie man sie vom LHC (CERN) kennt. Synchrotrone benötigen Dimensionen im Hallenformat. Der Vorteil der Partikeltherapie ist, dass die Nebenwirkungen auf das gesunde Gewebe erheblich geringer sind; nach dem Tumor existiert, anders als bei der Röntgentherapie, so gut wie gar keine Wirkung des Strahls mehr, weil er schlicht nicht mehr vorhanden ist. Die Teilchen sind bildlich ausgedrückt im Tumor stecken geblieben. In Wahrheit finden hoch komplexe nukleare Wechselwirkungen zwischen den auf relativistische Geschwindigkeiten (z. B. $0{,}6\,c$) beschleunigten Therapie-Atomkernen und den Kernen der Tumormoleküle statt, die zum Absterben der Zellen führen. Vor dem Tumor ist die Wechselwirkung der Therapie-Teilchen mit dem menschlichen Gewebe ebenfalls gering (Stichwort Bragg Peak).

Diesen Teilchenstrahl präzise auf den Tumor eines statisch im Therapieraum liegenden Patienten zu lenken wäre sehr aufwändig. Es wären supraleitende ansteuerbare Magnete erforderlich, mitsamt Heliumkühlung usw. Daher wird der Patient auf einer Liege präzise in den Teilchenstrahl bewegt. Hierbei kommen Roboter zum Einsatz, die zur Patientenliege erweitert wurden. Die berühmtesten Behandlungszentren dieser Art sind z. B. das

Heidelberger Ionentherapiezentrum HIT (2019), das Shanghai Proton and Heavy Ion Center SPHIC (2019) und MedAustron (2019) in Wiener Neustadt. In diesen Anlagen werden ebenfalls die in der Medizin bereits bekannten präzisen Roboter der Firma KUKA eingesetzt. Ein besonderes Merkmal, das diese Roboter aufweisen müssen, ist, dass sie auch ohne Halbleiter im Therapieraum funktionieren müssen. Das liegt darin begründet, dass Halbleiter durch die harte Sekundärstrahlung beeinträchtigt würden. Speicherzellen könnten ihren Inhalt verlieren und die Robotersteuerung würde in Folge dessen einen Nothalt auslösen, was mitten in einem Therapieablauf vermieden werden muss. Die Sekundärstrahlung ist das Ergebnis der nuklearen Prozesse beim Zusammenprall zwischen den ultraschnellen Therapieteilchen und den Atomen der Tumormoleküle. Genau wie am LHC entstehen auch hier Sekundärteilchen und Strahlen, die den Patienten in alle Richtungen verlassen. Nur spielen sie hier, anders als am LHC – bei dem es aus Forschungsgründen genau auf diese Produkte ankommt – therapeutisch keine Rolle mehr. Vielmehr muss man hier mit ihnen leben.

MRK betreffend dürften auch hier die Roboter-Patienten-Positionierer bei der Risikodarstellung kein schweres Spiel gehabt haben. Schließlich geht es auch hier um die Tumorbehandlung und in der Partikeltherapie besonders um Gehirntumore. Und den Kopf öffnet man aus chirurgischer Sicht besonders ungern, da dies mit vielen weiteren Risiken verbunden wäre. Zudem kann ein tief liegendes Glioblastom vielleicht gar nicht konventionell erreicht werden, da es von Gehirngewebe umgeben ist, das nicht für einen chirurgischen Zugang entfernt oder aufgeschnitten werden kann, ohne dass der Patient dabei immensen Risiken ausgesetzt würde.

Neben den bisher aufgezählten Beispielen für die Therapie existieren auch Anwendungen in der Diagnostik. Die Firma Siemens hat z. B. ein System entwickelt, das 3D-Bilder eines Patienteninneren direkt im OP liefern kann, ohne dass der Patient zeitraubend und therapieunterbrechend in einen anderen Bereich des Krankenhauses verbracht und dort in ein CT geschoben werden muss. Ein mit diesem System namens ARTIS Pheno (Siemens 2019) ausgestatteter Operationsraum wird Hybrid-OR genannt, weil er Therapie und Diagnostik verbindet. Haupteinsatzgebiet des Systems ist die Angiografie, mit der Blutgefäße hochauflösend dargestellt werden können, und hier insbesondere am Herzen, um Infarkte zu erkennen und zu behandeln. Dazu wird ein C-förmiger Bogen mit Röntgenquelle an dem einen und Detektorpanel an dem anderen Ende des C's mit Hilfe eines KUKA-Roboters um den Patienten gedreht, wobei CT-konform parallel zur Drehung sehr viele Aufnahmen gemacht werden. Aus diesen Aufnahmen kann die CT-Rekonstruktionssoftware 3D-Bilder errechnen und auch die Herzkranzgefäße darstellen, mit allen Problemen, die der Patient ggfs. hat. Engstellen können erkannt und mittels Ballondilatation und Stent-Implantation nachhaltig aufgeweitet werden.

Der Robotereinsatz im OR erlaubt damit eine sicherere und risikoärmere Intervention. Wo früher Bypässe in riskanter offener Herzchirurgie unter Inkaufnahme vieler medizinischer Nebenwirkungen gelegt wurden, hilft ARTIS Pheno nun sowohl dem Therapeuten als auch dem Patienten in unvergleichlicher Qualitäts- und Nebenwirkungsverbesserung.

MRK in der diagnostischen Bildgebung ist auch hier medizinisch nachweislich von einem sehr hohen Nutzen und daher ist auch hier die Risikoabwägung des Technikeinsatzes im Vergleich zum medizinischen Nutzen mit hoher Wahrscheinlichkeit kein großes Problem.

Die Firma KUKA ist als Lieferant für Roboter für die Produktions- und Anlagentechnik bekannt. Für die Bereitstellung von Robotern für die Medizintechnik sind weitere Anforderungen zu erfüllen, die in dieser Branche bisher fast gar nicht anzutreffen sind. So ist für Komponentenlieferanten der Medizintechnik die Norm ISO 13485 einzuhalten und nachzuweisen. Dabei geht es um ein Schema des Nachweis- und Managementsystems der Produktion und Qualitätssicherung, welches der Lieferant einhalten muss. Auch muss der Lieferant Audits der Kunden und Benannten Stellen über sich ergehen lassen. Stichworte sind Product-Lifecycle-Management, Fehlererkennung, -tracking, -behebung, -rückverfolgbarkeit und Dokumentation der Fehlerbehebungen, langjährige Überwachung der Produktqualität, usw. Alle diese Themen hat sich KUKA zur Aufgabe gemacht und sie werden für die Kunden in der Medizintechnik erfüllt.

Mit dem Leichtbauroboter LBR-Med geht die Firma KUKA noch einen Schritt weiter auf die Kunden im Medizinumfeld, die Medizinproduktehersteller, zu, indem für diesen Roboter ein sogenannter CB-Testreport vorliegt. Darin wird die Integrierbarkeit in ein Medizinprodukt direkt unterstützt, ohne dass der Kunde eigenständig nachprüfen muss, ob *ausgewählte* harmonisierte Normen unter dem Medizinproduktegesetz von dem System eingehalten werden. Als besonders relevant ist hier die EN 60601 zu nennen. Mit dem offiziellen CB-Dokument kann der Kunde viele normative eigene Tests und Analysen am eingekauften Roboter einsparen und sein roboterbasiertes Medizinprodukt deutlich schneller in den Markt bringen. Mit dem CB-Report ist der Roboter selbst noch kein fertiges Medizinprodukt, da dies einen ganz konkreten Anwendungsfall – den Intended Use – erfordert. Dieser ist nicht Bestandteil des CB-Reports, da dies im Verantwortungsbereich des Medizingeräteherstellers liegt.

Dieser, gegenüber der oben beschriebenen Anwendung der Großrobotik, kleine LBR-Med (Kuka 2019) wird schon in verschiedenen Medizinprodukten eingesetzt, die bereits zugelassen sind oder kurz vor der Zulassung stehen. Bemerkenswert ist hierbei, dass der Roboter auch zur Instrumentenführung eingesetzt wird oder fest mit dem Patienten verbunden wird, um dessen Extremitäten zu rehabilitativen Zwecken zu bewegen. Beliebte Zielgebiete für den Einsatz der LBR-Med-Roboter in der Chirurgie ist das präzise Positionieren von Biopsienadeln, Kathetern oder Schrauben zur Immobilisierung. Auch hier wird die Präzision des Roboters ausgenutzt, die in Verbindung mit existierenden Bilddaten vom Patienten erst richtig Sinn ergibt. Ein vereinfachter Workflow verdeutlicht den Nutzen: MR- oder CT- oder Cone-Beam-CT-3D-Bilddaten lassen den Ort erkennen, an dem die Intervention passieren soll. Mit diesem Ort in den Bilddaten liegen genau genommen auch die Koordinaten dieses Situs vor (sofern sich der Patient nicht wegbewegt). Da bei einem manuell durchgeführten Eingriff die Instrumente von einem Chirurgen geführt werden und dieser als Mensch keine Encoder im Arm hat, weiß er nicht, wo sich seine Hand und sein Instrument in Raumkoordinaten befinden und daher ist die exakte geometrische Koordinate für ihn gar nicht wesentlich. Für den Interventionsarzt spielen viel mehr die relativen Zusammenhänge zu anderen Strukturen im Bild und im realen Patienten eine Rolle. Mitunter werden während eines Eingriffs weitere Aufnahmen vom Patienten gemacht, um sich Gewissheit zu verschaffen. Die Situation, bei der die Koordinaten gar nicht wichtig sind, ändert sich, sobald ein Roboter ins Spiel kommt, der genau weiß, wo sich das angebaute Instrument befindet, und der es auch exakt an eine Position bewegen kann. Mit einem Roboter können die exakten Positionsdaten aus den Bildgebungsdaten direkt verwendet werden und der Roboter kann zielgerichtet auf Zielpositionen zufahren. In Verbindung mit einem Therapieplanungssystem kann damit ein Arzt den Eingriff komplett in der virtuellen Welt vorplanen und diesen dann mit dem Roboter direkt am Patienten ausführen. Es wären deutlich weniger strahlenbelastende „Vergewisserungsaufnahmen" erforderlich, da der Roboter in Raumkoordinaten fahren kann und die Bildgebung ebenfalls Raumkoordinaten liefert. Der Therapeut kann somit am Bildschirm planen, wo er mit dem Roboter hinfahren möchte, um dort etwas im Patienten zu verrichten.

Am BMBF-geförderten Forschungscampus M^{2}Olie (m2olie 2019) in Mannheim wird dieser Ansatz verfolgt, um gleich mehrere Tumore hintereinander in einer Session mit Roboterunterstützung zu biopsieren und zu behandeln. Nachdem in einer bildgebenden Sitzung per MR oder CT Tumore in einem Patienten aufgespürt wurden, geht es im nächsten Schritt um die Identifikation der Art des Tumorgewebes. Dies ist erforderlich, um eine spezifische und optimierte Therapieform zu ermitteln. Für diesen Zweck gelangt der Patient in das M^{2}Olie-Zentrum und mittels ARTIS Zeego (Vorgänger des ARTIS Pheno von Siemens) wird der erste Tumor lokalisiert. Der Behandlungsplaner kann in einer 3D-Ansicht einen optimierten Zugang zu dieser Stelle planen, um mit einer Biopsienadel eine kleine Probe des Tumors entnehmen zu können. Dieser Schritt wird nun nicht rein manuell durchgeführt, sondern es werden die Planungsdaten verwendet, um einen Roboter präzise zu positionieren, so dass er an die passende Stelle am Patienten fährt, um die Biopsienadel zu führen. Im aktuellen Stand hält der Roboter einen Katheter als Führung für die Biopsienadel, die dann vom Therapeuten selbst in den Patienten geschoben werden muss. Es ist nur ein kleiner Schritt, auch diesen Einführ-Prozess vom Roboter durchführen zu lassen. Das Biopsat wird dann analysiert und eine passende Therapie ermittelt. Der weitere Verlauf des Projektes sieht vor, dass nun z. B. eine Tumorablation stattfindet, mit deren Hilfe der Tumor zerstört werden kann. Idealerweise geschieht dies über den gleichen Zugang, über den auch die Biopsie genommen wurde, dies ist aber nicht zwingend medizinisch indiziert. Es kann sein, dass die Ablationsnadel an anderer Stelle besser platziert wäre. Planungsgemäß erlaubt die Anlage die sequenzielle Bearbeitung mehrerer Tumore, so dass in Zukunft auch mehrfach metastasierte Patienten eine bessere Chance auf Heilung erhalten könnten.

9.4 Zusammenfassung

Zusammenfassend lässt sich feststellen, dass es zwar Überlappungen zwischen Medizinrobotik und MRK in der Produktion gibt, weil in beiden Szenarien eine Risikoanalyse durchgeführt werden muss. Der elementare Unterschied besteht allerdings darin, dass für die MRK-Produktionstechnik das Ergebnis der Risikoanalyse sein muss, dass für das Personal *kein* Risiko beim Betrieb der Anlage bestehen darf; während in der Medizintechnik durchaus ein geringes aber bezifferbares Risiko für den Patienten, zu Gunsten eines viel größeren medizinischen Nutzens der Anwendung hinnehmbar ist. Ein weiterer elementarer Unterschied der beiden Welten ist die normative Umgebung. In der Produktionswelt ist die Maschinenrichtline mit ihren Normen das Maß aller Dinge, während diese im Medizinumfeld maximal eine untergeordnete Rolle spielt. Hier gilt einzig die MDR mit allen abgeleiteten harmonisierten Normen. Auch die einzelne Maschine als Bestandteil eines medizinischen Gesamtsystems als Medizinprodukt folgt daher den eigenen Normen der Medizintechnik, um als Gesamtheit den angedachten medizinischem Zweck nach MDR zu erfüllen. Für manch einen Sicherheitsbeauftragten aus der Produktionstechnik mag das wie eine Überraschung klingen.

Literatur

Accuray. 2019. CyberKnife. https://www.accuray.com/cyberknife/. Zugegriffen am 10.09.2019.
Intuitive Surgical. 2019. Unternehmenswebsite. https://www.intuitive.com/. Zugegriffen am 10.09.2019.
Johner. 2019. Medical device regulation MDR – Medizinprodukteverordnung (2017/745). https://www.johner-institut.de/blog/regulatory-affairs/medical-device-regulation-mdr-medizinprodukteverordnung/. Zugegriffen am 10.09.2019.
HIT. 2019. Heidelberger Ionenstrahl-Therapiezentrum (HIT). https://www.klinikum.uni-heidelberg.de/interdisziplinaere-zentren/heidelberger-ionenstrahl-therapiezentrum-hit/. Zugegriffen am 10.09.2019.
Kuka. 2019. LBR Med: Kollaborativer Roboter für die Medizin. https://www.kuka.com/de-de/branchen/healthcare/kuka-medical-robotics/lbr-med. Zugegriffen am 10.09.2019.
m2olie. 2019. Unternehmenswebsite. http://www.m2olie.de/. Zugegriffen am 10.09.2019.
MedAustron. 2019. Unternehmenswebsite. https://www.medaustron.at/de/home. Zugegriffen am 10.09.2019.
SPHIC. 2019. Shanghai Proton & Heavy Ion Center. Unternehmenswebsite. https://www.sphic.org.cn/. Zugegriffen am 10.09.2019.
Siemens. 2019. Siemens Healthineers. Produkt ARTIS pheno. https://www.siemens-healthineers.com/de/angio/artis-interventional-angiography-systems/artis-pheno. Zugegriffen am 10.09.2019.

Andreas Keibel ist seit 2003 für die Firma KUKA in Augsburg tätig. Den akademischen und praktischen Hintergrund hat er sich als Student, Diplomingenieur und wissenschaftlicher Mitarbeiter am Institut für Roboterforschung in Dortmund angeeignet. Als Automatisierungsexperte mit Schwerpunkt auf Robotik, Echtzeitsteuerungstechnik, Simulationstechnik und Digitale Fabrik wechselte er bei KUKA nach einer kurzen Phase in der Konzernforschung als Projektleiter und Produtkmanager in den Bereich F&E mit dem Fokus auf simulationsbasierte Engineeringtools, mit deren Hilfe Aufgabenstellungen lange vor der Inbetriebnahme einer realen Produktionsanlage realitätsnah und einfach gestaltet und simuliert werden können. Seit 2010 ist Dr.-Ing. Andreas Keibel als Manager im Bereich Geschäftsfeldentwicklung Medical-Robotics tätig, wobei er dort den Weg für immer weitere Anwendungen in Diagnostik, Therapie und auch Krankenhausautomatisierung bereitet und gemeinsam mit den Anwendern an Lösungen für die avisierten Aufgabenstellungen arbeitet, bei denen der Einsatz von Robotern Vorteile bietet.

Mensch-Roboter-Kollaboration – Anforderungen an eine humane Arbeitsgestaltung

10

Detlef Gerst

Zusammenfassung

In der Mensch-Roboter-Kollaboration (MRK) arbeiten heute in der Industrie Mensch und Roboter auf engstem Raum zusammen. Wer Arbeitssysteme gestaltet, in denen Mensch und Roboter Hand in Hand arbeiten, steht vor dem Problem, dass kaum hinreichend konkrete Vorgaben für eine sichere und menschengerechte Gestaltung zur Verfügung stehen. Vor diesem Hintergrund befasst sich der Beitrag mit der Frage: Wie muss ein Mensch-Roboter-Arbeitssystem gestaltet sein, damit die Bedürfnisse des Menschen mindestens nicht verletzt, besser: positiv erfüllt werden? Ausgehend von der Fachliteratur und Erfahrungen aus der Praxis diskutiere ich normative Konzepte und praktische Orientierungsmodelle einer partizipativen Arbeitsgestaltung. Behandelt werden zunächst Kriterien für die Gestaltung und die Abschätzung der Folgen für die Beschäftigten: Die Akzeptanz gegenüber der Technik, die Interaktion von Technik und Mensch als Team sowie verschiedene Gesichtspunkte der ergonomischen Gestaltung. Hierzu zählen die Vermeidung von Verletzungen, die Vorhersehbarkeit der Roboterbewegungen, die Adaptierbarkeit und die Berücksichtigung vorhersehbarer Situationen. Ein in der Praxis besonders schwierig zu handhabendes Thema sind darüber hinaus die psychischen Belastungen. Auch hier werden Kriterien diskutiert, unter anderem die psychische Ermüdung durch übermäßig in Anspruch genommene Aufmerksamkeit, der vermutete Eigensinn der Technik und die mögliche soziale Isolierung. Anschließend werden Anforderungen an eine verantwortliche Arbeitsgestaltung behandelt. Es wird eine Differenzierung von Grunwald (2008) aufgegriffen, der zufolge Technikgestaltung

D. Gerst (✉)
IG Metall, Frankfurt am Main, Deutschland
E-Mail: detlef.gerst@igmetall.de

relational, reflexiv und prozedural erfolgen muss. Diese Anforderungen werden mit Blick auf die Mensch-Roboter-Kollaboration erläutert.

10.1 Einleitung

Noch vor zehn Jahren konnte sich fast niemand vorstellen, dass Mensch und Roboter auf engem Raum zusammenarbeiten. Denn Roboter galten aufgrund ihrer großen Kraft und hohen Geschwindigkeit als zu gefährlich. Arbeitsschutz-Regeln untersagten dies deshalb. Heute gibt es jedoch sogenannte kollaborierende Robotersysteme, die ohne trennenden Schutz direkt neben Menschen eingesetzt werden, um gemeinsam Aufgaben zu erledigen. In der Praxis wird das als Mensch-Roboter-Kollaboration (MRK) oder Mensch-Roboter-Kooperation bezeichnet. Wenn Mensch und Roboter Hand in Hand arbeiten, sieht das in der Produktion so aus: Roboter und Mensch bearbeiten gemeinsam ein Werkstück oder der Roboter positioniert es, damit der Mensch es alleine oder zusammen mit dem Roboter bearbeitet. Die Absicht: Mensch und Roboter kombinieren ihre jeweiligen Stärken.

Neuartige Schutzeinrichtungen, die den Zusammenstoß eines Menschen mit dem Roboter vermeiden oder dessen Folgen begrenzen, ermöglichen diese Zusammenarbeit. In beiden Fällen wird verhindert, dass Beschäftigte verletzt werden. Es ist zwar technisch möglich, Kollisionen ganz zu verhindern, jedoch sind begrenzte direkte Kontakte auch erwünscht. Denn es kann sinnvoll sein, dass Menschen den Roboterarm berühren, um die ganze Maschine anzuhalten, den Roboter in eine andere Position zu lenken oder ihm einen neuen Bewegungsablauf beizubringen. Würde jegliche Kollision vermieden, wäre das nicht möglich.

Für die meisten Betriebe ist die Mensch-Roboter-Kollaboration Neuland. Ihnen fehlen deshalb Erfahrungen, diese Zusammenarbeit so zu gestalten, dass sie für die Beschäftigten akzeptabel ist. Auch wer die Normen des Arbeitsschutzes durchforstet, findet nur wenige hinreichend konkrete Regeln und Hilfen für den Einsatz im Betrieb. Mein Beitrag beschäftigt sich mit Vorschlägen und Anregungen zur Gestaltung, die ich aus der Fachliteratur und aus Diskussionen mit Betriebsräten zusammengestellt habe. Meine Leitfrage: Wie muss ein Mensch-Roboter-Arbeitssystem gestaltet sein, damit die Bedürfnisse des Menschen mindestens nicht verletzt, besser: positiv erfüllt werden? Normative Konzepte und praktische Orientierungsmodelle einer partizipativen Arbeitsgestaltung werden von mir gleichermaßen gesichtet und gewürdigt.

10.2 Große Hoffnungen, viele Fragen, wenige Antworten

Die direkte Zusammenarbeit von Mensch und Roboter wird vielfach mit ergonomischen Vorteilen gerechtfertigt (Faber et al. 2016). Tatsächlich geht es aber in erster Linie um wirtschaftliche Ziele: Betriebe sparen Platz, weil sie keine trennenden Käfige, Schutzzäune und abgesperrten Bereiche benötigen. Zugleich wird ein Dilemma vermieden, dass bei der Herstellung komplexer Produkte zwangsläufig auftritt. Dieses Dilemma entsteht, wenn zugleich Aufgaben zu erledigen sind, die sich wirtschaftlich automatisieren lassen und solche, bei denen das nicht gelingt. Deshalb ist die Produktionsplanung häufig daran ausgerichtet, die Abläufe über das wirtschaftlich vertretbare Maß hinaus zu automatisieren. Denn sonst müsste – weil der Mensch ja nicht direkt neben einem klassischen Industrieroboter arbeiten darf – die Bearbeitung an verschiedenen Orten stattfinden, was jeweils den logistischen Aufwand und Platzbedarf erhöhte. Die Alternative hierzu: der weitgehende Verzicht auf die automatisierte Bearbeitung oder eben die direkte Kooperation, als die eindeutig effizientere Variante.

Denn wenn der Mensch direkt neben dem Roboter arbeitet, werden Aufgaben, deren Automatisierung sich wirtschaftlich nicht rechnet, gleich gar nicht erst automatisiert. In der MRK sieht die Arbeitsteilung so aus: Der Roboter führt die automatisierbaren Arbeiten aus, der Mensch ist für die zu kostspielig oder gar nicht automatisierbaren Tätigkeiten zuständig. Auf diese Weise kann auch bei der Herstellung komplexer und variantenreicher Produkte der Anteil automatisierter Bearbeitungen situationsabhängig flexibel wirtschaftlich sinnvoll erhöht werden. Mit anderen Worten: Die MRK erhöht die Effizienz von Produktionssystemen (Shen und Reinhart 2013). Mobile Leichtbauroboter können zudem genutzt werden, um schwankende Stückzahlen ohne Zeitverlust zu bearbeiten: Steigen die Stückzahlen, erhalten die Beschäftigten kurzzeitig einen Kollegen aus Blech an die Seite gestellt. Soll ein solches Konzept in der Alltagspraxis auch reibungslos gelingen, müssen Betriebe ihre Montagearbeiten und Montageplanung danach ausrichten, dass Roboter und Mensch möglichst viele Aufgaben gemeinsam ausführen können.

Die wirtschaftlichen Vorteile werden heute nur noch von der vergleichsweise geringen Geschwindigkeit des kollaborativen Roboters gemindert. Der Grund dafür: Arbeitete er und bewegte er sich so schnell wie die großen Industrieroboter, wären die Auflagen des Arbeitsschutzes für die Mensch-Roboter-Kollaboration nicht einzuhalten. Dies erklärt, warum aktuell vergleichsweise wenige kollaborative Roboter eingesetzt werden. Doch scheint sich für einige Unternehmen unter dem Strich deren Einsatz schon heute zu lohnen.

Auch wenn die Wirtschaftlichkeit letztlich ausschlaggebend ist, wird zudem oft auf mögliche ergonomische Vorteile der MRK hingewiesen. Das bekannteste Argument: Der Roboter übernimmt die monotonen Aufgaben und die schweren Lasten (Faber et al. 2016). Das klingt erst einmal einleuchtend, ist aber – Stand heute – alles andere als belegt. Es könnte sich auch um reines Wunschdenken handeln: Denn schwere Lasten wird ein Leichtbauroboter kaum transportieren. Und ob eine Aufgabe langweilig ist oder nicht, bei der Entscheidung über den Maschinen-Einsatz spielt dieses Kriterium zumindest gegenwärtig in den Betrieben gar keine Rolle. Kein Zweifel: Mit MRK kann der Mensch spürbar entlastet werden, vor allem wenn die Aufgaben, die automatisiert werden, diejenigen sind, die den Menschen besonders belasten. Aber noch wird die Wirklichkeit so nicht bewusst gestaltet.

Neue Technik kann jedoch für den Menschen auch neue Gefahren und Risiken mit sich bringen. Der Philosoph Virilio (2009) sagt zugespitzt mit Blick auf großtechnische

Projekte, es gebe keine zufälligen Unfälle. Mit neuen Erfindungen, etwa zur Nutzung nuklearer Energie, wird ihm zufolge zugleich der dazugehörende Unfall erfunden. In seinen Worten: Die Erfindung ist der „eigentliche Unfall".

Nun gehen von der MRK sicher sehr viel geringere Risiken für den Menschen aus als von der Technik, mit der sich Virilio auseinandergesetzt hat. Sicher ist aber auch: Die räumlich enge Zusammenarbeit mit einem Roboter kann die Qualität der Arbeitsbedingungen erheblich verändern (Gerst 2016). Die Zusammenarbeit sollte deshalb immer auch aus der Perspektive der Beschäftigten gestaltet werden. Doch genau diese eigentlich unverzichtbare Vorgabe wird in der Praxis vernachlässigt. Und wer sie ernst nimmt, der steht vor dem Problem, dass es nur wenige Erfahrungen und wenig Wissen und Regeln gibt, die bei der konkreten Umsetzung helfen. In der Fachliteratur finden sich gleichermaßen Hoffnungen wie Befürchtungen. Hoffnungen richten sich auf die ergonomische Erleichterung, Befürchtungen meist auf neue psychische Belastungen, seltener auf die mit der MRK verbundenen Unfallgefahren. Zwar hat sich die Normenlage verbessert: Heute gibt es immerhin die ISO TS 15066, eine Norm für den Einsatz kollaborierender Roboter. Viele Fragen der Gestaltung sind jedoch noch ohne Antwort. Die der Vermeidung von übermäßigen psychischen Belastungen ist nur eine davon.

10.3 Kriterien einer Folgenabschätzung

Wer die Zusammenarbeit von Mensch und Roboter auf engem Raum plant, steht vor einer besonders anspruchsvollen Aufgabe. Der Grund: Es fehlen die konkreten Anforderungen an die Gestaltung. Praktiker können sich an Gesetzen, Verordnungen und Regeln orientieren. In ihnen sind beispielsweise meist recht klar und vollständig Schutzziele beschrieben, die die Betriebe nicht unterschreiten dürfen. Für die Gestaltung der MRK finden sich für Deutschland die wichtigsten Regeln und Schutzziele im Arbeitsschutzgesetz und in der Betriebssicherheitsverordnung. Entsprechend müssen Arbeitgeber Maßnahmen ergreifen. Und hier beginnen die Probleme: Das Arbeitsschutzgesetz und die Betriebssicherheitsverordnung beschreiben zwar Maßnahmen, aber keine konkreten, schon gar nicht bezogen auf die Zusammenarbeit von Mensch und Roboter. Das heißt: Unternehmen müssen nun selbst Schutzmaßnahmen entwickeln. Mehr noch: Sie müssen zudem nachvollziehbar begründen, dass mit den geplanten Maßnahmen die vorgeschriebenen Schutzziele auch erreicht werden.

Die im Juni 2015 reformierte Betriebssicherheitsverordnung (BetrSichV) kennt den Begriff des kollaborierenden Roboters noch nicht. Sie enthält jedoch Vorschriften, die auch beim Einsatz von Robotern angewendet werden müssen. Denn die BetrSichV regelt den Einsatz von Arbeitsmitteln, wozu auch Roboter zählen. Das Schutzziel besteht darin, „die Sicherheit und den Schutz der Gesundheit der Beschäftigten bei der Verwendung von Arbeitsmitteln zu gewährleisten". Um dieses Ziel zu erreichen, dürfen Arbeitsmittel erst verwendet werden, „nachdem der Arbeitgeber 1. eine Gefährdungsbeurteilung durchgeführt hat, 2. die dabei ermittelten Schutzmaßnahmen nach dem Stand der Technik getroffen hat und 3. festgestellt hat, dass die Verwendung der Arbeitsmittel nach dem Stand der Technik sicher ist" (§ 4 Abs. 1 BetrSichV). Gefährdungen, die hierbei berücksichtigt werden müssen, können von den Arbeitsmitteln selbst ausgehen, von der Arbeitsumgebung und von den Arbeitsgegenständen (§ 3 Abs. 3 BetrSichV). Damit ist klar: Nicht nur der Roboter muss betrachtet werden, sondern auch sein Umfeld, also das Robotersystem. In der Verantwortung stehen damit beide Unternehmen: der Hersteller des Roboters und das Unternehmen, das ihn einsetzt.

Die Betriebssicherheitsverordnung verlangt, neben den körperlichen auch die psychischen Gefährdungen zu berücksichtigen. Unsicherheit herrscht in den Betrieben vor allem darüber, welche psychischen Gefährdungen von der Verwendung von Arbeitsmitteln ausgehen können. In Gesetzen und Verordnungen fehlen konkrete Hinweise. Es fehlt auch an konkreten Vorgaben, mit welchen Maßnahmen beispielsweise körperliche Gefährdungen abgewehrt werden können. Geeignete Maßnahmen lassen sich ohnehin immer nur für einen begrenzten Zeitraum definieren – denn geeignet ist nur, was dem Stand der Technik entspricht, und der ändert sich ständig. Dies bedeutet: Setzen sich in Betrieben höhere Sicherheitsstandards durch, dann verändert sich damit zwangsläufig auch der Stand der Technik. Der Arbeitgeber hat dies wiederum bei der Auswahl von Schutzmaßnahmen zu berücksichtigen.

Hinweise, mit welchen Sicherheitseinrichtungen kollaborierende Roboter ausgestattet werden sollten, finden sich lediglich in rechtlich unverbindlichen europäischen Normen. Für die Zusammenarbeit von Mensch und Roboter sehen die Normen vier unterscheidbare Sicherheitseinrichtungen vor, von denen mindestens eine aktiv sein muss. Infrage kommen:

- die Geschwindigkeits- und Abstandsüberwachung, bei welcher der Roboter seine Bewegungen verlangsamt und schließlich stoppt, sobald ihm eine Person zu nahe kommt und
- die Leistungs- und Kraftbegrenzung, bei der eine Kollision von Mensch und Roboter zwar möglich ist, aber verletzungsfrei bleibt.

Zwei weitere, ebenfalls in der EN ISO 10218-1:2011 beschriebene Schutzanforderungen, dürften bei der MRK keine Rolle spielen. Hierzu zählt die „Handführung", bei welcher der Mensch den Roboter führt. Sinnvoll ist dies beim Transport schwerer Lasten und bei Arbeiten, die ein Roboter in gefährlicher Umgebung ausführt. In beiden Fällen handelt es sich aber nicht um eine Kollaboration, weil der Roboter nicht eigenständig handelt, sondern wie ein Werkzeug benutzt wird.

Die vierte in der EN ISO 10218-1:2011 beschriebene Schutzanforderung ist der „sicherheitsgerichtete überwachte Halt". Er kommt für die MRK nicht in Frage, weil Abschalteinrichtungen eingesetzt werden, die den Roboter bereits in großer Distanz zum Menschen stoppen; beispielsweise, wenn er den Käfig eines Roboters öffnet oder eine Lichtschranke durchschreitet. MRK setzt jedoch voraus, dass Mensch und Roboter im gemeinsamen Arbeitsraum arbeiten, weshalb eine trennende Schutzeinrichtung nicht eingesetzt werden kann. Die meisten Betriebe wählen die Kraft- und Leistungsbegrenzung, doch ist grundsätzlich auch eine Geschwindigkeits- und Abstandsüberwachung praktikabel. Erfordert die Arbeit jedoch den Kontakt des Menschen mit dem Roboter, kommt eine Abstandsüberwachung allenfalls eingeschränkt in Frage. Sie könnte die Geschwindigkeit des Roboters verringern, sobald sich Mensch und Roboter zu nahe kommen. Sicherheitseinrichtungen, die zwischen erwünschten und unerwünschten Kollisionen unterscheiden, gibt es noch nicht.

Bei der Kraft- und Leistungsbegrenzung wurden in den letzten Jahren die erlaubten Maximalkräfte des Roboters geregelt (DGUV-Information 2017). Hierzu wurden Grenzwerte für unterschiedliche Körperregionen ermittelt. Die Grenzwerte sind in der ISO TS 15066 hinterlegt. Schädel, Stirn und Gesicht sind dort als kritische Zonen ausgewiesen, die vor dem Zusammenstoß mit einem Roboter unbedingt geschützt werden müssen. Für andere Körperpartien wurden Grenzwerte festgelegt; Hände dürfen nur mit geringerer, Beine mit größerer Kraft getroffen werden.

So gibt es für die physischen Gefährdungen einen deutlichen Fortschritt bezogen auf die Gestaltungshinweise. Aber auch die psychischen Belastungen der MRK müssen bei der Gestaltung berücksichtigt werden. Wie, das ist weitgehend unklar, da dafür kaum Erfahrungen vorliegen. Neu ist insbesondere, dass sich der Roboter in der MRK erheblich von bislang bekannten Arbeitsmitteln unterscheidet. Er arbeitet autonom in unmittelbarer Nähe des Menschen. Was dies für die Beschäftigten bedeutet, ist weitgehend unerforscht.

Im Folgenden geht es zunächst um Kriterien, die bei einer Folgenabschätzung und Gefährdungsbeurteilung berücksichtigt werden sollten. Die Ausführungen gehen – entsprechend dem europäischen und deutschen Arbeitsschutzrecht – von einem weiten Gesundheitsverständnis aus: Gesundheitsschutz wendet nicht nur Unfälle und Erkrankungen ab, er umfasst auch Maßnahmen, die das Wohlbefinden steigern, die Persönlichkeitsentwicklung unterstützen, Kommunikationsmöglichkeiten schaffen und die Beschäftigten an der Gestaltung ihrer Arbeit beteiligen. Die in der Kerndefinition der Arbeitswissenschaft festgelegten Schutzziele (Luczak und Volpert 1987) stärken diese Ausrichtung; sie werden auch in der Rechtsprechung zum Arbeitsschutz herangezogen.

Die bisherigen Betrachtungen führen zu diesen beiden entscheidenden Fragen: Anhand welcher Kriterien soll die Zusammenarbeit von Mensch und Roboter beurteilt werden? Und was ist bei der Gestaltung unbedingt zu berücksichtigen?

10.3.1 Akzeptanz

In der Fachliteratur wird sehr häufig als Anforderung genannt, die Technik müsse akzeptiert werden. Akzeptanz ist dann gegeben, wenn die Beschäftigten bereit sind, mit der Technik zu arbeiten. Sie gilt häufig auch als Voraussetzung, um produktionstechnische Ziele zu erreichen. Häufig ist zu hören und zu lesen: Nur akzeptierte Technik wird auch hinreichend genutzt.

Doch ab wann akzeptieren Beschäftigte einen Roboter, der direkt neben ihnen arbeitet? Nach einer Studie von Bröhl et al. (2017) haben zwei Faktoren eine besonders hohe Bedeutung und sind zudem als übergeordnete Kriterien anzusehen: die „wahrgenommene Nützlichkeit" und die „wahrgenommene Benutzerfreundlichkeit" des Roboters. Die wahrgenommene Nützlichkeit hatte in der Studie den größten Einfluss auf die Bereitschaft, einen Roboter zu nutzen. Denn Arbeitskräfte werden sich fragen: Was habe ich davon, den Roboter zu nutzen? In den Antworten spielen zwei Teilaspekte der Nützlichkeit eine Rolle. Diese werden in der Studie als „arbeitsbezogene Relevanz" und als „Qualität des Ergebnisses (Outputqualität)" bezeichnet.

Der zweitwichtigste Faktor ist die wahrgenommene Benutzerfreundlichkeit. Sie wird von der empfundenen „Selbstwirksamkeit" beeinflusst. Eine Arbeitskraft erlebt sich als selbstwirksam, wenn sie den Roboter erfolgreich bedienen kann. Andernfalls ist die erlebte Benutzerfreundlichkeit gering. Negativ wirkt es sich aus, wenn sich Arbeitskräfte in der Nähe eines Roboters unwohl fühlen. Dieses Phänomen wird in der Studie als „Roboterangst" bezeichnet. So wächst die wahrgenommene Sicherheit mit der wahrgenommenen Benutzerfreundlichkeit. Positiv wirkt sich auch das wahrgenommene „Vergnügen" in der Zusammenarbeit mit einem Roboter aus: Mit ihm steigt die wahrgenommene Benutzerfreundlichkeit.

Die Studie legt Hintergründe offen, die bei der Entstehung von Akzeptanz eine Rolle spielen. Und sie macht sichtbar, dass Akzeptanz von einer Vielzahl von Kriterien abhängt. In der Praxis sollte deshalb überprüft werden: Sind die Beschäftigten überhaupt bereit, mit einem Roboter zusammenzuarbeiten? Inwieweit nehmen sie ihn als nützlich und als benutzerfreundlich war?

10.3.2 Gelingende Interaktion von Mensch und Roboter als Team

Menschen haben dem Roboter einiges voraus. Sie können beispielsweise gut mit Bauteilen umgehen, die flexibel und biegsam sind. Sie sind in der Lage, sich schnell an Aufgaben jenseits der Routine anzupassen. Menschen sind zudem besser bei Aufgaben, bei denen schnell und flexibel reagiert werden muss. Sie sind auch besser bei Arbeiten, die vielfältige Erfahrungen voraussetzen. Und Menschen können erkennen, dass ein Arbeitsgang nicht so funktioniert, wie er geplant wurde: Möglicherweise ist das Werkzeug ungeeignet, verschlissen oder das Material nicht ausreichend aufbereitet. In all diesen Fällen können Menschen korrigierend eingreifen.

Roboter erledigen hingegen Routinearbeit und überraschungsfreie Aufgaben besser, da sie auch bei eintöniger Arbeit nicht ermüden, auch sehr präzise positionieren oder Bewegungsbahnen abfahren können.

Übernehmen die Menschen grundsätzlich Arbeiten, bei denen sie dem Roboter überlegen sind, dann ist dies ein wichtiger Beitrag, das Arbeitssystem menschengerecht zu gestalten. So würden auch die Stärken von Roboter und Mensch optimal kombiniert. Noch besser wäre es, wenn der Mensch dem Roboter Aufgaben zuweisen, ihn trainieren und in den Arbeitsablauf des Roboters korrigierend eingreifen könnte. Die Arbeit wäre dann aus

Sicht des Beschäftigten human und ganzheitlicher gestaltet, sie würde auch das Denken und Lernen fördern.

Diese Anforderungen könnten in dem Kriterium gefasst werden: gelingende Interaktion von Mensch und Roboter als Team. Dieses Ziel verfolgen derzeit Forscher, die Konzepte für eine Zusammenarbeit von Menschen und automatisierter Technik entwickeln (Schmidt und Herrmann 2017). Entscheidend für diesen Ansatz: Technik und Mensch arbeiten beide als Team zusammen. Ausgangspunkt für diese Konzeptarbeiten ist die These, dass die Produktion effizienter wird, wenn Interventionen des Menschen nicht nur zugelassen, sondern zudem mit einer entsprechenden Technik- und Prozessgestaltung unterstützt werden. Schmidt und Herrmann fordern: „The user should feel like they are the one who controls the system" (Schmidt und Herrmann 2017, S. 45).

Arbeitsgestaltung wird hierbei an dem Ziel der Komplementarität ausgerichtet: „Statt Funktionen aufgrund vermuteter Leistungsvorteile jeweils dem Menschen oder der Technik zuzuteilen, sollte die Interaktion zwischen Mensch und Technik bei der Erfüllung der Aufgabe des Gesamtsystems unter explizitem Bezug auf ihre sich ergänzende Unterschiedlichkeit optimiert werden" (Grote et al. 1999, S. 21).

Mit dem Kriterium der „Interaktion von Mensch und Technik als Team" kann ermittelt werden, wie es um die Qualität der MRK bestellt ist. Technik, die eine solche Teamarbeit ermöglicht, ist jedoch noch kaum entwickelt.

10.3.3 Ergonomische Gestaltung

Roboter können Einschränkungen des Menschen kompensieren und sie können seine Fähigkeiten erweitern. Weil die Erwerbsbevölkerung altert, ist von einem wachsenden Kompensationsbedarf auszugehen, nimmt doch die physische Leistungsfähigkeit mit dem Alter ab. Insofern lohnt es sich, Roboter dort einzusetzen, wo sie am stärksten entlasten. In den Betrieben müssen deshalb, in Vorbereitung auf Roboter-Einsätze, die ergonomischen Schwachstellen benannt werden. Für diese Analyse kann eine Vielzahl von ergonomischen Bewertungsinstrumenten eingesetzt werden. Es ist im Interesse einer humanen Arbeitsgestaltung ein großer Gewinn, die Beschäftigten an der ergonomischen Analyse und an der Gestaltung des Robotereinsatzes zu beteiligen. Denn sie kennen die ergonomischen Defizite sehr genau und sind in der Lage, Ziele für den Robotereinsatz zu definieren.

Mit dem Ziel eines ergonomisch sinnvollen Einsatzes von Robotern wurden bei Volkswagen in Wolfsburg Experteninterviews und Fokusgruppendiskussionen geführt (Dachwitz 2017). Die befragten Experten meinten, der Einsatz von Robotern sei vor allem bei Tätigkeiten mit folgenden Merkmalen sinnvoll:

- Große Finger- und Handkräfte
- Aufbringen von Plastik-Clips
- Repetitive Tätigkeiten

- Verschraubungen, insbesondere mit hohen Rückschlagkräften für den Hand- und Armbereich
- Ungünstige Körperhaltungen, insbesondere Überkopfarbeit

Tätigkeiten mit diesen Merkmalen finden sich auch außerhalb der Automobilindustrie. Doch wird es in jeder Branche und in jedem Produktionsbereich spezifische ergonomische Probleme geben. Nicht immer werden genau dort Roboter eingesetzt werden können. So weist Dachwitz (2017) für die Automobilindustrie darauf hin, dass insbesondere die Arbeit im Fahrzeuginnenraum kaum als MRK-System zu gestalten sei.

Für eine Folgenabschätzung im Bereich der ergonomischen Gestaltung lassen sich folgende Kriterien heranziehen:

- **Nutzung von Entlastungspotenzialen**: Werden die Möglichkeiten der Entlastung ausgeschöpft? Dies setzt eine Analyse der Arbeitssysteme voraus, einschließlich einer Befragung der Beschäftigten. Zu ermitteln ist: Welche Tätigkeiten stellen eine besondere Belastung dar? Ziel ist, dass Roboter nicht nur aus wirtschaftlichen, sondern auch aus ergonomischen Erwägungen eingesetzt werden.
- **Möglichkeiten und Folgen einer Kollision**: Moderne Roboter sind mit einer Leistungs- und Kraftbegrenzung ausgestattet. Diese soll sicherstellen, dass biomechanische Grenzwerte (ISO TS 15066) eingehalten werden, damit der Roboter einen Menschen nicht verletzt. Dies stellt Anforderungen an die Sensorik und beweglichen Teile des Roboters. Der Roboter muss die Kollision erkennen und dann sehr schnell seine Bewegung stoppen. Hier sind nachgiebige Roboter von Vorteil, die bei einer Kollision zurückfedern (Albu-Schäffer 2019). Besser wäre es, die Kollision komplett auszuschließen. Dies wird nur dort nicht möglich sein, wo der Mensch den Roboter im Arbeitsprozess berühren muss. Dies dürfte aber selten der Fall sein. Ist die Berührung nicht erforderlich, dann ist zu fordern, dass die Kollision mit einer Raum- und Abstandsüberwachung verhindert wird. Mit einer Regulierung der Geschwindigkeit in Abhängigkeit der Nähe zum Menschen lässt sich die Sicherheit des Roboters erhöhen (Lasota et al. 2014). Aber auch so lässt sich das Risiko von Kollisionen nicht völlig ausschließen, weil die Überwachung die Werkzeuge des Roboters und die Werkstücke nicht umfasst.
- **Berücksichtigung vorhersehbarer Situationen**: Bei der Gestaltung des Arbeitssystems muss das vorhersehbare Verhalten des Beschäftigten mitbedacht werden. Dies ist auch deshalb erforderlich, weil eine Kollision unterschiedliche Folgen haben kann, je nachdem, welcher Körperteil betroffen ist. So sollte ausgeschlossen sein, dass Kopf oder Hals des Beschäftigten vom Roboterarm, Werkstück oder Werkzeug des Roboters getroffen werden. Es sollte auch ausgeschlossen werden, dass der Beschäftigte vom Roboter eingeklemmt wird. Die DGUV beschreibt eine Reihe vorhersehbarer Situationen: manuelles Eingreifen oder Hineinbeugen in den Arbeitsprozess, Eingriff bei Störungen, herabfallende Teile aufheben, Anstoßen von Roboterarm, Werkzeug und Werkstück an den Körper (DGUV 2017).

- **Vorhersehbarkeit der Roboterbewegungen**: Um Kollisionen zu vermeiden und Beschäftigte davon zu entlasten, permanent und mit viel Konzentration und Denkarbeit den Roboter zu beobachten, muss eine Arbeitskraft abschätzen können, welche Bewegung der Roboter ausführen wird. Studien zeigten, dass dies leichter möglich ist, wenn der Roboter sich ähnlich wie ein Mensch bewegt, also etwas kurvenförmig und verbunden mit einer Beschleunigungs- und einer Abbremsphase (Kuz et al. 2014). Die linearen, abrupt beginnenden und endenden Bewegungen eines Industrieroboters sind für die Vorhersage ungeeignet. Der Roboter darf zudem keine überraschenden Bewegungen ausführen, also auch keine nicht erklärbaren Änderungen in der Reihenfolge der Montage vornehmen. Es muss für den Beschäftigten darüber hinaus auch klar erkennbar sein, an welcher Stelle und zu welchem Zeitpunkt Mensch und Roboter nicht nur nebeneinander, sondern gemeinsam arbeiten. Dass die Bewegungen des Roboters für den Menschen transparent und nachvollziehbar sind, ist eine Anforderung, die umso bedeutender wird, je autonomer Roboter handeln können (Wischniewski et al. 2019, S. 5).
- **Adaptivität**: Der Roboter sollte im Ablauf seiner Bewegungen an die Körpermaße des Menschen angepasst werden können. Es ist sehr wichtig, dass dies einfach vorgenommen werden kann: Ist die Handhabung zu kompliziert, das zeigt die Praxis in Betrieben, dann wird die Anpassung unterlassen. Ein Beispiel: Wechseln sich an einem Arbeitsplatz kleine und große Beschäftigte ab, dann müssen diese eigenständig und ohne weitere Hilfen in der Lage sein, mit geringem Aufwand die Anpassungen vorzunehmen. Es wäre auch von Vorteil, wenn der Roboter ermöglichte, die Arbeit im übergangslosen Wechsel mal im Stehen und mal im Sitzen zu erledigen.

In meinen Ausführungen habe ich nicht alle ergonomischen Anforderungen behandelt, die bei der Arbeit mit Arbeitsmitteln zu beachten sind. Ich habe mich auf ergonomische Kriterien konzentriert, die vor allem im Zusammenhang mit MRK von Bedeutung sind. Darüber hinaus gibt es weitere ergonomische Richtlinien, die allgemein gelten, und deshalb ebenfalls beim Einsatz der Mensch-Roboter-Kollaboration zu berücksichtigen sind. Sie betreffen unter anderem weitere verwendete Arbeitsmittel, Abmessungen des Arbeitsplatzes und Regeln zur Lastenhandhabung.

10.3.4 Psychische Arbeitssystemgestaltung

Vor allem in seiner psychischen Wirkung unterscheidet sich der kollaborierende Roboter von bekannten Arbeitsmitteln. Da er autonom handelt, werden ihm menschenähnliche Eigenschaften zugeschrieben. Diese Wahrnehmung wird gestärkt, da Roboter oft menschenähnlich konstruiert und designt werden. Er soll so beim Menschen Vertrauen schaffen. Deshalb haben Roboter, die mit Menschen interagieren im Idealfall zwei Arme, Schultern, einen Gesichtsausdruck, und deshalb können sie auf Menschen reagieren. Selbst in der Industrie, wo Roboter kaum wie Menschen aussehen, werden ihnen Eigenschaften zugeschrieben, welche die Beschäftigten aus Filmen oder aus den Medien kennen. Man stellt sich diese Eigenschaften vor, man schreibt sie dem Roboter zu, aber es gibt sie nicht – dies zu unterscheiden ist sehr wichtig. Wichtig ist auch festzuhalten, dass diese fiktiven Zuschreibungen real wirken, denn sie prägen das Verhältnis des Beschäftigten zum Roboter. In der Wahrnehmung von Beschäftigten denkt der Roboter nach, er hat einen Willen und Absichten, er nimmt den Menschen wahr, urteilt über ihn und hat an ihn auch Erwartungen. Das ist so, weil Menschen das Bedürfnis haben, in diesem besonderen Arbeitsmittel Roboter, ein menschliches oder zumindest menschenähnliches Wesen zu erkennen.

Es ist schwer einzuschätzen, welche dieser Zuschreibungen zu psychischen Belastungen führen. Trotzdem sollte dieser „Einbildungsaspekt" bei der Gestaltung von MRK bedacht und in Konzepten der Personalentwicklung berücksichtigt werden. Insgesamt sind aus psychischer Sicht sind folgende Kriterien zu beachten:

- **Angst vor dem Roboter**: Beschäftigte könnten sich aus verschiedenen Gründen vor einem Roboter fürchten, der ihnen nahe ist. Sie könnten dabei an die Gefahr von Unfällen denken, die ja nicht ausgeschlossen sind; beispielsweise wenn der Roboter nicht stoppt, bevor er den Menschen berührt, sondern erst nach der Kollision. Angst kann auch die potenzielle Gefahr auslösen, dass der Mensch eines Tages seine Arbeit verliert, weil der Roboter sie übernimmt. Es kann sein, dass deshalb die Angst vor dem Roboter grundsätzlich größer ist als vor den bisher bekannten Arbeitsmitteln. Beschäftigte werden dem Roboter kaum eine böse Absicht unterstellen, jedoch eventuell an der Sicherheitstechnik zweifeln oder von der überlegenen Leistungsfähigkeit der Maschine beeindruckt sein.
- **Beanspruchte Aufmerksamkeit**: Beschäftigte werden den Roboter im Arbeitsprozess ständig beobachten: etwa, weil sie Kollisionen vermeiden wollen, auch weil sie wissen wollen, welchen Arbeitsschritt der Roboter gerade ausführt. Sie werden auch ihre Handlungen mit denen des Roboters abgleichen. Dies alles fordert Aufmerksamkeit und Konzentration und kann psychisch erheblich ermüden. Der Aufwand an Aufmerksamkeit kann verringert werden, wenn der Roboter mit einer Abstands- und Geschwindigkeitsüberwachung ausgestattet ist. Dann muss der Mensch den Roboter nicht immer genau im Blick behalten.
- **Vermuteter Eigensinn der Technik**: Je mehr der Roboter als ein menschenähnlicher Akteur wahrgenommen wird, desto drängender werden sich Beschäftigte solche Fragen stellen: Was hat der Roboter vor? Was will er mir mitteilen? Was denkt er über mich? Für den eigentlichen Arbeitsschutz ist dieser Sachverhalt vermutlich von geringer Bedeutung, aber er muss bei der Qualifizierung berücksichtigt werden. Problematisch wird es, wenn die Beschäftigten den Roboter als Antreiber wahrnehmen oder als einen Akteur, der besser und schneller arbeitet als sie und der diese Überlegenheit dem Menschen mit seinem Handeln auch noch permanent demonstriert.
- **Vertrauen**: Eng mit dem letzten Punkt ist das Vertrauen in die Technik verbunden. Vertrauen ist positiv, weil es Stress reduziert und Akzeptanz erhöht. Vertrauen kann aber

auch Nachteile haben, wenn dadurch die Wachsamkeit sinkt und Gefahren aus dem Blick geraten. Sobald Menschen sich mental ein Bild konstruiert haben, in dem Technik fehlerlos ist und darüber hinaus sogar Fehler verhindert, dann steigen die Sicherheitsrisiken (Carr 2014). Wir haben es dann mit dem Gegenteil von Roboterangst zu tun. Vermutet wird: Der Roboter wird aufpassen, er wird es schon richten, er wird eigenständig Gefahren erkennen und den Menschen schützen. Die mit diesem überbordenden Vertrauen in die Technik entstehenden Risiken sind bei der MRK sicher nicht so hoch wie beim autonomen Fahren und bei großtechnischen Systemen. Aber sie sollten bedacht werden.

- **Einfluss auf Lernmöglichkeiten**: Ob die Arbeit Anforderungen an Denken und Lernen stellt, und wenn ja, welche, das ist ein wichtiges Kriterium der psychischen Arbeitsgestaltung. Arbeit soll Lernen und persönliche Weiterentwicklung ermöglichen und auf keinen Fall zum Verlust von Kompetenzen und der Fähigkeit beitragen, Probleme zu lösen. Deshalb ist besonders bedeutsam, wie der Einsatz der Roboter die Arbeit aus Sicht des Menschen strukturiert. Es wird häufig davon gesprochen, der Roboter übernehme die langweiligen und geistig wenig fordernden Tätigkeiten. Ob das auch so praktiziert wird, ist eine ganz andere Frage. In diesem Aspekt steckt jedoch ein wichtiges Kriterium, anhand dessen die Qualität der MRK beurteilt werden kann.
- **Natürlichkeit der Dialoggestaltung**: Wenn Menschen mit dem Roboter kommunizieren sollen, stellt sich die Frage nach der Qualität der Gestaltung: Wie einfach und wie selbstverständlich ist für den Menschen der Dialog mit dem Roboter? Gibt es dafür eine Auswahl an Medien? Ist der Dialog individuell gestaltbar? Werden Fehler vermieden, sind sie leicht korrigierbar? Diese Fragen werden in Normen zur Dialoggestaltung (DIN EN ISO 9241-110 2018) geregelt. Ihre Umsetzung in der Praxis ist dringend anzuraten, da sich auf diese Weise sehr viel an Technikstress vermeiden lässt.
- **Soziale Isolierung**: Wenn Tätigkeiten mit Hilfe von Robotern automatisiert werden, können deshalb Beschäftigte sozial isoliert werden, da sie nicht länger mit Kolleginnen und Kollegen zusammenarbeiten. Ihre Kommunikation wird erheblich reduziert. In diesem Fall ist es aus gewerkschaftlicher Sicht erforderlich, den Beschäftigten andere Möglichkeiten für den Austausch zu schaffen: mit einem zeitweiligen Wechsel auf Arbeitsplätze, die mehr Kommunikation erlauben oder mit der Teilnahme an Projekten und Besprechungen.

10.4 Verantwortliche Gestaltung von MRK-Systemen

In Deutschland wird seit langer Zeit über Anforderungen an die Gestaltung von Technik diskutiert: meist jedoch mit Blick auf potenziell riskante Großtechnik, bevorzugt im Bereich der Energieversorgung, Chemie und Gentechnik. Im Mittelpunkt steht dabei die Technikakzeptanz. Studien (Renn 2005) zeigen: In Deutschland gibt es keine generelle Technikfeindlichkeit. Technik gilt aber als ambivalent: Sie trage zum gesellschaftlichen Fortschritt bei, sei aber zugleich geeignet, nachteilig in die Lebensgestaltung einzugreifen und Wohlbefinden und Gesundheit zu gefährden. Wer diese Ambivalenz auflösen wolle, müsse sich weniger auf entsprechende Ziele der Technikentwicklung konzentrieren, sondern auf „Gestaltungsbedingungen des sozialen Wandels" (Renn 2005, S. 30). Der soziale Wandel müsse die Sorge entkräften, dass Technik nur wenigen einen ökonomischen Vorteil verschaffe und vielen anderen sogar Gefahren bringe. Technik soll nicht nur wirtschaftlichen Nutzen erzielen, sondern vielmehr auch das Leben bereichern. In diesem Sinne müsse der Entwicklung und Anwendung von Technik Legitimität verliehen werden.

Erkenntnisse, die im Rahmen der Technikfolgenabschätzung gewonnen werden, sind auch bei der Gestaltung von MRK nützlich. Auch hier gilt: Menschen sollten Technik akzeptieren, also bereit sein, mit ihr zu arbeiten. Dafür ist Voraussetzung, dass Technik rational und auch im Sinne der Gesellschaft gestaltet wird.

Das Gegenteil wäre eine emotional motivierte Gestaltung, in der sich Ängste oder überzogene Erwartungen ungeprüft durchsetzen. Das Ergebnis wären Investitionen, die sich nicht lohnen oder nachträglich übermäßig hohe soziale und ökonomische Kosten verursachen. Aber: Rationale Technikgestaltung heißt nicht, dass Gefühle keine Rolle spielen. Erwartungen, Wünsche und Ängste sind jedoch zu prüfen: Sind sie berechtigt? Was kann erfüllt, was muss berücksichtigt werden? Wie kann mit Gefühlen produktiv umgegangen werden?

Rationalität hat bei Technikgestaltung eine gesamtgesellschaftliche Dimension. Damit soll ausgeschlossen werden, dass sich Interessengruppen Vorteile zu Lasten anderer verschaffen. Rationale Technikgestaltung hat hingegen die Vorteile für die ganze Gesellschaft im Blick. Deshalb hat das bessere Argument zu gelten, und die Verhandlungen über die konkrete Gestaltung haben auf Fakten und begründeten Einschätzungen zu ruhen. Technikgestaltung ist deshalb per se gesellschaftlich, weil nicht Experten oder Entscheider allein die Technikentwicklung bestimmen sollen, sondern gleichermaßen auch diejenigen, die von der jeweiligen Technik betroffen sind und mit ihr arbeiten. Diese breite Beteiligung trägt wesentlich auch zur Rationalität bei. Denn Technikeinsatz ist nur dann rational, wenn die zugrunde liegende Entscheidung grundsätzlich von jedem nachvollzogen werden kann (Grunwald 2008, S. 66). Darüber hinaus kann gesellschaftliche Technikgestaltung nach Grunwald (2008, S. 67–73) nur dann als rational gelten, wenn sie relational, reflexiv und prozedural erfolgt:

- **Relationale Technikgestaltung** verlangt den Bezug auf Werte und gesellschaftliche Verhältnisse. Ob eine Entscheidung rational ist, lässt sich nur relational beurteilen, also gemessen anhand eingeübter Beurteilungskriterien, die für alle Gültigkeit besitzen müssen. Darüber hinaus ist zu bedenken, wer von der Technik betroffen sein wird und wessen Interessen berührt sein werden.
- **Reflexive Technikgestaltung** erfordert, die Annahmen und Werte offen zu legen, die einer beabsichtigten Technikanwendung zugrunde liegen. Notwendig ist auch die Bereitschaft, zu überprüfen oder überprüfen zu lassen, ob Versprechungen der Realität standhalten werden. Dies setzt „eine Disposition der Selbstkritik" voraus (Grunwald 2008, S. 70), ohne die die Glaubwürdigkeit bei künftigen Debatten gemindert wäre.

- **Prozedurale Technikgestaltung** erfordert eine „Disposition des Lernens", auf der Grundlage von Flexibilität. Dies gilt für die Prozesse der Meinungsbildung und Entscheidung. Dem offenen Diskurs aller Betroffenen folgen die gemeinsame Reflexion und gemeinsame Entscheidung. Erst in der Phase der Technikgestaltung selbst, kann beurteilt werden, ob sie als rational anzusehen ist. Hierbei gibt es eine Besonderheit: Da nicht alle Folgen und Bedingungen vorhersehbar sind, müssen Korrekturen an Planung oder an bereits realisierten Lösungen möglich sein. Die Voraussetzung dafür: Die Korrekturen erscheinen auf der Grundlage von neuem Wissen als notwendig, was wiederum voraussetzt, dass die Folgen von bereits realisierter Technik ständig überprüft werden.

Bei dem zuletzt Dargelegten handelt es sich um allgemeine und weitgehend anerkannte Anforderungen an die Gestaltung von Technik. Was heißt das nun konkret für die Gestaltung von MRK? Hier muss diese Besonderheit beachtet werden: Es wird nicht Technik allein gestaltet, sondern Technik als Bestandteil von Arbeitssystemen, also ein komplexes Zusammenspiel von Technik, Organisation und Arbeitskräften. So müssen bei der Gestaltung auch alle diese Dimensionen beachtet werden und deren Wechselwirkungen. Es kommt also in der betrieblichen Praxis auf diese drei Schnittstellen an: Technik-Personal, Technik-Organisation, Organisation-Personal.

10.4.1 Relationale Gestaltung von MRK-Systemen

Ob bewusst oder unbewusst: Wer MRK gestaltet, folgt Leitbildern. In der Regel entwickeln Unternehmen detaillierte technische und wirtschaftliche Leitbilder. Explizit formuliert werden vor allem Erwartungen an die Wirtschaftlichkeit von Investitionen. Leitbilder zur Arbeit von Menschen fehlen meist oder sie bleiben implizit, müssen in Gänze also erst aktiv von den Stakeholdern erschlossen werden. Welche Folgen die Produktions- und Technikgestaltung für die Beschäftigten hat, das wird in den üblichen Planungsroutinen kaum mitbedacht, diese Folgen kommen bestenfalls als mehr oder weniger zufälliges Nebenresultat einer technischen Planung zur Sprache. Wollte Technikgestaltung bewusst die Perspektive des Beschäftigten berücksichtigen, dann müsste sie sich zunächst einmal an den gesellschaftlich anerkannten Werten der Arbeitsgestaltung orientieren. So benötigt derjenige, der im Betrieb eine MRK gestalten will, zuallererst einen Überblick über Schutzziele des Arbeitsschutzrechtes und über arbeitswissenschaftliche Gestaltungsziele. Von besonderer Bedeutung sind in diesem Zusammenhang spezielle Normen für die MRK und Empfehlungen der DGUV (DGUV 2017).

Die Vorgabe der relationalen Gestaltung verlangt von den betrieblichen Gestaltern das Klären der Frage, in welchem Werterahmen sie sich bewegen. Sie müssen auch sondieren, wer in welcher Form von der Technikanwendung betroffen sein wird und welche Interessen diese Personen verfolgen. Eine gute relationale Gestaltung ist also an ihren Antworten auf diese Fragen zu erkennen: Welche gesellschaftlichen Werte und Normen sind relevant für das Vorhaben? Und wer ist in welcher Weise von der Technik betroffen?

10.4.2 Reflexive Gestaltung von MRK-Systemen

Erst auf der Grundlage einer relationalen ist auch eine reflexive Technikgestaltung möglich. Denn wer Technik gestaltet, muss zuerst offenlegen, welchen Werten er sich verpflichtet fühlt und welche Ziele er mit der Technik erreichen will. Reflexive Gestaltung erfordert danach Bekenntnisse zu bestimmten Werten und zu Zielen, deren Sinn es ist, die Arbeit menschlich zu gestalten. Das alles muss auch darlegen, wer MRK-Systeme gestalten will. Das schließt die Fragen ein, die ich im ersten Abschnitt zur Folgenabschätzung erörtert hatte: Welche Aufgaben erledigt der Mensch, welche fallen weg, welche kommen neu hinzu? Mit welchen Sicherheitseinrichtungen werden die kollaborativen Roboter ausgestattet? Sind die Roboter an den Menschen anpassbar? Gelingt eine komplementäre Arbeitsgestaltung mit Menschen und Robotern als Team?

Bei dem Kriterium der reflexiven Gestaltung wird erörtert, wie sehr die Gestalter mit ihrer Arbeit sich den anerkannten Werten nähern können: Wird die Arbeit monotoner, wird sie belastender? Worin besteht die beste Synergie, wie können sich Roboter und Mensch am wirksamsten ergänzen (Weber und Stowasser 2018, S. 232)?

Die reflexive Gestaltung braucht als Grundlagen die Auswertung arbeitswissenschaftlicher Erkenntnisse und eine Recherche über den jeweiligen Stand der Technik. Ihre Qualität ist daran zu erkennen, ob es gelungen ist, Leitbilder zu formulieren, an denen sich Planung und Umsetzung konkret orientieren können; die Leitbilder müssen sich auf die anerkannten Werte beziehen.

10.4.3 Prozedurale Gestaltung von MRK-Systemen

Es ist davon auszugehen, dass Planungsexperten nicht alleine, sondern gemeinsam mit den Betroffenen gestalten. Das Arbeitssystem wird also zusammen mit den Beschäftigten geplant. Für diese Planung müssen alle Akteure offenlegen, welche Ziele sie mit dem Vorhaben verfolgen und welche Interessen berücksichtigt werden sollten. Das käme der Abkehr von dem üblichen Vorgehen gleich, bei dem Beschäftigte nur partiell beteiligt werden, nämlich nur dann, wenn die Planung das Fachwissen der Beschäftigten benötigt.

Bevor der Gestaltungsprozess beginnt, werden die Arbeitsabläufe mit der Fragestellung untersucht, wo ein Robotereinsatz ergonomisch sinnvoll ist. Zu beachten ist: In der prozeduralen Gestaltung geht es um mehr als nur um das Ausschöpfen von Rationalisierungspotenzialen. So wird gezielt auch nach ergonomisch kritischen Arbeitsplätzen und Arbeitsaufgaben gesucht. Erst auf Grundlage dieser Analyse sollte begonnen werden, den Einsatz der Roboter konkret zu planen.

Bestehen auf Seiten der Beschäftigten Ängste, könnten sie spielerisch an den Roboter herangeführt werden. In Lerninseln und Projekten kann ausprobiert werden, was ein Roboter kann, oder was geschieht, wenn Roboter mit einem Menschen zusammenstoßen. Eine spielerische Herangehensweise kann auch für Technikgestalter gewinnbringend sein. Sie könnten erproben, wie Menschen in technische Abläufe eingreifen können. Möglich sind Interaktionen auf der Grundlage von Sprache, Gestik, Tastsinn, Mimik oder Blicken. Experimentell könnte herausgefunden werden, welche Formen der Interaktion die größere Effizienz, Flexibilität, die wenigsten Fehler, die größere Genauigkeit der Eingabe oder die schnellste und sicherste Rückmeldung ermöglichen. Nach Wischniewski et al. (2019) sind die Interaktionsformen, die den Beschäftigten natürlich erscheinen, die wirksamsten.

Forschungsprojekte belegen, dass unter Beschäftigten Vorurteile gegen neue Techniken verbreitet sind (Funk et al. 2019). Deshalb sind Maßnahmen erforderlich, um Akzeptanz und Vertrauen herzustellen. Eine aktuelle Studie belegt, dass Beschäftigte, die umfassend beteiligt werden, nicht nur Vertrauen in die Technik entwickeln, sie nehmen sie anschließend sogar „als Verbesserung und Fortschritt wahr" (Funk et al. 2019, S. 3). Diese Studie widerlegt auch die weitverbreitete Ansicht, vor allem ältere Beschäftigte scheuten neue Techniken. Davon könne keine Rede sein, so ihr Befund.

Auch Unterweisungen und Qualifizierung sind geeignete Mittel, um den Umstieg auf neue Technik zu erleichtern. Die Vermittlung von Kompetenz im Umgang mit neuer Technik ist zudem ein geeignetes Mittel, um Technikstress zu vermindern (Gimpel et al. 2018). Beschäftigte sollten zudem lernen, Gefährdungen zu erkennen und diese richtig einzuschätzen. In der Weiterbildung sollte auch der vermutete Eigensinn der Technik Thema werden.

Zur prozeduralen Gestaltung zählt auch die Evaluation der Umsetzungsschritte. Hier geht es um diese Aspekte: wahrgenommene Nützlichkeit und Bedienungsfreundlichkeit, Kommunikations- und Lernmöglichkeiten, ergonomische Sicherheit.

Eine gute prozedurale Gestaltung ist daran zu erkennen, ob Betriebe in der Lage sind, sich auf der Grundlage diskursiver und partizipativer Verfahren Regeln für die Gestaltung von Technik und soziotechnischen Systemen zu geben. Können sie das, dann sind sie auch fähig, aus Erfahrungen zu lernen und diese Erfahrungen zu nutzen, um künftige Projekte besser zu steuern.

10.5 Zusammenfassung und Ausblick

Der Beitrag hat sich mit Kriterien für eine menschengerechte Gestaltung der Mensch-Roboter-Kollaboration befasst und darüber hinaus Möglichkeiten einer verantwortlichen Gestaltung dieser neuen Arbeitsform erörtert. Die Gestaltung einer MRK sollte relational, reflexiv und prozedural erfolgen. In dem Beitrag wurden neben der Akzeptanz der Zusammenarbeit mit einem Roboter und der Gestaltung von Mensch und Technik als Team auch ergonomische und psychische Kriterien behandelt, die im Zusammenhang mit einer Folgenabschätzung verwendet werden sollten. Diese Kriterien gilt es in einem nächsten

Schritt in die Systematik einer Gefährdungsbeurteilung für die Mensch-Roboter-Kollaboration zu integrieren.

Literatur

Albu-Schäffer, A. (2019). Von drehmomentgeregelten Roboterarmen zum intrinsisch nachgiebigen humanoiden Roboter. In C. Woopen & M. Janners (Hrsg.), *Roboter in der Gesellschaft. Technische Möglichkeiten und menschliche Verantwortung* (S. 1–14). Berlin: Springer.

Bröhl, C., Nelles, J., Brandl, C., Mertens, A., & Schlick, C. (2017). Entwicklung und Analyse eines Akzeptanzmodells für die Mensch-Roboter-Kooperation in der Industrie. In Gesellschaft für Arbeitswissenschaft e. V (Hrsg.), *Frühjahrskongress 2017 in Brügg: Soziotechnische Gestaltung des digitalen Wandels – kreativ, innovativ, sinnhaft – Beitrag F 2.1*. Dortmund: GfA-Press.

Carr, N. (2014). Die Herrschaft der Maschinen. *Blätter für deutsche und internationale Politik, 2*, 45–55.

Dachwitz, J. (2017). Zukunftsorientierte Arbeitsplatzgestaltung unter Anwendung der Mensch-Roboter-Kooperation – Ergebnisse einer qualitativen Studie. In Gesellschaft für Arbeitswissenschaft e. V (Hrsg.), *Frühjahrskongress 2017 in Brügg: Soziotechnische Gestaltung des digitalen Wandels – kreativ, innovativ, sinnhaft – Beitrag F 2.2*. Dortmund: GfA-Press.

DGUV-Information. (2017). *Kollaborierende Robotersysteme. Planung von Anlagen mit der Funktion „Leistungs- und Kraftbegrenzung"*. Dortmund: GfA-Press.

DIN EN ISO 9241-110. (2018). *Ergonomie der Mensch-System-Interaktion. Teil 11: Gebrauchstauglichkeit: Begriffe und Konzepte Deutsche Fassung: EN ISO 9241-11:2018*. Berlin: Beuth.

EN ISO 10218-1:2011. *„Industrieroboter – Sicherheitsanforderungen" Teil 1: Roboter*. Dortmund: GfA-Press.

Faber, M., Kuz, S., Mertens, A., & Schlick, C. (2016). Anforderungen an einen sicheren und ergonomischen Arbeitsplatz für die Mensch-Roboter-Kooperation. In GfA (Hrsg.), *Arbeit in komplexen Systemen. Digital, vernetzt, human?! – Beitrag A 5.1 der Frühjahrskonferenz der GfA*. Dortmund: GfA-Press.

Funk, M., Tegtmeier, P., Waßmann, M., & Wischniewski, S. (2019). Menschzentrierte Einführung digitaler Arbeitsmittel – Erwartungen und Rahmenbedingungen. In GfA (Hrsg.), *Frühjahrskongress 2019, Dresden. Arbeit interdisziplinär analysieren – bewerten – gestalten*. Beitrag: C.10.10. Dortmund: GfA-Press.

Gerst, D. (2016). Roboter erobern die Arbeitswelt. Betrachtungen aus der Sicht des Gesundheitsschutzes. In L. Schröder & H.-J. Urban (Hrsg.), *Gute Arbeit. Digitale Arbeitswelt – Trends und Anforderungen*. Frankfurt: VSA.

Gimpel, H., Lanzl, J., Manner-Romberg, T., & Nüske, N. (2018). Digitaler Stress in Deutschland. Eine Befragung von Erwerbstätigen zu Belastung und Beanspruchung durch Arbeit mit digitalen Technologien. HBS. Working Paper Forschungsförderung Nr. 101.

Grote, G., Wäfler, T., Ryser, C., Weik, S., Zölch, M.-t., & Windischer, A. (1999). *Wie sich Mensch und Technik sinnvoll ergänzen. Die Analyse automatisierter Produktionssysteme mit KOMPASS*. Zürich: vdf Hochschulverlag der ETH.

Grunwald, A. (2008). *Technik und Politikberatung. Philosophische Perspektiven*. Frankfurt a. M.: Suhrkamp.

Kuz, S., Faber, M., Bützler, J., Mayer, M. P., & Schlick, C. M. (2014). Anthropomorphic design of human-robot-interaction in assembly cells. In S. Trzcielinski & W. Karwowski (Hrsg.), *Advances in the ergonomics in manufacturing: Managing the enterprise of the future, AHFE conference*, Krakau, Polen (S. 265–271).

Lasota, P. A., Rossano, G. F., & Sha, J. A. (2014). Toward safe close-proximity human-robot-interaction with standard industrial robots. In *IEEE international conference on automation science and engineering (CASE)* (S. 339–344). Taipei.

Luczak, H., & Volpert, W. (1987). *Arbeitswissenschaft: Kerndefinition – Gegenstandskatalog – Forschungsgebiete*. Eschborn: Rationalisierungs-Kuratorium der Deutschen Wirtschaft.

Renn, O. (2005). Technikakzeptanz: Lehren und Rückschlüsse der Akzeptanzforschung für die Bewältigung des technischen Wandels. *Technikfolgenabschätzung – Theorie und Praxis, 14*(3), 29–38.

Schmidt, A., & Herrmann, T. (2017). User interfaces: A new interaction paradigm for automated systems. *Interactions, 25/5*, 41–46.

Shen, Y., & Reinhart, G. (2013). Safe Assembly Motion – A novel approach for applying human-robot-cooperation in hybrid assembly systems. In *IEEE International conference on mechatronics and automation (ICMA)*, Takamatsu, Japan (S. 7–12).

Virilio, P. (2009). *Der eigentliche Unfall*. Wien: Passagen.

Weber, M.-A., & Stowasser, S. (2018). Ergonomische Arbeitsplatzgestaltung unter Einsatz kollabierender Robotersysteme: Eine praxisorientierte Einführung. *Z.Arb.Wiss, 72*, 220–238.

Wischniewski, S., Rosen, P., & Kirchhoff, B. (2019). Stand der Technik und zukünftige Entwicklungen der Mensch-Technik-Interaktion. In GfA (Hrsg.), *Frühjahrskongress 2019, Dresden. Arbeit interdisziplinär analysieren – bewerten – gestalten*. Beitrag: C.10.11. Dortmund: GfA-Press.

Detlef Gerst arbeitete nach dem Studium der Sozialwirtschaft von 1993 bis 2005 am Soziologischen Forschungsinstitut an der Universität Göttingen (SOFI e. V.). Dort hat er zahlreiche Forschungsprojekte zur Flexibilisierung und Rationalisierung von Arbeit sowie zur Gestaltung wandlungsfähiger Produktionen durchgeführt. 2005 wechselte er als Leiter der Forschungsgruppe Arbeitswissenschaft in das Institut für Fabrikanlagen und Logistik (IFA) an der Universität Hannover. Seit dem Jahr 2008 ist er Referent beim Vorstand der IG Metall in Frankfurt am Main. Er leitet heute das „Ressort Zukunft der Arbeit" und befasst sich mit der Gestaltung von Produktionssystemen, Agilen Unternehmen sowie der Digitalisierung von Arbeit.

11 Teammitglied oder Werkzeug – Der Einfluss anthropomorpher Gestaltung in der Mensch-Roboter-Interaktion

Eileen Roesler und Linda Onnasch

Zusammenfassung

Die direkte Zusammenarbeit von Robotern und Menschen gewinnt in privaten, kommerziellen und industriellen Lebensbereichen stetig an Bedeutung. Dabei findet diese Form der Interaktion kooperativ oder kollaborativ unter gemeinsamer Zielsetzung in unmittelbarer räumlicher und zeitlicher Nähe statt. Eine Möglichkeit, die Zusammenarbeit intuitiver und effektiver zu gestalten, bietet die Anwendung anthropomorpher Merkmale auf das Design des Roboters. Doch auch wenn eine anthropomorphe Gestaltung, im Sinne von Form, Kommunikation, Bewegung und Kontext, die Akzeptanz und Koordination fördern kann, bilden sich im Zuge von vermenschlichten Interaktionen neue Herausforderungen. Neben dem Phänomen des „Uncanny Valleys" und der Problematik des erwartungskonformen Designs, erzeugt vor allem das Spannungsfeld zwischen Funktionalität und Anthropomorphismus eine zentrale Problematik. Dabei zeigt sich in der differenzierten Analyse, dass letztendlich der Kontext der Interaktion entscheidet, inwieweit Anthropomorphismus eingesetzt werden kann, ohne dabei die Zweckgebundenheit des Roboters zu konterkarieren.

E. Roesler
Technische Universität Berlin, Berlin, Deutschland
E-Mail: eileen.roesler@tu-berlin.de

L. Onnasch (✉)
Humboldt-Universität zu Berlin, Berlin, Deutschland
E-Mail: linda.onnasch@hu-berlin.de

11.1 Wie verändern Roboter unsere Arbeits- und Lebenswelt?

Der Wunsch, menschenähnliche Maschinen zu bauen, die schwere Arbeiten übernehmen, ist sehr alt. In historischen Quellen wird die Idee der sogenannten „Maschinenmenschen" schon früh in Form von technisch komplexen Automaten thematisiert. So beschäftigte Leonardo da Vinci sich beispielsweise bereits 1495 mit dem Entwurf einer mechanischen Maschine mit menschenähnlichem Verhalten (Rosheim 2006). Allerdings waren Fiktion und technische Realität noch weit voneinander entfernt.

Der Begriff Roboter selbst hat seine Wurzeln in Geschichten und Erzählungen aus dem Science-Fiction Bereich. In dem Theaterstück „Rossum's Universal Robots" des tschechischen Schriftstellers Karel Capek von 1921 tauchten Roboter (aus dem tschechischen von *robota* = „arbeiten") zum ersten Mal auf und stellen die Metapher für künstlich geschaffene menschenähnliche Maschinen dar, die Fronarbeiten für den Menschen ausführen.

Doch auch wenn die erste Assoziation, die der Begriff Roboter hervorruft, eine humanoide Maschine ist, wird die aktuelle Arbeitswelt noch von Industrierobotern dominiert. Bereits im Jahr 2017 wurde mit einer durchschnittlichen Roboterdichte von 74 Einheiten pro 10.000 Mitarbeitenden ein neuer Rekord in der Fertigungsindustrie erreicht – Tendenz steigend, mit einem durchschnittlichen Anstieg von circa 14 % jährlich bis 2021 (IFR 2018). Die meisten dieser Industrieroboter sind Roboterarme, die räumlich von Menschen getrennt am Fließband Bauteile montieren. Doch dieses Bild des traditionellen Industrieroboters, wenn auch in hohen und steigenden Zahlen vorhanden, muss durch eine Vielzahl von Robotern ergänzt werden, die unmittelbar mit Menschen interagieren, im industriellen Bereich z. B. durch sogenannte Cobots (Collaborative Robots). Neben der Erweiterung der Anwendungsszenarien im industriellen Kontext etablieren sich darüber hinaus stetig neue Einsatzgebiete im Service- und Edutainmentbereich. Roboter können in öffentlichen Einrichtungen und privaten Haushalten beispielsweise Transport- oder Reinigungsaufgaben durchführen (Ozkil et al. 2009; Forlizzi und DiSalvo 2006), die Lebensqualität älterer Personen fördern (Broekens et al. 2009; Kachouie et al. 2014) oder Kinder beim Spracherwerb unterstützen (Kanero et al. 2018; Mubin et al. 2013). Trotz der Komplexität und Vielfältigkeit der Anwendungsbereiche bildet die Zusammenarbeit ein zentrales Konzept der neuen Robotergenerationen. Die Zusammenarbeit ermöglicht es Robotern kontinuierlich Bereiche zu erobern, die zuvor der Mensch-Mensch-Interaktion vorbehalten waren. Allerdings entstehen durch die direkte räumliche und zeitliche Nähe auch neue Anforderungen bei der Gestaltung von interaktionsfähigen Robotern.

11.2 Was zeichnet die Zusammenarbeit von Menschen und Robotern aus?

Im Science-Fiction Bereich spielen Roboter von jeher eine zentrale Rolle und bereits in den ersten Werken von Asimov wurde die Idee einer direkten Zusammenarbeit zwischen Mensch und Roboter postuliert (Asimov 1983). Diese Vorstellung blieb lange Fiktion, denn die ersten Roboter arbeiteten isoliert hinter Schutzzäunen und stellten eine Gefahr für den Menschen dar. Doch der technologische Fortschritt führte dazu, dass in den 1980ern und 1990ern mehr als 200 neue Roboter-Prototypen entwickelt wurden, die außerhalb der industriellen Umgebung eingesetzt werden sollten (z. B. im Gesundheitswesen). Dieser Durchbruch wurde zudem dadurch forciert, dass Mitte der 1980er der Forschungsbereich verhaltensbasierter Robotik entstand. Damit wurden komplexere Reiz-Reaktionsmodelle entwickelt, welche die zuvor sehr starren vorprogrammierten Handlungen von Robotern ablösten. Diese neue Robotergeneration konnte in verschiedensten Bereichen eingesetzt werden und bezog erstmals auch die direkte Zusammenarbeit mit dem Menschen ein (Goodrich und Schultz 2007).

Die Zusammenarbeit von Menschen mit Robotern zeichnet sich meist nicht nur durch einen gemeinsamen Arbeitsraum aus, sondern häufig auch durch den direkten physischen Kontakt mit dem Roboter. Neben industriellen Cobots gibt es heutzutage im privaten und kommerziellen Bereich eine enorme Vielfalt von Robotern, die direkt mit dem Menschen interagieren. Diese unterscheiden sich gravierend, sowohl in Bezug auf ihre Morphologie, Anwendungsbereiche oder Interaktionsformen. Um also die Frage zu klären, was die Mensch-Roboter Zusammenarbeit im Kontext der MRI bedeutet, bedarf es klarer Kriterien für die Einordnung und den Vergleich unterschiedlicher MRI-Szenarien.

Die Hauptzahl der bestehenden Ansätze der MRI-Klassifikation konzentrieren sich oftmals auf Teilaspekte der Interaktion, wie den Roboter (Fong et al. 2003), die Rolle des Menschen (Scholtz 2002) oder die Interaktion selbst (Schmidtler et al. 2015). Darüber hinaus beschränkt sich die Klassifikation häufig auf spezielle Anwendungsbereiche, wie MRI mit sozialen Robotern (Bartneck und Forlizzi 2004) oder heimischen Servicerobotern (Lee et al. 2005). Eine Zusammenführung und Erweiterung dieser und weiterer bestehenden Ansätze bietet die Taxonomie von Onnasch und Roesler (eingereicht), die eine überarbeitete Version der MRI-Taxonomie von Onnasch, Maier und Jürgensohn (2016) darstellt. Dieser Klassifikationsansatz ermöglicht eine multidimensionale Einordnung des MRI-Kontextes, des Roboters und der Teamkomponenten mit vordefinierten Kategorien um eine systematische Untersuchung unterschiedlicher Interaktionen zwischen Mensch und Roboter zu realisieren (Abb. 11.1). Die Charakterisierung bestehender MRI-Szenarien erfolgt dabei top-down vom Interaktionskontext (dunkelgrau) über Eigenschaften des Roboters (mittelgrau) zu den Spezifika Teamgestaltung (hellgrau). Zusätzlich wird das Szenario durch eine kurze Illustration und Beschreibung des Roboters verdeutlicht (s. Abb. 11.1, links). Um die Frage zu beantworten, was die Zusammenarbeit von Menschen und Robotern auszeichnet, sind besonders die ausgewählten Teilaspekte Einsatzgebiet und Rolle des Menschen zu betrachten. Diese werden im Folgenden erläutert.

Das *Einsatzgebiet* des Roboters definiert bereits Voraussetzungen der jeweiligen MRI. Die Domänen sind dabei sehr vielfältig und erstrecken sich über den industriellen Kontext (z. B. Pick-&-Place-Roboterarme) bis hin zur persönlichen Unterhaltung (z. B. Spielzeugroboter). Die Bereiche unterscheiden sich deutlich im Grad der Strukturierung der Umwelt und der Nutzenden. Während die Interaktion mit einem industriellen Greifarmroboter, die Steuerung von mobilen Robotern in der Raumfahrt oder Such- und

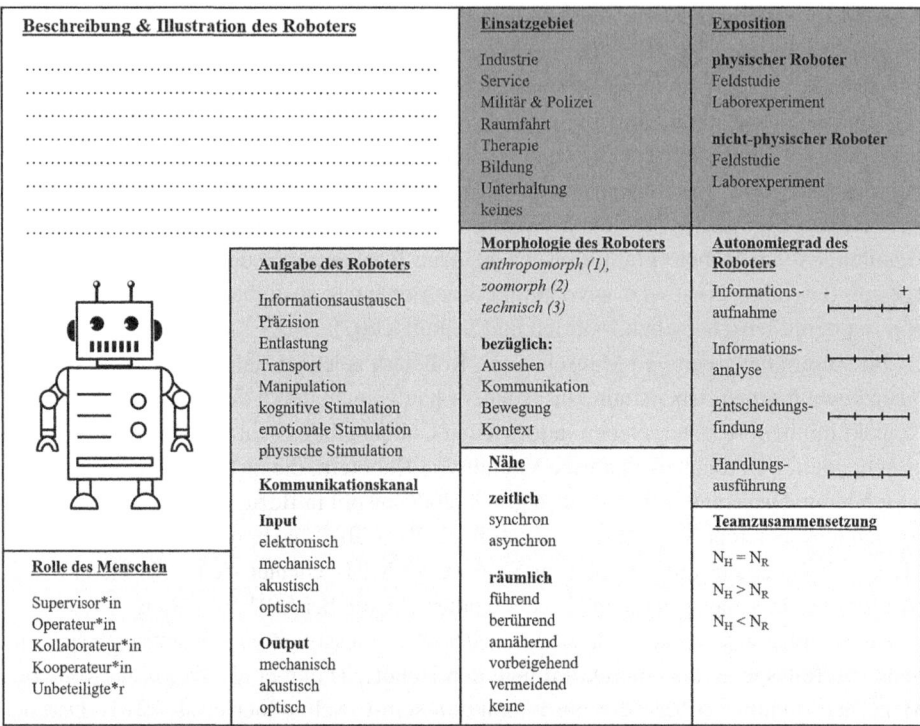

Abb. 11.1 Grafische Darstellung der HRI-Taxonomie. (Quelle: Onnasch und Roesler eingereicht)

Rettungsaktionen der Polizei mit einer homogenen und gut ausgebildeten Personengruppe stattfindet, ist die Interaktionsumgebung und Gruppe der Nutzenden in Bereichen von Service, Therapie, Bildung und Unterhaltung oftmals durch Heterogenität geprägt. Roboter, die beispielsweise den privaten Alltag erleichtern sollen, wie Rasenmäh- oder Saugroboter, bewegen sich in einer uneinheitlichen und sich verändernden Umgebung und interagieren mit Menschen, die sich stark in ihrer Soziodemografie, Technikaffinität und anderen Eigenschaften unterscheiden. Besonders im Service wie z. B. der Interaktion mit Transportrobotern in Krankenhäusern kommen zudem neben dem nutzenden Personal noch unbeteiligte Personen wie Besuchende in den Interaktionsraum des Roboters.

Die Diversität der Szenarien, mit hochgradig unterschiedlichen Robotern (in Bezug auf die Aufgabe, Morphologie und den Autonomiegrad), gehen mit verschiedenen menschlichen Interaktionsrollen einher. Die Klassifizierung der *Rolle des Menschen* orientiert sich an den Rollenbeschreibungen von Scholtz (2002), wird allerdings auf Ebene des Teampartners weiter spezifiziert auf Basis der Interaktionsformen von Schmidtler et al. (2015). Die tatsächliche Zusammenarbeit von Mensch und Roboter wird daher über die Begriffe Kooperation und Kollaboration operationalisiert. In der kooperierenden Rolle arbeitet der Mensch mit dem Roboter zusammen, um ein gemeinsames Ziel zu erreichen, indem beide Parteien nicht direkt voneinander abhängige Aufgaben bewältigen. In der Interaktion mit einem Saugroboter kann die menschliche Rolle als kooperativ eingeordnet werden, da beide das gemeinsame Ziel einer sauberen Umgebung erreichen wollen, allerdings keine unmittelbare Zusammenarbeit besteht. Der Roboter erledigt das Teilziel der tatsächlichen Ausführung des Staubsaugens, während der Mensch die Behälterentleerung übernimmt. Beide Aufgaben, Saugen und Entleeren, sind für die Zielerreichung einer sauberen Umgebung zwingend notwendig. Trotzdem können beide Aufgaben zeitlich flexibel gelöst werden. Der Roboter kann saugen, während der Mensch nicht zu Hause ist. Der Mensch kann den Roboter direkt nach dem Staubsaugen oder zeitlich versetzt entleeren. In der kollaborierenden Rolle arbeitet der Mensch hingegen mit dem Roboter mittels voneinander abhängiger Aufgaben auf ein gemeinsames Ziel hin. Im Fokus steht die Schaffung und Nutzung von Synergien, um die gemeinsame Zielstellung zu erreichen. Ein industrieller Greifarmroboter kann beispielsweise situationsangepasst ein Werkstück in die optimale Arbeitshöhe und Orientierung anheben, um den Menschen ergonomisch zu entlasten. Während dieser Zusammenarbeit nimmt die Person eine kollaborative Rolle ein, die eine gemeinsame Zielorientierung und einhergehende Koordinationserfordernisse voraussetzt. Neben diesen beiden Formen der Zusammenarbeit kann der Mensch als Supervisor∗in (Überwachung des Roboters), Operateur∗in (Steuerung und Kontrolle des Roboters) oder Unbeteiligte∗r (Vermeidung des Roboters) mit dem Roboter interagieren.

Was zeichnet also eine echte Zusammenarbeit von Mensch und Roboter aus?
Die Beschreibung der möglichen Ausprägungen der menschlichen Rolle in der MRI zeigt, dass Menschen und Roboter in allen Einsatzbereichen zusammenarbeiten können. Die Interaktion und Rolle des Menschen bei tatsächlicher Zusammenarbeit (im Gegensatz zur Steuerung oder Überwachung des Roboters) kann entweder als kooperativ oder kollaborativ charakterisiert werden. Beide Formen der Zusammenarbeit kennzeichnet eine gemeinsame Zielsetzung und Arbeit ohne Trennung durch einen Schutzzaun. Die kollaborative Arbeit definiert sich darüber hinaus über die ergänzende Nutzung der Fähigkeiten des Menschen und des Roboters, während sie gemeinsam die Teilaufgaben bewältigen.

Eine differenzierte Beschreibung der hier nicht weiter erläuterten Kategorien der Taxonomie, sowie der einzelnen Ausprägungen finden Sie in dem Artikel von Onnasch und Roesler (eingereicht).

11.3 Wie gelingt eine optimale Zusammenarbeit?

Sobald Menschen ihre Handlungen koordinieren müssen, um ein gemeinsames Ziel zu erreichen, finden perzeptiv, kognitiv und motorisch fein abgestimmte Prozesse statt, die eine reibungslose Durchführung der gemeinsamen Handlung ermöglichen (Knoblich et al. 2011). Eine der wichtigsten Voraussetzung für diese schnelle und fehlerfreie Koordination zwischen Menschen ist die Fähigkeit, die Handlungen der anderen Person zu antizipieren. Dabei gibt es drei zentrale Aspekte, die die Genauigkeit der Vorhersage beeinflussen: (1) Was für eine Handlung wird ausgeführt, (2) Wann wird diese Handlung ausgeführt und (3)

Wo wird diese Handlung ausgeführt (Sebanz und Knoblich 2009). Die Grundlage für die Feinabstimmung bildet dabei verbale und nonverbale Kommunikation (z. B. Clark 1996). Neuere Forschungsarbeiten stellen darüber hinaus das menschliche motorische System als ein zentrales Element bei der Wahrnehmung und Antizipation von Handlungen anderer in den Fokus (Rizzolatti und Craighero 2004). Sebanz und Knoblich konnten dies in einer Reihe von Studien zur Mensch-Mensch-Interaktion eindrucksvoll nachweisen (Atmaca et al. 2008; Sebanz et al. 2003, 2005). Die Studien zeigten, dass sogenannte Spiegelneuronen des Gehirns einer Person auch dann aktiv sind, wenn Handlungen nur beobachtet oder imaginiert werden. Dadurch können eigene Handlungen besser angepasst und effizienter ausgeführt werden. Auf kognitiver Ebene bedeutet dies, dass nicht nur die eigene Handlung mental repräsentiert wird, sondern auch die des Partners. Allerdings kann diese Koordination mittels Antizipation nur dann erfolgreich sein, wenn die Handlungen anderer Agenten als intentional wahrgenommen werden, nicht aber, wenn z. B. angenommen wird, dass Handlungen von einer Maschine ausgeführt werden (Sebanz und Knoblich 2009). Daher stellt sich die Frage für eine optimale Zusammenarbeit, welche Merkmale eines Roboters dessen wahrgenommene Intentionalität, also die wahrgenommene volitionale Zielgerichtetheit von Bewegungen und Aktionen, fördern.

Eine Möglichkeit, sowohl die wahrgenommene Intentionalität zu steigern als auch die Kommunikationsinstrumente der Koordination zu übertragen, bildet eine anthropomorphe Robotergestaltung (siehe Abb. 11.1, mittelgrau). Die Nutzung von beispielsweise natürlicher Sprache und menschenähnlichen Augenbewegungen können als intentionale Cues dienen und somit die Aufmerksamkeit des Menschen auf aufgabenrelevante Aspekte der Zusammenarbeit lenken (Staudte und Crocker 2011). Im Allgemeinen beschreibt Anthropomorphismus die Tendenz, menschliche Eigenschaften auf Objekte oder Tiere zu übertragen, um deren „Handlungen" zu rationalisieren. Diese Tendenz kann beispielsweise durch in der Mensch-Mensch-Interaktion bewährte visuelle und auditive Reize induziert werden. Die anthropomorphe Gestaltung der MRI bezieht sich dabei auf weitaus mehr als die Gestaltmorphologie. Neben der Gestaltung der äußeren Hülle des Roboters kann Anthropomorphismus auch durch Bewegungen, Kommunikation und Kontext induziert werden (Abb. 11.2).

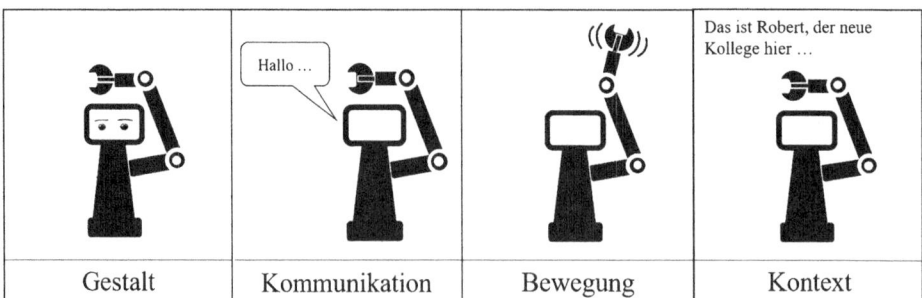

Abb. 11.2 Überblick der verschiedenen Morphologieaspekte (nach Onnasch und Roesler, eingereicht), die zur Induktion von Anthropomorphismus genutzt werden können, am Beispiel eines industriellen Cobots

Die Übertragung menschenähnlicher Merkmale auf Roboter soll dabei eine intuitive und sozial situierte MRI fördern, sowie die Akzeptanz steigern (Duffy 2003). Die unterschiedlichen Arten der Morphologie werden dabei zumeist additiv eingesetzt, sollen hier aber zur besseren Illustration einzeln an Beispielen dargestellt werden. Die Gestaltmorphologie kann unter anderem einen Einfluss auf die Empathie und empathische Verhaltensweisen auf Seiten des Menschen haben. So zeigen Studien von Riek et al. (2009) und Nijssen et al. (2019), dass Empathie und Kooperationsbereitschaft mit steigendem Ähnlichkeitsgrad des Roboters zum Menschen zunehmen. Neben einem Einfluss auf Kooperationsbereitschaft und Akzeptanz kann eine Anpassung der Bewegungsmorphologie auch die Koordinationsleistung selbst steigern. Die Intentionserkennung der Roboterhandlungen kann dabei sowohl durch anthropomorphe Trajektorien als auch Geschwindigkeitsprofile erleichtert werden (Kuz et al. 2013; Mayer et al. 2013). Außerdem können vielfältige Aspekte der Mensch-Mensch-Kommunikation, wie natürliche Sprache oder Blickbewegungen, genutzt werden, um die MRI zu optimieren. Die Variation der Kommunikationsmorphologie kann die Effizienz und Akzeptanz der Interaktion durch Aspekte wie Kopfnicken des Roboters (Breazeal et al. 2005), Klang der Roboterstimme (Eyssel et al. 2012) oder Etikette-Strategien (Zhu und Kaber 2012) steigern. Im Bereich der Kontextmorphologie kann Framing genutzt werden um Anthropomorphismus zu induzieren. Beim Framing wird die gleiche inhaltliche Botschaft unterschiedlich formuliert und kann damit das Verhalten des Empfängers verändern. Um einen Roboter anthropomorph (im Vergleich zu technisch) zu framen, können Namen (Keay 2011) oder persönliche Hintergrundgeschichten (Darling 2017) genutzt werden. Dabei haben Studien (Darling et al. 2015; Nijssen et al. 2019) aufgezeigt, dass auch anthropomorphes Framing zu einer höheren Empathie seitens des Menschen führt.

Die aufgeführten Studien zeigen die vielfältigen Möglichkeiten, Anthropomorphismus zu induzieren sowie die mit anthropomorpher Gestaltung einhergehenden positiven Auswirkungen auf MRI. Ein berühmter fiktiver Roboter bei dem alle vier Aspekte der Morphologie anthropomorph ausgeprägt sind, ist C-3PO aus dem Star Wars Universum. Der Protokolldroide ist humanoid gestaltet, bewegt sich menschenähnlich, kommuniziert mit natürlicher Sprache und fungiert als Übersetzer in einem menschlich assoziierten Berufsfeld. Trotz der umfangreich umgesetzten anthropomorphen Gestaltung würde die Mehrzahl von Menschen allerdings eine Interaktion mit R2-D2 präferieren, der eher an eine Dose als an einen Menschen erinnert (Khan 1998). Wie kann es zu diesem gegenläufigen Effekt kommen, wenn anthropomorphe Gestaltung doch als unterstützend in der Mensch-Roboter-Zusammenarbeit erachtet wird?

Ein Phänomen, was schon früh besondere Aufmerksamkeit im Bereich der Gestalt- und Bewegungsmorphologie erhalten hat, ist das von Masahiro Mori (1970) postulierte „Uncanny Valley" (Abb. 11.3). Im Fokus steht dabei der paradoxe und hypothetische Zusammenhang zwischen menschlicher Ähnlichkeit von Robotern oder Agenten und der menschlichen Akzeptanz. Das „unheimliche Tal" charakterisiert sich dadurch, dass es an einem Punkt der Ähnlichkeit zum Menschen zu einem rapiden Abfall in der Akzeptanz kommt, der sich allerdings mit zunehmender Ähnlichkeit wieder erhöht und das vorherige Niveau

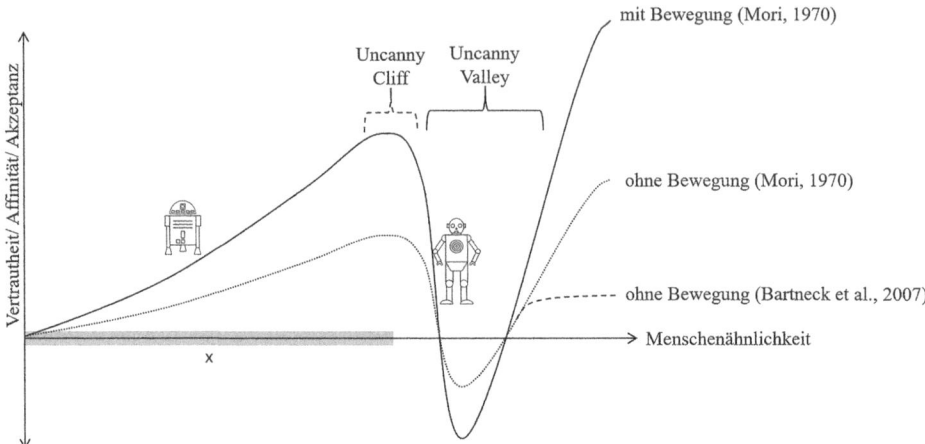

Abb. 11.3 Illustration der Phänomene Uncanny Valley (nach Mori 1970) und Uncanny Cliff (nach Bartneck et al. 2007)

sogar übersteigt. Die Ausprägung dieses Phänomens soll durch die Bewegung des Agenten bzw. Roboters verstärkt werden. Empirische Untersuchungen bezüglich dieses Zusammenhangs zwischen Anthropomorphismus und Akzeptanz kommen allerdings zu uneindeutigen Ergebnissen. Während Mathur und Reichling (2016) den Effekt empirisch untermauern, postulieren Bartneck et al. (2007) den Zusammenhang im Sinne einer „Uncanny Cliff", da sich das Akzeptanzniveau nach Abfall nicht wieder auf das Ausgangsniveau vor dem Abfall stabilisiert. Die Debatte um das „Uncanny Valley" oder die „Uncanny Cliff" illustriert bereits, dass das Gestaltungsziel nicht darauf ausgerichtet sein sollte einen möglichst perfekten Nachbau der menschlichen Morphologie zu erreichen. Außerdem können aus dem hyperrealistischen Nachbau neben Akzeptanzproblemen auch ethische Probleme wie beispielsweise rassistische (Bartneck et al. 2018) oder sexistische (Tay et al. 2014) Stereotypreplikationen resultieren.

Doch auch wenn sich der Fokus auf den aufsteigenden Ast des hypothetischen Zusammenhangs (siehe Abb. 11.3, Graubereich x) beschränkt, ergeben sich weitere Herausforderungen der anthropomorphen Robotergestaltung. Schon vor der eigentlichen Interaktion generieren Menschen einen initialen Eindruck, auf dessen Grundlage eine gewisse Erwartungshaltung dem Roboter gegenüber entsteht. Durch die Interaktion selbst wird diese Erwartung dann entweder bestätigt oder revidiert. Oftmals setzt die Gestaltmorphologie dabei einen Anker für die erwartete Kommunikation. So wird beispielsweise von Versuchspersonen davon ausgegangen, dass Roboter mit Ohren auf auditive Reize reagieren, während Roboter mit Augen auf visuellen Input reagieren (Haring et al. 2013). Darüber hinaus illustrieren diese Beispiele, dass Funktion und Gestaltung immer eine Einheit bilden sollten.

Neben der Interpretation von Funktionalität anhand der äußerlichen Gestaltung (Gestaltmorphologie) hat auch der anthropomorphe Kontext einen Effekt auf die wahrgenommene Funktionalität oder Zweckgebundenheit des Roboters. In einem Experiment von Onnasch und Roesler (2019) sollten die in zuvor genannten Studien gefundenen positiven Effekte anthropomorphen Framings in einer realen und realistischen MRI repliziert werden. Allerdings zeigte sich, dass ein anthropomorphes Framing eines humanoiden Roboters nicht unbedingt zu den intendierten Ergebnissen führte. So waren weniger Proband*innen bereit, ihr Geld für eine notwendige Roboterreparatur zu spenden, wenn der Roboter vermenschlicht (anthropomorph) beschrieben wurde im Vergleich zu einer funktionalen Beschreibung. Ein zweites Experiment sollte das Rational hinter diesem Verhalten ergründen. Es zeigte sich, dass eine zusätzliche explizite Beschreibung der Zweckgebundenheit des Roboters (Wofür braucht man den Roboter?) zu einem Ausgleich dieses negativen Effekts des anthropomorphen Framings führte. Die Autorinnen schlussfolgern, dass Anthropomorphismus in diesem Fall nicht zu einer erhöhten Akzeptanz und Empathie (Spendenbereitschaft für Reparatur) führte, sondern den Werkzeugcharakter des Roboters und dadurch seine Wertigkeit im Aufgabenkontext verdeckte.

Insgesamt zeigen sich also sowohl positive als auch negative Effekte anthropomorpher Robotergestaltung. Einerseits ist zu konstatieren, dass Anthropomorphismus eine Chance bietet, die Akzeptanz seitens des Menschen und eine reibungslose Interaktion zu fördern. Andererseits kann anthropomorphes Design die Wahrnehmung der Zweckgebundenheit des Roboters reduzieren und zu Problemen der nicht erfüllten Erwartungskonformität führen.

11.4 Wie erreicht man eine symbiotische Robotergestaltung zwischen Teammitglied und Werkzeug?

Die Formulierung generalisierter Gestaltungsempfehlungen ist aufgrund von komplexen und vielfältigen Interaktionen zwischen Mensch und Roboter nicht realisierbar. Eine adäquate Morphologie im Sinne von Gestalt, Bewegung, Kommunikation und Kontext sollte daher an die spezifischen Interaktionscharakteristika (Einsatzgebiet, Rolle des Menschen etc.) adaptiert werden. Im Optimalfall werden bereits bei der Entwicklung von Robotern für die Mensch-Roboter-Zusammenarbeit iterativ und menschenzentriert Aspekte der Morphologie konzeptioniert. Dabei kann die Taxonomie von Onnasch und Roesler (eingereicht) dazu dienen, top-down mögliche Problemfelder und Lösungen zu erarbeiten. Die kontextsensitive Gestaltung des Roboters soll mit Hilfe der Taxonomie am Beispiel eines industriellen Roboterarms illustriert werden.

Da klassische industrielle Roboterarme hinter Schutzzäunen arbeiten, wird an dieser Stelle das Konzept der Cobots in der industriellen Mensch-Roboter-Zusammenarbeit analysiert. Diese arbeiten kollaborativ in unmittelbarer Nähe zum Menschen und verfügen über Sensorik, die die Sicherheit seitens des Menschen garantiert. Da im industriellen Arbeitskontext die Funktionalität im Vordergrund steht, sollten anthropomorphe oder zoomorphe Gestaltungsmerkmale nur genutzt werden, wenn diese zur jeweiligen Aufgabenerfüllung beitragen. Wie bereits erläutert, kann eine anthropomorphe Gestaltmorphologie zu

Problemen der Erwartungskonformität und Aufmerksamkeitsverschiebung hin zu aufgabenirrelevanten Bereichen führen (z. B. Aufmerksamkeitsverschiebung vom eigenen Arbeitsbereich hin zum lächelnden Roboter). Daher sollte diese grundlegend in sicherheitskritischen Umgebungen vermieden werden. Auch eine verbale anthropomorphe Kommunikationsmorphologie ist wenig geeignet für den industriellen Kontext, da zum einen die Lautstärke im produzierenden Gewerbe oftmals sehr hoch ist und menschliche Stereotype übertragen werden können. Die Nutzung impliziter nonverbaler Kommunikation kann hingegen die Zusammenarbeit fördern. So können beispielsweise anthropomorphe Augenbewegungen genutzt werden, damit der Mensch besser antizipieren kann, wohin der Roboter sich als nächstes bewegen wird (Moon et al. 2014). Wichtig ist hierbei, dass eine anthropomorphe Augenbewegung eben nicht ein komplettes „Robotergesicht" voraussetzt. Es wäre in diesem Fall völlig ausreichend, abstrakte Augen (ggfs. sogar nur Punkte) auf einem Display darzustellen, die sich in ihrer Bewegung aber an der menschlichen Hand-Auge-Koordination orientieren. Eine weitere Chance für verbesserte Zusammenarbeit bietet die anthropomorphe Gestaltung der Bewegungsmorphologie, da sie ebenso die wahrgenommene Intentionalität und damit einhergehend die Koordinationsleistung von Mensch und Roboter erhöhen kann (Kuz et al. 2013; Mayer et al. 2013). Die Kontextmorphologie sollte hingegen möglichst technisch gestaltet sein, um die funktionalen Merkmale und die Zweckgebundenheit des Roboters in den Vordergrund zu stellen und mögliche negative Effekte des anthropomorphen Framings zu vermeiden (Onnasch und Roesler 2019).

Im Gegensatz zum Industriekontext gibt es in den Bereichen Service, Therapie, Bildung und Unterhaltung Interaktionen in denen anthropomorphe und zoomorphe Gestaltungsmerkmale wirkungsvoll eingesetzt werden können, um die affektive Bindung des Menschen an den Roboter zu fördern. Die intuitive Nutzung und Wirksamkeit eines Lern- oder Therapiebegleiters für Kinder kann durch zoomorphe Gestalt- und Bewegungsmorphologie und anthropomorphe Kommunikations- und Kontextmorphologie gesteigert werden. Ein Beispiel ist der Roboterbär Huggable (Personal Robots Group, MIT), der im Vergleich zu einem Plüschbären oder einem zweidimensionalen Avatar Kinder einer pädiatrischen Station zu mehr sozio-emotionaler Interaktion mit dem Agenten und den Eltern anregen konnte (Jeong et al. 2017). Positive Effekte zoomorpher Gestaltung auf die Anregung von Kommunikation haben sich auch mit älteren Versuchspersonen gezeigt. So kann die Roboterrobbe PARO sogar als Katalysator für die Mensch-Mensch-Interaktion dienen (Kidd et al. 2006). Neben der Nutzung zoomorpher Gestaltungselemente können auch anthropomorphe Gestaltungsansätze genutzt werden, um positiv zur sozialen Mensch-Roboter-Interaktion beizutragen. Allerdings sollten hier in Abhängigkeit vom Interaktionskontext ethische und soziale Herausforderungen, die mit der Vermenschlichung von Robotern einhergehen, beachtet werden (Sharkey und Sharkey 2012; Pearson und Borenstein 2014). Wie diese Beispiele zeigen, kann Anthropomorphismus in unterschiedlicher Ausprägung und diversen Interaktionsszenarien sowohl förderlich als auch hinderlich für eine optimale Mensch-Roboter-Zusammenarbeit sein.

Kern der angeführten Studien ist, dass besonders das Einsatzgebiet und die Aufgabe des Roboters stark die optimale Gestaltung der Robotermorphologie beeinflussen. Daraus ergibt sich als Konsequenz, den Wunsch nach allgemeingültigen Gestaltungsrichtlinien für Roboter aufzugeben. Vielmehr ist eine detaillierte Betrachtung des Interaktionskontexts von zentraler Bedeutung, um die Angemessenheit der Gestaltung zu beurteilen. Die Taxonomie von Onnasch und Roesler (eingereicht) bietet hierfür eine entsprechende Basis für eine top-down gesteuerte Entwicklung. In Kombination mit einem menschzentrierten Vorgehen und einer sorgfältigen Aufgabenanalyse kann so eine vielversprechende Mensch-Roboter-Zusammenarbeit gestaltet werden.

Literatur

Asimov, I. (1983). *The robots of Dawn*. New York: Doubleday.
Atmaca, S., Sebanz, N., Prinz, W., & Knoblich, G. (2008). Action co-representation: The joint SNARC effect. *Social Neuroscience, 3*, 410–420, Kurashiki, Japan.
Bartneck, C., & Forlizzi, J. (2004). A design-centred framework for social human-robot interaction. In *RO-MAN 2004. 13th IEEE international workshop on robot and human interactive communication (IEEE Catalog No. 04TH8759)* (S. 591–594). IEEE, Kurashiki, Japan.
Bartneck, C., Kanda, T., Ishiguro, H., & Hagita, N. (2007). Is the uncanny valley an uncanny cliff? In *RO-MAN 2007 – The 16th IEEE international symposium on robot and human interactive communication* (S. 368–373). IEEE, Jeju, Korea.
Bartneck, C., Yogeeswaran, K., Ser, Q. M., Woodward, G., Sparrow, R., Wang, S., & Eyssel, F. (2018, February). Robots and racism. In *Proceedings of the 2018 ACM/IEEE international conference on human-robot interaction* (S. 196–204). ACM.
Breazeal, C., Kidd, C. D., Thomaz, A. L., Hoffman, G., & Berlin, M. (2005). Effects of nonverbal communication on efficiency and robustness in human-robot teamwork. In *2005 IEEE/RSJ international conference on intelligent robots and systems* (S. 708–713). IEEE.
Broekens, J., Heerink, M., & Rosendal, H. (2009). Assistive social robots in elderly care: A review. *Gerontechnology, 8*(2), 94–103.
Clark, H. H. (1996). *Using language*. Cambridge: Cambridge University Press.
Darling, K. (2017). „Who's Johnny?" Anthropomorphic framing in human-robot: Interaction, integration, and policy. In *Robot ethics 2.0: From autonomous cars to artificial intelligence* (S. 173–188). Oxford: Oxford University Press.
Darling, K., Nandy, P., & Breazeal, C. (2015). Empathic concern and the effect of stories in human-robot interaction. In 2015 *24th IEEE international symposium on robot and human interactive communication (RO-MAN)* (S. 770–775).
Duffy, B. R. (2003). Anthropomorphism and the social robot. *Robotics and Autonomous Systems, 42*(3–4), 177–190.
Eyssel, F., De Ruiter, L., Kuchenbrandt, D., Bobinger, S., & Hegel, F. (2012). ‚If you sound like me, you must be more human': On the interplay of robot and user features on human-robot acceptance and anthropomorphism. In *2012 7th ACM/IEEE international conference on human-robot interaction (HRI)* (S. 125–126). IEEE.
Fong, T., Nourbakhsh, I., & Dautenhahn, K. (2003). A survey of socially interactive robots. *Robotics and Autonomous Systems, 42*(3–4), 143–166.
Forlizzi, J., & DiSalvo, C. (2006). Service robots in the domestic environment: A study of the Roomba vacuum in the home. In *Proceedings of the 1st ACM SIGCHI/SIGART conference on human-robot interaction* (S. 258–265). ACM.

Goodrich, M. A., & Schultz, A. C. (2007). Human-robot interaction: A survey. *Foundations and Trends in Human-Computer Interaction, 1*(3), 203–275.

Haring, K. S., Watanabe, K., & Mougenot, C. (2013). The influence of robot appearance on assessment. In *2013 8th ACM/IEEE international conference on human-robot interaction (HRI)* (S. 131–132). IEEE.

IFR. (2018). *World robotics report, 2018*. International Federation of Robotics.

Jeong, S., Breazeal, C., Logan, D., & Weinstock, P. (2017). Huggable: Impact of embodiment on promoting verbal and physical engagement for young pediatric inpatients. In *2017 26th IEEE international symposium on robot and human interactive communication (RO-MAN)* (S. 121–126). IEEE.

Kachouie, R., Sedighadeli, S., Khosla, R., & Chu, M. T. (2014). Socially assistive robots in elderly care: A mixed-method systematic literature review. *International Journal of Human-Computer Interaction, 30*(5), 369–393.

Kanero, J., Geçkin, V., Oranç, C., Mamus, E., Küntay, A. C., & Göksun, T. (2018). Social robots for early language learning: Current evidence and future directions. *Child Development Perspectives, 12*(3), 146–151.

Keay, A. (2011). Emergent phenomena of robot competitions: Robot identity construction and naming. In *Advanced Robotics and its Social Impacts* (S. 12–15). IEEE.

Khan, Z. (1998). *Attitudes towards intelligent service robots* (Bd. 17). Stockholm: NADA KTH.

Kidd, C. D., Taggart, W., & Turkle, S. (2006). A sociable robot to encourage social interaction among the elderly. In *Proceedings 2006 IEEE international conference on robotics and automation, 2006. ICRA 2006.* (S. 3972–3976). IEEE.

Knoblich, G., Butterfill, S., & Sebanz, N. (2011). Psychological research on joint action: Theory and data. In *Psychology of learning and motivation* (Bd. 54, S. 59–101). Cambridge: Academic Press.

Kuz, S., Mayer, M. P., Müller, S., & Schlick, C. M. (2013). Using anthropomorphism to improve the human-machine interaction in industrial environments (part I). In *International conference on digital human modeling and applications in health, safety, ergonomics and risk management* (S. 76–85). Berlin/Heidelberg: Springer.

Lee, K. W., Kim, H. R., Yoon, W. C., Yoon, Y. S., & Kwon, D. S. (2005). Designing a human-robot interaction framework for home service robot. In *ROMAN 2005. IEEE international workshop on robot and human interactive communication, 2005.* (S. 286–293). IEEE.

Mathur, M. B., & Reichling, D. B. (2016). Navigating a social world with robot partners: A quantitative cartography of the Uncanny Valley. *Cognition, 146*, 22–32.

Mayer, M. P., Kuz, S., & Schlick, C. M. (2013). Using anthropomorphism to improve the human-machine interaction in industrial environments (part II). In *International conference on digital human modeling and applications in health, safety, ergonomics and risk management* (S. 93–100). Berlin/Heidelberg: Springer.

Moon, A., Troniak, D. M., Gleeson, B., Pan, M. K., Zheng, M., Blumer, B. A., MacLean, K., & Croft, E. A. (2014). Meet me where i'm gazing: How shared attention gaze affects human-robot handover timing. In *Proceedings of the 2014 ACM/IEEE international conference on human-robot interaction* (S. 334–341). ACM.

Mori, M. (1970). Bukimi no tani [the uncanny valley]. *Energy, 7*, 33–35.

Mubin, O., Stevens, C. J., Shahid, S., Al Mahmud, A., & Dong, J. J. (2013). A review of the applicability of robots in education. *Journal of Technology in Education and Learning, 1*(209–0015), 13.

Nijssen, S. R., Müller, B. C., Baaren, R. B. V., & Paulus, M. (2019). Saving the robot or the human? Robots who feel deserve moral care. *Social Cognition, 37*(1), 41–S2.

Onnasch, L., & Roesler, E. (2019). Anthropomorphizing robots: The effect of framing in human-robot cooperation. In *Proceedings of the 63rd annual meeting of the human factors & ergonomics society*. Santa Monica: Human Factors Society. https://doi.org/10.14279/depositonce-9020.

Onnasch, L., & Roesler, E. (eingereicht). A taxonomy to structure and analyze human-robot interaction. *International Journal of Social Robotics*.

Onnasch, L., Maier, X., & Jürgensohn, T. (2016) Mensch-Roboter-Interaktion – Eine Taxonomie für alle Anwendungsfälle. *baua: Fokus*, Bundesanstalt für Arbeitsschutz und Arbeitsmedizin (1. Aufl., S. 1–12) https://doi.org/10.21934/baua:fokus20160630

Ozkil, A. G., Fan, Z., Dawids, S., Aanes, H., Kristensen, J. K., & Christensen, K. H. (2009). Service robots for hospitals: A case study of transportation tasks in a hospital. In *2009 IEEE international conference on automation and logistics* (S. 289–294). IEEE.

Pearson, Y., & Borenstein, J. (2014). Creating „companions" for children: The ethics of designing esthetic features for robots. *AI & society, 29*(1), 23–31.

Riek, L. D., Rabinowitch, T. C., Chakrabarti, B., & Robinson, P. (2009). How anthropomorphism affects empathy toward robots. In *Proceedings of the 4th ACM/IEEE international conference on human robot interaction* (S. 245–246). ACM.

Rizzolatti, G., & Craighero, L. (2004). The mirror-neuron system. *Annual Reviews of Neuroscience, 27*, 169–192.

Rosheim, M. E. (2006). *Leonardo's Lost Robot*. Berlin: Springer.

Schmidtler, J., Knott, V., Hölzel, C., & Bengler, K. (2015). Human centered assistance applications for the working environment of the future. *Occupational Ergonomics, 12*(3), 83–95.

Scholtz, J. (2002). Human-robot interactions: Creating synergistic cyber forces. In *Multi-robot systems: From swarms to intelligent automata* (S. 177–184). Dordrecht: Springer.

Sebanz, N., & Knoblich, G. (2009). Prediction in joint action: What, when, and where. *Topics in Cognitive Science, 1*(2), 353–367.

Sebanz, N., Knoblich, G., & Prinz, W. (2003). Representing others' actions: Just like one's own? *Cognition, 88*, B11–B21.

Sebanz, N., Knoblich, G., & Prinz, W. (2005). How two share a task. *Journal of Experimental Psychology: Human Perception and Performance, 31*, 1234–1246.

Sharkey, A., & Sharkey, N. (2012). Granny and the robots: Ethical issues in robot care for the elderly. *Ethics and Information Technology, 14*(1), 27–40.

Staudte, M., & Crocker, M. W. (2011). Investigating joint attention mechanisms through spoken human–robot interaction. *Cognition, 120*(2), 268–291.

Tay, B., Jung, Y., & Park, T. (2014). When stereotypes meet robots: The double-edge sword of robot gender and personality in human–robot interaction. *Computers in Human Behavior, 38*, 75–84.

Zhu, B., & Kaber, D. (2012). Effects of etiquette strategy on human–robot interaction in a simulated medicine delivery task. *Intelligent Service Robotics, 5*(3), 199–210.

Eileen Roesler ist wissenschaftliche Mitarbeiterin an der TU Berlin am Fachgebiet Arbeits-, Ingenieur-, und Organisationspsychologie, wo sie sich in Lehre und Forschung mit Fragen der Automationspsychologie und Mensch-Roboter-Interaktion befasst. Sie studierte Psychologie und arbeitet aktuell an ihrer Promotion zum Thema „Konsequenzen anthropomorpher Robotergestaltung" in Kooperation mit der Humboldt-Universität zu Berlin.

Linda Onnasch ist Juniorprofessorin für Ingenieurpsychologie an der Humboldt-Universität zu Berlin. Nach ihrem Psychologiestudium an der Technischen Universität Berlin arbeitete sie dort als wissenschaftliche Mitarbeiterin am Fachgebiet Arbeits-, Ingenieur- und Organisationspsychologie und promovierte zu Fragen der Funktionsallokation und Reliabilität in der Mensch-Automation-Interaktion. Nach einer dreijährigen außeruniversitären Tätigkeit in einer privaten Forschungseinrichtung und Unternehmensberatung hat sie im Oktober 2017 den Lehrstuhl Ingenieurpsychologie übernommen. Forschungsschwerpunkte sind der Umgang mit kognitiven Assistenzsystemen und psychologische Einflussgrößen der Mensch-Roboter-Interaktion.

Erwartungskonformität von Roboterbewegungen und Situationsbewusstsein in der Mensch-Roboter-Kollaboration

12

Sumona Sen

Zusammenfassung

Dieser Beitrag beschreibt die Erstellung eines Experimentaldesigns, das mit Hilfe reliabler Probandenversuche in einem MRK-Full-Scope-Simulator die Frage beantworten soll, ob und wie unterschiedliche Trajektorien aus der robotischen Bahnplanung hinsichtlich Situationsbewusstsein und Erwartungskonformität aus der Sicht des kollaborierenden Menschen differenziert wahrgenommen werden. Nur wenn der Mensch in einer Mensch-Roboter-Kollaboration frühzeitig erkennen kann, was der Roboter tut oder tun wird, ist eine Ad-hoc-Aufgabenverteilung sinnvoll realisierbar. Das langfristige Ziel dieser Forschung ist es, eine Handlungsempfehlung für die Bahnplanung im Rahmen der Errichtung von MRK-Systemen zu erstellen, die es ermöglicht, sichere und erwartungskonforme Roboterbewegungen einfach und schnell zu programmieren.

12.1 Einleitung

Flexible Fertigung ist eines der Schlagwörter der Industrie 4.0. Die Haupteinsatzbereiche von Robotern liegen noch immer in Anwendungsbereichen der Großserienfertigung, wobei die Automobilindustrie nach wie vor der Vorreiter ist (IFR 2018a, b). Ein hoher Automatisierungsgrad wird dabei in der Teilefertigung und im Karosseriebau erreicht. Die oft angesprochene Flexibilität der Produktionslinien im Automobilbau wird schwerpunktmäßig in nachgelagerten Prozessen, z. B. in der Montage realisiert. Hier existieren nach wie

S. Sen (✉)
Labor Human Factors Engineering, Niederrhein University of Applied Sciences,
Krefeld, Deutschland
E-Mail: sumona.sen@hsnr.de

vor sehr viele nicht- oder nur teilautomatisierte Verrichtungen; der Automatisierungsgrad ist deutlich niedriger und der Anteil manueller Verrichtungen entsprechend höher. Eine Entlastung der Werker von körperlich anstrengender oder monotoner Arbeit wäre auch hier wünschenswert, jedoch haben bereits frühe Erfahrungen in der Entwicklung der Automatisierung gezeigt, dass eine vollautomatische Montage weder wirtschaftlich sinnvoll noch technologisch machbar ist (Heßler 2014).

MRK-Systeme bieten hier einen neuen Ansatz mit dem Ziel, die Fertigkeiten und die Intellektualität des Menschen mit der Kraft und der Genauigkeit des Roboters zu verbinden. Statt autonomer maschineller Verrichtungen, die im Fehlerfall jedoch immer menschliche Eingriffe benötigen, werden Kollaborationssysteme bereits vom Ansatz her so geplant, dass Mensch und Roboter in einem gemeinsamen Arbeitsraum räumlich und zeitlich parallel am Prozess beteiligt sind. Das funktioniert natürlich nur, wenn es keine trennenden Einrichtungen, wie beispielsweise Schutzzäune, mehr gibt. Die hier einzusetzenden Roboter müssen sicherheitstechnisch völlig neu bewertet werden und anderen Anforderungen genügen als die klassischen Industrieroboter, die isoliert hinter Absperrungen arbeiten. Normen wie DIN (2017) ISO/TS 15066 und entsprechende Zertifizierungsverfahren sind dafür bereits ins Leben gerufen worden.

Vor allem im Bereich der kleinen und mittelständischen Unternehmen (KMU), die vorzugsweise mit geringeren Losgrößen bei schwankenden Kapazitätsauslastungen arbeiten, werden flexible Fertigungssysteme benötigt. Für KMU ist eine flexible Automatisierungstechnik daher prinzipiell sinnvoll, allerdings unter der Voraussetzung, dass der Engineeringaufwand beherrschbar bleibt. Oft stellen flexible Lösungen hohe Anforderungen an Rüstprozesse und Programmiertätigkeiten, für die in KMU sowohl Personal als auch Know-how fehlt.

Speziell für die Interaktion zwischen Mensch und Roboter in einer MRK sind daher Lösungen erforderlich, die die Zusammenarbeit zwischen Mensch und Maschine benutzergerecht und intuitiv gestalten. Zur Erreichung einer breiten Nutzerakzeptanz in dieser Zielgruppe der KMU müssen die Bedieneigenschaften eines MRK-Systems an das Qualifikationsniveau der Beschäftigten angepasst werden. Daher ist die gebrauchstaugliche Gestaltung der Systeme hier von enormer Bedeutung. Die Bedienung muss intuitiv und sicher sein, die Programmierung einfach und effizient.

Die Aktionen des Roboters müssen für einen Menschen nachvollziehbar und einsichtig sein. Nur so lassen sich Unfälle durch Kollision oder andere Störungen verhindern (Wischniewski et al. 2019). Ein weiterer Aspekt ergibt sich aus der flexiblen Aufgabenverteilung. Durch Variation der Bewegungen und der Neuordnung der Verteilung der Aufgaben zwischen Mensch und Roboter können sich keine Lerneffekte einstellen (Tausch 2018). Die Folge ist eine höhere geforderte Aufmerksamkeitsspanne des Menschen zur Unfallprävention.

12.2 Ergonomie

Einer der wichtigsten Aspekte der Arbeitsgestaltung ist die Ergonomie am Arbeitsplatz. Ergonomie ist per Definition nach DIN (2011) EN ISO 26800 die Wissenschaft von der Gesetzmäßigkeit menschlicher bzw. automatisierter Arbeit. Ziel ist es, komfortable und handhabbare Nutzungsmöglichkeiten zu gewährleisten und ein effizientes und fehlerfreies Arbeiten ohne gesundheitliche Schäden zu ermöglichen. Vertiefend beschreibt die DIN (2008) EN ISO 9241 Qualitätsrichtlinien zur Sicherstellung der Ergonomie interaktiver Systeme. Sie wurde von der International Standards Organisation (ISO) zunächst mit dem Namen „Ergonomische Anforderungen für Bürotätigkeiten mit Bildschirmgeräten" betitelt. Dieser Titel wurde im Jahr 2006 in „Ergonomie der Mensch-System-Interaktion" geändert, um die Einschränkung auf Büroarbeiten aufzuheben.

Per Definition ist Usability dort beschrieben als (DIN 2008):

„The effectiveness, efficiency and satisfaction with which specified users achieve specified goals in particular environments.

- *effectiveness:*
  the accuracy and completeness with which specified users can achieve specified goals in particular environments
- *efficiency:*
  the resources expended in relation to the accuracy and completeness of goals achieved
- *satisfaction:*
  the comfort and acceptability of the work system to its users and other people affected by its use."

Die Norm befasst sich somit mit den Anforderungen an die Arbeitsumgebung, sowohl im Hardware- als auch Softwarebereich. Für die Gestaltung der Schnittstellen von interaktiven Systemen beschreibt die ISO die folgenden sieben Dialogprinzipien:

1. Aufgabenangemessenheit:
   geeignete Funktionalität, Minimierung unnötiger Interaktionen
2. Selbstbeschreibungsfähigkeit:
   Verständlichkeit durch Hilfen/Rückmeldungen
3. Lernförderlichkeit:
   Anleitung des Benutzers, Verwendung geeigneter Metaphern, zügiges Lernen
4. Steuerbarkeit:
   Steuerung des Dialogs durch den Benutzer
5. Erwartungskonformität:
   Konsistenz, Anpassung an das Benutzermodell
6. Individualisierbarkeit:
   Anpassbarkeit an Bedürfnisse und Kenntnisse des Benutzers
7. Fehlertoleranz:
   Das System reagiert tolerant auf Fehler oder ermöglicht eine leichte Fehlerkorrektur durch den Benutzer

Nach Wischniewski et al. (2019) sind bestimmte ergonomische Entwicklungen erforderlich, um eine werteorientierte MRK zu ermöglichen. Neben flexibler Sicherheitstechnik, intuitivem Anlernen des Systems und einer angepassten Aufgabengestaltung und -verteilung ist insbesondere sicherzustellen, dass die Aktionen des Roboters für den Menschen eindeutig und nachvollziehbar gestaltet werden, um Unfälle zu vermeiden. Eine Ad-hoc-Aufgabenverteilung lässt keinen Platz für Gewöhnungseffekte. Somit müssen die Bewegungen des Roboters für den Menschen verständlich, erwartungskonform und somit ebenfalls prognostizierbar sein, um Kollisionen aus dem Weg zu gehen. Die Steuerung der Bewegung des Roboters spielt also eine zentrale Rolle.

12.3 Bahnplanung

Bewegungssteuerungen robotischer Systeme können nach unterschiedlichen Bahntypen klassifiziert werden. Dabei werden folgende Standardbewegungen in typischen Robotersteuerungen eingesetzt (Weber 2017):

- Punkt-zu-Punkt-Bewegung (PTP):
  Die Bewegung des Roboters ist beschrieben durch die Anfangs- und die Endstellung der Achsen und unabhängig von der geometrischen Position des Endeffektors im Raum während der Bewegung. Da die Bewegung der einzelnen Achsen unabhängig voneinander und damit unkoordiniert abläuft, ist die Bewegungsbahn des Endeffektors von der Anfangs- bis zur Endposition nicht geometrisch bestimmt. Sie ist zwar deterministisch, folgt aber keinem Muster und ist daher für einen kollaborierenden Menschen nicht vorhersehbar. Der Vorteil der PTP-Bewegung ist, dass die Zielposition auf schnellstmögliche Weise erreicht wird. Bestimmend für die Gesamtbewegungsdauer ist dabei die Achse mit dem längsten Verfahrweg. Bei der sogenannten Synchro-PTP-Variante besteht ein Zusammenspiel zwischen den Achsbewegungen in zeitlicher Hinsicht. Die Achsen werden in ihrem Geschwindigkeitsprofil so gesteuert, dass sie die Endposition gleichzeitig erreichen. Die bereits angesprochene Achse mit dem längsten Verfahrweg bestimmt dabei die Vorgabe für die Verfahrzeit. Dadurch können die anderen Achsen mit geringerer Geschwindigkeit in ihre jeweilige Zielposition fahren. Eingesetzt werden PTP-Bewegungen dort, wo vorab definierte Punkte angefahren werden müssen, ohne dass die resultierende Bahn des Endeffektors vom Start- zum Zielpunkt eine Rolle spielt. Für viele Anwendungen in der Robotik ist die PTP-Bewegung ausreichend, z. B. für Pick-and-Place-Aufgaben oder das Punktschweißen.
- Lineare Bahninterpolation:
  Ist der Bahnverlauf bei den Roboterprozessen ebenfalls von Bedeutung, muss der Weg des Endeffektors vom Start- zum Zielpunkt durch die Robotersteuerung interpoliert werden. Klassischerweise werden Bahninterpolationen in Bahnschweißprozessen oder

beim Auftragen viskoser Dichtmittel durch Roboter eingesetzt. Hier liegt eine weitere, offensichtliche Anforderung in einer vorgegebenen, oft konstanten Bahngeschwindigkeit.

Eine Linearbahn ist eine Gerade (in einer Ebene) zwischen Start- und Zielpunkt. Die lineare Bahninterpolation berechnet solche Linearbahnen mit einem vorgegebenen Geschwindigkeitsprofil. Der Vorteil von Linearbahnen ist, dass der kürzeste Weg vom Start- zum Zielpunkt gewählt wird. Die Verfahrzeit ist in jedem Falle länger als bei einer vergleichbaren PTP-Bewegung vom Start- zum Zielpunkt.

- Zirkuläre Bahninterpolation:
  Hier ist ebenfalls der Bahnverlauf des Endeffektors zwischen Start- und Zielpunkt von Bedeutung. Für eine zirkuläre Bahninterpolation interpoliert die Robotersteuerung einen Kreisbogen zwischen Start- und Zielpunkt ebenfalls mit einer Vorgabe für die Bahngeschwindigkeit. Zu beachten ist, dass für die Beschreibung eines Kreisbogens vom Start- zum Zielpunkt entweder ein weiterer Raumpunkt oder ein Radius der Bahn vorgegeben werden muss. Die Programmierung einer zirkulären Bahninterpolation ist damit aufwendiger. Die Verfahrzeit ist hier bei gleicher Geschwindigkeit in jedem Fall länger als bei der linearen Bahninterpolation.

Jede Interpolationsart kann weiterhin durch spezielle Charakteristika wie Beschleunigungstypen, Verschleifkriterien, Verhalten im Fehlerfall uvm. spezialisiert werden.

Die beiden Bahninterpolationsarten stellen höhere Anforderungen an die Rechenleistung der Robotersteuerung als PTP-Bewegungen, weil die Achsstellungen auch während der Bewegung in definierter örtlicher und zeitlicher Abhängigkeit im Bahnverlauf stehen. Dazu muss die Steuerung jede Bahn in eine Vielzahl von Bahnstützpunkten zerlegen und zu jedem Stützpunkt eine kartesische Koordinatentransformation berechnen. Dabei sind auch Vorgaben für Geschwindigkeit und Beschleunigung entlang der geplanten Bahn zu berücksichtigen.

Die konzeptuell langsameren Verfahrzeiten der Bahninterpolation spielen in Anwendungen der MRK eher eine untergeordnete Rolle, da in Kollaborationsszenarien die maximale Verfahrgeschwindigkeit ohnehin gedrosselt werden muss und die Maximalgeschwindigkeit einer PTP-Bewegung hier nicht zur Verfügung steht. In gewöhnlichen Roboterapplikationen ohne Kollaboration wird die Wahl einer Interpolation entweder nach technischen Aspekten getroffen (z. B. Kleberauftrag in einer interpolierten Kreisbahn) oder nach Geschwindigkeit optimiert (z. B. PTP in zykluszeitorientierten Logistikprozessen).

In heutigen Robotersteuerungen sind die vorgestellten beiden Bahninterpolationsarten neben einer oder mehrerer PTP-Betriebsarten implementiert, so dass der Programmierer hier eine Auswahl hat und die verschiedenen Interpolationsarten anwendungsgerecht auswählen kann. Arbeitspsychologische Kriterien für eine solche Auswahl in MRK-Szenarien fehlen allerdings noch, so dass Einrichter und Programmierer nicht notwendigerweise optimale Bewegungsprofile auswählen.

12.4 Wahrnehmung

Wahrnehmung beinhaltet viele unterschiedliche Aspekte. Gerade im Bereich der Mensch-Maschine-Schnittstellen ist die Wahrnehmung von Bewegungen und Signalen, die zur Kommunikation oder auch zur Warnung oder Aufgabenteilung genutzt werden können, von besonderer Bedeutung (Goldstein 2008).

12.4.1 Bewegungswahrnehmung

Die Bewegungswahrnehmung legt nach Goldstein (2008) die folgenden unterschiedlichen Ursachen zu Grunde.

1. Reale Bewegungen:
   Objekte, die sich physikalisch durch das Gesichtsfeld des Betrachters bewegen, werden wahrgenommen.
2. Scheinbewegung:
   Die Darstellung mehrerer statischer Reize an leicht versetzen Orten ruft die Wahrnehmung einer Bewegung hervor, ohne, dass eine Bewegung existiert.
3. Induzierte Bewegung:
   Durch die Bewegung eines Objektes wird die Bewegung eines anderen Objektes induziert, dass sich jedoch im Ruhezustand befindet.
4. Bewegungnacheffekt:
Dauert die Betrachtungszeit eines bewegten Reizes länger als 60 Sekunden, so führt dies dazu, dass das anschließende Betrachten eines stationären Reizes als ein bewegter Reiz wahrgenommen wird.

12.4.2 Visuelle Aufmerksamkeit

Der Mensch widmet in seiner alltäglichen Wahrnehmung der Umwelt einigen Dingen seine Aufmerksamkeit, während er andere ignoriert. Durch die Entscheidung, ob es notwendig oder interessant ist, an einen bestimmten Ort zu blicken, steuert er seine Aufmerksamkeit und selektiert relevante und irrelevante Informationen. Aufmerksamkeit ist notwendig für die Wahrnehmung und stellt zudem eine der Hauptmechanismen der Wahrnehmung dar.

Verschiedene Studien belegen, dass eine Blindheit durch Nichtaufmerksamkeit entstehen kann. Beispielsweise führen Mack und Rock (1998) ein Experiment durch, indem sie Probanden eine Abbildung eines einfachen Kreuzes zeigen. Die Aufgabe der Probanden besteht darin, zu benennen, welcher der beiden Balken (horizontal oder vertikal) länger ist als der andere. Während des Versuchsdurchlaufs wird der Darstellung ein kleines geometrisches Objekt hinzugefügt. Platziert wird dies im Bereich des schärfsten Sehens der Probanden. Werden die Probanden danach in einer Wiedererkennungsaufgabe dazu befragt, welches Objekt ihnen eingeblendet worden ist, wissen sie dazu nicht die richtige Antwort. Durch die Fokussierung auf die vertikalen und horizontalen Balken entsteht eine Blindheit gegenüber dem Testobjekt.

12.5 Situationsbewusstsein

Endsley (1988) definiert Situationsbewusstsein (engl. Situation Awareness) als Wahrnehmung der Elemente in der Umwelt innerhalb eines Zeit- und Raumvolumens, das Verständnis ihrer Bedeutung und die Projektion ihres Status in die nahe Zukunft.

Situationsbewusstsein ist ein Konstrukt, das entsprechend Abb. 12.1 aus drei Ebenen besteht. Stufe 1 beschreibt die Wahrnehmung der Elemente der Umwelt. Dies kann aufgrund unzureichender Darstellung und kognitiver Abkürzungen zu Fehlwahrnehmungen und damit zu einem falschen Verständnis der Situation führen. Stufe 2 beschreibt das Verständnis der Situation und geht auf Fehler bei der korrekten Integration der Informationsaufzeichnung ein. Ein Mangel an mentalen Modellen oder blindem Vertrauen kann zu falschen Vorhersagen und damit zu einer falschen Entscheidung führen. Stufe 3 bezieht sich auf die Vorhersage zukünftiger Ereignisse. Dies hängt vom Expertenstatus der Personen ab (Endsley 1988).

Es gibt verschiedene Methoden zur Erfassung des Situationsbewusstseins. Zur Untersuchung des Situationsbewusstseins können laut Endsley verschiedene Prozessmaßnahmen verwendet werden. Dazu gehören verbale Protokolle (lautes Denken), psychophysiologische Maßnahmen wie im Weiteren in Abschn. 12.6 vorgestellt (EKG, Herzfrequenz) oder Kommunikationsanalysen. Derartige Prozessmaßnahmen werden jedoch beispielsweise in der Luftfahrt selten angewendet, da diese Methoden subjektive Interpretationen

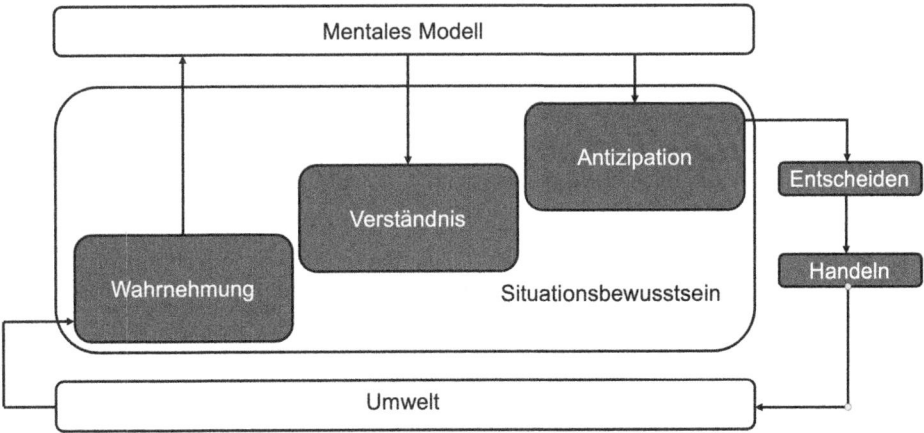

Abb. 12.1 Ebenen des Situationsbewusstseins (in Anlehnung an Endsley 1988)

erlauben oder sehr komplexe Messtechniken zur Erfassung psychophysiologischer Prozesse erfordern. In objektiven Prozessen wird das Wissen der Person über die aktuelle Situation abgefragt und so das Maß für das Situationsbewusstsein gebildet.

Diese Messmethode wird als Situation Awareness Global Assessment Technique (SAGAT) bezeichnet. Als Voraussetzung für diese Methodik wird eine realitätsgetreue Simulationsumgebung benötigt, die als Full-Scope-Simulation (vgl. Abschn. 12.7) bezeichnet wird. Die Messmethode SAGAT sieht vor, die Simulation im Full-Scope-Simulator zu zufällig erscheinenden Zeitpunkten zu stoppen. Dabei werden jegliche Informationsquellen abgeschaltet, der Versuchsraum ggf. abgedunkelt und der Proband zur Wahrnehmung der Situation befragt. Dieses Vorgehen wird Freezing genannt (Endsley 1995). Bei der Befragung werden die drei Ebenen des Situationsbewusstseins berücksichtigt. Die Fragen sollten keine Herleitung von Verhaltensmustern oder Zusammenhängen behandeln, sondern direkt Bezug nehmen auf den dynamischen Prozess der Situation. Somit erhält man am Ende eine konkrete Aussage über das Situationsbewusstsein und keine subjektiven Schlussfolgerungen (Endsley und Smith 1996).

12.6 Psychophysikalische Methoden zur Erfassung kognitiver Prozesse

Der Zusammenhang zwischen psychischen Vorgängen und zugrunde liegenden körperlichen Funktionen wird Psychophysiologie bezeichnet. Verhaltensweisen, Bewusstseinsänderungen und Emotionen korrelieren mit Hirntätigkeit, Atmung, Kreislauf, Hormonausschüttung und Motorik (Hacker und Sachse 2014). Zu den bekanntesten Methoden im Bereich der kognitiven Prozesse gehören:

- Elektroenzephalogramm (EEG),
- Elektrokardiogramm (EKG) Herzratenvariabilität (HRV),
- Blutdruck,
- Hautleitfähigkeit,
- Blickbewegungen (Eyetracking).

12.6.1 Elektroenzephalogramm (EEG)

Das EEG in eine Aufzeichnung der elektrischen Gehirnaktivität. Diese wird durch Oberflächen- oder Nadelelektroden auf der Kopfhaut abgeleitet. Im Normalzustand zeigt das Alarmgehirn ein hochfrequentes, unregelmäßiges Muster. Je nach Beanspruchung werden unterschiedliche Strukturen des Gehirns aktiviert. Sinkt die Frequenz des EEG bei ansteigender Amplitude, so verringert sich die Aufmerksamkeit, da mehr Neuronen vom Thalamus synchronisiert werden, um gleichzeitig zu agieren.

Die Methode erweist sich als problematisch, da für eine verlässliche Messung sowohl eine Referenzmessung, unter kontrollierter niedriger Stimulation, als auch ein sorgfältiges Anbringen der Elektroden erfordert. Eine Fülle von Artefakten macht eine Auswertung äußerst zeitaufwendig und erfordert Expertenwissen (Stampi und Stone 1995).

12.6.2 Elektrokardiogramm (EKG) HRV

Aus einem Elektrokardiogramm kann die Herzfrequenzrate abgeleitet werden, welche die elektrische Aktivität des Herzens widerspiegelt. Die Herzfrequenz ist die Anzahl der Herzschläge in einem bestimmten Zeitraum. Herzschläge haben eine unterschiedliche Zeitdauer. Aus diesem Grund wird die durchschnittliche Zeitdauer der Herzschläge (Interbeat Intervall IBI) während eines bestimmten Zeitraums erfasst. Dies wird als Herzratenvariabilität bezeichnet. Eine Messung erfolgt mittels drei Elektroden, die an der Brust des jeweiligen Probanden angebracht werden. Für eine Messung zur Erfassung mentaler Beanspruchung wird eine Referenzmessung im Ruhezustand benötigt. Aufgrund dieses Vergleichs und des Abstands zwischen der Herzfrequenz und der Herzratenvariabilität lassen sich Rückschlüsse auf die mentale Beanspruchung ziehen. Jedoch lassen sich, durch die komplexe Beziehung der verschiedenen körperlichen Funktionen, keine absoluten Aussagen treffen. Einschränkungen und Nachteile des Verfahrens sind die Empfindlichkeit für Artefakte in der erhaltenen IBI-Reihe und die Empfindlichkeit gegenüber Änderungen des Atmungsmusters. Eine Artefaktkorrektur ist sehr zeitaufwendig. Ebenfalls ist eine Messung durch die Elektroden und den Aufbau zeit- und arbeitsintensiv. Stabile Ergebnisse können nur mit kontrollierten Laboraufgaben von kurzer Dauer mit relativ hohen Anforderungen an das Arbeitsgedächtnis erzielt werden (Van de Yen 2002).

12.6.3 Blutdruck

Eine weitere Methode zur Beurteilung von Belastungseffekten ist die ambulante Blutdrucküberwachung. Diese Methode wurde für rein klinische Zwecke entwickelt und stellt eine Korrelation zwischen Bluthochdruck und mentaler Belastung dar (Karasek und Theorell 1990). Die Beurteilung der Blutdruckwerte kann nur mit genauen Angaben zur Körperhaltung und motorischen Aktivität zum Zeitpunkt der Blutdruckmessung erfolgen. Dies muss während der gesamten Messung beobachtet werden und der Proband muss durch Fragebögen eine Bewertung seines jeweiligen momentanen psychischen Zustands abgeben. Somit ist diese Methode außerordentlich zeit- und arbeitsintensiv (Fahrenberg und Myrtek 2001).

12.6.4 Hautleitfähigkeit

Elektrische Phänomene der Haut werden unter dem Begriff „elektrodermale Aktivität" zusammengefasst. Dazu gehören galvanische Hautreaktion, periphere autonome Oberflächenpotenziale, Hautpotenzial u.v.m. Die elektrodermale Aktivität kann mit oder ohne Anlegen einer externen Spannung an der Haut gemessen werden. Die Signale sind leicht zu messen und zu interpretieren und beziehen sich ausschließlich auf den Sympathikus. Jedoch lässt diese Methode keine Unterscheidung zwischen verschiedenen Aktivitäten zu, die zu einer Aktivierung des Sympathikus führen. Ein weiterer Nachteil ist die hohe Artefaktanfälligkeit in nicht vollständig kontrollierten Umgebungen. Ebenfalls wird für die Messung ein bestimmter Koppler benötigt und Expertenwissen, um die Daten auszuwerten (Kuehberger und Johnson 2019).

12.6.5 Eyetracking

Die heutzutage meist verwendete Erfassung und Aufzeichnung von Blickbewegungen wird als Eyetracking bezeichnet. Die Physiologie verbindet das Auge mit der Aufmerksamkeit, da es zur Informationsaufnahme dient. Nach Just und Carpenter (1980) ist die Betrachtungsdauer von Objekten eng mit ihrer kognitiven Verarbeitung verbunden (Eye-Mind-Hypothese). Des Weiteren stellten Just und Carpenter die Unmittelbarkeitshypothese auf. Diese besagt, dass die Verarbeitung von visuellen Reizen im Gehirn unmittelbar nach der Aufnahme des visuellen Reizes erfolgt und nicht verzögert. Diese Hypothesen bezeichnen den theoretischen Hintergrund der Verbindung von Aufmerksamkeit und Blickbewegungen (Strohmaier 2014).

Nach Duchowski (2017) können vier verschiedene Methoden der Blickerfassung unterschieden werden:

1. Kontaktlinsenmethode
2. Kombination von Hornhautreflexion und Pupillengeometrie
3. Elektrookulografie
4. Videookulografie

Die am meisten verwendete Methode ist eine videobasierte Kombination von Hornhautreflexion und Pupillengeometrie. Moderne Eyetracking-Systeme lassen sich in zwei Kategorien unterteilen:

- Externe Systeme:
  Dies sind stationäre Geräte, die mit Kameras und mehreren Infrarotlichtquellen ausgestattet sind.

- Mobile Systeme:
Diese beinhalten die gleiche Ausstattung, aber sind tragbar, im Gegensatz zu stationären Systemen. Der Proband kann das System in Form einer Brille mit sich führen.

Die folgenden Parameter sind für eine Untersuchung der Aufmerksamkeit relevant:

- Fixation:
Die Fixation bezeichnet eine gezielte, bewusste Betrachtung eines Objekts. Die Fixationsdauer wird als Maß für Beanspruchung genutzt. Je nach Aufgabentyp können dabei unterschiedliche Aktionen als Beanspruchung interpretiert werden. Verlangt die Aufgabe z. B. schnelles Reagieren, so bedeutet eine kürzere Fixationsdauer eine höhere Beanspruchung.
- Sakkaden:
Als Sakkade beschreibt man die schnelle ballistische Bewegung beider Augen, die zur Erfassung eines neuen Fixationspunkts dient. Während einer Sakkade ist das Auge quasi „blind" und es werden keine Informationen aufgenommen. Die Sakkadenweite kann dazu genutzt werden, Beanspruchung zu messen. So ist, bei einer Verkleinerung des Sichtfelds, eine Korrelation zur Erhöhung der Aufgaben- sowie Stimuluskomplexität zu beobachten. Müdigkeit lässt sich ebenfalls durch die Sakkadengeschwindigkeit messen. Je langsamer eine Sakkade, desto müder ist der Proband (Schneider und Kurt 2000).

Vorteile dieser Methode sind die einfache Anwendung und Auswertung. Die Datenerhebung erfolgt während der natürlichen Informationsbearbeitung und ist nicht-invasiv. Sofern keine starken Kopfbewegungen in der Untersuchung durchgeführt werden müssen, ist ein mobiles Eyetracking für die meisten Aufgabenstellungen geeignet. Die erfassten Daten sind durch moderne Systeme und deren Software leicht auszuwerten.

12.7 Full-Scope-Simulation in der MRK

Probandenversuche, die zur Auslegung von MRK erforderlich sind, erfordern ein spezielles Vorgehen in Experimentdesign und -durchführung. Insbesondere Ablenkung der Probanden durch situative Einflüsse, die nicht Bestandteil des Experiments sind, haben sich in der Vergangenheit als problematisch erwiesen und stellen oft die Reliabilität der Ergebnisse in Frage. Auch nicht situative Einflüsse, wie z. B. die Umweltbedingungen Raumtemperatur oder Lärmkontamination sind hier zu beachten.

Mit dem MRK-Full-Scope-Simulator der Hochschule Niederrhein (Buxbaum et al. 2018) steht ein abgeschlossenes Raum-im-Raum-Experimentiersystem zur Verfügung, mit dem Abläufe in MRK-Systemen inklusive Roboter und Handhabungsgegenständen und einschließlich aller Bedienerfunktionen vollständig nachgebildet werden können. Diese Realsimulation kann dann für Experimente mit einer beliebigen Anzahl von Probanden genutzt werden. Dabei besteht die Möglichkeit, auch situative Einflüsse (Ablenkungen) oder Umweltbedingungen durch Lautsprecher- und Videotechnik gleichartig und zeitgenau zu simulieren und damit für jeden Probanden identische Versuchsbedingungen herzustellen.

Full-Scope-Simulatoren wurden bislang in der Kraftwerkstechnik, insbesondere in der Nukleartechnik, eingesetzt. Eine typische Definition lautet wie folgt (National Nuclear Regulator 2006):

> „A full scope simulator is a simulator incorporating detailed modeling of systems of Unit One with which the operator interfaces with the control room environment. The control room operating consoles are included. Such a simulator demonstrates expected plant response to normal and abnormal conditions."

Dementsprechend versteht man unter einem Full-Scope-Simulator einen Simulator, der das Verhalten des modellierten Referenzsystems (Kraftwerkstechnik: Unit One) simuliert, um die Wechselwirkungen des Bedieners mit dem System zu untersuchen. Die Steuerelemente des Referenzsystems sind Teil der Full-Scope-Simulation. Mit einem solchen Simulator werden die Bediener im Umgang mit den regulären und unregelmäßigen Betriebsbedingungen des Referenzsystems geschult.

Im Kraftwerksbetrieb wird eine ständige und effektive Schulung der Bediener gefordert. Dabei ist das Ziel, die Kraftwerke sicher und effizient zu betreiben. Viele wichtige Teile der Schulungsprogramme werden dabei durch solche Full-Scope-Simulatoren durchgeführt. Diese Schulungsprogramme sollen die Entscheidungsfähigkeit und Analysekompetenz der Bediener erhöhen und diese auf Probleme vorbereiten, die beim Betrieb der eigentlichen Anlage auftreten können (Tavira-Mondragon und Cruz-Cruz 2011). Full-Scope-Simulatoren sind dabei als ein effektives Werkzeug für die Bedienerschulung anerkannt und werden insbesondere für Kernkraftwerke eingesetzt.

Durch den Einsatz einer Vielzahl von verschiedenen Mensch-Maschine-Schnittstellen ist der Mensch direkt in die Simulationsprozesse eingebunden. Es besteht ein kausaler Zusammenhang zwischen menschlichen Handlungen und den daraus resultierenden Systemzuständen. Neben der Verbesserung der Bedienerleistung durch Trainingsprogramme werden Full-Scope-Simulatoren auch eingesetzt, um die Sicherheit und Zuverlässigkeit von Anlagen und Personen zu verbessern und die Betriebskosten zu senken. Darüber hinaus sind auch industrielle und psychologische Aspekte (Human Factors) Teil der Full-Scope-Simulationen. Dazu gehören z. B. Aufmerksamkeitskontrolle und Situationsbewusstsein. Buxbaum et al. (2018) zeigen, dass die Full-Scope-Simulation sich auch im Bereich der MRK einsetzen lässt, um Probandenversuche durchzuführen und diese zu evaluieren.

12.8 Experimentaldesign

Das geplante Experiment soll in Probandenversuchen einen möglichen Zusammenhang zwischen den in Abschn. 12.3 dargestellten Standardbewegungsbahnen der Robotik und dem Situationsbewusstsein aufzeigen und darstellen, ob die jeweiligen Bewegungen erwartungskonform sind. Hierzu werden die folgenden Hypothesen aufgestellt:

1. Linear interpolierte Bewegungen erlauben ein höheres Situationsbewusstsein als PTP-Bewegungen.
2. Zirkular interpolierte Bewegungen erlauben ein höheres Situationsbewusstsein als PTP-Bewegungen.
3. Je höher die Erwartungskonformität, desto höher ist das Situationsbewusstsein.

Dazu wird im Full-Scope-Simulator ein Experiment mit einem KUKA Leichtbauroboter LBR iiwa aufgebaut. Hintergrund des Experiments ist ein MRK-Arbeitsplatz zur Kommissionierung empfindlicher Kleinteile für den Versand.

Der Experimentablauf ist wie folgt geplant: Der Roboter LBR iiwa entnimmt die zu kommissionierenden Kleinteile entsprechend einer elektronischen Kommissionsliste aus einem Magazin und platziert diese auf vorgegebene Ablagepositionen am Kommissionierplatz. Als Magazin wird in dem Experiment eine Förderrutsche eingesetzt, aus der der Roboter LBR iiwa verschiedene Teile für die Kommission entnehmen kann. Die Ablagepositionen befinden sich im gemeinsamen Arbeitsbereich von Mensch und Roboter, daher besteht hier die Möglichkeit ungewollter Kollisionen. Das Experimentaldesign ist in Abb. 12.2 schematisch dargestellt.

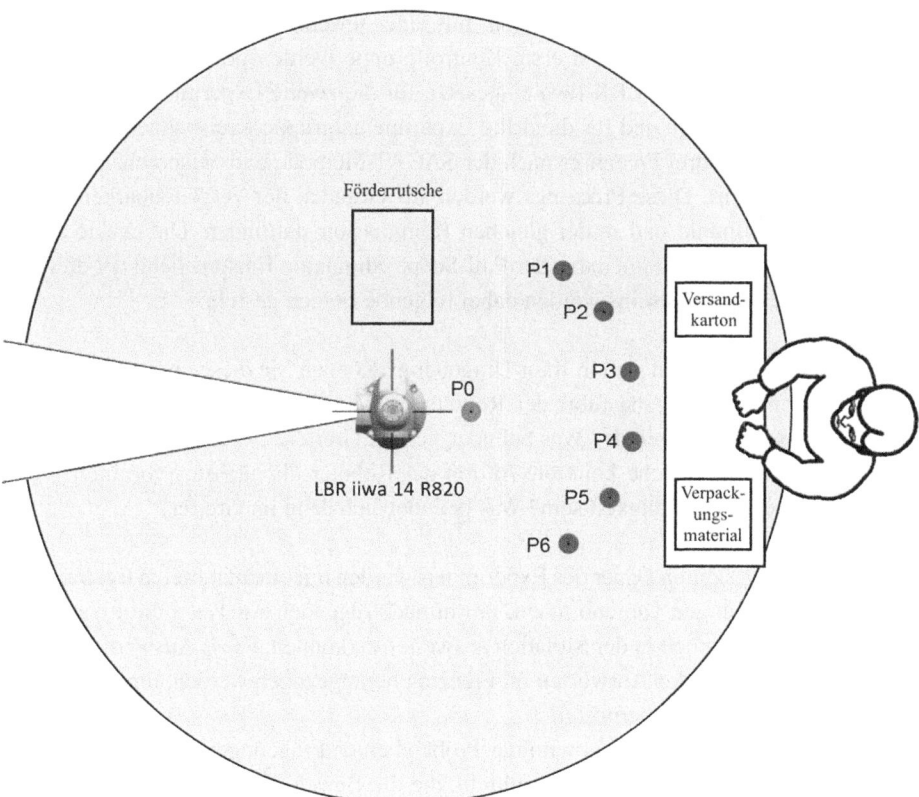

Abb. 12.2 Experimentaldesign

Parallel zur Bereitstellung der Teile durch den Roboter nimmt der Proband, in seiner Rolle als Packer, jeweils ein Teil von seiner Ablagepositionen, verpackt dieses einzeln in Packpapier und positioniert das verpackte Teil in einem Versandkarton. Den Vorgang wiederholt der Packer solange, bis die Kommission vollständig gepackt ist.

In die Versandkartons können maximal 6 Teile gepackt werden, die Kommissionen sind jedoch flexibel, also weder von der Teileanzahl noch von der Teileauswahl identisch. Es stehen 6 Ablagepositionen zur Verfügung, so dass der Roboter eine komplette Kommission vorbereiten kann. Der Packer kann unabhängig vom Roboter arbeiten; es empfiehlt sich jedoch im Hinblick auf die Packzeiten, dass Packer und Roboter parallel arbeiten.

Wenn alle Teile der Kommission in den Versandkarton gepackt sind, bestätigt der Packer die Packliste auf seinem Bildschirm, entnimmt einen Barcode, positioniert diesen außen auf dem Versandkarton, verklebt den Karton und stellt diesen auf einen Wagen, zur Abholung durch den Versand. Während dieser manuellen Tätigkeit beginnt der Roboter bereits mit der nächsten Kommission und platziert wieder bis zu 6 Teile auf den Ablagepositionen. Weder die Reihenfolge dieser Positionierung noch die genaue Zusammenstellung der Kommission ist zu diesem Zeitpunkt dem Packer bekannt. Er weiß also nicht, was genau der Roboter aktuell tut und wie viele Packstücke in welcher Reihenfolge positioniert werden.

Das Experiment wird in drei Gruppen, mit einer jeweils ausgewogenen Anzahl von Probanden, durchgeführt. Für die erste Kontrollgruppe werden grundsätzlich nur PTP-Bewegungen des Roboters LBR iiwa eingesetzt, für die zweite Experimentalgruppe ausschließlich Linearbahnen und für die dritte Experimentalgruppe Kreisbahnen. Es werden für jeden Probanden drei Freezings nach der SAGAT-Methode und entsprechende Befragungen durchgeführt. Diese Freezings werden aus Gründen der Vergleichbarkeit immer zum gleichen Zeitpunkt und in der gleichen Kommission stattfinden. Die exakte Steuerung der Freezings übernimmt dabei der Full-Scope-Simulator. Entsprechend der drei Stufen des Situationsbewusstseins werden dabei folgende Fragen gestellt:

1. Welche Dinge befinden sich in Ihrer Umgebung? Können Sie diese beschreiben?
2. Welche konkrete Aufgabe führt der Roboter im Moment aus? Wo befindet sich der Greifer des Roboters gerade? Was befindet sich im Greifer?
3. Was glauben Sie, welche konkrete Aktion der Roboter als nächstes vornimmt? Was wird das Ziel dieser Tätigkeit sein? Was befindet sich dann im Greifer?

Während der gesamten Dauer des Experiments werden mit einem mobilen Eyetracking-System Aufzeichnungen vorgenommen, um in nachfolgenden Analysen die Fixation als Indikator der Bewusstheit in der Situation auswerten zu können. Diese Auswertungen sollen zum Vergleich mit den Antworten im Freezing herangezogen werden, um sie nach ihrer Übereinstimmung zu überprüfen.

Nach Ablauf des Experiments wird der Proband einen Fragebogen ausfüllen. Ziel dieser Evaluation ist, eine Aussage zu ermitteln, die die Bewegungen des Roboters und die Gesamtsituation in einen erwartungskonformen Zusammenhang stellt.

Die Durchführung des Experiments ist noch in Planung. Derzeit wird am Experimentaufbau, der Einrichtung und Programmierung des Roboters und der Probandenakquisition gearbeitet. Erwartet wird, dass ein Zusammenhang von Situationsbewusstsein und Erwartungskonformität gezeigt werden kann. Ziel ist es, geeignete Bahnplanungen für die Roboterbewegungen einzusetzen, die es durch eine bessere Erwartungskonformität erlauben, ein hohes Maß an Situationsbewusstsein zu erzeugen.

Vorausblickend kann gesagt werden, dass die Stufe 3 des Situationsbewusstseins nach Abb. 12.1 (Prognose) sich in diesem Zusammenhang voraussichtlich als der wichtigste Indikator für die Erwartungskonformität und die Verständlichkeit der Aktivitäten des Roboters herausstellen wird. Auf der Untersuchung dieses Indikators wird daher ein Hauptaugenmerk liegen.

Literatur

Buxbaum, H., Kleutges, M., & Sen, S. (2018). Full-scope simulation of human-robot interaction in manufacturing systems. In *IEEE winter simulation conference*, Gothenburg.

DIN. (2008). *DIN EN ISO 9241 Ergonomie der Mensch-System-Interaktion – Teil 110: Grundsätze der Dialoggestaltung (ISO 9241-110:2006); Deutsche Fassung EN ISO 9241-110:2006*. Berlin: Beuth.

DIN. (2011). *DIN EN ISO 26800:2011-11 Ergonomie – Genereller Ansatz, Prinzipien und Konzepte (ISO 26800:2011); Deutsche Fassung EN ISO 26800:2011*. Berlin: Beuth.

DIN. (2017). *DIN ISO/TS 15066:2017-04; DIN SPEC 5306:2017-04 DIN SPEC 5306:2017-04 Roboter und Robotikgeräte – Kollaborierende Roboter (ISO/TS 15066:2016)*. Berlin: Beuth.

Duchowski, A. T. (2017). *Eye tracking methodology* (3. Aufl.). Cham: Springer AG.

Endsley, M. R. (1988). Design and evaluation for situation awareness enhancement. *Proceedings of the Human Factors Society 32nd Annual Meeting, 32*, 97–101.

Endsley, M. R. (1995). Measurement of situation awareness in dynamic systems. *Human Factors, 37*, 65–84.

Endsley, M. R., & Smith, R. P. (1996). Attention distribution and decision making in tactical air combat. *Human Factors, 38*, 232–249.

Fahrenberg, J., & Myrtek, M. (2001). *Progress in ambulatory assessment*. Seattle: Hogrefe & Huber.

Goldstein, E. B. (2008). *Wahrnehmungspsychologie – Der Grundkurs* (7. Aufl.). Berlin: Springer.

Hacker, W., & Sachse, P. (2014). *Allgemeine Arbeitspsychologie. Psychische Regulation von Tätigkeiten* (3. Aufl.). Göttingen: Hogrefe.

Heßler, M. (2014). Die Halle 54 bei Volkswagen und die Grenzen der Automatisierung. Überlegungen zum Mensch-Maschine-Verhältnis in der industriellen Produktion der 1980er-Jahre. *Zeithistorische Forschungen/Studies in Contemporary History, 11*, 56–76.

IFR. (2018a). Roboter-Absatz in fünf Jahren verdoppelt – World robotics report. https://ifr.org/downloads/press2018/2018-10-10_PM_IFR_WR_2018_Industrieroboter_DE.pdf. Zugegriffen am 11.10.2019.

IFR. (2018b). Roboterdichte steigt weltweit auf neuen Rekord – International Federation of Robotics. https://www.presseportal.de/pm/115415/3861707. Zugegriffen am 18.07.2019.

Just, M. A., & Carpenter, P. A. (1980). A theory of reading: From eye fixations to comprehension. *Psychological Review, 87*, 329–354.

Karasek, R. A., & Theorell, T. (1990). *Healthy work: Stress, productivity and the reconstruction of working life*. New York: Basic Books.

Kuehberger, A., & Johnson, J. G. (2019). *A handbook of process tracing methods* (2. Aufl.). Bembo: Newgen Publishing.

Mack, A., & Rock, I. (1998). *Inattentional blindness* (In Psyche Journal). Cambridge: Massachusetts Institute of Technology.

National Nuclear Regulator. (2006). Requirements for the full scope operator training simulator at Koeberg nuclear power station. Licence-Document-1093.

Schneider, G., & Kurt, J. (2000). *Zur Rolle der Blicksteuerung in den Rehabilitations-wissenschaften.* Berlin: Humboldt Universität zu Berlin.

Stampi, C., & Stone, P. (1995). A new quantitative method for assessing sleepiness: The alpha attention test. *Work Stress, 9*, 368–376.

Strohmaier, S. (2014). *Visuelle Analyse von Eyetracking-Experimenten mit einer Vielzahl von AOI.* Stuttgart: Universitätsbibliothek Stuttgart.

Tausch, A. (2018). Aufgabenallokation in der Mensch-Roboter-Interaktion. 4. Workshop Mensch-Roboter-Zusammenarbeit. Bundesanstalt für Arbeitsschutz und Arbeitsmedizin, Posterpräsentation, Dortmund.

Tavira-Mondragon, J., & Cruz-Cruz, R. (2011). *Development of power plant simulators and their application in an operators training center.* New York: Springer AG.

Van de Yen, T. (2002). Getting a grip on mental workload, PhD Thesis, Catholic University Nijmegen.

Weber, W. (2017). *Industrieroboter* (3. Aufl.). Leipzig: Carl Hanser.

Wischniewski, S., Rosen, P. H., & Kirchhoff, B. (2019). Stand der Technik und zukünftige Entwicklungen der Mensch-Roboter-Interaktion. Präsentiert auf dem 65. Kongress der Gesellschaft für Arbeitswissenschaft, Dresden.

Sumona Sen ist wissenschaftliche Mitarbeiterin am Fachbereich Wirtschaftsingenieurwesen und Laboringenieurin in den Laboren Robotik und Human Factors Engineering der Hochschule Niederrhein in Krefeld. Sie ist Bachelor of Science (Wirtschaftsingenieurwesen) und forscht seit ihrem Studienabschluss als Master of Science (Human Factors Engineering) an Themen der Mensch-Roboter-Kollaboration.

Antizipierende interaktiv lernende autonome Agenten

Kognitive Modellansätze für eine Realisation von gegenseitiger Antizipation in der Mensch-Roboter-Kollaboration

Nele Rußwinkel

Zusammenfassung

Bisher ist die Zusammenarbeit von Menschen mit autonomen Agenten noch sehr eingeschränkt und künstlich. Um zu einer möglichst natürlichen Zusammenarbeit in der Mensch-Roboter-Kollaboration zu kommen, werden Ansätze benötigt, die auf den menschlichen Fähigkeiten der Antizipation anderer fußen. Der Frage wird nachgegangen, wie der Mensch in der Lage ist, Kollaborationspartner zu antizipieren und mit ihnen indirekt zu kommunizieren. Weitere Fragen sind, wie mögliche kritische Situationen vorhergesehen werden können und wie eine flexible Aufgabenallokation realisiert werden kann. Die Integration kognitiver Modellansätze kann einem autonomen Agenten antizipative Fähigkeiten verleihen. Vorgestellt werden hierzu Umsetzungen mentaler Modelle spezifischer Situationen (1), spezielle Eigenschaften des Kooperationspartners (2) als auch der möglichen Handlungen und deren Auswirkungen des Agenten selbst (3). Es werden Beispiele aus dem Feld der kognitiven Assistenz herangezogen, in welcher ebenfalls Kollaborationspartner antizipiert werden. Des Weiteren ist die Fähigkeit, schnellere und flexiblere Lernformen zu verwenden, gegeben. Die Integration kognitiver Systemansätze in autonome Systeme könnte einige derzeit bestehende Probleme, wie die fehlende Transparenz und Anpassung an die Nutzer, weitreichend lösen.

N. Rußwinkel (✉)
Technische Universität Berlin, Berlin, Deutschland
E-Mail: nele.russwinkel@tu-berlin.de

13.1 Einleitung

Wir sind noch weit entfernt von einem natürlichen Zusammenwirken von Mensch und Roboter. Bisher sind die Handlungsspielräume für die meisten Arbeitskontexte größtenteils deutlich voneinander getrennt. In vielen Einsatzbereichen, wie z. B. der Pflege, bewegen sich Roboter sehr langsam, um die Sicherheit der Nutzer zu gewährleisten. Arbeiten Mensch und Roboter nah beieinander, sind die Aufgaben klar zugeteilt. Auch wenn hier, aufgrund eines geteilten Arbeitsraums, schon von einer Kollaboration gesprochen wird (Onnasch et al. 2016) und gemeinsame Ziele identifiziert werden können (z. B. ein Werkstück zu fertigen), ist noch keine natürliche Zusammenarbeit erkennbar. In diesem Text wird der übergeordneten Frage nachgegangen, über welche Fähigkeiten ein Roboter verfügen muss, um in der Lage zu sein, den Nutzer auch in unbekannten Situationen sinnvoll unterstützen zu können. Diese recht umfangreiche Frage wird auf zwei Teilfragen heruntergebrochen:

1. Welche Voraussetzungen müssen erfüllt sein, um eine flexible Kollaboration von Mensch und Roboter realisieren zu können, indem die Absichten des anderen abgeleitet werden und die nächsten Handlungsschritte antizipiert werden können?
2. Über welche Fähigkeiten muss ein Roboter verfügen, um durch die Interaktion mit einer dynamischen Umwelt und der Beobachtung von Prozessen flexibel neue Aufgaben erlernen zu können? Für beide Fragen ist es notwendig zu erörtern, welche kognitiven Mechanismen diesen menschlichen Fähigkeiten zugrunde liegen, und ob diese kognitiven Mechanismen modelliert und auf autonome Systeme übertragen werden können?

Offensichtlich benötigen wir Modellansätze, die eine Form von Verstehen eigener und fremder Handlungen in einer Situation über deren Resultate ermöglichen.

Bisher verfügen autonome Agenten nicht über eine Instanz des „Verstehens", sie sind nicht in der Lage „den Sinn von etwas zu erfassen". Warum und mit welchem Ziel wird etwas getan und mit welchen Handlungen werden welche Veränderungen in der Umgebung verursacht? Diese Fragen müssen von einem Roboter beantwortbar sein, wenn dieser auch in neuen Situationen flexibel agieren soll. Wenn ein Mensch mit einem anderen Menschen zusammen eine Aufgabe bearbeiten möchte, müssen beide über eine Vorstellung des gemeinsamen Ziels verfügen und beide müssen ihre Aufgabe gemeinsam koordinieren – selbst dann, wenn zu Beginn noch nicht klar ist, welche Arbeitsschritte notwendig sind und wer welche Teilaufgaben übernimmt. Bisherige Verfahren, einem Roboter eine neue Aufgabe beizubringen, umfassen hauptsächlich zahlreiche Beispiele der exakten Handlungsabfolge bzw. die direkte Programmierung dieser. Diese Form des Lernens ist aufwendig und baut auf einer festen Sequenz von Handlungsanweisungen auf.

Wünschenswert wäre, dass ein Roboter lernt zu verstehen, warum welcher Handlungsschritt wie ausgeführt werden muss, wie diese Handlungsschritte variieren können und worin das eigentliche Ziel besteht.

Ziel dieses Textes ist es, aufzuzeigen, wie Robotern bzw. autonomen Agenten eine einfache Form des „Verstehens" verliehen werden kann, welche Vorteile dies bringt und inwiefern sich die Interaktion mit autonomen Agenten durch derartige Ansätze verändern wird.

Der Ansatz, der in diesem Text vorgestellt wird, beschränkt sich zunächst auf das Verstehen des Kooperationspartners in einer Aufgabe und auf das Verstehen beim Lernen neuer Aufgaben. Es geht nicht darum, einen Menschen nachzubauen. Wir Menschen verfügen über zahlreiche kognitive Fähigkeiten, die es uns ermöglichen, unser Gegenüber auf verschiedenen Ebenen zu verstehen und selbst aus Einzelereignissen zu lernen. Menschen sind Spezialisten darin, andere zu verstehen und zeitnah neue Aufgaben und Gefahren zu identifizieren. Die Wissenschaft beginnt gerade erst, Stück für Stück die einzelnen Mechanismen, die hier eine Rolle spielen, zu identifizieren. Aber bereits wenige einfache Mechanismen dieser komplexen Fähigkeiten würden autonomen Agenten einen sehr viel größeren und flexibleren Aktionsradius verleihen und eine völlig neue Art der Mensch-Roboter-Kollaboration ermöglichen.

Um ein enges Zusammenwirken zu realisieren, welches auf dem Verstehen des anderen basiert, müsste der autonome Agent über drei Repräsentationsformen verfügen. Der Agent sollte über (1) einfache Repräsentationen der Situation des menschlichen Partners verfügen, dies beinhaltet das aktuelle Ziel oder Teilziel, die hierfür relevanten wahrgenommenen Informationen und der nächste Handlungsschritt. Der Agent sollte über (2) eine Repräsentation der individuellen Eigenschaften des Partners verfügen. Dies beinhaltet, über welche besonderen Fähigkeiten oder Einschränkungen der Partner verfügt, und in welchem emotionalen Zustand er sich befindet (z. B. Stress, Überraschung oder Zufriedenheit). Die letzte Repräsentation (3) umfasst den Agenten selbst. Was hat der Agent für eine Vorstellung bzw. Information von der Situation (evtl. im Unterschied zum Partner). Was kann der Agent in seinem Umfeld für Handlungen ausführen, die für das Ziel relevant sind.

Zunächst soll dargelegt werden, welche Art der Zusammenarbeit von Mensch und Roboter langfristig anvisiert werden soll, bevor auf mögliche konkrete Modellformen eingegangen wird, die das Potenzial haben, dies zu realisieren. Im Anschluss wird das Thema interaktives Lernen und die hierfür notwendigen Ansätze erörtert.

13.2 Vision eines natürlichen Zusammenwirkens von Mensch und Roboter

Es herrscht eine Vorstellung von Robotern der Zukunft vor, die in der Lage sind, unkompliziert mit uns Menschen zu interagieren. Diese Interaktion würde von einem Menschen als natürlich wahrgenommen werden und benötigt kein langwieriges Training des Nutzers. Menschen sind in der Lage, sich auf unterschiedlichste natürliche Agenten einzustellen, wie z. B. Kinder und Tiere. Dies fällt uns Menschen leichter, als uns an künstliche Systeme anzupassen, was eine umfangreiche Anpassung des Nutzers an das technische System fordert. Interaktionen mit natürlichen Agenten beinhalten normalerweise ein gegenseitiges Anpassen, bzw. wird versucht, dieses zu erlangen. Derartigen Interaktionen liegt normalerweise die Bemühung zugrunde, ein gegenseitiges Verständnis aufzubauen. Es wäre wünschenswert, dies auch für die Interaktion mit Robotern umzusetzen. In diesem Falle versteht der Nutzer die unmittelbaren Ziele des Roboters; gleichzeitig hat der Roboter eine Vorstellung der unmittelbaren Situation und der Ziele des Nutzers. Beide sind in der Lage, sich gegenseitig zu unterstützen, ohne dass umfangreiche explizite Instruktionen notwendig sind. Ist etwas unklar, gibt es verschiedene Wege diesen Punkt hervorzuheben und eine Antwort bzw. eine Lösung zu generieren; sei dies nun in expliziter oder impliziter Form. Möchte ein Agent einen anderen auf etwas hinweisen, reicht es oft in der Handlung innezuhalten und den Blick auf den Ort des Problems zu richten.

Zum jetzigen Zeitpunkt sind wir weit entfernt davon, Systeme zu bauen, die den Menschen verstehen, Handlungen antizipieren könnten und den Menschen bei seiner Aufgabe unterstützen können. Doch was genau beinhaltet eine gute Kollaboration zwischen zwei Agenten?

13.2.1 Was macht eine gute Mensch-Roboter-Kollaboration aus?

Bisherige Taxonomien der Art der Mensch-Roboter-Interaktion (Onnasch et al. 2016) unterscheiden zwischen Ko-Existenz, Kooperation und Kollaboration bei der Zusammenarbeit von Mensch und Roboter. Ersteres beschreibt ein episodisches Zusammentreffen von Mensch und Roboter, ein gemeinsames Ziel liegt dem Treffen nicht zugrunde. Bei der Kooperation wird auf ein gemeinsames übergeordnetes Ziel hingearbeitet, aber die Handlungen sind nicht unmittelbar voneinander abhängig, da es eine klare Aufgabenteilung gibt. Die Kollaboration hingegen beschreibt eine direkte Zusammenarbeit von Mensch und Roboter mit einer gemeinsam verfolgten Zielstellung und auch mit gemeinsamen Unterzielen, d. h. auch Teilhandlungen werden gemeinsam durchgeführt und erfordern eine unmittelbare Koordination der Handlungen. Die Zuteilung von Teilaufgaben erfolgt situationsangepasst während der Zusammenarbeit. Es geht hier um die Schaffung und Nutzung von Synergien.

Nach dieser Definition von Kollaboration ist die Zusammenarbeit situationsabhängig und es existiert im Vorfeld keine klare Aufgabenteilung. Diese Voraussetzungen erfordern bereits ein gegenseitiges Verstehen, zumindest der unmittelbaren Unterziele und Erfordernisse, als auch das Antizipieren der nächsten Handlungsschritte. Wie lässt sich ein solches Ziel umfassend realisieren? Und welche Anforderungen stehen je nach Aufgabe im Vordergrund?

In (Fiebich 2018) wird ein detaillierter Ansatz vorgestellt, um die Zusammenarbeit von Mensch und Roboter je nach Aufgabenanforderung einzuordnen (sie verwendet den Begriff „Kooperation" für eine Form der Zusammenarbeit, die wir hier unter „Kollaboration" eingeführt haben). Die Autorin stellt einen drei-dimensionalen Ansatz vor, um die jeweiligen Anforderungen einer gelungenen Mensch-Roboter-Kooperation festzulegen. Jedes kooperative Phänomen kann auf einem Kontinuum von drei Achsen beschrieben werden: der verhaltensbasierten Achse, der kognitiven Achse und der affektiven Achse. Im Rahmen einer Aufgabe kann auf der verhaltensbasierten Achse eine koordinativ aufwendige oder weniger aufwendige Aktion erforderlich sein. Ebenso kann eine Situation kognitiv aufwendigere Verarbeitungen erfordern als eine andere. Aufwendigere kooperative Aktivitäten involvieren geteilte Intentionen, die auch kognitive Fähigkeiten wie „Theory of Mind" erfordern. Einfachere kognitive Aktivitäten erfordern eher eine „Intentional Joint Attention" (die Intention wird durch eine gemeinsame Blicklokation ausgedrückt, bzw. verstanden). Des Weiteren ist es relevant, die affektive Anforderung zu betrachten, da ein geteilter affektiver Zustand die Kooperation nachhaltig verbessert, evtl. die Intentionen und Motivation leichter geteilt werden können.

Die notwendigen Anforderungen bezüglich der drei Achsen an den Roboter werden nach diesem Ansatz in Abhängigkeit der vorliegenden Aufgabe definiert. Kognitiv komplexere Fähigkeiten werden benötigt, um aufwendigere Aufgaben gemeinsam zu bearbeiten. Genauso ist es z. B. anhand von dem Erkennen und Interpretieren von Emotionen möglich, eine feinere Abstimmung auf nonverbaler Ebene durchzuführen. Es ist wichtig zu erwähnen, dass nicht das reine Erkennen von Emotionen zu einer besseren Zusammenarbeit führen, sondern der Bezug des affektiven Zustandes zu der jeweiligen Situation und den erfolgten oder geplanten Handlungen.

Des Weiteren sind nicht für jede Aufgabe die aufwendigsten koordinativen, kognitiven und affektiven Fähigkeiten des autonomen Agenten gefordert. Jedoch sind einfache antizipative Fähigkeiten notwendig, um die Fähigkeiten der drei genannten Dimensionen umsetzen zu können.

Kinder sind z. B. erst ab einem Alter von etwa 6 Jahren in der Lage, sich in eine andere Person hineinzuversetzen und zu aufwendigen „kognitiven Prozessen" fähig, die die Theory of Mind postuliert (Fodor 1992; Mahy et al. 2014). Doch bereits kleinere Kinder und auch Tiere, wie z. B. Schimpansen (Premack und Woodruff 1978) sind in der Lage, kooperatives Verhalten zu zeigen. Diese einfacheren kognitiven Mechanismen sind demnach die besser umzusetzenden Ansätze für einen kollaborierenden autonomen Agenten, wie später im Text erläutert wird.

13.2.2 Was macht eine gute Mensch-Roboter-Interaktion der Zukunft aus?

Bei der Entwicklung einer zunehmenden Verbindung von Mensch und Roboter lassen sich nach Buxbaum und Sen (2018) bisher zwei verschiedene Arten von Unterstützungssystemen unterscheiden. Zum einen sind dies technische Systeme, die eine Person substituieren und dadurch zu einer Entlastung führen. Hierbei führt die Technik die Aufgabe für den Menschen aus. Die zweite Art technischer Systeme ersetzt nicht den Menschen, sondern unterstützt bei der Ausführung seiner Aufgabe. Hierbei behält der Mensch die Kontrolle über die Abläufe.

Doch für ein entsprechend gelungenes Zusammenwirken von Mensch und Roboter sollte es eine dritte Art von Unterstützungssystemen geben: Technische Systeme, die den Menschen ebenfalls nicht ersetzen, sondern bei der Ausführung ihrer Aufgaben unterstützen. Diese Unterstützung basiert jedoch auf einem gegenseitigen Verständnis. Die Kontrolle über die Abläufe wechselt hier flexibel zwischen Mensch und Roboter, je nachdem, wie die Situation es gerade fordert (dieser Punkt wird in einem späteren Abschnitt genauer erläutert). Der Kooperationspartner wird jeweils mitgeplant. Der Mensch sollte nach wie vor das Vorrecht haben, über den Abbruch der Aufgabenbearbeitung zu entscheiden bzw. andere wichtige Entscheidungen zu treffen.

Bisher wird der Mensch in Bezug auf halbautonome Systeme häufig als Störfaktor gesehen. Der Mensch macht Fehler, ist nicht perfekt vorhersehbar, darf nicht verletzt werden, hat begrenzte Muskelkraft und ermüdet schnell. Auf der anderen Seite verfügt der Mensch über Fähigkeiten, die nicht von technischen Systemen übernommen werden können. Menschen können aus Einzelereignissen lernen, abstrahieren und ihr Wissen auf neue Bereiche transferieren. Menschen können sehr gut andere Menschen antizipieren und sich in sie hineinversetzen und somit besser unterstützen bzw. passend Hilfe anbieten und frühzeitig Fehler vorhersehen. Menschen können sich auf Relevantes konzentrieren, d. h. sie filtern relevante Informationen von irrelevanten. Diese Fähigkeit kann zwar manchmal dafür sorgen, dass auch Informationen übersehen werden. Aber diese Fähigkeit hilft auch, relevante Faktoren in den Fokus zu stellen und bietet die Grundlage dazu, relativ schnell neue Aufgaben zu lernen oder Erwartungen aufzubauen und Prozesse zu antizipieren. Für ein erfolgreiches Zusammenwirken von Mensch und Roboter wäre es wichtig, diese unterschiedlichen Fähigkeiten sinnvoll zu kombinieren und die entstehende Synergie zu nutzen. Hierfür sind nach den bisherigen Überlegungen vier Voraussetzungen notwendig:

1. Das halbautonome System sollte die Eigenarten menschlicher Informationsverarbeitung in einem gewissen Ausmaß antizipieren können (d. h. zwischen Zeitdauern unterscheiden können, die für die Informationsverarbeitung notwendig sind und Zeiträumen, die auf Probleme hindeuten).
2. Auch das halbautonome System sollte von der Seite des Menschen her antizipierbar sein. Das heißt, zielführende Bewegungen sollten identifizierbar und Intentionen erkennbar sein.
3. Das halbautonome System sollte in der Lage sein zu begreifen, welche Manipulationen es in der Umwelt verursachen kann (d. h. eine Vorstellung des Active Self).
4. Das halbautonome System sollte abstraktes Wissen über wichtige Prinzipien der Welt verfügen, um aus der Umwelt relevante Zusammenhänge schnell ableiten zu können und Vorwissen anwenden zu können (Lake et al. 2017). Beispiele solcher Weltmodelle könnten sein, dass auf eine Aktion meist eine Reaktion folgt. Und wenn eine Aktion nicht zu der gewünschten Reaktion führt, man eine andere ausprobiert, oder bevorzugt das Gegenteil der zuvor gewählten Aktion versucht.

13.2.3 Beispiel einer antizipierenden Mensch-Roboter-Kollaboration

Das folgende Beispiel soll ein konkreteres Bild davon zeichnen, wie eine Mensch-Roboter-Kollaboration mit den oben genannten Fähigkeiten aussehen könnte.

Das Ziel eines solchen Systems wäre es, als eine „Dritte Hand" für den Menschen agieren zu können. Dies bedeutet, dort zu unterstützen, wo es der Kollaborationspartner gerade wünscht, ohne umständliche Erklärungen. Voraussetzung hierfür ist ein Verständnis des gemeinsamen Ziels und sich ergebender Unterziele, als auch die fehlenden Ressourcen bei einer Aufgabenbearbeitung (z. B. eine dritte Hand zusätzlich zum Halten oder ein fehlendes Auge, um etwas sehen zu können, das verdeckt ist) des anderen aus der Situation und den Zielen abzuleiten. Des Weiteren ist es notwendig, die Möglichkeiten zu reflektieren, ob und wie der autonome Agent in dieser Situation unterstützen könnte. Das bedeutet, dass man bei einem unterspezifizierten Ziel – z. B. beim Bau eines Gartenschuppens ohne Anleitung, auf ein gegenseitiges Verstehen angewiesen ist. Explizierte Kommunikation ist teilweise zu aufwendig und langwierig für derartige interaktive Aufgaben, daher geht es hier eher um eine implizite Kommunikation, die unmittelbar erfolgt und schnell verstanden werden kann. Die oben genannten vier Voraussetzungen werden nun anhand von beispielhaften Umsetzungen konkretisiert:

1. Der Roboter müsste verstehen, dass der Mensch etwas sucht, wenn der Blick hin und her wandert und das gerade erforderliche Werkzeug nicht gesehen wird (da es z. B. verdeckt ist und nur von der Roboterperspektive aus sichtbar ist). Hierfür wird eine Situation erkannt und die Intention des Partners kann direkt abgeleitet werden.
2. Wenn der Roboter sich auf das Werkzeug zubewegt, sollte zum einen die Bewegung antizipierbar sein, so dass der Mensch nicht gefährdet wird. Zusätzlich sollte der Blick des Roboters beispielsweise auf das Werkzeug gerichtet sein, um das Ziel der Bewegung zu kommunizieren. Hat der menschliche Kollaborationspartner dann ebenfalls den Blick auf das Ziel gerichtet, weiß der Roboter, dass diese Information verstanden wurde. Dies sind Formen impliziter Kommunikation und der Roboter zeigt antizipierbares Verhalten für den Kollaborationspartner.
3. Wenn Grenzen des Menschen erkannt werden (z. B. etwas ist zu schwer), sollte dies reflektiert und die Aufgabe unkompliziert übernommen werden. Hierfür ist eine Simulation der nächsten Aufgabenschritte erforderlich, unter Berücksichtigungen von physischen und kognitiven Charakteristiken.
4. Für neuartige Situationen sollte abstraktes Wissen über wichtige Prinzipen der Welt zur Verfügung stehen, insbesondere im Rahmen des anvisierten Aufgabenrahmens. So können relevante Zusammenhänge neuer Situationen und Handlungsalternativen entwickelt werden. So ist es beispielsweise meist sinnvoll, erst große Teile zusammenzubauen und dann kleinere Arbeiten daran vorzunehmen oder den Boden für Fixierungsarbeiten zur Stabilisierung zu nutzen. Diese Art Vorwissen soll hier mit Weltmodellen umschrieben werden.

Mit diesen vier Ansätzen wäre es möglich, viele bestehende Probleme aus dem Feld der Mensch-Roboter-Kollaboration direkt zu adressieren. Um Roboter mit diesen Fähigkeiten auszustatten, stellt sich die Frage, wie genau Menschen in der Lage sind, andere zu antizipieren. Welche kognitiven Mechanismen eignen sich dazu, diese Fähigkeiten zu erklären und können wir diese Mechanismen algorithmisch beschreiben?

13.3 Kognitive Mechanismen zur Antizipation Anderer

13.3.1 Mentale Modelle

Viele der oben genannten Modelle und Repräsentationen beziehen sich auf das übergeordnete Konzept von mentalen Modellen. Ein mentales Modell ist die Repräsentation eines Gegenstandes (bzw. technischen Gerätes) oder eines Prozesses. Da Lebewesen dazu neigen, die in der Welt vorhandene Information stark zu filtern, kann ein mentales Modell immer nur ein Ausschnitt der Wirklichkeit sein, und auch nur so kann es sinnvoll auf ähnliche Situationen angewandt werden. Bei „guten" mentalen Modellen bleiben die relevanten Aspekte, insbesondere ihre Struktur, erhalten.

Es gibt viele theoretische Ansätze zu mentalen Modellen, doch wie werden mentale Modelle aufgebaut, verwendet oder verändert? Ein reduzierter und gut anwendbarer Ansatz stellt der CER des Cycle-of-Model-Updation-for-Decision-Making-Ansatzes dar (Li und Maani 2011). CER steht für Conceptualization-Experimentation-Reflection. Für die Conceptualization-Phase wird ein Verständnis bzw. eine Beschreibung der aktuellen Situation (in Form einer Repräsentation) herangezogen und mental das Ergebnis einer potenziellen Entscheidung bzw. die in Bezug stehende Handlung simuliert. Während der Experimentation-Phase werden eine Entscheidung bzw. Interventionen, die aus dem mentalen Modell abgeleitet wurden, ausgewählt und getestet. In der Reflection-Phase wird das Ergebnis der Experimentation-Phase reflektiert bzw. das perzeptuelle Feedback verarbeitet. Wenn das erwartete Ergebnis der Intervention erreicht wird, wird die Entscheidung konsolidiert. Ist das Feedback unerwartet bzw. unterscheidet es sich stark von der Erwartung, wird das aktuelle mentale Modell aktualisiert bzw. mit der neuen Information angereichert.

Diese Form der Verwendung bzw. des Aufbaus und Umbaus mentaler Modelle wurde in einem kognitiven Modellierungsansatz umgesetzt. In zwei verschiedenen Aufgaben wurden die Modelldaten mit Humandaten verglichen (Prezenski et al. 2017). Es handelte sich um das Erlernen der Bedienung verschiedener Smartphone-Apps. Im Rahmen der ersten App sollten bestimmte Produkte in der App gefunden und ausgewählt werden. In der zweiten App sollte nach bestimmten Immobilien gesucht werden. In beiden Studien wurde nach der Hälfte des Versuchs der Aufbau der Menüstruktur verändert, um Softwareupgrades nachzubilden. Der Modellansatz sollte das Erlernen des Umgangs mit der App abbilden. Die resultierenden Interaktionszeiten zu Beginn des Versuches als auch die Interaktionszeiten, die sich nach dem Strukturwechsel zeigten, wurden abhängig von Modell und

Versuchsteilnehmern verglichen. Je nachdem, wie aufwendig die neue Menüstruktur in das Mentale Modell zu integrieren ist, dauert das Umlernen und die Produktsuche sowohl beim Modell als auch den Versuchsteilnehmern länger oder kürzer. Die Reaktionszeiten zeigten eine hohe Übereinstimmung der Humandaten mit den Modelldaten, sogar über unterschiedliche Apps und Menüstrukturen hinweg.

Diese Ergebnisse lassen vermuten, dass die verwendete Umsetzung mentaler Modelle für technische Systeme einen guten Ansatz bietet, um menschliche Nutzer nachzubilden. Doch für Anwendungen in der Robotik reicht es nicht aus, nur eine Interaktionsaufgabe mit einem technischen System abzubilden. Welche Arten von mentalen Modellen wären für einen autonomen Agenten notwendig und welche Voraussetzungen müssten sie erfüllen?

13.3.2 Person Model Theory

Wie oben erwähnt, können bereits Vorschulkinder kooperatives Verhalten zeigen, ohne über die kognitiv aufwändige Fähigkeit der „Theory of Mind" zu verfügen.

Albert Newen entwickelte den Person-Model-Theory-(PMT-)Ansatz (Newen und Schlicht 2009; Newen 2015), der berücksichtigt, dass wir normalerweise in einer Interaktion mit der Umgebung involviert sind, wenn wir versuchen, andere zu verstehen. Der PMT-Ansatz basiert darauf, dass das Verstehen einer anderen Person den Aufbau von verschiedenen Arten von Modellen erfordert.

Eine Situation zu verstehen ist oft schon ausreichend dafür, ein Verständnis für die Intention und nächsten Handlungen einer anderen Person abzuleiten (z. B. in der Kantine, mit Blick auf die Kasse oder Blick auf das Menü). In diesem Zusammenhang werden insbesondere sensomotorische Fähigkeiten hervorgehoben. Diese sogenannten Situationsmodelle beinhalten, welche Bedeutung eine Situation für den Agenten hat und was die nächsten Schritte und Handlungen bzw. Ziele in einer Situation normalerweise sind.

Hier wird zunächst die Situation von der eigenen Perspektive aus betrachtet. Man versetzt sich selbst in die Situation: Was würde ich normalerweise als nächstes tun, bzw. was wäre mein Ziel?

Zusätzlich nennt der Autor „Personenmodelle", welche stärker individuelle Emotionen oder individuelle Eigenschaften, auch spezifische Einschränkungen und ähnliches, umfassen. Je nach Verfügbarkeit können ausschließlich Situationsmodelle oder aber auch eine Wechselwirkung von Situationsmodellen und Personenmodellen für das Verständnis anderer herangezogen werden. Unser Verständnis von anderen nutzt mehrere mögliche Modelle zur Orientierung und selektiert die hilfreichsten Modelle, um eine andere Person zu verstehen.

Zusätzlich werden in der PMT auch „Selfmodelle" genannt. Hier wird davon ausgegangen, dass diese als Grundlage dienen, um bei fehlender ergänzender Information zunächst davon auszugehen, wie man selbst vorgehen würde.

Für einen Modellansatz von Mensch-Roboter-Kollaboration ist es nicht nur wichtig nachzuvollziehen, was jemand als nächstes tun möchte und warum diese Person etwas Bestimmtes tut. Sondern es ist auch relevant, ob ich als Mensch oder Roboter den Partner dabei unterstützen kann. Analog zu dem Situations- und Personenmodell sollte der Roboter ein Modell davon haben, was er als Agent in der aktuellen Situation als nächsten Handlungsschritt bewirken kann, um das gemeinsame Ziel weiter voran zu bringen. Diese drei Modellarten – Situationsmodell, Personenmodell und Selfmodell – sollen hier vorgestellt und anhand von zwei Beispielen gezeigt werden, wie dies umsetzbar wäre.

13.4 Kognitiver Modellierungsansatz von Situationsmodell, Personenmodell und Selfmodell

13.4.1 Voraussetzungen der Modellierungsmethode

Für einen entsprechenden Modellansatz ist es notwendig, eine Methode zu wählen, die gewisse Voraussetzungen erfüllt. Die Modellierungsmethode muss über symbolische Repräsentationen verfügen, um nachvollziehbar zu sein und Repräsentationen miteinander vergleichen zu können. Darüber hinaus sollte die Modellierungsmethode kognitive Verarbeitungscharakteristiken berücksichtigen, um nachvollziehen zu können, ob eine Person aufgrund von begrenzten kognitiven Ressourcen (z. B. visuelle Aufmerksamkeit, Arbeitsgedächtnis, o. ä.) vorliegende Informationen überhaupt in vollem Umfang verarbeiten konnte. Da die Dauer von Handlungen eine wichtige Komponente bei der Kollaboration ausmacht, sollten zeitliche Anhängigkeiten bei kognitiver Verarbeitung berücksichtigt werden. Die Modellierungsmethode sollte ferner über verschiedene menschliche Lernmechanismen (Instanzenlernen aber auch Optimisierungslernen, z. B. Utility Learning) und Gedächtnisfunktionen verfügen (Deklaratives Gedächtnis, Prozedurales Gedächtnis, Arbeitsgedächtnis). Darüber hinaus ist es wichtig, eine Methode zu wählen, die Echtzeitfähigkeit aufweist und flexibel auf neue Situationen und Umstände reagieren kann. Vielversprechende Modellierungsmethoden hierfür sind beispielsweise kognitive Architekturen, wie z. B. ACT-R (Anderson et al. 2004).

Das Ziel ist es, einem autonomen Agenten die Fähigkeit zu verleihen, andere antizipieren zu können. Insbesondere bedeutet dies, Vorhersagen über die nächste Aktion zu generieren, Handlungen zu erklären und gemeinsame Handlungen synchronisieren zu können. Zusätzlich ist es notwendig, individuelle Eigenschaften des Partners zu erlernen, um die Antizipation zu verbessern. So ist es möglich, nächste Handlungsschritte des anderen vorherzusagen und genug Zeit zur Verfügung zu haben, eigene Handlung zu planen und zu koordinieren oder den anderen zu unterstützen, z. B. aus dem Weg zu fahren, etwas zu halten oder etwas zu befestigen.

13.4.2 Beispiele für antizipierende Assistenzsysteme

Zwar gibt es bisher kaum Beispiele aus dem Bereich der Robotik, aber das Forschungsfeld der kognitiven Assistenz ist interessant für die vorliegenden Fragen. In einem Projekt zur kognitiven Assistenz war das Ziel, Piloten in kritischen Situationen zu antizipieren. Hierfür wurde ein Situationsmodell entwickelt, welches teilweise mit Aspekten des Personenmodells des Piloten ergänzt wurde (Klaproth et al. 2019). In diesem Projekt wurde auf die kognitive Architektur ACT-R zurückgegriffen. Situationen und der jeweilige nächste mögliche Handlungsschritt werden mithilfe von flexiblen Produktionen umgesetzt. Nach jedem Verarbeitungszyklus (ca. 50 ms) wird erneut evaluiert, welche Produktionen auf die aktuelle Situation passen und die jeweils beste ausgewählt. Dem Modell werden die Informationen der Flugzeugsensoren als auch die Handlungsaktionen des Piloten zugeführt. Zusätzlich können zu bestimmten Ereignissen Informationen über die individuellen Reaktionen des Piloten abgerufen werden. Der Fokus liegt hier zunächst auf der Erhebung von ERPs (Event Related Potenzials), die eine Überraschungsreaktion des Piloten wiedergeben. So konnte evaluiert werden, ob beispielsweise eine Warnung von dem Piloten überhaupt wahrgenommen oder aktiv ignoriert wurde. Das adaptive Modell kann so bereits sehr verlässlich das Verhalten bzw. die Entscheidungen des Piloten vorhersagen und kritische Situationen erkennen.

Weitere kognitive Assistenzsysteme werden derzeit entwickelt, wie im halbautonomen Fahren, wo anhand von Blickbewegungsmessung und Sensordaten des Fahrzeuges ein Situationsmodell und ein Personenmodell des Fahrers antizipiert werden (Scharfe und Russwinkel 2019). Hier geht es insbesondere um die Antizipation des Situationsbewusstseins (Endsley 1995), nachdem eine Übernahme des Fahrzeuges durch den Fahrer initiiert wurde. Wie schnell lässt sich eine ausreichende Repräsentation der aktuellen Situation aufbauen und weisen die Blickdaten die erwarteten Muster auf? Zusätzlich kann so auch die Wahrnehmung der Komplexität einer Situation antizipiert werden.

Die nächsten Forschungsschritte in diesem Feld werden unter anderem darauf abzielen, alternative mentale Modelle zu entwickeln und das jeweils beste auswählen. Dieser Prozess würde nicht nur eine bessere Antizipation des Kooperationspartners ermöglichen, sondern auch alternative Erklärungen für unerwartetes Verhalten generieren können.

13.5 Flexible Task Allocation

Die Möglichkeit, den anderen zu antizipieren und antizipiert zu werden, entlastet den Menschen davon, ständig die Kontrolle über alle Abläufe aufrecht zu erhalten. Manche Aufgaben kann der autonome Agent möglicherweise besser erfüllen als der Mensch, wie z. B. über einen längeren Zeitraum hohe Gewichte zu halten. Hier wäre es sinnvoll, wenn die Maschine die Kontrolle übernimmt und der Mensch möglicherweise feinmotorische Aufgaben steuert und sich an die Vorgaben des Agenten anpasst. In anderen Situationen übernimmt der Mensch die Kontrolle, aber beide Akteure berücksichtigen mögliche

Probleme, die in der jeweiligen Situation entstehen könnten (beispielsweise, dass der Mensch einen Balken übersehen hat und mit dem Kopf daran stoßen könnte, bzw. dass die Maschine mit einer neuen Situation nicht umgehen kann).

Gäbe es ein gegenseitiges Verständnis einer Situation und des Gegenübers, würden derartige Probleme antizipiert und frühzeitig unkompliziert gelöst werden können.

Bei der Mensch-Mensch-Zusammenarbeit kennen wir diese Art der Kooperation. Auch hier übernimmt nicht ausschließlich eine Person die Kontrolle, sondern die Kontrolle wechselt zwischen beiden Partnern unter Berücksichtigung einer geteilten Zielvorstellung. Wenn einem Lehrling eine neue Aufgabe beigebracht wird, überlassen wir dem Lehrling auch zu bestimmten Zeitpunkten die Kontrolle über die Aufgabe. Je nach Lernstand kann die Kontrolle über größere Zeiträume komplett dem Lehrling überlassen werden, aber der Lehrling wird weiterhin beobachtet werden bis sich ein mögliches Problem abzeichnet und der Meister wieder übernimmt. Aber beide Partner antizipieren jeweils den anderen, es gibt also die Unterscheidung zwischen „Kontrolle übernehmen" und „den andern zu antizipieren". Ein flexibler Wechsel der Kontrolle, bzw. ein Kontinuum an Kontrolle von einer weniger bis stärker ausgeprägten Form, ist uns Menschen wohlbekannt und mit geringen Aufwand zu realisieren. Dies bedeutet, dass wir eine gute Vorstellung davon haben, ob der andere seinen Teil der Aufgabe übernehmen kann und auch, wie stark diese Teilaufgabe weiter beobachtet werden muss. Hervorzuheben ist hier, dass Kontrolle nicht als etwas Absolutes gesehen wird, sondern als dynamischer Zustand, der für den Nutzer antizipierbar und akzeptabel ist. Es darf bei dem menschlichen Nutzer nicht der Eindruck entstehen, bevormundet zu werden. Die Übernahme von Kontrolle muss transparent kommuniziert und begründet werden. Eine solche Art der Zusammenarbeit von Menschen und autonomen Agenten würde einen Paradigmenwechsel der bisherigen Mensch-Technik-Interaktion mit sich bringen.

13.6 Interactive Task Learning

Die genannten Modellformen, über die ein Agent verfügen sollte, um einen Partner antizipieren zu können, liefern auch die Grundlagen für eine flexiblere und schnellere Form des Lernens neuer Aufgaben und Situationen. Wir Menschen lernen durch die Interaktion mit unserer Umgebung. Wir lernen, welche Änderungen durch unser Handeln in der Umgebung verursacht werden. Für einen autonomen Agenten ist es daher naheliegend, dass ein Verständnis dafür erlangt wird, welche Veränderungen der Agent selbst verursacht, welche Veränderungen durch einen anderen Agenten bewirkt wurde und welche Veränderungen durch Prozesse in der Umgebung initiiert wurden. Diese Art der Zuschreibung von Veränderungen bereitet die Basis, auf welcher wirkliches Lernen von Zusammenhängen ansetzt und damit über pures Pattern Matching hinausgeht.

In der interdisziplinären Forschungslandschaft wird der Frage nachgegangen, welches die effektivsten und natürlichsten Methoden des Lernens für Mensch, Roboter und AI-Agenten sind (Thomaz et al. 2019). Die effektivste Methode ist abhängig von der Art der Aufgabe. Unter anderem werden verschiedene Arten des Lernens genannt: Self-Exploration, Structured Discovery, Apprenticeship (Lernen durch Imitation) und Explicit Instruction (explizite Kommunikation zwischen Lehrer und Schüler mit dem Ziel, eine neue Aufgabe zu erlernen). Alle diese Formen des Lernens erfordern den Aufbau bzw. das Heranziehen von mentalen Modellen über Situationen und Aufgaben und von Modellen über Personen.

13.7 Diskussion

Es wurde diskutiert, über welche Fähigkeiten ein Roboter verfügen muss, um in der Lage zu sein, den Nutzer auch in unbekannten Situationen sinnvoll unterstützen zu können. Hierfür sind unterschiedliche mentale Modelle notwendig, die sowohl Situation und Aufgabe, individuelle Personeneigenschaften und ein Modell des Selbst einschließen.

Um eine flexible Kollaboration von Mensch und Roboter zu realisieren, werden diese Modelle verwendet, um das Verhalten des anderen zu interpretieren und nächste Handlungsschritte zu prädizieren. Erste Ansätze einer Umsetzung in dem Feld der kognitiven Assistenz wurden kurz adressiert.

Die mentalen Modelle bieten darüber hinaus die Möglichkeit, einen Roboter durch die Interaktion mit der Umgebung lernen zu lassen. Die entsprechenden erworbenen mentalen Modelle kann er anschließend in neuen Situationen einsetzen.

Das umrissene Ziel für Roboter, die als Kollaborationspartner eingesetzt werden können, formt sich erst langsam mit dem schrittweisen Zuwachs an verliehenen intelligenten Fähigkeiten. Doch können schon erste Schritte in diese Richtung einen deutlichen Mehrgewinn für eine neue Generation von technischen Systemen und einer neuen Form der Mensch-Roboter-Interaktion bedeuten. Viele der derzeit bestehenden Herausforderungen aus der Mensch-Roboter-Kollaboration lassen sich mit derartigen Ansätzen elegant adressieren.

Die Sicherheitstechnik könnte flexibilisiert werden, da der autonome Agent für den Menschen antizipierbar wäre und die Handlungen des Menschen prädiziert werden würden. Eine Umsetzung, wie mit fehlbarer Automation umzugehen ist, wird auch mit diesem Ansatz adressiert. Ein künstliches kognitives System, das versucht, Zusammenhänge zu verstehen und flexibel auf Situationen zu reagieren, beinhaltet bereits die Möglichkeit, dass es mehrere mögliche Lösungen eines Problems gibt und nicht ein Agent die einzig richtige Lösung bereithält.

So gesehen, würde ein kognitiver Systemansatz auf der einen Seite große Vorteile bringen. Auf der anderen Seite müssen neue Herausforderungen angenommen werden, beispielsweise um eine gewisse Verhaltenspermanenz zu gewährleisten und gewisse wichtige Systemeigenschaften sicher aufrecht zu erhalten.

Literatur

Anderson, J. R., Bothell, D., Byrne, M. D., Douglass, S., Lebiere, C., & Qin, Y. (2004). An integrated theory of the mind. *Psychological Review, 111*(4), 1036–1060.

Buxbaum, H., & Sen, S. (2018). Kollaborierende Roboter in der Pflege – Sicherheit in der Mensch-Maschine-Schnittstelle. In O. Bendel (Hrsg.), *Pflegeroboter*. Wiesbaden: Springer Gabler.

Endsley, M. R. (1995). Toward a theory of situation awareness in dynamic systems. *Human Factors, 37*(1), 32–64.

Fiebich, A. (2018). Three dimensions in human-robot cooperation. In M. Coeckelbergh, M. Funck, J. Seibt & M. Norskov (Hrsg.), *Envisioning robots in society – Power, politics, and public space, proceedings of robophilosophy 2018/TRANSOR 2018* (Frontiers in artificial intelligence and applications, S. 147–155). Amsterdam: IOS Press.

Fodor, J. A. (1992). A theory of the child's theory of mind. *Cognition, 44*(3), 283–296.

Klaproth, O., Halbrügge, M., & Russwinkel, N. (2019). ACT-R model for cognitive assistance in handling flight deck alerts. In *Proceedings of the 17th international conference on cognitive modeling*, Montreal.

Lake, B. M., Ullman, T. D., Tenenbaum, J. B., & Gershman, S. J. (2017). Building machines that learn and think like people. *Behavioral and Brain Sciences, 40*, e253. https://doi.org/10.1017/S0140525X16001837.

Li, A., & Maani, K. (2011). Dynamic decision-making, learning and mental models. In *Proceedings of the 29th international conference of the system dynamics society* (S. 1–21). Washington, DC: System Dynamics Society.

Mahy, C. E., Moses, L. J., & Pfeifer, J. H. (2014). How and where: Theory-of-mind in the brain. *Developmental Cognitive Neuroscience, 9*, 68–81.

Newen, A. (2015). Understanding others: The person model theory. In T. Metzinger & J. Windt (Hrsg.), *Open-Mind* (Bd. 26, S. 1–28). www.open-mind.net. https://doi.org/10.15502/9783958570320.

Newen, A., & Schlicht, T. (2009). Understanding other minds: A criticism of Goldman's simulation theory and outline of the person model theory. *Grazer Philosophische Studien, 79*, 209–242.

Onnasch, L., Maier, X., & Jürgensohn, T. (2016). *Mensch-Roboter-Interaktion – Eine Taxonomie für alle Anwendungsfälle* (1. Aufl., S. 1–12). baua: Fokus, Bundesanstalt für Arbeitsschutz und Arbeitsmedizin. https://doi.org/10.21934/baua:fokus20160630.

Premack, D., & Woodruff, G. (1978). Does the chimpanzee have a theory of mind? *Behavioral and Brain Sciences, 1*(4), 515–526.

Prezenski, S., Brechmann, A., Wolff, S., & Russwinkel, N. (2017). A cognitive modeling approach to strategy formation in dynamic decision making. *Frontiers in Psychology, 8*(1335), 1–18.

Scharfe, M., & Russwinkel, N. (2019). A cognitive model for understanding the takeover in highly automated driving depending on the objective complexity of non-driving related tasks and the traffic environment. In *Proceedings of the 41th annual cognitive science society meeting*.

Thomaz, A. L., Lieven, E., Cakmak, M., et al. (2019). Interaction for task instruction and learning. In K. A. Gluck & J. E. Laird (Hrsg.), *Interactive task learning: Humans, robots, and agents acquiring new tasks through natural interactions* (Strüngmann Forum Reports, Bd. 26, J. R. Lupp, series editor, S. 91–110). Cambridge, MA: MIT Press.

Nele Rußwinkel studierte Cognitive Science an der Universität Osnabrück und an der Middle East Technical University in Ankara. Ihre Masterarbeit über visuelle Aufmerksamkeit schloss sie an der Charité und der Humboldt-Universität zu Berlin ab. Nele Rußwinkel begann ihre wissenschaftliche

Karriere bei der VW-Nachwuchsgruppe ModyS und promovierte an der DFG-geförderten Graduiertenschule Prometei über quantitative Modelle der Zeitschätzung. Sie war 2012–2016 Mitglied des Vorstandes der Gesellschaft für Kognitionswissenschaften und ist seit 2012 Mitglied des internationalen Steering Board of Cognitive Modeling. Seit 2013 leitet Sie das Fachgebiet für „Kognitive Modellierung in dynamischen Mensch-Maschine-Systemen" an der Technischen Universität Berlin.

Echtzeit-IoT im 5G-Umfeld

14

Cecil Bruce-Boye, Dieter Lechler und Mareike Redder

Zusammenfassung

Die Anforderungen an den Dialog zwischen Mensch und Maschine haben in der digitalen Transformation eine neue Qualität erlangt. Der menschliche Nutzer beobachtet und bedient elektronisch gekoppelte, autonom-agierende Fahrzeuge sowie Roboter und greift im Grenzfall selbst als Regler ein. Der Mensch ist eingebunden in den multidirektionalen Dialog von einer Vielzahl intelligenter und verteilter Komponenten. Sowohl in den intelligenten Produktionslinien, der MRK-unterstützte Fertigung als auch in der Bordelektronik autonomer Fahrzeuge wird hierfür zunehmend eine Echtzeit-Kommunikation innerhalb und zwischen den verteilten, intelligenten Komponenten erforderlich sein. Das 5G-Area-Netzwerk löst diese Herausforderungen der Echtzeit-Kommunikation und eröffnet durch effizientere Internet- und Cloudanbindungen neue Möglichkeiten im digitalen Zeitalter. Mit Hilfe des 5G-Umfeldes ist nun eine Echtzeit-gestützte Regelungsschleife für IoT-Anwendungen realisierbar.

C. Bruce-Boye (✉)
cbb-software GmbH, Lübeck, Deutschland
E-Mail: cecil@bruce-boye.com

D. Lechler · M. Redder
cbb-software GmbH, Lübeck, Deutschland
E-Mail: dieter.lechler@cbb.de; mareike.redder@cbb.de

14.1 Einleitung

Die zunehmende Vernetzung von Menschen, Maschinen und Gütern wird die Wertschöpfung in unserer Wirtschaft steigern. Als Wertschöpfung ist hierbei auch die Schonung von Ressourcen und Umwelt gemeint. Die hohe Zahl anfallender Daten und die erforderlichen Verarbeitungsgeschwindigkeiten sind eine Herausforderung. Es werden hierfür geeignete IT-Infrastrukturen benötigt, die zuverlässig und mit hoher Sicherheit Kommunikationsdaten, Sensor- und Steuerwerte zwischen Nutzern, Umwelt, Maschinen, Gütern und Gebäuden transportieren. Zeitkritische Dialoge sollen zu verteilten, stationären und mobilen Systemen mit ständig veränderten Anforderungen gewährleistet werden.

Die Fahrzeugindustrie bereitet sich bereits im Hintergrund vom voll automatisierten Fahren, Level 4, auf das autonome Fahren, Level 5, vor (BMW 2019). Während der Fahrer in Level 4 noch auf plötzlich auftretende Baustellen reagieren muss, werden in Level 5 alle Insassen des Fahrzeuges zu Passagieren im Straßenverkehr. Drahtlose Kommunikation über 5G-Netze wird hierfür notwendig sein.

Eine MRK-Applikation entsteht erst dann, wenn der Roboter am Kollaborationsarbeitsplatz in das Industrielle Kommunikationsnetz eingebunden ist. In Zukunft sollen kabellose Roboter im 5G-Netz mit dem Nutzer interagieren. Legt man eine geeignete IT-Infrastruktur zu Grunde, stellt sich die Frage: Wie können vom Sensor bis in die Cloud Echtzeit-Anwendungen etabliert werden? Gemeint ist ein Softwareentwicklungsprozess, der dieses Merkmal in allen Netzwerkebenen schichtenübergreifend berücksichtigt (Abb. 14.1).

Im Grunde fehlt eine ganzheitliche Betrachtung hinsichtlich des Echtzeitverhaltens solcher Anwendungen. Gerade wegen der enormen Komplexität sind die echtzeitrelevanten Sachverhalte im gesamten Softwareentwicklungsprozess zu berücksichtigen. Hierfür wird ein Vorgehensmodell skizziert.

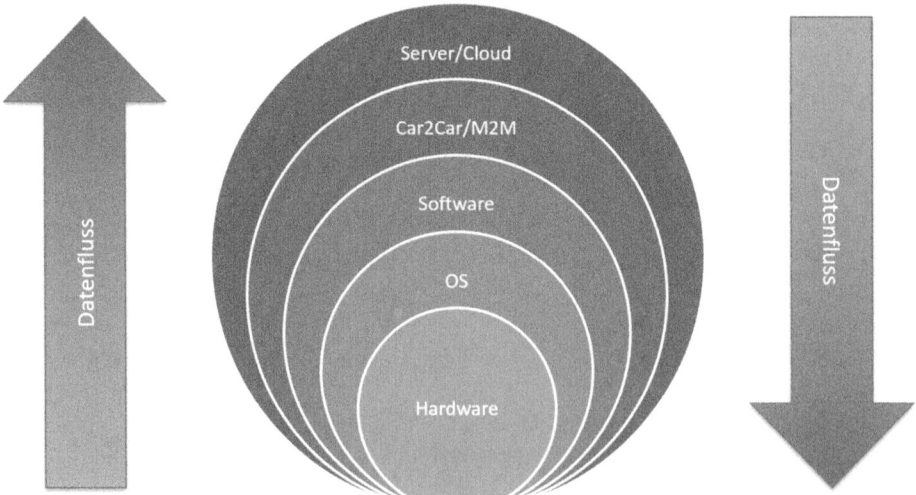

Abb. 14.1 Schalenmodell IoT-Interaktionsebenen

14.2 Problemstellung

Das 5G-Netz schließt die letzte Lücke zu mobilen verteilten Systemen hinsichtlich einer schnellen und leistungsfähigen Kommunikationsinfrastruktur. Die Datenrate kann bis zu 5GBit/sec betragen. Entscheidend sind allerdings die garantierten Reaktionszeiten, die das gesamte Netzwerk gewährleisten kann. In vielen Darstellungen werden kurze Latenzzeiten eines Netzwerkes als Echtzeit bezeichnet. Orientiert man sich an der Definition von Jane W.S. Liu (2000), „A real-time system is required to complete its work and deliver its services on a timely basis", dann fällt auf, dass anhand der Latenzzeiten einer Kommunikationsinfrastruktur alleine ein echtzeitfähiger Dialog bzw. Betrieb mobiler verteilter Systeme nicht gewährleistet ist.

Die Dynamik des Prozesses, den es zu bedienen und zu beobachten gilt, spielt hierbei eine entscheidende Rolle. Richtet man den Blick auf das integrierte Safety-und-Security-Konzept für MRK im hochvernetzten Industrieumfeld (Markis und Ranz 2016), lassen sich Parallelen zum autonomen Fahren Level 4 und 5 ableiten. Sicherheitsüberwachter Halt, Geschwindigkeit und Abstandsüberwachung sowie Leistung und Kraftbegrenzung im Falle einer Kollision sind durchaus Anforderungen, die für beide Anwendungsfelder zutreffen.

Die angestrebte Prozessgeschwindigkeit (z. B. 50 km/h) wird vermutlich beim autonomen Fahren höher sein als die Prozesszeitkonstanten bei der MRK. M2M-Kommunikation im Nahfeld, für kollaborationsfeldübergreifende Dialoge, beziehen zusätzlich Daten aus dem räumlichen Umfeld in den MRK-Arbeitsablauf ein. Diese Informationen werden in der Regel drahtlos und von Servern oder Cloud-Systemen bereitgestellt.

Die Car2Car-Kommunikationen, um beispielsweise die jeweiligen Geschwindigkeiten und die Abstandsüberwachungen im Nahfeld autonomer Verkehrsteilnehmer zu sichern, versorgen sich simultan mit relevanten servergestützten Umweltdaten.

Offensichtlich sind die Echtzeitanforderungen im Nahfeld höher als die Echtzeitanforderungen in den überlagerten Umfeldern, aus denen zum Beispiel die Raum- bzw. Umweltdaten bezogen werden. Die Dezentralisierung (Edge Computing) im IoT-Netzwerk erlaubt es, so nahe wie möglich an den verteilten Sensoren die Entscheidung für die nächste Handlung zu treffen. Diese Entscheidung wird dann in den übergeordneten intelligenten Instanzen zur weiteren Koordinierung und Regelung des Gesamtprozesses zur Verfügung gestellt. Es liegen demnach im IoT-Netzwerk mehrere Interaktionsebenen vor.

Auch die Übergänge zu den jeweiligen Interaktionsebenen müssen im Softwareentwicklungsprozess einbezogen werden.

Grundsätzlich gilt, dass die Zeit für die Datenerfassung, Berechnung der nächsten Handlung und die Bereitstellung der Handlungsanweisung mindestens doppelt so schnell sein muss wie die Prozessgeschwindigkeit bzw. Prozesskonstante, um in Echtzeit den vorliegenden Prozess kontrollieren zu können (Shannon 1992).

Folglich müssen alle Interaktionsebenen im IoT hinsichtlich Ihrer QoS (Quality of Service) zuzüglich Round-Trip-Zeiten vermessen werden, um die Echtzeiteigenschaften jeder Interaktionsebene festzustellen. Erst danach kann belastbar entschieden werden, welche Prozesse in Echtzeit kontrollierbar sind. Oder man passt die Prozessgeschwindigkeiten an die festgestellten Echtzeiteigenschaften (bzw. Echtzeitgrenzen) der jeweiligen Interaktionsebenen an. Die Geschwindigkeit, mit der das autonome Fahrzeug oder der MRK-Roboter über die vermessene Interaktionsebene performen, darf höchstens halb so schnell sein.

Die Abb. 14.1 gibt eine grobe Übersicht des Informationsflusses in Richtung der IoT-Interaktionsebenen und wieder zurück.

Unser Ziel ist es, ein Vorgehensmodell für einen Software-Entwicklungsprozess für eine echtzeitfähige IoT-Interaktion anzuregen. Anzuregen bedeutet, dass es sich um eine Skizze handelt, die nicht den Anspruch auf Vollständigkeit hat, sondern lediglich einen von vielen Lösungsansätzen vorstellt. Alleine wegen der enormen Komplexität dieses Themas ließe sich dies in diesem Rahmen nicht abbilden.

14.3 Middleware

Es besteht der Bedarf, den Informationsfluss in beide Richtungen der IoT-Interaktionsebenen zu strukturieren und in seinem Zeitverhalten einschätzbar zu machen. Dies gelingt durch die Einführung einer Middleware-Architektur, wie sie von Tanenbaum und Van Steen (2007) vorgeschlagen werden (Abb. 14.2).

Eine Middleware bietet meist eine flexible Infrastruktur für zentrale Datenerfassung.

Daten können von verschiedenen Knoten des Netzwerks erfasst werden. Die Middleware bezeichnet eine zusätzliche Schicht in der Software-Struktur. Die Aufgabe besteht darin, den Transport von Daten an unterschiedliche Komponenten der untergeordneten Schichten zu organisieren oder auch Funktionsaufrufe durchzuführen.

Die Details der Infrastruktur werden transparent gehalten. Ein verteiltes System, bestehend aus einer Vielzahl unterschiedlicher Einheiten, soll für den Nutzer als eine ungeteilte

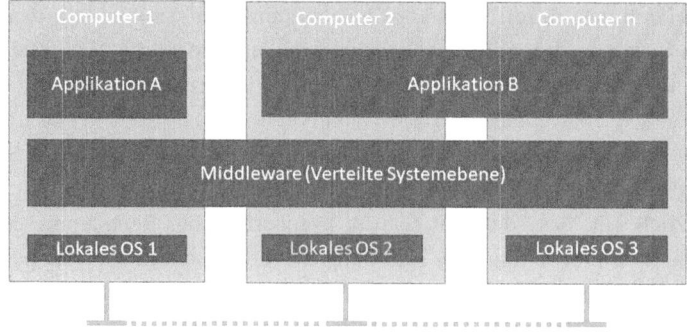

Abb. 14.2 Einordnung einer Middleware in ein verteiltes System (in Anlehnung an Tanenbaum und Van Steen 2007)

Einheit wahrgenommen werden. Sodass ausgeführte Dienste innerhalb des Systems sowie Kommunikationswege dem Nutzer gegenüber einheitlich dargestellt werden (Tanenbaum und Van Steen 2007; Mantena 2019). Dies stellt insbesondere bei der Vermittlung zwischen Hard- und Software einen großen Vorteil dar. Hier kann die Middleware zwischen der logischen Anwendungsschicht und der physikalischen Hardware vermitteln. Zur Realisierung stellt die Software-Schnittstelle Funktionen und Dienste zur Unterstützung der Anwendung bereit. Weiterhin können beliebige Soft- und Hardwarekomponenten im System ergänzt werden. Ziel des Einsatzes einer Middleware ist es, Anwendungsprogramme zu entlasten und den Kommunikationsprozess zu optimieren.

Heutzutage ist der Einsatz bekannter Middleware-Technologien zwingend erforderlich, um auftretende Komplexitäten dezentraler verteilter Systeme zu reduzieren sowie zunehmende Systemheterogenität zu beherrschen. Durch die voranschreitende Digitalisierung erscheinen neue Herausforderungen, die bei bisherigen Anwendungsgebieten keine wesentliche Rolle einnahmen. Die hierfür zugrunde liegenden Middleware-Technologien müssen künftig eine effizient verteilte Nutzung von Ressourcen, Echtzeitfähigkeiten, eine effiziente Nutzung eingebetteter Systeme und höhere Erwartungen an die Dienstgüte (Quality of Service) erfüllen.

Für den Softwareentwicklungsprozess für Echtzeit-IoT unterstellen wir, dass eine Restrukturierung der Softwarearchitektur hin zu einem verteilten Middleware-Ansatz erfolgt, wenn nicht vorhanden.

Es haben sich Middleware-Standards wie beispielsweise CORBA (Siegel 2019), SAP NetWeaver Exchange Infrastructure (SAP 2019) und Oracle Enterprise Service Bus (Oracle 2019) etabliert. Hierbei handelt es sich allerdings nicht um Echtzeitprozesse im Sinne der hier verfassten Definition. Eine echtzeitfähige Interaktion wird eher im Zusammenhang mit der verteilten Automatisierung fokussiert.

Die Einführung der Middleware-Architektur für die verteilte Automatisierung wurde allerdings erst 2013 (VDI/VDE 2013, Blatt 1) durch die Gründung eines entsprechenden VDI/VDE-Ausschusses 2007 angegangen. Die Richtlinien hierfür konnten dann 2016 (VDI/VDE 2016, Blatt 2) veröffentlicht werden.

Eine notwendige flexible Infrastruktur für aufkommende Anwendungsgebiete im IoT-Umfeld verlangt ein System, das sowohl auf PC-gestützten, eingebetteten als auch auf echtzeitfähigen Systemen lauffähig ist. Betriebssystem- sowie Plattformunabhängigkeit sind weitere wichtige Merkmale, um vielfältige Systemauslegungen umsetzen zu können. Dann besteht die Möglichkeit, je nach Struktur des verteilten Systems über Peer-to-Peer-Verbindungen, aber auch durch Broadcast-Nachrichten Informationen durchgängig messbar im Netzwerk zu verteilen.

Alle verteilten intelligenten Knoten im IoT-Netzwerk verfügen dann über eine definierte IT-Infrastruktur auf allen Hardware-Plattformen jeder Interaktionsebene. Ein möglichst einfaches Ethernet-gestütztes Kommunikationsprotokoll (cbb 2018) zwischen den Knoten, wie beispielsweise in Bruce-Boye und Kazakov (2007) vorgeschlagen, vervollständigt die Informationsstruktur. Das Zeitverhalten des IoT-Netzwerkes kann nun vermessen und somit weitestgehend definiert werden.

Bereits 2002 wurde die verteilte Middleware-Architektur LabMap in der Automatisierungstechnik am Beispiel einer Prüfstandanwendung vorgestellt (Kazakov et al. 2002). Diese Softwareplattform war zu der Zeit allerdings nicht „embeddable", sondern lag als Windows-basierte Lösung vor. Sie wurde aber über mehrere Jahre gehärtet und fortlaufend weiterentwickelt, vermessen (Bruce-Boye und Kazakov 2007) und hinsichtlich ihres QoS insbesondere das Echtzeitverhalten (Bruce-Boye et al. 2007) eingeschätzt. Paketumlaufzeiten ergaben eine Round-Trip-Latenz von 250 µs. Diese Latenzzeiten variieren in Abhängigkeit des genutzten Betriebssystems, der vorhandenen Hardware und der zugrunde liegenden Netztopologie.

Bis dahin war die COM- und DCOM-basierte Lösung OPC-DA Industriestandard. Die OPC-Foundation erkannte allerdings die Einschränkungen dieses Ansatzes (COM/DCOM) und definierte 2012 mit OPC-UA eine Middleware-orientierte Architektur.

Liegt eine einbettbare Lösung einer Middleware für Mikrocontroller, Mikroprozessor und PC-Plattformen vor, dann kann im Sinne des Edge-Computings eine Topologie für ein geeignetes IoT-Netzwerk entworfen werden.

Als konsequente Weiterentwicklung der Lösung (Kazakov et al. 2002) entstand 2009 die eingebettete Version „eMiCo" (cbb 2009), eine universelle Lösung, einbettbar in Mikrocontroller, in Mikroprozessoren oder in PC-Plattformen als „opcsa". opcsa fasst somit LabMap und eMiCo zu einem Lösungsbaukasten zusammen (cbb 2019). Als Betriebssystem wurde VxWoks favorisiert. Ähnliche Ansätze hinsichtlich verteilter eingebetteter Echtzeit-Middleware findet man bei Schmidt und Kuhns (2000).

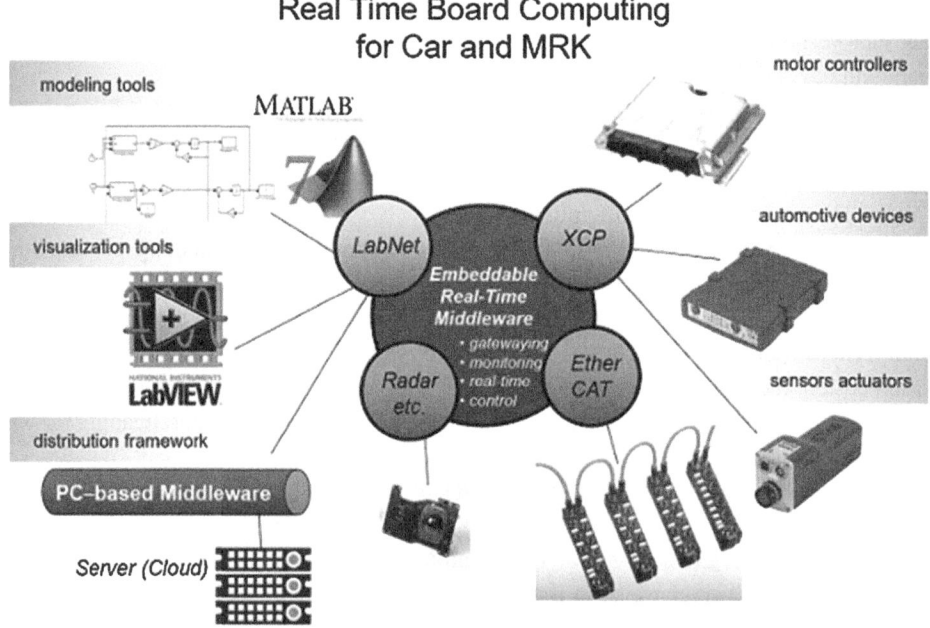

Abb. 14.3 Real-Time Board Computing

Abb. 14.3 zeigt die Gateway-Eigenschaften einer eingebetteten verteilten Echtzeit-Middleware, im Real-Time-Boardcomputer. Der Boardcomputer ist mit einem Echtzeit-Betriebsystem ausgestattet. Mit einem geeigneten, möglichst einfachen, Ethernet-gestütztem Protokoll wird die Kommunikation zum Server hergestellt. Damit ist die Grundlage für eine Echtzeit-IoT Anwendung für mobile MRK-Systeme wie auch für autonome Fahrzeuge gelegt. Zusätzlich ist die simultane Nutzung von gängigen modelbasierten Software Werkzeugen wie Beispielsweise Matlab/Simulink vorgesehen. Die Verknüpfung zu unterschiedlichen Steuergeräten kann über das Standard-Protokoll XCP für ECU's bereitgestellt werden. Simultan erfolgt die Akquisition von Sensordaten in Echtzeit über eine EtherCAT-Anbindung.

14.4 Software-Entwicklungsprozess für echtzeitfähiges IoT an den Beispielen verteilter Systeme für Automotive und MRK

Das Einsatzgebiet des voll automatisierten Fahrens beschreibt beispielhaft die zukünftige Herausforderung, eine Vielzahl von Sensor- und Aktordaten dezentral und zentral zu verteilen.

Denkbare zukünftige Szenarien ermöglichen den direkten Informationsaustausch zwischen Fahrzeugen, um Verkehrslage, Emissionszahlen (DPMA 2015) oder auch Fahrdaten zu verteilen.

Abb. 14.4 unterstellt, dass emissionsbehaftete Fahrzeuge selbst als mobile Messstationen ausgestattet sind. Sie ermitteln die eigenen Stickoxyd-Emissionen und korrelieren

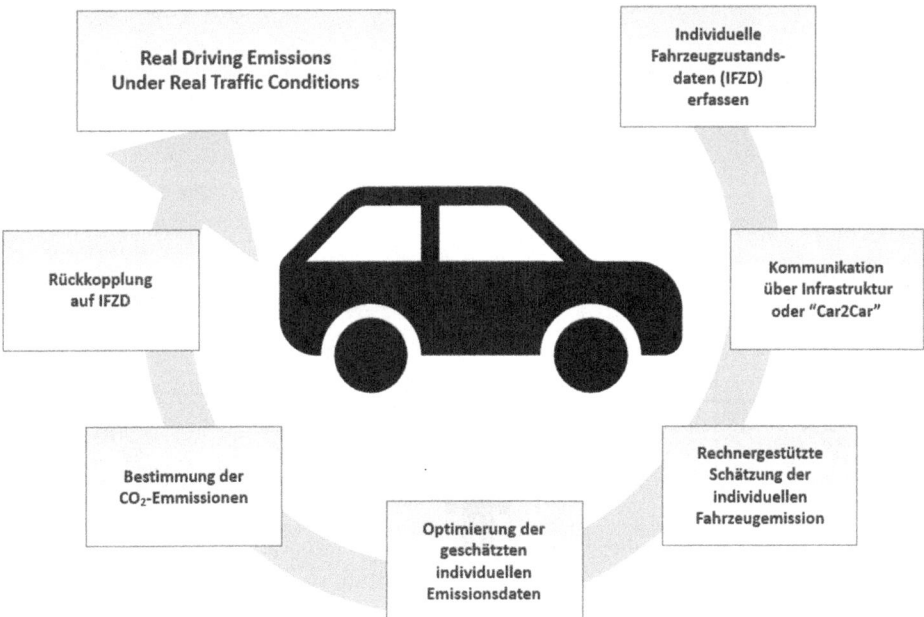

Abb. 14.4 Messung von aktuellen Emissionsdaten

ihre Daten mit den Umweltdaten der angrenzenden stationären Messstationen und über Car2Car zu weiteren Verkehrsteilnehmern. Letztendlich sollen hierüber die eigenen Emissionswerte ermittelt und die aktuellen Emissionswerte prädiktiert werden. Diese könnten dann Navigationssystemen als weiterer Orientierungsparameter zur Verfügung gestellt werden.

Neben einem direkten Datenaustausch zwischen Fahrzeugen muss auch eine Kommunikation zu zentralen Servern für ein umfängliches Datenlogging und für Analysen möglich sein. Um dies in Echtzeit zu ermöglichen, ist der Einsatz einer leistungsstarken drahtlosen Kommunikation wie innerhalb des 5G-Netzwerkes und einer echtzeitfähigen Middleware zum Datenhandling unumgänglich.

Über die 5G-Interaktionsebene stehen die Kollaborationsräume der mobilen MRK-Systeme im Dialog. Die Echtzeitperformance wird über eine Real-Time-Board-Computing-Plattform, wie in Abb. 14.5 dargestellt, ermöglicht.

Bei der Betrachtung des Datenflusses zwischen den IoT-Teilnehmern fällt auf, dass diverse Echtzeitspots auftreten. Die Echtzeit des vollständigen Systems kann nur garantiert werden, wenn alle Einzelkomponenten im System und deren Schnittstellen echtzeitfähig sind. Ein einziger Flaschenhals im System würde die Echtzeitfähigkeit des ganzen

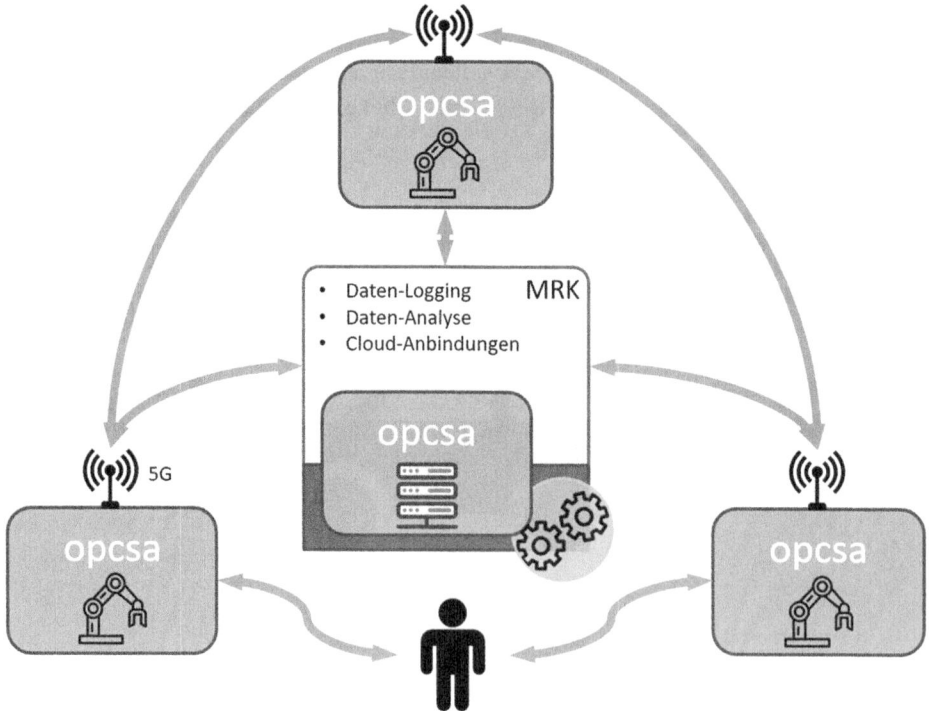

Abb. 14.5 IoT Use Case mit MRK im 5G-Umfeld

Systems aufheben. Um solch ein komplexes und großes System in Bezug auf Echtzeit beherrschen zu können, ist es außerordentlich wichtig, in allen Phasen der Softwareentwicklung den Fokus auf Echtzeitfähigkeit zu legen. Zunächst sollten hierbei alle Ebenen der Architektur betrachtet werden. In Abb. 14.1 wird die Systemarchitektur inkl. des Datenflusses schemenhaft dargestellt. Die Herausforderung besteht darin, auf jeder Ebene des Systems und auf allen Kommunikationsebenen zwischen den Komponenten die Echtzeit zu beherrschen. Hierzu sehen wir es als Notwendigkeit an, einen speziellen Echtzeit-Softwareentwicklungsprozess anzuwenden.

Der vorgestellte Echtzeit-Softwareentwicklungsprozess bezieht sich auf alle Ebenen der Architektur und muss daher auch für jede dieser Ebenen durchlebt werden. Durch die Anlehnung an das Schalenmodell muss auch hier hierarchisch vorgegangen werden. Hierdurch ergibt sich ein Durchleben der Phasen, angefangen auf der Hardwareebene bis zum Server. Da Software kein statisches Produkt ist, sondern ein dynamisches, muss dieser Prozess im Lebenszyklus des Produktes immer wieder durchlebt werden bis zur endgültigen Ablösung des Systems.

Wie in Abb. 14.6 zu sehen ist, teilen wir die Entwicklung in fünf Phasen auf. Die mit Abstand wichtigste Phase im Prozess ist die Phase *Design*. Hier müssen alle Echtzeitanforderungen an das System penibel geprüft und evaluiert werden. Durch das iterative Vorgehen wird die Design-Phase zunächst auf Hardwareebene durchlaufen und danach in den darüberliegenden Schichten. Um die Wichtigkeit dieser Phase noch einmal zu unterstreichen, sehen wir das Durchführen von Reviews als unumgänglichen Schritt in der Design-Phase. Hierbei wird zum Ende der Phase durch Dritte die Echtzeitkompatibilität des Konzepts geprüft. Dabei wird am Ende für alle Schichten des Systems ein Konzept evaluiert sein. Erst nach Abschluss des Konzepts kann der Prozess in der Phase *Code* weitergelebt werden.

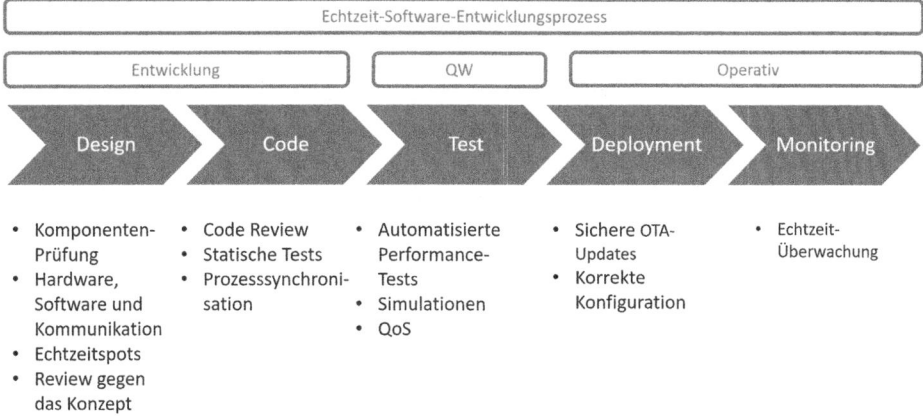

Abb. 14.6 Echtzeit-Softwareentwicklungsprozess

Die Implementierung unterscheidet sich zum normalen Softwareentwicklungsprozess im Wesentlichen nur dadurch, dass jederzeit auf Prozesssynchronisation geachtet werden muss. Um diesen Schritt möglichst fehlerresistent zu gestalten, ist es notwendig, in der Designphase genauestens alle möglichen Prozess-Asynchronitäten auszuschließen und mit entsprechenden Konzepten zu beherrschen. Auch hier wird empfohlen, über Reviews und statische Tests Fehler frühestmöglich zu erkennen.

In der darauffolgenden Phase *Test* liegt das Augenmerk vor allem darauf, mit Simulationen und Performance-Tests die angestrebten Echtzeitziele zu bestätigen. Wir weisen an dieser Stelle außerordentlich darauf hin, dass Tests nicht in der Lage sind, die Echtzeitfähigkeit zu verifizieren. Es ist lediglich möglich aufzuzeigen, dass das System nicht echtzeitfähig ist. Nur eine formale Verifikation auf Spezifikationsebene wäre dazu in der Lage, weshalb wir diesen Schritt zu Beginn unseres Softwareentwicklungsprozesses platziert haben.

Nach der Testphase wird die Phase *Deployment* durchlaufen. Hierbei wird das zuvor erstellte Produkt eingesetzt. In späteren Lebenszyklen des Produkts bedeutet dies ein Update des Systems und je nach Systemkonzept auch ein Live-Update. Ein wichtiges Kriterium beim Deployment ist die Konfiguration des Systems, denn ein korrekt funktionierendes und valides Echtzeitsystem kann durch Fehlkonfiguration leicht zu einem Flaschenhals im System werden.

Eine abgewandelte Version dieser Aufgabe, die Echtzeit-Überwachung, können wir auch in der letzten Phase unseres Prozesses, dem Monitoring, wiederfinden. Hiermit muss langfristig sichergestellt werden, dass das System immer noch echtzeitfähig ist und nicht durch Fremdeinwirkungen, Bugs oder Fehlkonfigurationen beeinträchtigt wurde.

Nachdem nun ein Zyklus des Systems erfolgreich durchlebt wurde, wird die Aufgabe Echtzeit-Überwachung stetig erhalten. Bei Änderungen der Anforderungen oder Anpassungen im Produkt muss der vollständige Prozess erneut durchlaufen werden, um die Echtzeitfähigkeit zu erhalten.

14.5 Zusammenfassung und Ausblick

Der vorgestellte Echtzeit-Softwareentwicklungsprozess nimmt sich dem Problem der Echtzeitfähigkeit auf Systemebene mit mehreren verteilten Komponenten an. Der Prozess versucht, frühzeitig auf allen Architekturebenen Echtzeitspots aufzudecken und zu behandeln. Eine Aufgabenmatrix mit den entsprechenden Aufgaben ist in Abb. 14.7 veranschaulicht.

IT-Sicherheit in den verschiedenen Schichten

	Design	Code	Testing	Deployment	Monitoring
Server/Cloud	Komponentenechtzeit	Prozesssynchronisation	QoS	Sicheres OTA	Echtzeit-Überwachung
Car2Car/M2M	Komponentenechtzeit	Prozesssynchronisation	QoS	Sicheres OTA	Echtzeit-Überwachung
Software	Prozesssynchronisation	Prozesssynchronisation	Verifizieren	Sicheres OTA	Echtzeit-Überwachung
OS	RTOS	Prozesssynchronisation	Verifizieren	Sicheres OTA	Echtzeit-Überwachung
Hardware	Echtzeitfähig	Prozesssynchronisation	Verifizieren	Sicheres OTA	Echtzeit-Überwachung

Abb. 14.7 Echtzeit-Softwareentwicklungsprozess: Aufgabenmatrix

Es ist erkennbar, wie die Aufgaben sehr stark an den eigentlichen Echtzeit-Softwareentwicklungsprozess angelehnt sind. Somit ist auch hier ein Großteil der echtzeitspezifischen Aufgaben in der Designphase zu beachten, wie z. B. die Wahl eines echtzeitfähigen Betriebssystems. Die Aufgabenmatrix zeigt erneut auf, dass der Entwicklungsprozess auf allen Architekturebenen durchlebt werden muss, um eine vollständige Echtzeitfähigkeit zu erreichen.

Die Matrix war der Ausgangspunkt unseres Entwicklungsvorhabens. Nach und nach konkretisieren sich die einzelnen Elemente der Matrix im Verlauf der Projektfortschritte. Dabei werden die Vorgaben, die sich aus der mittlerweile internationalen Standardisierung AUTOSAR ergeben, berücksichtigt. Aus unserer Sicht besteht jedoch ein Nachholbedarf, die Anforderungen für die RTE (Runtime Environment) zu Restrukturierung und zu konkretisieren. In diesem Zusammenhang gilt es zu klären: Welche QoS sollen Middleware-Architekturen gewährleisten? Erforderlich sind betriebssystem- und plattformunabhängige gehärtete Lösungen, die ein robustes Echtzeitverhalten in verteilten Systemen sicherstellen. Darüber hinaus müssen die Architekturen für Funktionale Sicherheit (FuSi) und Cyber-Security konzeptionell vorbereitet sein.

Bezieht man in den entsprechenden Interaktionsebenen die Umwelt- und Raumdaten für mobile Systeme ein, ergeben sich neue Anforderungen, die auch in adaptive AUTOSAR (Fürst und Bechter 2016) berücksichtigt werden.

Gelingt es mit Hilfe der 5G-Infrastruktur, in den hochgradig verteilten Systemen eine vollständige Migrationstransparenz gemäß Tanenbaum und Van Steen (2007) zu erzielen, dann entfallen die Grenzen zwischen mobilen und stationären Systemen, ob Car-2-x, MRK-2-x oder auch in den neusten Entwicklungen zur Gewährleistung der Trinkwassergüte TWMS-2-x (van Treeck et al. 2018).

Zusammen mit weiteren Industriepartnern aus dem Automotive-(PKW und Sondermaschinen) sowie aus dem Produktions- und Medieninfrastrukturumfeld, Universitäten und Instituten gehen wir den hier aufgeworfenen Fragestellungen nach und entwickeln Schritt für Schritt belastbare Lösungen.

Literatur

BMW. (2019). Die fünf Stufen bis zum autonomen Fahren. https://www.bmw.com/de/stories/automotive-life/autonomes-fahren.amp.html. Zugegriffen am 03.10.2019.

Bruce-Boye, C., & Kazakov, D. A. (2007). Quality of Uni-and multicast services in a middleware. LabMap study case. In *Innovative algorithms and techniques in automation, industrial electronics and telecommunications* (S. 89–94). Dordrecht: Springer.

Bruce-Boye, C., zum Beck, R., & Kazakov, D. A. (2007). An approach to distributed remote control based on middleware technology, MATLAB/Simulink-LabMap/LabNet framework. In *Advances in computer, information, and systems sciences, and engineering* (S. 37–42). Dordrecht: Springer.

cbb software GmbH. (2009). Softwarearchitektur, Design und Entwicklung der eingebetteten Version von LabMap „eMiCo" für Echtzeitanwendungen mit Betriebssystem- und Plattformunabhängigkeit.

Mit freundlicher Unterstützung der Wirtschaftsförderung und Technologietransfer Schleswig-Holstein GmbH (WTSH) im Zukunftsprogramm Wirtschaft.

cbb software GmbH. (2018). *LabMap handbook* (26. Aufl.). http://cbb.de/fileadmin/user_upload/produkte/lapmap/handbook/labmap.html#labnet. Zugegriffen am 03.10.2018.

cbb software GmbH. (2019). Middleware Architektur opcsa der cbb software GmbH. https://opcsa.de/. Zugegriffen am 03.10.2019.

DPMA Gebrauchsmuster. (2015) DE 20 2015 007 355 U1 der cbb software GmbH. Messanordnung zur Emissionsreduzierung durch fahrzeugspezifische Zustandsdaten auf Grundlage von Emissionsmessungen unter realen Verkehrsbedingungen.

Fürst, S., & Bechter, M. (2016). AUTOSAR for connected and autonomous vehicles: The AUTOSAR adaptive platform. In *2016 46th annual IEEE/IFIP international conference on dependable systems and networks workshop (DSN-W)* (S. 215–217). IEEE (Juni 2016), Toulouse, France.

Kazakov, D., Bruce-Boye, C., & Fechner, A. (2002). Plug&Play in AT mit Hilfe des Softwarebus LabMap. *atp Journal Heft, 3*, 22–24.

Liu, J. W. S. (2000). *Real-time systems* (1. Aufl.). Upper Saddle River: Prentice Hall.

Mantena, S. R. (2019). Transparency in distributed systems. CSE, 6306. Jg., S. 13. http://crystal.uta.edu/~kumar/cse6306/papers/mantena.pdf. Zugegriffen am 03.10.2019.

Markis, A., & Ranz, F. (2016). Sicherheit in der Mensch-Roboter-Kollaboration. White Paper. Fraunhofer Austria.

Oracle. (2019). Enterprise service bus. https://www.oracle.com/technical-resources/articles/middleware/soa-ind-soa-esb.html. Zugegriffen am 03.10.2019.

SAP. (2019). SAP XI (NetWeaver Exchange Infrastructure). https://mindsquare.de/knowhow/sap-netweaver-exchange-infrastructure/. Zugegriffen am 03.10.2019.

Schmidt, D. G., & Kuhns, F. (2000). An overview of the real-time CORBA specification. *Computer, 33*(6), 56–63.

Shannon, R. V. (1992). A model of safe levels for electrical stimulation. *IEEE Transactions on Biomedical Engineering, 39*(4), 424–426.

Siegel, J. (2019). CORBA® BASICS. http://www.omg.org/gettingstarted/corbafaq.htm. Zugegriffen am 03.10.2019.

Tanenbaum, A. S., & Van Steen, M. (2007). *Distributed systems: Principles and paradigms*. Upper Saddle River: Prentice-Hall.

van Treeck, C., Kistemann, T., Schauer, C., Herkel, S., & Elixmann, R. (2018). *Gebäudetechnik als Strukturgeber für Bau-und Betriebsprozesse: Trinkwassergüte – Energieeffizienz-Digitalisierung*. Berlin: Springer.

VDI/VDE. (2013). Richtlinie 2657 Blatt 1: Middleware in der Automatisierungstechnik – Grundlagen.

VDI/VDE. (2016). Richtlinie 2657 Blatt 2: Middleware in der Automatisierungstechnik – Vorgehensmodell für den Middleware-Engineering-Prozess.

Cecil Bruce-Boye ist em. Professor für Automatisierungstechnik, Regelungstechnik und Leistungselektronik der TH Lübeck. Er ist Initiator und Gründer des Wissenschaftszentrums für intelligente Energienutzung der TH Lübeck. Er forscht auf dem Gebiet Verteilte Systeme in der Automatisierungstechnik.

Dieter Lechler ist Softwareentwickler mit dem Schwerpunkt Softwarequalität und verteilte Systeme. Er ist seit 2017 bei der cbb software GmbH im Qualitätswesen und der Softwareentwicklung im Automotive Bereich tätig sowie Mitglied der Viega Group.

Mareike Redder ist als Ingenieurin aus dem Bereich Angewandte Informationstechnik und Elektrotechnik seit 2018 im Produktmanagement bei der cbb software GmbH tätig und Mitglied der Viega Group. Zuvor hat sie an der Technischen Hochschule Lübeck im Kompetenz- und Wissenschaftszentrum für intelligente Energienutzung 4 Jahre in Forschungsprojekten im Bereich der dezentralen Steuerung erneuerbarer Energien gearbeitet.

Pflegeroboter und Medizinische Informationssysteme – Digitalisierungsansätze des Gesundheitswesens

15

Lisanne Kremer

Zusammenfassung

Die Digitalisierung des Gesundheitswesens sowie die Auswirkungen des demografischen Wandels stellen das angespannte Gesundheitssystem vor neue Herausforderungen. Dazu zählen eine schwierige Personalsituation, hohe Kosten, Patientensicherheit, die Zunahme an Dokumentationsverpflichtungen sowie infrastrukturelle Probleme. Mit zunehmendem Druck auf das System steigen die Anforderungen sowie die Belastung und Beanspruchung des medizinischen Personals. Unterstützung sollen Medizinische Informationssysteme (MIS) und zukünftig auch Pflegeroboter leisten. Roboter werden bereits z. B. in verschiedenen Bereichen von Krankenhäusern unterstützend eingesetzt. Dabei ist nicht nur die Anbindung an bestehende Systeme herausfordernd, sondern auch die verstärkte Zusammenarbeit zwischen Menschen und Robotern. Standardisierungen und Strukturen des Gesundheitswesens sollten sowohl auf technischer, auf organisationaler als auch auf Ebene der Datenstrukturen Berücksichtigung finden.

15.1 Digitalisierung im Gesundheitswesen

Der Digitalisierungsprozess im Gesundheitswesen sowie die Auswirkungen des demografischen Wandels, insbesondere eine stark alternde Gesellschaft, beeinflussen das Gesundheitswesen und stellen es vor neue Herausforderungen (Dörries et al. 2017). Eine angespannte Personalsituation, hohe Kosten in der medizinischen Versorgung, Patientensicherheit sowie infrastrukturelle Probleme sind nur einige der bereits genannten

---

L. Kremer (✉)
Hochschule Niederrhein, Krefeld, Deutschland
E-Mail: lisanne.kremer@hsnr.de

Herausforderungen. Explizit die stationäre Pflege ist von den Auswirkungen des demografischen Wandels besonders stark betroffen: Die Anzahl an Berufsanfängern im Pflegebereich sinkt, gleichzeitig scheiden ältere Pflegekräfte aufgrund von Folgen hoher körperlicher und psychischer Belastung frühzeitig aus dem Beruf aus. Beschäftige im Gesundheitswesen haben bereits jetzt viele Fehltage aufgrund von psychischen Erkrankungen und sind generell häufiger krank als Angehörige anderer Berufsgruppen (DAK-Gesundheit 2015).

Die Digitalisierung – als digitalisierender Transformationsprozess sowie als Implementierungsprozess technischer Innovationen wie Robotern – soll den genannten Prozessen entgegenwirken. Dabei hat die Bedeutung der Digitalisierung im Gesundheitswesen in den letzten Jahrzehnten zugenommen und steigt weiterhin stetig an (Schachinger 2014). Das im Jahr 2016 in Kraft getretene „Gesetz für sichere digitale Kommunikation und Anwendungen im Gesundheitswesen" oder auch eHealth-Gesetz soll einen wichtigen Beitrag zur Digitalisierung der medizinischen Versorgung leisten. Das Ziel ist die schnellere Einführung einer sicheren Infrastruktur sowie die Vernetzung der verschiedenen Akteure des Gesundheitswesens. Aktuell nutzen sowohl die meisten Krankenhäuser als auch niedergelassene Ärzte sowie Mitarbeiter in Pflege- und Reha-Einrichtungen verschiedene Arten von Informationssystemen. Die Implementierung von Medizinischen Informationssystemen (MIS) im Gesundheitswesen soll eine hochwertige, effiziente und kostensparende medizinische Versorgung ermöglichen. Eine einrichtungsübergreifende, aber auch organisationsinterne interdisziplinäre Kommunikation von strukturierten und standardisierten Gesundheitsdaten wird hierbei als wesentlicher Bestandteil moderner Gesundheitsversorgung verstanden (Lux et al. 2017). Als Folge profitieren bereits jetzt Patienten von einer durch MIS gesteigerten Versorgungsqualität (Jones et al. 2014).

Neben den wesentlichen Verbesserungen in der Qualität der Patientenversorgung bietet die Digitalisierung des Gesundheitswesens in Form von MIS auch aus ökonomischer Perspektive eine große Chance. Der Bundesverband Gesundheits-Informationstechnik schätzt das monetäre Effizienzpotenzial durch eHealth auf ca. 39 Mrd. pro Jahr weltweit (Bernnat et al. 2017). Dabei bleibt auch das große Potenzial der deutschen Gesundheitswirtschaft zu berücksichtigen. Diese erwirtschaftete im Jahr 2016 ca. zwölf Prozent des deutschen Bruttoinlandsproduktes und wuchs mit einem durchschnittlichen Wachstum von 3,8 Prozent stärker als die Gesamtwirtschaft (BMWI 2017). Dabei zeigt sich die Digitalisierung als große Schwäche des Gesundheitswesens. Eine Studie der Bertelsmann Stiftung (2018) bewertet den Digitalisierungsgrad des deutschen Gesundheitswesens im Vergleich zu anderen EU-Staaten anhand des Digital-Health-Index besonders schlecht (Platz 19 von 25 bewerteten Ländern). Dieses Abschneiden ist laut BMWI vor allem auf eine fehlende Infrastruktur, ungeklärte Fragen im Umgang mit Daten sowie die fehlende sektorübergreifende und einrichtungsübergreifende Versorgung zurückzuführen (BMWI 2017). Die Fragmentierung des deutschen Gesundheitswesens führt dabei vor allem zur niedrigen Einstufung des Digitalisierungsgrads im Branchenvergleich (Dörries et al. 2017). Neben der Fragmentierung spielen auch Finanzierungsfragen und die Unterschiedlichkeit bzw.

Interdisziplinarität der Akteure eine Rolle. Diese erschweren eine Einigung auf einheitliche technologische Lösungen.

Ziel sollte es sein, von anderen Branchen, die den Digitalisierungsprozess bereits erfolgreich angegangen sind und geeignete Implementierungsstrategien entwickelt haben, zu profitieren bzw. deren Potenziale zu nutzen und auf das Gesundheitswesen zu übertragen. Dazu gehört auch die erfolgreiche Implementierung von Robotern. Diese können neben Informationssystemen den Herausforderungen des Gesundheitswesens entgegenwirken. Entlastung des Personals, eine kostensparende und hochwertige Versorgung sowie ein möglicher Ausgleich von Personalmangel sowie vermehrt multimorbider Patienten, die einer intensiveren Versorgung bedürfen. Dabei entstehen nicht nur in Bezug auf Informationssysteme, sondern auch bei Robotern verschiedene Herausforderungen.

Ein wesentlicher Bestandteil medizinischer Versorgung sind die spezifischen und umfangreichen Dokumentationsanforderungen. Um vorhandene Ressourcen sowie bestehende Workflows effizienter einzusetzen bzw. zu gestalten, sollte eine umfassende und vollständige Bereitstellung medizinischer Dokumentation in den IT-Systemen zur Verfügung stehen, um eine effiziente Behandlung des Patienten mit Hilfe von organisationsübergreifenden Informationen zu ermöglichen. Dies erfordert die möglichst vollständige Integration von Robotern sowie Informationstechnischen Systemen. Voraussetzung für diese Integration ist u. a. eine gemeinsame Domänenontologie sowie semantische Interoperabilität. Neben Medizinischen Informationssystemen sind schon jetzt Roboter im Einsatz, die auf die Verbesserung der Versorgungsqualität sowie Kostenoptimierung abzielen (Klein et al. 2017). Aktuell kann man dabei allerdings noch von keiner flächendeckenden, nutzungsoptimierten Versorgung sprechen.

Grundsätzlich kann zwischen verschiedenen Bereichen, in denen unterschiedliche Robotertypen zum Einsatz kommen, differenziert werden. Ein Großteil der eingesetzten Roboter im Gesundheitswesen kann den Servicerobotern zugeordnet werden (Decker 2012, 2013; Bendel 2015). Hier lässt sich grundlegend zwischen Operations-, Therapie- und Pflegerobotern unterscheiden. Dabei ist die Implementierung von Robotersystemen bei minimalinvasiven Operationsverfahren sowie bei neurologischer Rehabilitation am weitesten fortgeschritten (Klein et al. 2017). Neben der üblichen Klassifizierung zwischen Operations-, Therapie- und Pflegerobotern werden Roboter im Gesundheitswesen (als Serviceroboter) vor allem auch in logistischen Prozessen eingesetzt. Hier hat das Gesundheitswesen aus bereits implementierten Prozessen im industriellen Umfeld gelernt, z. B. aus der Produktion. Beispiele hierfür sind Transportroboter oder auch Medikationsroboter. Im Logistikbereich unterstützen Roboter den Versorgungsprozess durch den Transport von Proben, Medikamenten und Bedarfsgütern, z. B. aus Klinik-Apotheken und Laboren. Beispielhaft sei hier der „Robocourier" von Swisslog Healthcare Solutions genannt. Er ist in der Lage Laborproben, Medikamente und Arbeitsmaterialien zu transportieren z. B. von der Apotheke zu Stationen. Neben dem Transport über mehrere Organisationseinheiten hinweg gibt es auch lokale Lösungen für spezifische Stationen. Das Fraunhofer IPA entwickelte einen Pflegewagen, der sämtliche benötigten Materialien, d. h. Verbandszeug aber auch Wäsche, per Steuerung via Smartphone zur Pflegekraft transportiert und bei Ausgehen der Materialien selbstständig ins Lager fährt. Im Bereich der Medikation bestehen schon länger Medikamenten-Management-Lösungen, die durch Robotik unterstützt werden. Unit-Dose-Systeme sind in der Lage patientenspezifisch Medikamente nach ärztlicher Verordnung zusammenzustellen. Das System unterstützt den Versorgungsprozess durch eine Stärkung der Arzneimitteltherapiesicherheit und Therapieoptimierung und bringt zudem ökonomische Vorteile (Schlosser 2016). Zusammengefasst zeigt sich eine beginnende Implementierung von Robotik im Gesundheitswesen – vor allem in der Organisation Krankenhaus – die zum einen die grundlegende patientenferne Versorgung (Logistik, Medikation) und zum anderen die patientennahe Versorgungsoptimierung im Hochrisikobereich unterstützt (OP-Roboter, Therapieroboter). Die Herausforderungen des Gesundheitssystem – allen voran der demografische Wandel – verlangen dabei aber bereits in naher Zukunft nach einer Unterstützungsform für die grundlegende patientennahe Versorgung. Eine weitere Untersuchung und Implementierung von Pflegerobotik erscheint aus diesem Grund dringend notwendig und hoch relevant. Um diese Implementierung zu gewährleisten ist es aber dringend notwendig Pflegeroboter ähnlich wie andere medizintechnische Geräte direkt mit MIS zu vernetzen und eine bestmögliche Integration zu gewährleisten. Diese Integration ist vor allem notwendig, um Informationen zu Dokumentationszwecken an verschiedenen Orten zum richtigen Zeitpunkt verfügbar zu machen und so eine qualitativ hochwertige, effiziente Patientenversorgung zu gewährleisten.

15.2 Medizinische Informationssysteme

MIS dienen in erster Linie der medizinischen Dokumentation und dem Ziel der optimierten Patientenversorgung (Lux et al. 2017). Dabei haben die Systeme abhängig von Einsatzort, medizinischem Fachgebiet sowie Herstellern und Anforderungen eine große Vielfalt. In Deutschland gibt es zahlreiche verschiedene Hersteller, von denen sich nur wenige die größten Marktanteile teilen; kleinere Hersteller decken zumeist Nischenprodukte ab.

Winter et al. (2002) definieren ein Informationssystem als „das sozio-technische Subsystem eines Unternehmens, welches alle informationsverarbeitenden Prozesse und die an ihnen beteiligten menschlichen und maschinellen Handlungsträger in ihrer informationsverarbeitenden Rolle umfasst."

(Medizinische) Informationssysteme schließen also neben der Software auch Hardware sowie menschliche Handlungsträger mit ein. Differenzieren lassen sich die verschiedenen Systemformen nach Anwendungsdomäne und organisationaler Zuordnung. Krankenhäuser verwenden in der Regel Krankenhausinformationssysteme (KIS), Arztpraxen Arztpraxisinformationssysteme (APIS). Hier liegt der Unterschied vor allem in der Verwendung und Verarbeitung der Daten. Ein Großteil der MIS ist im stationären Anwendungsbereich zu finden. Im stationären Bereich erscheint die Implementierung von Robotern durch eine Anbindung an MIS zunächst am ehesten leistbar. Das liegt vor allem daran, dass Implementierungs- und Verwaltungsprozesse durch Einbindung von medizintechnischen

Geräten bereits bekannt sowie erprobt sind. An Lösungsstrategien für Probleme wird also schon länger gearbeitet; Krankenhäuser verfügen i. d. R. über für diese Aufgaben ausgebildete Beschäftigte. Im Folgenden wird deshalb auf KIS eingegangen und die Anbindung an eben diese diskutiert.

15.2.1 Krankenhausinformationssysteme

Ein Krankenhausinformationssystem ist „das Teilsystem eines Krankenhauses, welches alle informationsverarbeitenden (und -speichernden) Prozesse und die an ihnen beteiligten menschlichen und maschinellen Handlungsträger in ihrer informationsverarbeitenden Rolle umfasst" (Winter et al. 2002). Grundlegendes Ziel eines KIS ist also die Informationsverarbeitung innerhalb von Prozessen im Krankenhaus mit dem Ziel der Bereitstellung von Informationen für die menschlichen Handlungsträger. Diese Informationen sollen zum richtigen Zeitpunkt, am richtigen Ort, für die richtige Person verfügbar gemacht werden. Das KIS muss damit eine der Hauptaufgaben in der Organisation Krankenhaus bewältigen: medizinische Dokumentation. Ziel von medizinischer Dokumentation ist die Nutzung von Informationen/Wissen zu einem späteren Zeitpunkt. Das gilt für Patientenversorgung, Administration und Abrechnung, aber auch wissenschaftliche Weiterbildung bzw. für Forschungszwecke. Rechtliche Grundlage medizinischer Dokumentation ist der Behandlungsvertrag (zwischen Patienten und Versorgungseinrichtung); neben diesem existieren zahlreiche Verordnungen und Gesetze, die medizinische Dokumentation festlegen bzw. vorschreiben. Dazu gehören beispielsweise die Strahlenschutzverordnung, SGB – V oder das Krankenpflegegesetz. Anwendungsbereiche ergeben sich in der Abbildung regulatorischer Prozesse im Gesundheitswesen, z. B. Dokumentation von patientenbezogenen Daten wie Diagnose und Maßnahmen (*ICD, OPS*), Entgeltssysteme (*G-DRG, EBM*), Epidemiologie und Forschung (*ICD, OPS, LOINC*), strukturierte Dokumentation und Kommunikation im Gesundheitswesen, z. B. standardisierte Übermittlung von Befunddaten (*LOINC*), Indexierung von Informationen, z. B. Aufbau von Literaturdatenbanken (*MESH*) (siehe Tab. 15.1).

Neben der medizinischen Dokumentation als einem der Hauptbestandteile der Gesundheitsversorgung, werden mit dem Einsatz von KIS weitere strategische Ziele verfolgt. Zu diesen Zielen gehören die Schaffung von Kosten- und Leistungstransparenz, die Verkürzung von Durchlaufzeiten oder ein kontinuierliches Qualitätsmanagement. Diese Ziele und damit verknüpfte Aufgaben wie Anamnese, Diagnose, Befundung und Therapie bewältigt ein KIS mit Hilfe verschiedener Komponenten. Dazu gehören Hardware- und Softwarekomponenten. Zu den Hardwarekomponenten zählen Server, die Netzwerkinfrastruktur sowie stationäre und in bereits stark digitalisierten Krankenhäusern auch mobile Endgeräte. Softwarekomponenten lassen sich in ein Kernsystem inklusive administrativen Komponenten und Spezialsysteme unterteilen. Zu den Kernkomponenten zählen das Klinische Arbeitsplatzsystem (KAS) und das Patientendatenverwaltungssystem (PDV). Über Kommunikationsserver sind die jeweiligen Spezialsysteme mit den Kernkomponenten

Tab. 15.1 Erläuterung der medizinischen Klassifikationen, Standards und Terminologien

ICD	*Internationale statistische Klassifikation der Krankheiten und verwandter Gesundheitsprobleme*	„amtliche Klassifikation zur Verschlüsselung von Diagnosen in der ambulanten und stationären Versorgung in Deutschland", aktuell in der 10. Revision (DIMDI 2019)
OPS	*Operationen- und Prozedurenschlüssel*	„amtliche Klassifikation zum Verschlüsseln von Operationen, Prozeduren und allgemein medizinischen Maßnahmen" (DIMDI 2019)
G-DRG	*German Diagnosis related groups*	„leistungsorientiertes und pauschalierendes Vergütungssystem" (DIMDI 2019)
EBM	*Einheitlicher Bewertungsmaßstab*	„abschließender Katalog der Gebührenordnungspositionen, die in der ambulanten vertragsärztlichen Behandlung abrechnungsfähig sind" (DIMDI 2019)
LOINC	*Logical Observation Identifiers Names and Codes*	„eindeutige Verschlüsselung von medizinischen Untersuchungen, insbesondere von Laboruntersuchungen" (DIMDI 2019)
MESH	*Medical Subject Headings*	„medizinischer Thesaurus zur Indexierung von Datenbankbeständen" (DIMDI 2019)

verbunden. Das PDV dient der Unterstützung administrativer Aufgaben des KIS. Das PDV erfasst Patientenstammdaten während der Aufnahme und ordnet Patienten Patienten- bzw. Fallnummern zu, um eine eindeutige Zuordnung von nachfolgenden Prozessen und Prozessergebnissen (z. B. Anamnese) zu ermöglichen. Das PDV ermöglicht durch strukturierte und digitalisierte Prozesse auch, Wiederaufnahmen schnell zu erkennen. Das KAS bietet die Möglichkeit des Zugriffs auf alle benötigten KIS-Funktionen. Nach der Aufnahme durch das PDV erfolgt eine durch das KAS unterstützte Aufnahme durch die Behandler, d. h. eine pflegerische und eine ärztliche. Diese dient dem Ziel der Anamnese und der Erfassung klinischer Befunde. Meist findet neben der softwareunterstützten Erfassung auch noch eine papierbasierte statt. Nach Aufnahme und Anamnese unterstützt das KAS bei der Planung von Diagnose und Therapie, indem es Informationen zeitnah erreichbar macht. Gleichzeitig werden Behandler durch Clinical Decision Support Systeme (CDS), die relevantes Wissen für den Behandlungsprozess beinhalten und eine Entscheidungsunterstützung bieten, entlastet.

Spezialsysteme

Das KAS ist über Kommunikationsserver mit Spezialsystemen verbunden. Zu den Spezialsystemen gehören Radiologieinformationssysteme (RIS), Laborinformationssysteme (LIS) oder auch PACS (Picture Archiving and Communication System). RIS kommen – wie der Name verrät – im Bereich der Radiologie zum Einsatz. Die Systeme verwalten, wenn ohne KIS oder PVS eingesetzt, auch Patientenstammdaten, unterstützen die Terminplanung radiologischer Untersuchungen und bieten vordergründig eine Schnittstelle zu den bildgebenden digitalen Untersuchungsgeräten sowie zum PACS. Aufgaben des RIS sind die Erstellung radiologischer Befunde sowie die medizinische Dokumentation von medizinischen Daten und abrechnungsrelevanten Leistungen. Zur Erstellung radiologischer Befunde nutzen Radiologen i. d. R. einen Befundarbeitsplatz: Dieser besteht aus mehreren zertifizierten und geeichten Bildschirmen mit hoher Grauwertdarstellung und Software zur Bildbetrachung und -manipulation.

Exemplarisch findet der Verlauf einer Radiologieuntersuchung/- befundung wie folgt statt: Über das KAS wird eine Anforderung an das RIS geschickt, das RIS kommuniziert mit den Worklists der Modalitäten, die radiologische Untersuchung wird durchgeführt und die anschließende Befundung durch das RIS unterstützt. Der Radiologiebefund wird anschließend zum KAS transferiert. Dieser Ablauf im Sinne eines Leistungsstellenmanagements (LSTM) bedeutet, dass eine bidirektionale Verknüpfung von KAS und RIS über geeignete Schnittstellen nötig ist. Ein PACS wird vor allem für die Speicherung von Bilddaten und die Archivierung dieser verwendet. Gleichzeitig liegt ebenfalls ein Fokus auf der (organisationsweiten) Bildverteilung. Einsatzort ist häufig die Radiologie, aber zunehmend auch andere Bereiche des Krankenhauses, die auf die zeitnahe Bereitstellung von Bildmaterial angewiesen sind. Neben dem RIS und PACS sind LIS ebenso von zentraler Bedeutung für Diagnostik im Rahmen der Patientenversorgung im Krankenhaus. LIS werden zur Labordiagnostik, d. h. für Laboruntersuchungen eingesetzt. Im Rahmen eines LSTM wird zunächst über das KAS die Anforderung zum Labortest übermittelt (z. B. aufgrund einer klinischen Fragestellung), eine Probe (z. B. Blut) wird entnommen und zum Labor transportiert, eine Laboranalyse durchgeführt und validiert und im Anschluss als Befund zurück ans KAS übermittelt. Dabei ist die Automatisierung der Analyseprozesse im Rahmen der Labordiagnostik weit fortgeschritten und wiederum über entsprechende Schnittstellen ans LIS angebunden.

Aufbau des KIS
Aktuell genutzte Systeme in modernen Krankenhäusern in Deutschland haben meist einen heterogenen Aufbau. Das bedeutet, dass das gesamte System aus mehreren getrennten Datenbanken besteht und keine einheitliche Software-Architektur zugrunde liegt. Das ermöglicht zum einen eine starke Spezialisierung sowie Flexibilität der genutzten Einzelsysteme und die Unabhängigkeit von einem spezifischen Hersteller, zum anderen bedeutet es aber auch eine stärkere Auseinandersetzung und Pflege der Schnittstellen. Damit gerade im heterogenen Systemaufbau die unterschiedlichen Systeme in der Lage sind, miteinander zu kommunizieren, ist die Systemintegration der unterschiedlichen Systeme relevant.

15.2.2 Betrachtung von Human Factors im Zusammenhang mit Medizinischen Informationssystemen (Fokus: KIS)

Die Forschung zu MIS/KIS fokussiert seit kurzer Zeit auch auf den Nutzer bzw. Human Factors. Dabei wird allerdings deutlich, dass die Forschungsansätze teilweise nicht ausreichend ausgereift sind.

In einem Review von Kremer et al. (2019) wird deutlich, dass sich zunächst nur wenige Artikel mit Themen der Human Factors im Zusammenhang mit MIS im klinischen Alltag beschäftigen. Gerade kognitive Konstrukte, wie die kognitive Beanspruchung (bzw. Mental Workload), die insbesondere im Gesundheitswesen von hoher Relevanz ist, werden kaum untersucht.

Vidulich und Tsang (2012) definieren Mental Workload als „sehr stark abhängig von Bereitstellung und Anforderung von Aufmerksamkeits- oder Verarbeitungsressourcen". Der Mental Workload ist also die Menge der verfügbaren Ressourcen innerhalb einer Person, um eine Aufgabe mit einer bestimmten Anzahl von Anforderungen zu erfüllen. Vidulich und Tsang (2012) erklären, dass exogenen Aufgabenanforderungen (Aufgabenschwierigkeit, Aufgabenpriorität und situative Kontingenzen) endogenen Ressourcen (spezifiziert als Informationsverarbeitungsressourcen) entgegenstehen. Übersteigen die Aufgabenanforderungen der MIS die mentalen Ressourcen der Beschäftigten kann das zu hohem bzw. problematischem Mental Workload, der in klinischen Prozessen v. a. mit höheren Fehlerraten assoziiert ist, führen (Weigl et al. 2016).

Betrachtet man die Untersuchungsdesigns genauer wird deutlich, dass reine Befragungsstudien oder auch quasi-experimentelle Ansätze im Fokus stehen. Dabei wird schwerpunktmäßig auf subjektive Messmethoden zurückgegriffen; physiologische Methoden oder auch Methoden, die Performance Measures, also Leistungsmaße nutzen (z. B. Fehlerraten, wie zuvor beschrieben), spielen kaum eine Rolle (Kremer et al. 2019). Eher schwächere Ansätze in Studiendesign und Messmethoden geben Hinweise auf eine schwache Studienqualität. Kremer et al. (2019) konnten zeigen, dass bei einer Einteilung nach Evidenzgraden (Shaddish et al. 2002) die meisten der Studien den Evidenzgraden C und D zuzuordnen sind. Das entspricht Studien ohne Prä-Test oder Kontrollgruppe (C) oder reinen Befragungsstudien (D). Fehlende Randomisierung, kleine Stichproben und eben die entsprechend eher schwächeren Designs lassen unter Einbezug der Evidenzgrade Rückschlüsse auf eine niedrige externe Validität zu. Betrachtet man die Ergebnisse der Studien auf inhaltlicher Ebene, ergeben sich zwei inverse Perspektiven:

- Hoher Mental Workload bedingt durch externe/organisationale Faktoren bedingt Barrieren für die Nutzung von MIS
- Ein hoher Grad an Mental Workload führt zu einem höheren Grad an Beanspruchung, wenn zusätzlich noch MIS benutzt werden

Insgesamt wird deutlich, dass die Nutzung von MIS zu einem höheren Mental Workload führt – insbesondere bei der Neuimplementierung von Systemen.

Hoher Mental Workload durch MIS = hoher Mental Workload durch Roboter?
Betrachtet man spezifisch dieses Ergebnis, ergibt sich zum einen die Frage, inwiefern sich die Neuimplementierung von Robotik im Gesundheitswesen ebenfalls auf die kognitive Beanspruchung auswirkt. Zum anderen scheint fraglich, ob die Fülle der Informationen, die durch deren Nutzung zusätzlich im MIS abgebildet werden muss, die Menge übersteigt,

die Menschen sinnvoll verarbeiten können. Betrachtet man isoliert Untersuchungen und Ergebnissen zu Robotik und Mental Workload ohne Bezug zum Gesundheitswesen wird deutlich, dass auch in diesem Zusammenhang von einer Erhöhung des Workloads ausgegangen werden muss. Es bleibt also fraglich, inwiefern die fortschreitende Digitalisierung und Implementierung von Robotik zunächst zur Entlastung des medizinischen Personals beiträgt (Harriott et al. 2015).

15.3 Medizinische Informationssysteme, Medizintechnik und Pflegeroboter

Die Vielzahl sowie Varianz der medizinischen Disziplinen sowie Versorgungseinrichtungen erschwert die Entwicklung von einheitlichen Softwaresystemen, die den verschiedenen Anforderungen – vor allem auch auf Ebene der Standardisierung – gewachsen sind. Historisch entwickelten sich KIS zunächst nach einem monolithischen Ansatz. Das bedeutet, dass die Software zum einen auf einem einheitlichen Datenmodell basiert und zum anderen einer einheitlichen Software-Architektur unterliegt. An monolithischen Informationssystemen wird hauptsächlich die teilweise geringe Einzelfunktionalität und mangelnde Spezialisierung des Systems für spezifische Anwendungsbereiche, die Spezialdokumentation erfordern, kritisiert. Weg von monolithischen hin zu heterogenen (verteilten) Informationssystemen entwickelten sich die MIS Anfang der 2000er-Jahre. Diese bedeuten eine deutlich höhere Anpassung und Spezialisierungsfähigkeit der Einzelsysteme sowie eine hohe Flexibilität, aber gleichzeitig auch einen hohen Betreuungsaufwand durch mehrere Schnittstellen und mehrfache Datenhaltung. Voraussetzung für die einwandfreie Funktionalität von heterogenen oder verteilten Systemen ist zudem ihre vollständige Integration auf unterschiedlichen Ebenen.

- Technisch: technische Erreichbarkeit der Systeme (z. B. durch Kabel oder Netze)
- Daten: Grundlagen sollten dieselben Daten sein
- Funktion: die Systeme bieten die gleichen Funktionen.
- Semantik: Nutzung standardisierter Vokabulare (z. B. ICD, LOINC)

Voraussetzung für die vollständige Integration ist u. a. Interoperabilität der verschiedenen Systeme. Die dargestellte Integrationsanwendung lässt auf die Integration von medizinischen Geräten, die ins System implementiert werden müssen, sowie in Zukunft wahrscheinlich auch auf Pflegeroboter übertragen, für die dieselben Standards gelten müssen.

15.3.1 Anwendung von Standards (Schnittstellen und Datenstrukturen)

Interoperabilität steht für die „Fähigkeit unabhängiger [, unterschiedlicher] Systeme möglichst nahtlos zusammenzuarbeiten, um Informationen auf effiziente und verwertbare Art auszutauschen" (Dugas 2017, S. 144). Weitergehend wird semantische Interoperabilität als „die Fähigkeit zur adäquaten Nutzung der ausgetauschten Informationen […] bezeichnet" (Dugas 2017). Um Interoperabilität auf allen Ebenen erreichen zu können, werden verschiedene Standards eingesetzt. Diese können grob unterteilt werden in Schnittstellenstandards und Standards der Datenstruktur.

Schnittstellenstandards meinen hier Schnittstellen, die als Übergang zwischen verschiedenen Komponenten des Informationssystems Daten austauschen und verarbeiten. Verschiedene Schnittstellenstandards werden benötigt, damit unterschiedliche Teile des KIS formalisiert miteinander interagieren können. Standardisierte Schnittstellen können aufgrund ihrer Kompatibilität standardisierte Daten austauschen. Beispiele hierfür sind:

- Health Level 7 (HL7)/FHIR
- DICOM
- GDT

Um Daten zu standardisieren und semantische Interoperabilität zu erreichen, werden im Gesundheitswesen Ordnungssysteme eingesetzt. Ordnungssysteme erlauben, einen klinischen Zustand, eine Diagnose oder auch eine Therapie in eine standardisierte Sprache zu übersetzen und zu dokumentieren. Dabei wird zwischen Klassifikationen und Nomenklaturen unterschieden. Klassifikationen bilden Klassen, indem sie gemeinsame Merkmale einem Begriff zuordnen. Dabei müssen die Begriffe disjunkt voneinander sein. Diese Klassifikationen haben den Nachteil, dass sie häufig von Informationsverlust sowie der Notwendigkeit zur Disjunktion begleitet werden, bieten aber den großen Vorteil von Vergleichbarkeit und statistischer Belastbarkeit (Breil 2017). Den Nachteil des Informationsverlust umgehen Nomenklaturen. „Nomenklaturen sind systematische Zusammenstellungen von Bezeichnungen mit einer definierten Dokumentationsaufgabe" (Breil 2017). Dabei werden Objekte detailliert und durch beliebig viele, sich auch überschneidende Deskriptoren beschrieben. Nomenklaturen sind deshalb wesentlich besser geeignet zum Austausch von Daten zu Dokumentationszwecken. Beispiele für Datenstandards (Klassifikationen und Nomenklaturen) sind:

- ICD
- OPS
- SNOMED
- LOINC

Die genannten Schnittstellen- sowie Datenstandards stehen hier exemplarisch für eine Vielzahl angewandter Standards im Gesundheitswesen. Um alle benötigten Informationen abzubilden, werden vor allem auf Ebene der Datenstandards diese zumeist miteinander kombiniert.

15.3.1.1 Schnittstellenstandards
HL7/FHIR
HL7 steht für Health Level 7 und wurde im Jahr 1989 von der gleichnamigen Organisation entwickelt. HL7 stellt einen der wichtigsten Kommunikationsstandards zum Austausch von Daten im Gesundheitswesen dar. Aktuell unterstützt werden die Versionen zwei und drei. Abgebildet werden Nachrichten, die sich z. B. auf Änderungen der Patientenstammdaten, Leistungsstellenkommunikation zwischen verschiedenen Abteilungen oder auf Abrechnungen beziehen.

Als neuer Standard der Organisation HL7 gilt FHIR (Fast Healthcare Interoperability Resources). FHIR wurde/wird aktuell noch weiterentwickelt, um mit neuen Technologien auf Ebene der Integration und der Standards mitgehen zu können. Es befindet sich aktuell in der Testungsphase der Anwendungsfähigkeit.

Auf Dokumentenebene ermöglicht HL7 CDA den Austausch und die Speicherung standardisierter und strukturierter klinischer Inhalte.

DICOM
DICOM (Digital Imaging and Communication in Medicine) stellt einen offenen Kommunikationsstandard zum Austausch bzw. zum Erzeugen, Weiterverarbeiten, Speichern und Austauschen von digitalen Bilddaten dar. Vermehrt implementieren Hersteller von Medizingeräten wie z. B. MRT, Endoskopie oder auch Sonografie den DICOM-Standard in ihre Geräte. Das ermöglicht einen hohen Grad an Interoperabilität zwischen den Geräten und dem PACS.

GDT
Die Geräte-Daten-Träger-Schnittstelle (GDT) dient als Standard-Schnittstelle zwischen MIS und Medizintechnik.

15.3.1.2 Datenstruktur
Dieser Abschnitt beschäftigt sich mit den relevantesten und bekanntesten Datenstrukturformaten im Gesundheitswesen. Differenziert wird, wie bereits zuvor erläutert, zwischen Klassifikationen und Nomenklaturen.

Klassifikationen
ICD
Die International Classification of Disease (ICD) ist in der aktuell 10. Revision verfügbar. Das Manual klassifiziert Diagnoseschlüssel sowohl in der ambulanten als auch in der stationären Versorgung in Deutschland und weltweit. Eine 11. Revision ist in einer Testversion

bereits verfügbar. Ziel dieser Überarbeitung ist zum einen die Anpassung des ICD an digitalisierte Gesundheitssysteme, zum anderen eine differenziertere Verschlüsselung verschiedener Sachverhalte.

OPS

Der Operationen- und Prozedurenschlüssel (OPS) dient seit Einführung des Entgeltssystems G-DRG der Verschlüsselung von medizinischen Prozeduren, Operationen und Maßnahmen. Er wird herausgegeben vom Bundesministerium für Gesundheit bzw. dem DIMDI und aktuell in der Version 2019 angewendet und jährlich aktualisiert.

Nomenklaturen
SNOMED

Die Systematized Nomenclature of Human and Veterinary Medicine (SNOMED) gilt als die komplexeste Terminologie bzw. Nomenklatur im Gesundheitswesen. SNOMED zielt darauf ab, die Indikation von medizinischen Konzepten in möglichst vollständiger inhaltlicher Form zu leisten. Aktuell enthält SNOMED CT 18.000 Achsen mit ca. 800.000 Begriffen, die ca. 300.000 Konzepte beschreiben und in mehr als 1.360.000 Beziehungen zueinanderstehen (Johner und Haas 2009).

LOINC

LOINC (Logical Observation Identifiers Names and Codes) wurde ursprünglich als Terminologie für Laborbefunde entwickelt. Mittlerweile ist es ein Vokabular zur eindeutigen Verschlüsselung und Entschlüsselung von Untersuchungen, Laborwerten und zur Einordnung von Dokumententypen (Dugas et al. 2009). Die LOINC-Codes setzen sich zusammen aus der Einheit (z. B. Volumen), der Zeiteinheit, Art der Probe (z. B. Blut), der verwendeten Skala und der Messmethode. Damit lassen sich allgemeingültige Identifikatoren von Laborergebnissen generieren.

15.3.2 Integration von Medizintechnik (Medizingeräten) und Medizinischen Informationssystemen

Medizingeräte sind zunächst Geräte, die medizinische Beschäftigte sowohl in Diagnostik als auch in der Therapie unterstützen und dabei nicht Bestandteil des Softwaresystems des MIS sind (Tanck 2015). Dazu gehören Geräte zur Labordiagnostik, Geräte für bildgebende Verfahren, aber auch therapeutische Unterstützung. Beispielhaft seien hier als bekannte Geräte Ultraschall oder z. B. Röntgengerät oder MRT aus der Radiologie genannt.

Die Geräte sind in vielen deutschen Krankenhäusern bereits an die Informationssysteme angebunden. Dabei erfolgt diese Anbindung meist über eine Geräteschnittstelle sowie über eine zusätzliche Schnittstelle auf Seite des datenregistrierenden und -verarbeitenden KIS (Tanck 2015). Jedes Gerät eines jeweiligen Anbieters benötigt dabei eine eigens eingerichtete, separate Schnittstelle (Tanck 2015). Alternativ bieten HL7-Kommunikationsserver die Möglichkeit, auf eigene Schnittstellen einzelner Geräte zum System zu verzichten bzw. keine neuen Schnittstellen zu erstellen. Der HL7-Kommunikationsserver konvertiert die

Formate der einzelnen Geräte automatisch in das benötigte Format des empfangenen Systems.

Bei Medizingeräten bleibt zudem zu berücksichtigen, dass z. B. Ergebnisse von Untersuchungen dokumentiert werden müssen. In der Regel müssen zu Dokumentationszwecken weitere Schnittstellen geschaffen werden, die die Komplexität der Anbindung weiter erschweren (Tanck 2015). Gerade zu diesem Zeitpunkt erscheint auch der Aspekt der semantischen Interoperabilität – auch auf Ebene der Datenstruktur – wieder besonders relevant.

15.3.3 Der Pflegeroboter – ein weiteres Medizingerät?

Betrachtet man die Anbindung von Medizingeräten an MIS stellt sich die Frage, ob ein Pflegeroboter orientiert am Beispiel der Medizingeräte in das System integriert werden kann. Auch im Fall der Pflegeroboter ist voraussichtlich eine Anbindung durch zwei verschiedene Schnittstellen notwendig. Gleichzeitig wird schnell deutlich, dass ein Pflegeroboter, der eben nicht rein stationäre Aufgaben gesteuert durch einen Menschen, wie z. B. ein Röntgengerät, übernehmen soll, eine wesentlich größere Vielfalt und Anzahl an Prozessen bewältigen muss, die voraussichtlich nahezu vollständig dokumentiert werden müssen. Am sinnvollsten lässt sich die Fragestellung – nicht auf technischer, aber auf organisationaler Ebene – anhand eines Beispiels näher betrachten. Dabei erscheint die Fokussierung auf die Medikamentenübergabe aufgrund ihrer starken Strukturiertheit sinnvoll.

Beispiel

Ein Pflegeroboter, der die Pflegekräfte auf einer geriatrischen Station unterstützt, soll die Ausgabe der Medikamente übernehmen. Eine Aufgabenfolge ist nachfolgend exemplarisch dargestellt. Die Aufgabenfolge erhebt dabei keinen Anspruch auf Vollständigkeit, sondern vermag vielmehr Herausforderungen, die der Einsatz des Pflegeroboters mit sich bringt, näher zu beleuchten.

1. Abfrage von Daten aus dem KIS:
   - Welcher Patient benötigt welche Medikamente? Welche Medikamente wurden verordnet?
   - Gibt es Unstimmigkeiten bei der Auswahl/Verordnung des Medikaments?
   - Falls ja: Rückversicherung beim ärztlichen Personal.
   - Welcher Patient hat u. U. schon seine Medikamente von einer Pflegekraft erhalten?
2. Auswahl des korrekten Medikaments
3. Zusammenstellung der richtigen Medikamente
   Dokumentation der Zusammenstellung bzw. der Auswahl
4. Identifikation des korrekten Patientenzimmers
5. Identifikation des korrekten Patienten

6. Überreichung des Medikaments
7. Überwachung der Einnahme
   Dokumentation der Medikamenteneinnahme des Patienten
8. Durchführung der Schritte nach der 4-R-Regel nach Juchli (1997): Richtiger Patient, richtiges Medikament (a. beim Griff nach dem Medikament, b. bei der Entnahme des Medikaments, c. beim Zurückstellen der Medikamentendose), richtige Dosierung, richtige Zeit
9. Möglicher Neubeginn des Prozesses: nächster Patient

Deutlich wird hier, dass die Aufgabenfolge, die der Pflegeroboter bewältigen muss, hoch komplex ist und auf verschiedenen Ebenen problematisch sein kann.

Bei näherer Betrachtung des Bespielprozesses ergeben sich Herausforderungen auf unterschiedlichen Ebenen. Zum einen auf Ebene der Human Factors, zum anderen in Bezug auf die Patientensicherheit sowie auch bezogen auf Datenstandards und Schnittstellen (siehe Tab. 15.2).

Auf Ebene der Human Factors werden zahlreiche Herausforderungen deutlich. Besonders „gefährlich" aus der Perspektive eines Robotereinsatzes sind im o. g. Beispiel wahrscheinlich die Prozessschritte 5 und 6, d. h. die Schritte mit direktem Patientenkontakt. Zusätzlich stellt der Einsatz des Pflegeroboters per se – zumindest bei Neuimplementierung – eine Herausforderung für Beschäftigte dar. Prozessschritt 6, die Überreichung des Medikaments, erscheint auf zwei Ebenen herausfordernd. Zunächst muss der Patient akzeptieren, dass das Medikament von einem Roboter übergeben wird. Neben möglichem Misstrauen gegenüber dem Roboter an sich, kommt eventuell mangelndes Vertrauen in die Auswahl des Medikaments durch den Roboter hinzu. Zusätzlich stellt der Überreichungsprozess auf physischer Ebene ein mögliches Problem dar, das ausreichend untersucht werden muss. Schafft es der Roboter, einem bettlägerigen Patienten ein Medikament nahe genug heranzureichen? Prozessschritt 7, die Überwachung der Einnahme, geht mit ähnli-

Tab. 15.2 Einsatz von Pflegerobotern: Herausforderungen für den Medikationsprozess gegliedert nach möglichen Problemfeldern (Human Factors, Patientensicherheit, Datenstandards, Sonstige)

Human Factors	Patientensicherheit	Datenstandards	Sonstige
Akzeptanz	Falsches Medikament identifiziert	Strukturierte Daten im MIS nicht vorhanden	Schnittstellen roboterseitig
Hohe Beanspruchung	Falsches Zimmer	Datenübermittlung ans MIS	Schnittstellen systemseitig
Reaktanz	Falscher Patient	Einsatz von standardisierten Daten	
Vertrauen/Angst	Unfall bei direktem Kontakt		
	Falsche Dokumentation		
	Keine Einnahme durch Patienten		

chen Herausforderungen einher. Mangelnde Akzeptanz kann eventuell zu Reaktanz führen und somit eine Medikamenteneinnahme verhindern. Mögliche Herausforderungen für das Personal scheinen zum einen – wie bereits erwähnt – die höhere mentale Beanspruchung durch den „Kollegen Roboter" und zum anderen wahrscheinlich Akzeptanzfragen zu sein.

Auf Ebene der Patientensicherheit stehen alle Prozessschritte im Fokus. Nahezu jeder Schritt ermöglicht einen „Fehler" in Kommunikation und Datenaustausch, aber auch im direkten Patient-Roboter-Kontakt. Zunächst kann das falsche Medikament identifiziert werden – z. B. durch eine falsche Codierung oder einen falschen Ablageort. Als direkte Folge oder auch auf anderem Weg ist eine Verabreichung des Medikaments an den falschen Patienten möglich. Weiterhin bedeutet eine fehlerhafte Dokumentation, dass z. B. im nächsten Schritt das Medikament noch einmal verabreicht werden könnte, weil eine Medikamenteneinnahme noch nicht registriert/dokumentiert ist. Was geschieht z. B., wenn ein Patient nur vorgibt, das Medikament genommen zu haben? Was geschieht, wenn der Roboter das Medikament unterwegs verliert? Zusätzlich zu möglichen Problemen bei der Medikamenteneinnahme an sich bedeutet auch der direkte, sichere Kontakt zwischen Patienten und Roboter sicherlich eine Herausforderung.

Als größte Herausforderung auf Ebene der Daten ist zu sehen, dass aktuell in vielen Systemen noch die Arbeit mit freitextlicher Dokumentation möglich und üblich ist. Unabhängig von der Implementierung von Pflegerobotern gibt es hier das Bestreben hin zur strukturierten, standardisierten medizinischen Dokumentation. Diese erlaubt dann allerdings nur noch wenige individualisierbare Elemente, die in der medizinischen Versorgung zuweilen notwendig sind.

Zusammenfassend stellt die Implementierung von Pflegerobotern gerade am Beispiel der stationären Patientenversorgung das Gesundheitswesen vor eine große Herausforderung. Vor allem die Sicherheit der Patienten, aber auch das Wohlbefinden der medizinischen Mitarbeiter sollte dabei im Vordergrund stehen. Gerade hier scheint es aber – neben den Herausforderungen in Hinblick auf Standardisierung und Strukturierung von Daten – die größten Herausforderungen zu geben. Als Orientierungshilfe bieten zumindest auf der Ebene der Human Factors – besonders in Hinblick auf zukünftige Implementierungsprozesse – andere Branchen erste Lösungsansätze. Standardisierungs- und Strukturierungsprozesse sind in der Gesundheitsbranche allgegenwärtig. Orientierung können Lösungen für bereits implementierte medizintechnische Geräte bieten.

Literatur

Bendel, O. (2015). Surgical, therapeutic, nursing and sex robots in machine and information ethics. In S. P. van Rysewyk & M. Pontier (Hrsg.), *Machine medical ethics* (Intelligent systems, control and automation: Science and engineering, S. 17–32). Berlin: Springer.

Bernnat, R., Bauer, M., Schmidt, H., Bieber, N., Heusser, N., & Schönfeld, R. (2017). *Effizienzpotenziale durch eHealth. Studie im Auftrag des Bundesverbands Gesundheits-IT (bvitg e.V.) und der CompuGroup Medical.* https://www.bvitg.de/wp-content/uploads/bvitg_Effizienzpotentiale_durch_eHealth_2017.pdf. Zugegriffen am 26.02.2020. SE, o. O.

Bertelsmann Stiftung. (Hrsg.). (2018). #SmartHealthSystems. Digitalisierungsstrategien im internationalen Vergleich. https://www.bertelsmann-stiftung.de/fileadmin/files/…/VV_SHS-Gesamtstudie_dt.pdf. Zugegriffen am 01.09.2019.

Breil, B. (2017). Technische Standards bei eHealth-Anwendungen. In F. Fischer & A. Krämer (Hrsg.), *eHealth in Deutschland – Anforderungen und Potenziale innovativer Versorgungsstrukturen*. New York: Springer.

Bundesministerium für Wirtschaft und Energie. (2017). Digitalisierung der Gesundheitswirtschaft. Eckpunktepapier. https://www.bmwi.de/Redaktion/DE/Publikationen/Wirtschaft/eckpunkte-digitalisierung-gesundheitswirtschaft.htm. Zugegriffen am 01.09.2019

DAK-Gesundheit. (2015). Psychoreport. https://www.dak.de/dak/download/psychoreport-2015-deutschland-braucht-therapie-1718790.pdf. Zugegriffen am 01.09.2019.

Decker, M. (2012). Technology assessment of service robotics. In M. Decker & M. Gutmann (Hrsg.), *Robo- and informationethics: Some fundamentals* (S. 53–88). Münster: LIT.

Decker, M. (2013). Mein Roboter handelt moralischer als ich? Ethische Aspekte einer Technikfolgenabschätzung der Servicerobotik. In A. Bogner (Hrsg.), *Ethisierung der Technik – Technisierung der Ethik: Der Ethik-Boom im Lichte der Wissenschafts- und Technikforschung* (S. 215–231). Baden-Baden: Nomos.

DIMDI. (2019). Klassifikationen, Standards und Terminologien im Gesundheitswesen. https://www.dimdi.de/dynamic/de/klassifikationen/. Zugegriffen am 14.12.2019.

Dörries, M., Gensorowsky, D., & Greiner, W. (2017). Digitalisierung im Gesundheitswesen – hochwertige und effizientere Versorgung, erschienen. *Wirtschaftsdienst: Digitalisierung im Gesundheitswesen – zwischen Datenschutz und moderner Medizinversorgung, 97*(10), 692–696.

Dugas, M. (2017). *Medizininformatik – ein Kompendium für Studium und Praxis*. Wiesbaden: Springer Vieweg.

Dugas, M., Thun, S., Frankewitsch, T., & Heitman, K. U. (2009). LOINC codes for hospital information systems documents: A case study. *Journal of the American Medical Informatics Association, 16*(3), 400–403.

Harriott, C., Buford, G. L., Adams, J., & Zhang, T. (2015). Measuring human workload in a collaborative human-robot team. *Journal of Human-Robot Interaction, 4*, 61. https://doi.org/10.5898/JHRI.4.2.Harriott.

Johner, C., & Haas, P. (2009). *Praxishandbuch IT im Gesundheitswesen: Erfolgreich einführen, entwickeln, anwenden und betreiben*. München: Carl Hanser.

Jones, S., Rudin, R., Perry, T., & Shekelle, P. (2014). Health information technology: An updated systematic review with a focus on meaningful use. *Annals of Internal Medicine, 160*, 48–54.

Juchli, L. (1997). *Pflege*. Stuttgart: Thieme.

Klein, B., Graf, B., Schlömer, I., Roßberg, H., Röhricht, K., & Baumgarten, S. (2017). *Robotik in der Gesundheitswirtschaft – Einsatzfelder und Potentiale* (Stiftung Münch (Hrsg.)). Heidelberg: Medhochzwei.

Kremer, L., Leeser, L., & Breil, B. (2019). Mental workload relating health information system – A literature review. *Studies in Health Technology and Informatics*. https://doi.org/10.3233/SHTI190840.

Lux, T., Breil, B., Dörries, M., Gensorowsky, D., Greiner, W., Pfeiffer, D., Rebitschek, F., Gigerenzer, G., & Wagner, G. (2017). Digitalisierung im Gesundheitswesen – zwischen Datenschutz und moderner Medizinversorgung. *Wirtschaftsdienst, 97*(10), 687–703.

Schachinger, A. (2014). *Der digitale Patient. Analyse eines neuen Phänomens der partizipativen Vernetzung und Kollaboration von Patienten im Internet*. Baden-Baden: Nomos.

Schlosser, S. (2016). Unit-Dose Versorgung in deutschen Krankenhäusern 2016, Bundesverband deutscher Krankenhausapotheker. https://www.rhein-mosel-fachklinik-andernach.de/typo3conf/ext/as_templates/einrichtungen/rhein-mosel-fachklinik/downloads/apotheke/ADKAPosterWuerzburg2017_32.pdf. Zugegriffen am 01.09.2019.

Shaddish, W., Cook, T., & Campbell, D. (2002). *Experimental and quasi-experimental designs for generalized causal interference*. Boston: Houghton Mifflin.

Tanck, H. (2015). Fusion von Medizintechnik und Informationstechnologie – Struktur, Integration und Prozessoptimierung. In R. Kramme (Hrsg.), *Medizintechnik* (S. 1–10). Heidelberg: Springer Reference Technik.

Vidulich, M., & Tsang, P. (2012). Mental workload and situation awareness. In G. Salvendy (Hrsg.), *Handbook of human factors and ergonomics* (4. Aufl., S. 243–264). Hoboken: Wiley.

Weigl, M., Müller, A., Holland, S., Wedel, S., & Woloshynowych, M. (2016). Work conditions, mental workload and patient care quality: A multisource study in the emergency department. *BMJ Quality & Safety, 25*(7), 499–508. https://doi.org/10.1136/bmjqs-2014-003744.

Winter, A., Ammenwerth, E., Brigl, B., & Haux, R. (2002). Krankenhausinformationssysteme. In T. Lehmann & E. Meyer zu Bexten (Hrsg.), *Handbuch der Medizinischen Informatik*. München/Wien: Carl Hanser.

Lisanne Kremer ist Wissenschaftliche Mitarbeiterin im eHealth-Labor des Fachbereichs Gesundheitswesens an der Hochschule Niederrhein in Krefeld. Seit ihrem Studienabschluss als Master of Science (Psychologie) mit den Schwerpunkten Arbeits- und Ingenieurpsychologie beschäftigt sie sich mit Fragestellungen der Mensch-Technik-Interaktion im Bereich des Gesundheitswesens. Dazu fokussiert sie neben Medizinischen Informationssystemen auch auf Fragestellungen der Human Factors in der Mensch-Roboter-Kollaboration.

Ein soziotechnisches Systemmodell der Servicerobotik im Pflegekontext

16

Alina Tausch, Britta Marleen Kirchhoff und Lars Adolph

Zusammenfassung

Der Einsatz von Servicerobotik im Pflegekontext kann Chancen für die gute Gestaltung von Pflegeberufen bieten und dabei unterstützen, den Pflegebedarf auch zukünftig decken zu können. So können neue Roboter und Anwendungen vielfältige Aufgaben im Pflegekontext übernehmen und Pflegekräfte bei ihrer Arbeit unterstützen oder von Tätigkeiten entlasten. Um jedoch Servicerobotik erfolgreich einzusetzen, braucht es eine systematische Betrachtung des gesamten soziotechnischen Systems. Dazu gehören neben dem Roboter selbst auch die verschiedenen Akteure, die mit ihm in Kontakt kommen, sowie deren vielfältige Verbindungen untereinander. Im Folgenden wird ein Modell vorgestellt, das genutzt werden kann, um konkrete Gestaltungsansätze für solche Systeme im Allgemeinen wie auch im Speziellen abzuleiten.

Der Text ist entstanden im Rahmen des Begleitforschungsprojekts ARAIG – gefördert vom Bundesministerium für Bildung und Forschung, Förderkennzeichen 16SV7903.

A. Tausch (✉) · B. M. Kirchhoff · L. Adolph
Bundesanstalt für Arbeitsschutz und Arbeitsmedizin, Dortmund, Deutschland
E-Mail: tausch.alina@baua.bund.de; kirchhoff.britta@baua.bund.de; adolph.lars@baua.bund.de

16.1 Einleitung

Arbeit in der Pflege ist entscheidend für die Gesellschaft und wird in Zukunft aufgrund steigender Lebenserwartung und steigender Anforderungen an ein selbstständiges und sozial integriertes Leben bis ins hohe Alter noch weiter an Bedeutung gewinnen. Gleichzeitig zeigen Studien und Hochrechnungen wie beispielsweise des BIBB (Neuber-Pohl 2017) die drastische Lücke zwischen dem Bedarf an Pflegekräften und den tatsächlich verfügbaren Fachkräften und Quereinsteigern. Neue Technologien können womöglich Lösungen bieten, fehlende Arbeitskraft an einzelnen Stellen zu ersetzen. Vor allem können sie aber auch die Arbeit der Pflegekräfte unterstützen, sie von Stress und körperlich anstrengenden Aufgaben entlasten und die Arbeit über neue Herausforderungen attraktiver und zukunftsgerichteter gestalten.

Eine Idee, die diese Ansätze vereinen kann, ist der Einsatz von Servicerobotik im Pflegekontext. Serviceroboter sind nach der Norm DIN EN ISO 13482:2014-11 (Deutsches Institut für Normung 2014) solche, die nützliche Aufgaben übernehmen. Sie sind dabei mit einer gewissen Autonomie ausgestattet, sodass sie eigenständig ohne ständige menschliche Intervention Tätigkeiten ausführen können. Sie können einerseits für den persönlichen, andererseits aber auch für den professionellen Bedarf eingesetzt werden. Das bedeutet, sie können einzelne Pflegeaufgaben, die „zu viel" sind, übernehmen und damit den professionellen Pflegekräften eine Erleichterung sein. So können sie zum Beispiel lästige Transportaufgaben übernehmen oder in Form von Hebehilfen beim Aufrichten von Patienten entlasten. Darüber hinaus können sie im direkten Kontakt mit den Patienten agieren und persönliche Dienstleistungen erbringen. Mögliche Aufgaben für solche Systeme sind beispielsweise Manipulation und Handling von Gegenständen wie das Anreichen von Wassergläsern, das Navigieren im Raum als Lotse durchs Altenheim oder auch die Ansprache von und soziale Interaktion mit Patienten. Diese Vielschichtigkeit der Servicerobotik ist es, die weite Einsatzmöglichkeiten eröffnet, aber auch eine Vielfalt von Fragen hinsichtlich Nutzungsmöglichkeiten und -grenzen sowie einer Integration in bestehende (Arbeits-)Systeme aufwirft.

Das Bild, das vor allem in den Medien häufig vermittelt wird, stimmt nicht immer mit der Realität überein: Längst sind Roboter noch nicht in der Lage, komplexe Aufgaben wie die Pflege eines Menschen eigenständig vorzunehmen, und wahrscheinlich werden sie es auch nie sein (für eine Diskussion des Pflegeroboter-Begriffs siehe auch den Band des Ladenburger Diskurses aus dem letzten Jahr: Bendel 2018). Allerdings können Roboter gezielt bestimmte Funktionen übernehmen und sind teilweise bereits in der Lage, diese sicher im direkten Umfeld von Menschen auszuführen. Es braucht jedoch noch viel weitere Entwicklungs- und Forschungsarbeit, um tatsächlich zu einem gelungenen Einsatz solcher Systeme im Pflegekontext zu gelangen und vor allem, um die Zusammenarbeit mit dem Menschen zu optimieren.

Die Bekanntmachung des Bundesministeriums für Bildung und Forschung „Autonome Roboter für Assistenzfunktionen: Interaktive Grundfertigkeiten" widmet sich in acht geförderten Projekten und einem zugehörigen Begleitforschungs-Konsortium genau dieser

Herausforderung. Die Projekte entwickeln basale robotische Funktionen wie eine Trinkhilfe oder radarbasierte Sensorik, die es ermöglichen sollen, dass Roboter personennahe Dienstleistungen speziell im Assistenzkontext sicher und zuverlässig ausführen können. Die Begleitforschung ARAIG, aus der auch dieses Kapitel entstanden ist, bearbeitet in ihrer Forschung übergreifende Fragen, die den Einsatz solcher Systeme betreffen. Dazu gehört, wie derartige Systeme sich rechtlich und ethisch bewerten lassen, wie das Erleben der Nutzer von Servicerobotern ist und welchen Einfluss beispielsweise die Morphologie des Roboters darauf hat, und wie Serviceroboter in ein größeres Arbeitssystem eingebettet sind.

16.2 Eine soziotechnische Sichtweise auf den Einsatz von Servicerobotik in der Pflege

Die zunehmende Verbreitung servicerobotischer Anwendungen macht eine systematische Betrachtung des Phänomens notwendig, um den Einsatz dieser Anwendungen menschengerecht zu gestalten. Dabei ist vor allem das entstehende soziotechnische System von Interesse: Es umfasst technische Elemente und alle davon in einem Betrachtungsrahmen betroffenen Personengruppen und setzt sie miteinander in Beziehung. Für eine gute Gestaltung von Servicerobotik und ihres Einsatzes genügt es aus dieser Perspektive nicht, nur den direkten Servicenehmer (z. B. den pflegebedürftigen Menschen) in den Blick zu nehmen. Vielmehr muss man sich fragen, wer noch von Einsatz und Nutzung betroffen ist und wie die Einbindung des Roboters in ein größeres Ganzes aussieht, um letztlich nicht nur den Roboter und die Interaktion mit dem Servicenehmer, sondern ganze Systeme effektiv und menschengerecht zu gestalten.

Wenn es um die Anwendung von Servicerobotik im (professionellen) Pflegekontext geht, dann sind solche soziotechnischen Systeme Arbeitssysteme, die nach Ulich (2013) „aus einem sozialen und einem technischen Teilsystem bestehen" und für deren Verständnis und Gestaltung man beide Subsysteme und ihre Verbindungen zueinander verstehen muss. Soziotechnische Systeme dienen folglich der genauen Analyse und Beschreibung komplexer Arbeitssysteme mit all ihren Akteuren, der eingesetzten Technik und der Organisation, die den Rahmen für das dahinterliegende Beziehungs- und Interaktionsgeflecht bildet. Dafür wird zunächst das System von der Umwelt abgegrenzt und das Problem identifiziert. Das technische System wird betrachtet und hinsichtlich seines Beitrags für das System und die Problemlösung bewertet. Es folgt die Analyse der Rollen und Zusammenhänge innerhalb des sozialen Systems. Die Koordination und Kontrolle zwischen den Akteuren wird, auch unter Beachtung der technischen Möglichkeiten, betrachtet und Gestaltungsmöglichkeiten werden identifiziert (Vorgehen nach Sydow 1985). Ropohl (2001) fordert, die technischen Entwicklungen einerseits und die organisatorischen Spielräume andererseits zu betrachten. Das bedeutet, dass über das zu einem bestimmten Zeitpunkt bestehende System hinaus gedacht werden kann und muss, um von der Weiterentwicklung der Technik und den Freiräumen in der organisatorischen Einbindung bestmöglich profitieren zu können.

Diese soziotechnische Betrachtungsweise enthält für den Einsatz von Servicerobotik zwei zentrale Botschaften:

1. Soziotechnische Systeme sind gestaltbar. Ein bestehendes System bietet immer Verbesserungs- und Veränderungsmöglichkeiten, die sich aus einer gründlichen Analyse des Ausgangszustands ergeben. Dafür können und müssen alle Systemelemente und ihre Verbindungen zueinander in Frage gestellt und bei Bedarf aktiv verändert werden. So lassen sich letztlich gute Mensch-Technik-Interaktion und ein menschengerechtes Arbeitsumfeld gestalten, die wesentlich dafür sind, die zur Verfügung stehende Technik sinnvoll und nutzbringend einzusetzen.
2. Ein Blick allein auf die Technik ist nicht ausreichend, um ein komplettes System zu gestalten und zu seinem Funktionieren beizutragen. Der Einsatz von Servicerobotik in realen Systemen braucht daher einen Blick auf die einzelnen Betroffenen sowie die Prozesse und Strukturen zwischen ihnen und nicht eine reine Technikoptimierung.

Nach unserem Kenntnisstand existiert eine solche soziotechnische Betrachtung der Servicerobotik im Pflegekontext bis dato noch nicht. Der Bedarf an einer systematischen, ganzheitlichen Analyse und der Ableitung allgemein geltender Gestaltungsgrundsätze ist jedoch groß, sowohl für Forschung und Entwicklung als auch für Praktiker, die Servicerobotik erfolgreich einsetzen wollen.

16.3 ARA-Sys: Ein soziotechnisches Modell des Arbeitssystems

Um aus einer ganzheitlichen Sicht den Einfluss des Einsatzes von Servicerobotik auf den Menschen zu betrachten, kann, wie erläutert, ein soziotechnisches Modell hilfreich sein. Das hier vorgestellte Modell ARA-Sys (siehe Abb. 16.1) bietet einen ersten Ansatz zur Untersuchung der vielfältigen Einflüsse auf Beschäftigte im Umfeld des Serviceroboters. ARA-Sys steht dabei für „Autonome Roboter für Assistenzfunktionen-System" und enthält Teile des Projektnamens ARAIG als thematischen Ankerpunkt und den Bezug zu einer systemischen Sichtweise auf den Einsatz autonomer Robotik im Servicekontext.

Es stellt das Arbeitssystem rund um den Einsatz eines Serviceroboters speziell im Pflegekontext dar und vernetzt die verschiedenen relevanten Akteure innerhalb des Systems miteinander. Technisches Element des Systems ist der Serviceroboter selbst, Akteure sind neben dem geschulten Bedienpersonal die Patientin oder der Patient als potenzieller Serviceempfänger sowie PassantInnen und Wartungs- und Instandhaltungspersonal. Die sozialen Elemente, die diese Akteure und das technische Element miteinander verbinden, sind in Form von beschrifteten Pfeilen dargestellt und reichen von Steuerungshoheit über Dienstleistungsangebote bis zu Kommunikationswegen von Mensch zu Mensch. Das System grenzt sich nach außen hin ab durch den Kontakt des Roboters mit Akteuren im institutionalisierten Pflegekontext. Das bedeutet, dass nur solche Akteure betrachtet werden, die für den Einsatz des Systems relevant sind oder von ihm betroffen sind. Der Kontext

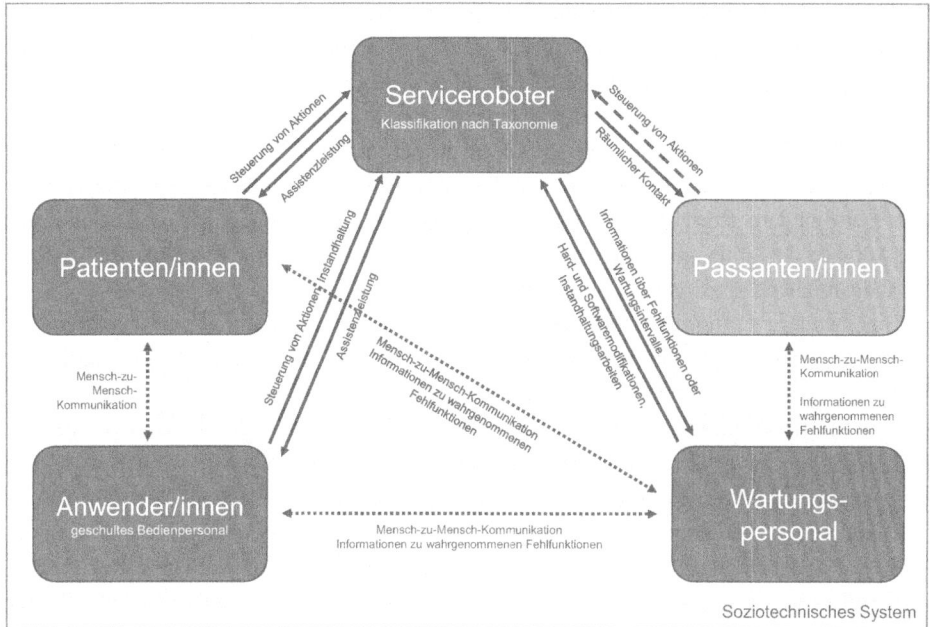

Abb. 16.1 ARA-sys – Ein soziotechnisches Systemmodell der Servicerobotik im Pflegekontext

beschränkt sich für die vorliegende Analyse auf Pflegeeinrichtungen und Krankenhäuser und nicht auf häusliche Pflege, ist aber theoretisch übertragbar auf verschiedene Service-Situationen. Im Folgenden werden nun die einzelnen Systembestandteile näher erläutert.

16.3.1 Technisches Element – Der Serviceroboter

Der Serviceroboter stellt das zentrale technische Element des Modells dar. Er erfüllt nach der DIN EN ISO 13482 (Deutsches Institut für Normung 2014) eine nützliche Funktion und umfasst somit Systeme, die sich sowohl in direkter Interaktion mit einem Gepflegten befinden und beispielsweise Objekte anreichen, als auch solche, die eher einen nützlichen Beitrag zum Arbeitssystem leisten und beispielsweise Schmutzwäsche im Krankenhaus abtransportieren.

Zur Kategorisierung verschiedener Formen von Robotern kann die Taxonomie der Mensch-Roboter-Interaktion von Onnasch et al. (2016) herangezogen werden. In ihr werden Roboter auf der Basis von vier verschiedenen Merkmalen differenziert: dem Einsatzgebiet, der Morphologie, dem Autonomiegrad sowie der Aufgabe des Roboters. Diese Merkmale erlauben eine recht klare Unterscheidung verschiedener robotischer Systeme. Es bleibt jedoch zu hinterfragen, ob die Kategorie der Aufgabe für den Servicekontext ausreichend differenziert gestaltet ist. In der Taxonomie aufgeführte Aufgaben zur Unterscheidung sind Informationsaustausch, Präzision, Entlastung, Transport und Manipulation. Diese Auswahl ist aufgrund der Fokussierung des Modells auf Anwendungen industrieller Robotik zu erklären. Fehlend sind aus Sicht des interagierenden Service jedoch Aufgaben wie Aufmerksamkeitslenkung und Aktivierung, wie sie beispielsweise in Pflegeheimen von humanoiden Robotern ausgeführt werden, die zum gemeinsamen Spiel animieren sollen, oder auch soziale Unterstützung, die Roboter wie die Robbe Paro zum Beispiel demenzkranken Menschen bieten können. Zwar könnten diese partiell unter der Aufgabe der Entlastung subsumiert werden, für den Pflegekontext scheint dies jedoch nicht ausreichend spezifisch zu sein.

Eine weitere Differenzierung verschiedener Roboter bietet ein jüngst erschienenes Scoping Review von Maalouf et al. (2018), das verschiedene auf dem Markt und in der Literatur vorhandene Roboter im Pflegekontext betrachtet. Die Autoren differenzieren grob in assistive und sozial-assistive Robotik. Während erstere Mobilitätsunterstützung, Unterstützung beim Servieren und der Nahrungsaufnahme, Transportfunktionen und Überwachungsfunktionen und andere Unterstützungsfunktionen bietet, fokussiert sozial-assistive Robotik auf emotionale Unterstützung oder kognitive Förderung (für eine Übersicht über Beispiele der verschiedenen Kategorien siehe Review). Feil-Seifer und Mataric (2005) differenzieren assistive Robotik, die physisch unterstützt, von sozial-interaktiver Robotik und sozial-assistiver Robotik, die eine Zwischenkategorie bildet. Auf theoretischer Ebene gibt es also bereits einige Ansätze zur genaueren Differenzierung von Roboter-Anwendungen, die auch für die Beschreibung real im Einsatz befindlicher Systeme angewendet werden können.

Wird ein Serviceroboter im Pflegekontext eingesetzt, geschieht das immer mit einem bestimmten Einsatzziel oder einer Absicht. So kann er verschiedene Personengruppen bei der Arbeit oder auch bei Alltagsaktivitäten unterstützen. Je nach spezifischen Zielen muss ein passender Serviceroboter ausgewählt und gegebenenfalls entsprechend der Umgebungsbedingungen und Besonderheiten des Einsatzgebietes ausgestattet und konfiguriert werden. Das kann zum Beispiel den Einsatz zusätzlicher Sensorik bedeuten oder das Vornehmen von Softwaremodifikationen, die Anpassungen durch geschultes Personal zulassen. Diese zielbezogenen Kontakte sind häufig gründlich ausgestaltet und werden in Nutzerbefragungen nach Usability-Kriterien untersucht und optimiert.

Über die zielbezogenen Kontakte hinaus kann der Roboter jedoch auch mit weiteren Personengruppen in räumlichen oder kommunikativen Kontakt kommen, ohne dass dies das direkte Ziel des Einsatzes ist. Welche möglichen Kontakte das sein können, wird in der folgenden Erläuterung deutlich. Aus all diesen Kontakten ergeben sich jeweils weitere Gestaltungsanforderungen für den Serviceroboter und dessen organisatorische Einbettung; mitunter können diese Anforderungen auch konträr sein. Im vorliegenden Modell werden insgesamt vier verschiedene Kategorien von Akteuren betrachtet: PatientInnen, AnwenderInnen bzw. geschultes Bedienpersonal, Wartungs- und Instandhaltungspersonal und PassantInnen.

Gegebenenfalls kann das soziotechnische System über den Roboter hinaus noch weitere technische Elemente beinhalten, die in dieser allgemeinen Form des Modells nicht aufgeführt sind, aber im Einzelfall von Relevanz sein können. Diese Elemente könnten zum Beispiel eine Leitwarte sein, bei der Störungsmeldungen des Roboters eingehen und vom Wartungspersonal entgegengenommen werden können, klassische Telefonanlagen oder Ambient-Assisted-Living-Systeme. Gerade im Kontext zunehmender Digitalisierung werden eine Vernetzung verschiedener technischer Systeme und der Informationsaustausch zwischen ihnen eine immer größere Bedeutung einnehmen und müssen daher bei der Implementierung mitbeachtet werden.

16.3.2 Patientinnen und Patienten

Patientinnen und Patienten können, müssen aber nicht, direkte Empfänger der Serviceleistung des Systems sein. Sie stellen eine Gruppe dar, die in einem Krankenhaus, in einer Pflegeeinrichtung oder auch im privaten Umfeld auf ein gewisses Maß an Pflege angewiesen ist, wobei die Autonomie der Personen sehr stark unterschiedlich ausgeprägt sein kann. Sie sind Privatpersonen und stehen nicht in einem Arbeitsverhältnis mit dem Betreiber des Roboters. In der Regel sind sie nicht geschult für den Umgang mit dem Serviceroboter, können aber trotzdem dessen Serviceleistungen nutzen. Im Falle dessen, dass sie der direkte Serviceempfänger sind, können sie Aktionen des Roboters steuern und zum Beispiel eine Dienstleistung anfordern. Im Gegenzug erhalten sie physische, kognitive oder emotionale Unterstützung. Ist die Interaktion zwischen Patientin bzw. Patient und Roboter das originäre Ziel des Robotereinsatzes, sind häufig die Bedürfnisse der Zielgruppe bei der Gestaltung des Roboters sowie der Interaktionsgestaltung berücksichtigt worden. Insofern dürfte die Verbindung von PatientIn und Roboter die elaborierteste sein. Nichtsdestotrotz kann es von Seiten der Patientinnen und Patienten zu für das System unerwarteten Aktionen kommen, auf die nicht adäquat reagiert werden kann. Das kann zum Beispiel eine mündliche Ansprache eines Systems sein, das über keine Möglichkeit zur Spracheingabe verfügt und daher den Befehl nicht entgegennehmen kann. Auch sicherheitskritisches Verhalten ist möglich, etwa das Aufsteigen und Mitfahren auf einem Lotsenroboter, der für diese Art von Nutzung nicht ausgelegt ist. Interaktionsmuster der Patientinnen und Patienten müssen daher im Vorhinein ausgiebig untersucht werden, um den Roboter bedarfsgerecht zu gestalten und um Strategien zum Umgang mit „unvorhergesehenen Ereignissen" für den menschlichen Gegenpart transparent und verständlich zu machen und auch Grenzen des Roboters klar aufzuzeigen. Mögliche Risiken müssen zudem abgeschätzt und durch geeignete Maßnahmen reduziert werden.

16.3.3 Geschultes Bedienpersonal

Anwenderinnen und Anwender sind geschultes Bedienpersonal, die für den Umgang mit dem System ausgebildet worden sind und explizit als sein Nutzer fungieren. Die Norm DIN EN ISO 13482:2014 (Deutsches Institut für Normung 2014) definiert als Bedienperson eine

„Person, die bestimmt ist, Parameter- und Programmänderungen am persönlichen Assistenzroboter vorzunehmen und dessen beabsichtigten Einsatz zu starten, zu überwachen und zu stoppen". Sie wird in der Norm unter dem Oberbegriff des technischen Personals geführt. Dieser Gruppe kann zum Beispiel Pflegepersonal angehören, das eine Hebehilfe für seine tägliche Arbeit nutzt.

Diese ausgebildeten Nutzer befinden sich in einem Arbeitsverhältnis und nutzen das System professionell zu ihrer eigenen Unterstützung oder bei der Arbeit, um sich Aufgaben abnehmen zu lassen, ihren Tätigkeitsraum zu erweitern oder Tätigkeiten zu unterstützen. Wenn sie dafür zuständig sind, ein System am Patienten einzusetzen, stehen sie mit ihm in einer Mensch-zu-Mensch-Kommunikation. Zielt die Assistenzleistung des Roboters auf sie, sind sie selbst Serviceempfänger. Sie können Aktionen des Roboters steuern und in der Regel auch etwas komplexere Einstellungen vornehmen, da sie entsprechend ausgebildet worden sind. Unter Umständen ist vorgesehen, dass sie sich als AnwenderInnen auch selbst zu einem gewissen Maß um Wartungs- und Instandhaltungsaufgaben kümmern, also beispielsweise kleine Störungen, die im Arbeitsalltag häufiger anfallen, selbstständig beheben. Das macht deutlich, dass es gerade in dieser Personengruppe Qualifizierungs- und Ausbildungsbedarfe hinsichtlich der Zusammenarbeit mit dem Serviceroboter gibt. Zudem sind Einstellungen und Verhalten des Bedienpersonals wichtige Kriterien für einen funktionierenden Einsatz von Robotern.

16.3.4 Wartungs- und Instandhaltungspersonal

Auch wenn die Norm nicht zwischen AnwenderInnen und technischem Personal unterscheidet, werden in der Praxis jedoch häufig komplexere Wartungsarbeiten von spezifisch dafür geschultem technischen Fachpersonal vorgenommen. Für zumeist alle größeren Störungen und in der Regel auch einen Großteil der Wartungsarbeiten gibt es also das Wartungs- und Instandhaltungspersonal als wesentlichen zusätzlichen Akteur. Grote (2015) weist darauf hin, dass soziotechnische Modelle unter anderem auch in diese Richtung erweitert werden müssen. Aus arbeitswissenschaftlicher Perspektive ist ihr Einbezug darüber hinaus relevant, weil auch ihre Arbeit substanziell vom Umgang mit Servicerobotik geprägt wird und die Interaktion daher entsprechend gestaltet werden will.

Serviceroboter müssen, da sie sich im direkten Umfeld von Menschen bewegen und dort agieren, besonders zuverlässig und sicher funktionieren. Aus diesem Grund ist eine regelmäßige Wartung, zum Beispiel der Sensoren zur Detektion von Hindernissen und damit Personen im Fahrweg des Roboters, unerlässlich, um die Systeme sicher betreiben zu können. Unter Umständen lassen neue Systeme durch das kontinuierliche Zur-Verfügung-Stellen von Daten Predictive Maintenance zu, also die vorbeugende Instandhaltung, bevor Fehlfunktionen entstehen. Außerdem können Wartungsintervalle automatisiert gemeldet werden. Die Autonomie, die Servicerobotern immanent ist, führt durch probabilistische Entscheidungen statt deterministischer Programmabläufe unter Umständen zu unvorhersehbaren und nicht direkt nachvollziehbaren Betriebszuständen und stellt somit eine neue Anforderung an Wartungspersonal.

Dieses ist in der Interaktion mit dem Serviceroboter dafür zuständig, Wartungen und Instandsetzung am System im Störungsfall durchzuführen. Um das gewährleisten zu können, müssen die Roboter so gestaltet sein, dass sie nicht nur für die Interaktion mit der direkten Zielgruppe optimiert sind, sondern auch für technische Arbeiten. Wenn beispielsweise Akkus relativ schnell verschleißen und häufig ausgewechselt werden müssen, sollte der Zugang zu ihnen möglichst unkompliziert sein. Dies bezieht sich auf die physische Gestaltung des Roboters, aber auch auf die Gestaltung von Interfaces, die im Störungsfall eindeutig und transparent alle wesentlichen Informationen anzeigen müssen, um eine Störungsbehebung zu erleichtern. Außerdem ist auch ein Sicherheitskonzept für den Wartungs- und Instandhaltungsfall entscheidend, um das Personal nicht zu gefährden. Häufig existieren solche Konzepte für den regulären Einsatz, aber zu selten wird bei der Entwicklung der Roboter sowie bei der organisationalen Gestaltung der Wartungsprozesse auf die Sicherheit speziell des Wartungspersonals geachtet.

Informationen über tatsächliche oder auch nur wahrgenommene Fehlfunktionen kann das Personal entweder vom Roboter selbst oder prinzipiell von allen Personen oder Organisationseinheiten bekommen, die in irgendeiner Form Kontakt zum Serviceroboter haben. Dabei können die Kanäle, über die diese Meldungen eingehen, vielfältig sein und von persönlicher Ansprache über Anrufe bis zu Meldungen über eine Schnittstelle am Roboter selbst reichen. In diesem Kontext ist es wichtig, die Informationsbedarfe, die das Wartungspersonal hat, zu identifizieren und den Fehlermelder zu befähigen, diese Informationen auch zu erkennen und weitergeben zu können. Das kann zum Beispiel über eine Anzeige am Roboter mit den wesentlichen Kennzahlen gelingen, die telefonisch durchgegeben werden können.

16.3.5 Passantinnen und Passanten

Passantinnen und Passanten schließlich sind all jene Personen, die nicht direkt in die Arbeit mit dem Roboter eingebunden sind, aber rein räumlich Teilnehmer des soziotechnischen Systems sind. Diese Gruppe umfasst zum Beispiel Gäste eines Krankenhauses, die einem fahrerlosen Transportsystem über den Weg laufen oder anderes Krankenhauspersonal, das keine Schnittstellen mit dem System hat, aber Räume und Wege mit ihm teilt. Unter Umständen können auch solche eigentlich unbeteiligten Personen dem System Steuerbefehle geben: zum Beispiel den Weg freizugeben, wenn von Seiten des Roboters ein räumlicher Kontakt hergestellt wird. Auch können sie im Falle einer auch für einen Unbeteiligten wahrnehmbaren Störung der relevante Hinweisgeber für die Instandhalter sein. Über eine, gegebenenfalls technisch vermittelte, Mensch-zu-Mensch-Kommunikation können sie Probleme mit dem System melden und auch räumlich von Entstörungsmaßnahmen betroffen sein. Ein typisches Beispiel hierfür ist eine gemeinsame Nutzung eines Aufzuges, bei der ein Roboter den Ausgang für einen Krankenhausgast versperrt. Da Kenntnisse über das System fehlen, kann der Eingesperrte beispielsweise über einen eindeutig gekennzeichneten Notfall-Knopf einen Instandhalter anfordern, der über die Leitwarte informiert wird und ausrücken kann, um den Fehler zu beheben und den Weg für den

Gast wieder freizugeben. Wichtig gerade bei Servicerobotern, die für den Einsatz in öffentlich zugänglichen Räumen konzipiert sind, ist es, die Gruppe der nicht direkt Betroffenen bei der Konstruktion und Softwaregestaltung im Hinterkopf zu haben. Entwicklerinnen und Entwickler müssen sich vor allem klarmachen, welche Situationen auftreten können, die eine Form der Interaktion notwendig machen, und welche Interaktionen dann in welcher Form möglich sein sollen. Diese müssen so gestaltet werden, dass sie intuitiv verständlich und aufwandsarm sind, um Passantinnen und Passanten nicht abzuschrecken oder gar zu gefährden oder zu viele Ressourcen zu beanspruchen.

16.4 Ein Beispielmodell – Einsatz fahrerloser Transportsysteme im Krankenhaus

Zur plastischen Illustration der in Abschn. 16.3 erläuterten Zusammenhänge wird im Folgenden ein Beispiel präsentiert. Dieses stammt aus einer Reihe von Interviews, die im Rahmen der ARAIG-Begleitforschung mit Wartungs- und Bedienpersonal in Pflegeeinrichtungen, die Servicerobotik einsetzen, geführt werden. Zur Übersicht findet sich in Abb. 16.2 eine grafische Darstellung des Modells.

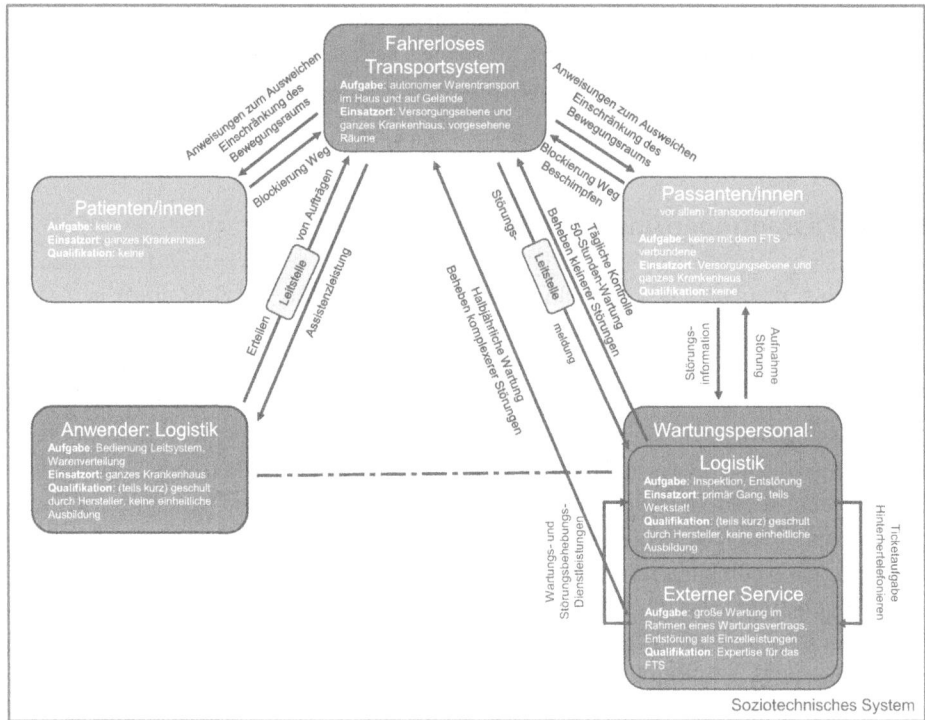

Abb. 16.2 Soziotechnisches Systemmodell um ein Fahrerloses Transportsystem in einem Krankenhaus

Zunächst auffällig ist als Unterschied zum zuvor präsentierten allgemeinen soziotechnischen Modell die Tatsache, dass die Patienten hier nicht als Empfänger der Dienstleitung in Erscheinung treten. Wie zuvor bereits erwähnt, kann Servicerobotik sowohl für professionellen als auch für persönlichen Service eingesetzt werden: In diesem Fall ist der Einsatz ein professioneller und die Assistenzleistung richtet sich an die Logistik, weshalb PatientInnen in diesem System keine tragende Rolle haben.

Eine Reihe von fahrerlosen Transportsystemen (FTS) wird in diesem Krankenhaus dazu eingesetzt, um allerlei Waren wie frische und schmutzige Wäsche, Essen oder Verbrauchsmaterialien von und zu den Stationen zu transportieren. Dabei agieren sie autonom und finden ihren Weg über ein integriertes Kartensystem. Sie nutzen die Versorgungsebene des Hauptgebäudes als zentrale Anlaufstelle sowie das ganze Krankenhaus und die Aufzüge zur Anlieferung. Auf den Stationen fahren sie in dafür vorgesehene Räume, von denen aus die Waren dann vom Stationspersonal entgegengenommen werden können. Auf ihrem Weg können sie dabei Pflege- und Transportpersonal, Patientinnen und Patienten sowie Passantinnen und Passanten begegnen. Zumeist gibt es mit diesen nur eine räumliche Schnittstelle, mitunter kann man sich jedoch gegenseitig im Weg sein. Im Falle dessen, dass ein FTS einen Aufzug verwendet und ein Hindernis detektiert, gibt es eine sprachliche Anweisung an die Passanten, den Aufzug freizugeben. Ebenso begegnen die FTS dem Transportpersonal, das, wie berichtet, mitunter deutlich negative Emotionen verbalisiert, wenn die FTS bei der Verrichtung der täglichen Arbeit im Weg sind. Die tatsächliche Interaktion mit diesen Anspruchsgruppen findet jedoch eher sporadisch statt, die Koexistenz ist die dominierende Form. Nichtsdestotrotz können die gelegentlichen Ausbrüche von Frustration Indikator für unterschwellig vorhandene Risiken und Belastungen sein, die von dem Einsatz eines solchen Systems ausgehen.

> **Exkurs: Zusammenarbeit mit einem Roboter**
>
> **Mensch-Roboter-Interaktion** ist der Überbegriff für verschiedene Formen der Zusammenarbeit mit einem oder mehreren Robotern. Etabliert hat sich die Unterscheidung in Koexistenz, Kooperation und Kollaboration (Onnasch et al. 2016). Bei der **Koexistenz** halten sich Mensch und Roboter nur im gleichen Arbeitsraum auf, haben aber voneinander unabhängige Aufgaben zu verrichten. **Kooperation** beschreibt die arbeitsteilige Zusammenarbeit, während **Kollaboration** die engste Form der Zusammenarbeit mit gemeinsam ausgeführten Subaufgaben, einem geteilten Arbeitsziel und einer adaptiven Zuteilung der Subaufgaben auf die Akteure darstellt.

Der Gebrauch des Systems hat sich nicht als gänzlich risikofrei erwiesen. Berichtet werden ein Brand- und ein Absturzereignis, ersteres in einem öffentlich zugänglichen Bereich des Krankenhauses. Derartige technisch bedingten Risiken lassen sich nie mit vollkommener Sicherheit ausschließen und müssen im betrieblichen Geschehen kompetent gehandhabt werden. Dazu gehört, dass die Risikobeurteilung der Maschine berücksichtigt wird, eine Gefährdungsbeurteilung erstellt wird und hierbei die verantwortlichen Akteure, aber auch möglicherweise Betroffene systematisch berücksichtigt werden. Auch für diesen Zweck ist eine Betrachtung mit Hilfe des erweiterten sozio-technischen Modells wichtig.

Anwender des Systems in diesem Fall ist die Logistik-Abteilung. Sie erteilt den FTS über die Leitstelle ihre Transportaufträge und ist im Gegenzug Empfänger der

Assistenzleistung durch die FTS. Diese unterstützen die Aufgabe der Warenverteilung zwischen den einzelnen Gebäuden des Krankenhauses und innerhalb der Gebäude und nehmen sie teilweise gänzlich ab. Die Mitarbeiterinnen und Mitarbeiter der Logistik, die Schnittstellen mit dem FTS haben, verfügen nicht über eine einheitliche Grundausbildung. Sie sind alle in einer kurzen Schulung des Herstellers im Umgang mit dem System angelernt worden, vertiefte Kenntnisse über die Arbeit mit dem System erlangen einzelne Mitarbeiter nur durch Erfahrung.

Eine weitere Besonderheit dieses Beispiels ist die Doppelrolle der Logistik im Umgang mit den FTS: Sie ist nicht nur der Anwender, sondern gleichzeitig auch zuständig für Wartungs- und Instandhaltungsarbeiten. Sie betreut die FTS in einer täglichen kleinen Wartung, einer Wartung alle 50 Betriebsstunden und ist für die Entstörung bei kleineren Problemen zuständig. Die Störungsmeldung erhalten die zuständigen Logistik-MitarbeiterInnen dabei in der Regel automatisch über die Leitstelle, in Ausnahmefällen melden aber auch beispielsweise Transporteure Fehler wie stehengebliebene FTS. Da die Logistik-MitarbeiterInnen nur grundgeschult sind im Umgang mit den FTS und nicht alle über eine elektronische bzw. mechatronische Ausbildung verfügen, wird im Fall nicht zu behebender Störungen der Hersteller als externer Instandhaltungsservice hinzugeschaltet. Bei ihm kann elektronisch ein Ticket aufgegeben werden und bei Gelegenheit kommt ein Servicetechniker zum Krankenhaus, um die Störung zu beheben. Mitunter bedarf eine zeitnahe Störungsbehebung mehrerer Kommunikationsschleifen. Gleichzeitig ist der Hersteller auch mit der halbjährlichen, herstellerseitig vorgeschriebenen großen Wartung beauftragt.

Anhand dieses Beispiels wird deutlich, wie vielfältig die Akteure und Zusammenhänge innerhalb eines solchen soziotechnischen Systems sein können. Da Servicerobotik so viele Formen annehmen kann und die Zielgruppen von der Logistik über Pflegekräfte bis hin zu einzelnen Gepflegten reichen können, ist es relevant, jedes System in seinen Eigenheiten zu analysieren, dabei jedoch ein allgemeines Referenzsystem im Hinterkopf zu haben. Das kann dabei helfen, keinen relevanten Akteur zu vergessen, wenn es beispielsweise um die Gestaltung von Schnittstellen für einen Umgang mit dem System im Notfall geht. Hierbei ist zu beachten, dass, wie im Beispiel auch, das Wartungs- und Bedienpersonal nicht immer vollständiger Experte im Umgang mit dem Roboter ist und auch gänzlich ungeschulte Personen in Kontakt mit dem Roboter kommen können.

16.5 Schlüsse aus dem Modell

Das hier dargestellte Modell bietet einen Ansatz, um Forschung zu den Auswirkungen von Servicerobotik auf Beschäftigte speziell im Pflegesektor zu strukturieren und relevante Fragestellungen zu erarbeiten. Durch die Darstellung möglicher relevanter Akteure und der Verbindungen zwischen ihnen gibt es einen Überblick über mögliche entscheidende Systemkomponenten, die näher betrachtet werden sollten, um letztlich zu einem gelungenen Einsatz von Mensch-Roboter-Interaktion im Pflegekontext zu gelangen. Gleichzeitig zeigen sich am Modell auch erste mögliche Handlungsbedarfe für die Gestaltung soziotechnischer Systeme der Servicerobotik in der Praxis.

Bei der Gestaltung eines robotischen Systems darf der Fokus nicht alleine auf der Gestaltung der Interaktion mit der angestrebten Zielgruppe liegen. Gerade wenn eine solche autonom agierende Technologie in einem Arbeitssystem eingesetzt wird, müssen alle möglichen Betroffenengruppen mitgedacht werden. ForscherInnen und EntwicklerInnen müssen sich stets die Frage stellen, wie sichere und gesunde Arbeit im gesamten System zu gewährleisten ist, wenn ein Serviceroboter eingesetzt wird. Das betrifft die direkten Bediener des Systems, seien es Pflegekräfte, SozialarbeiterInnen oder Logistik-Personal, aber auch anderes Personal wie beispielsweise MitarbeiterInnen der Technik. Sie interagieren zwar nicht aufgabenbezogen mit dem Roboter, haben aber trotzdem Schnittstellen, die der bewussten Gestaltung bedürfen.

Wenn geschultes Bedienpersonal auch Instandhaltungsaufgaben übernehmen soll, braucht es eine gezielte Ausbildung in Bezug auf diese Aufgaben. Die Anwenderinnen und Anwender müssen sich der Sicherheitsanforderungen bewusst sein und von der Organisation her in die Lage versetzt werden, Störungen korrekt, sicher und verlässlich zu beheben. Nur so können sie der Verantwortung, die ihnen zugesprochen wird, auch gerecht werden. Aus arbeitswissenschaftlicher Perspektive ist ein Einbezug des Bedienpersonals auch in die weitergehende Betreuung des Systems prinzipiell positiv, steigert es doch die Ganzheitlichkeit der Arbeit und damit das Systemverständnis der Beschäftigten. Es bietet die Chance, einzelne Personen weiter zu entwickeln und ihnen mehr Verantwortung zu übergeben im Sinne eines Job Enrichment. Geachtet werden muss allerdings darauf, dass ausreichende Ressourcen zur Verfügung gestellt werden, die die Ausführung dieser zusätzlichen Aufgaben auch erlauben. Dazu gehören neben ausreichend Zeit für Wartung und Entstörung auch der Kompetenzerwerb und eine entsprechende finanzielle Aufwertung der Arbeit. Die Gefahr, durch Doppelrollen zusätzliche Belastungen zu schaffen, muss bei der Gestaltung des Arbeitssystems mit beachtet werden.

Die Gestaltung der Interaktion mit den verschiedenen Nutzergruppen muss sich an den jeweiligen Bedarfen, aber auch Ressourcen und Kenntnisständen orientieren. Idealerweise werden verschiedene „Kommunikationsmodi" für unterschiedliche Nutzergruppen vorgehalten, die sich entweder situativ aktivieren oder einfach ausgewählt werden können. Denn gerade im Bereich der Servicerobotik ist das soziotechnische System, wie wir zeigen konnten, häufig größer als nur eine dyadische Roboter-Anwender-Beziehung. Der Unterschiedlichkeit der verschiedenen Anspruchsgruppen muss über die Technikgestaltung Rechnung getragen werden, da eine menschzentrierte Gestaltung der Schlüssel zu Akzeptanz und Nutzungsbereitschaft, gerade im Arbeitskontext, ist.

Perspektivisch ist es sicherlich wünschenswert, dass Roboter, um tatsächlich der Idee von Autonomie gerecht werden zu können, lernfähig gestaltet werden. Dies würde die Interaktion mit verschiedenen Anspruchsgruppen deutlich erleichtern, da über zunehmende Kontakte verschiedene Interaktionsprofile erlernt werden könnten, um eine zielgerichtete und für die jeweilige Kontaktperson angenehme Interaktion zu ermöglichen. Gleichzeitig könnten so Dienstleistungen optimiert und noch besser an die Bedürfnisse der Serviceempfängerinnen und Serviceempfänger angepasst werden. Allerdings ist auch bei der Implementation von Formen maschinellen Lernens oder künstlicher Intelligenz im Allgemeinen darauf zu achten, was diese für Auswirkungen auf die Nachvollziehbarkeit von Handlungen des Roboters für das Bedienpersonal und die Behebung von (vermeintlichen) Fehlfunktionen durch die Instandhaltung hat.

Abschließend kann festgehalten werden, dass die Gestaltung des soziotechnischen Systems sich nicht allein auf das technisch Machbare ausrichten darf, auch wenn das die einfachste Lösung zu sein scheint. Das Miteinander von Mensch und Technik erfordert, dass die beiden Subsysteme sinnvoll miteinander interagieren und dass diese Interaktion für den Anwender sicher, gesundheitlich unbedenklich und angenehm sein muss. Von daher ist bei der Ausgestaltung spezifischer soziotechnischer Systeme immer ein Fokus auf eine gute und menschengerechte Arbeitsgestaltung zu legen. Das kann bedeuten, dass sich auch auf Seiten der Technik oder der Schnittstellen sowie der Arbeitsorganisation Entwicklungsbedarfe ergeben, denen man begegnen muss. Dabei helfen kann die systematische Analyse anhand eines soziotechnischen Modells wie dem hier vorgestellten.

Literatur

Bendel, O. (Hrsg.). (2018). *Pflegeroboter*. Wiesbaden: Springer Gabler.

Deutsches Institut für Normung. (2014). *DIN EN ISO 13482:2014 Roboter und Robotikgeräte – Sicherheitsanforderungen für persönliche Assistenzroboter*. Berlin: Beuth.

Feil-Seifer, D., & Mataric, M. J. (2005). *Socially assistive robotics*. Paper presented at the 9th International Conference on Rehabilitation Robotics (ICORR 2005). Chicago.

Grote, G. (2015). Gestaltungsansätze für das komplementäre Zusammenwirken von Mensch und Technik in Industrie 4.0. In H. Hirsch-Kreinsen, P. Ittermann & J. Niehaus (Hrsg.), *Digitalisierung industrieller Arbeit* (S. 131–146). Baden-Baden: Nomos.

Maalouf, N., Sidaoui, A., Elhajj, I. H., & Asmar, D. (2018). Robotics in nursing: A scoping review. *Journal of Nursing Scholarship, 50*(6), 590–600. https://doi.org/10.1111/jnu.12424.

Neuber-Pohl, C. (2017). Das Pflege- und Gesundheitspersonal wird knapper. *BWP-Heft Pflegeberufe, 1*, 4–5.

Onnasch, L., Maier, X., & Jürgensohn, T. (2016). *Mensch-Roboter-Interaktion – Eine Taxonomie für alle Anwendungsfälle*. Dortmund: baua: Fokus. Bundesanstalt für Arbeitsschutz und Arbeitsmedizin.

Ropohl, G. (2001). Das neue Technikverständnis. In G. Ropohl (Hrsg.), *Erträge der Interdisziplinären Technikforschung. Eine Bilanz nach 20 Jahren* (S. 11–30). Berlin: Erich Schmidt.

Sydow, J. (1985). *Der soziotechnische Ansatz der Arbeits- und Organisationsgestaltung. Darstellung, Kritik, Weiterentwicklung* (Campus Forschung, Bd. 428). Frankfurt a. M.: Campus.

Ulich, E. (2013). Arbeitssysteme als Soziotechnische Systeme – eine Erinnerung. *Psychologie des Alltagshandelns, 6*(1), 4–12.

Alina Tausch ist wissenschaftliche Mitarbeiterin in der wissenschaftlichen Leitung des Fachbereichs „Produkte und Arbeitssysteme" der Bundesanstalt für Arbeitsschutz und Arbeitsmedizin (BAuA). Sie hat einen Bachelor und Master in Wirtschaftspsychologie und promoviert neben ihrer Arbeit in der Begleitforschung ARAIG zu Aufgabenallokation in der Mensch-Roboter-Interaktion an der Ruhr-Universität Bochum.

Britta Marleen Kirchhoff ist ebenfalls wissenschaftliche Mitarbeiterin des Fachbereichs „Produkte und Arbeitssysteme" der BAuA. Sie hat angewandte Kognitions- und Medienwissenschaften studiert und in der Wirtschaftspsychologie zu mentalen Modellen in der Teamarbeit am Beispiel des Einsatzes von Datenbrillen promoviert. Mit ihrer jahrelangen Erfahrung in der Durchführung und Koordinierung von Forschungsprojekten bei der BAuA ist Dr. Kirchhoff Spezialistin unter anderem für die Zusammenarbeit von Mensch und Roboter und den Einsatz assistiver Technologien.

Lars Adolph ist Diplom-Psychologe und seit 2013 Wissenschaftlicher Leiter des Fachbereichs „Produkte und Arbeitssysteme". Er ist zuständig für die Forschungs- und Entwicklungsprojekte und wissenschaftliche Fragestellungen unter anderem zu den Themen neue Technologien in der Arbeitswelt, Head-Mounted Displays, intelligente Klimakontrollen und neue Formen der künstlichen Beleuchtung. Vorher war Dr. Adolph Gruppenleiter der Gruppe „Human Factors, Ergonomie" und unter anderem zuständig für die Themen Anthropometrie, Human Factors Methoden, Soziale und Verhaltensprozesse und die Zuverlässigkeit des Menschen. In den vorangegangenen Jahren war er in der Industrie als Berater in Fragen der Sicherheit und Human Factors tätig. Im Bereich Arbeits- und Gesundheitsschutz ist er seit mehr als 15 Jahren tätig.

Erfahrungen aus dem Einsatz von Assistenzrobotern für Menschen im Alter

Lukas Wirth, Joel Siebenmann und Alina Gasser

Zusammenfassung

Vorbehalte gegenüber dem Einsatz von Robotik im Pflegebereich sind noch immer weit verbreitet. F&P Robotics ist der Überzeugung, dass eine sinnvolle Gestaltung der Zusammenarbeit von Mensch und Roboter zu einer Entlastung des Fachpersonals und zu mehr Lebensqualität für betreute Personen führt. Dieser Beitrag beschreibt die Erfahrungen bei der Entwicklung, Erprobung und Kommerzialisierung von Assistenzrobotern aus Sicht der Firma F&P Robotics AG. F&P erprobt derzeit den Einsatz von Assistenz-Robotern in einer Rehaklinik in der Schweiz und einem Alterszentrum in Deutschland. Im ersten Teil des Beitrags werden die Sicherheitsaspekte und Normen sowie Datenschutzbestimmungen thematisiert. Im zweiten Teil werden aktuelle Use Cases und deren Nutzen erläutert sowie auf die zuvor abgeklärten ethischen Fragen eingegangen. Die Resultate der ersten Evaluationen der Mensch-Roboter-Interaktion werden ebenfalls im zweiten Teil präsentiert.

L. Wirth (✉)
F&P Robotics AG, Glattbrugg, Schweiz
E-Mail: info@fp-robotics.com

J. Siebenmann · A. Gasser
F&P Robotics AG, Glattbrugg, Schweiz
E-Mail: jos@fp-robotics.com; ags@fp-robotics.com

17.1 F&P Robotics

F&P Robotics ist ein Pionier im Bereich Mensch-Roboter-Interaktion mit Hauptsitz in Zürich in der Schweiz. F&P entwickelt und vertreibt intelligente, persönliche und sichere Roboter, welche schwerpunktmäßig in den Bereichen Betreuung, Pflege und Gastronomie eingesetzt werden. Die mobilen Assistenzroboter, die in der Betreuung und Pflege zum Einsatz kommen, wurden mit Partnern aus dem Gesundheitswesen für spezifische Anwendungen in Alten- und Pflegeheimen, Rehabilitationskliniken und häuslichen Umgebungen Pflegebedürftiger entwickelt. Die Hauptaufgabe der persönlichen Assistenzroboter liegt in der Unterstützung des Pflegepersonals bei repetitiven Aufgaben und bei der Steigerung der Autonomie und Lebensqualität für pflegebedürftige Menschen. Als eines der ersten Unternehmen weltweit sammelte F&P mittels Bedürfnisabklärungen, Usability-Studien und Einsätzen in verschiedenen Gesundheitseinrichtungen praktisches Wissen und wertvolle Erfahrungen bezüglich dem Nutzen und der Akzeptanz ihrer Assistenzroboter.

17.2 Assistenzroboter Lio

Der mobile Serviceroboter Lio wurde von F&P von Grund auf entwickelt und für seine Einsätze in Alters- und Pflegeheimen optimiert (Abb. 17.1).

Als Grundlage diente eine Anforderungsliste mit Aufgaben, welche von potentiellen Kunden als nützlich eingeschätzt wurden. Ziel war es, Lio so zu gestalten, dass er im realen Pflegealltag einen Mehrwert bringen kann, der sich schlussendlich auch finanziell messen lässt und somit einen Einsatz rechtfertigt. Diese Aufgaben, die sogenannten Skills, lassen sich unterteilen nach ihrem rein kommunikativen oder physischen Charakter (siehe Tab. 17.1).

Um diese Anforderungen zu erfüllen, braucht es eine Kombination aus diversen Sensoren, Aktoren und umfangreicher Mechanik. Aufgebaut ist Lio auf einer fahrenden Plattform, angetrieben von zwei Elektromotoren. Für die Navigation werden Laserscanner auf Vorder- und Rückseite verwendet. Unterstützt werden diese von Ultraschall-Distanzsensoren, wie sie auch im Automobilbereich zum Einsatz kommen, sowie von optischen Bodensensoren, welche einen Sturz über eine Schwelle oder Treppe verhindern. Als zusätzliche mechanische Sicherheitsstufe wird das ganze Grundgestell des Roboters von Stoßdämpfern umgeben, welche im Falle eines Kontaktes sofort einen Stopp auslösen.

Für die Wahrnehmung von Umwelt und Personen sind außerdem zwei 3D-Kameras, zwei Farbkameras, ein Mikrofon sowie diverse berührungsempfindliche Sensoren auf der Außenhülle und beim Greifer im Einsatz. Zur Kommunikation mit Personen ist der Roboter mit Lautsprecher, Bildschirm und Beleuchtungselementen ausgestattet.

Um die physischen Aufgaben wahrnehmen zu können, verfügt Lio außerdem über einen Roboterarm mit 6 Freiheitsgraden und einem Greifer, ähnlich wie er auch in anderen Bereichen für kollaborative Tätigkeiten eingesetzt wird. Zur Erfüllung von spezifischen

17 Erfahrungen aus dem Einsatz von Assistenzrobotern für Menschen im Alter

Abb. 17.1 Assistenzroboter Lio begleitet eine Seniorin durch das Pflegeheim

Tab. 17.1 Skills des Assistenzroboters

Kommunikativ	Physisch
Begrüssen und Herumführen	Getränke und Essen verteilen
An Termine und Aktivitäten erinnern	Flaschen öffnen und reichen
Zur Therapie begleiten	Kurierdienst (Post, Laborproben, etc.)
An das Trinken erinnern	Gehhilfe bieten
Unterhaltung (Kurzgeschichten, Musik, etc.)	Igelball zur Handmassage reichen
Frage nach dem Wunschmenü	Sitz- und Nachtwache
Videotelefonie, SMS und E-Mails	

Aufgaben wie dem Öffnen einer Flasche, stehen zusätzliche Spezialwerkzeuge zur Verfügung, mit denen der Roboter je nach Anforderungen erweitert werden kann (Abb. 17.2).

Lio verfügt über eine eigene Software, welche die Sensordaten auslesen und angemessen darauf reagieren muss. Dazu gehören die grundlegende Navigation mittels SLAM-Algorithmus, Kollisionsvermeidung anhand der Ultraschallsensoren oder Bedienungsfunktionen wie Gesichts-, Sprach- und Gestenerkennung. Hinzu kommen noch höherstehende

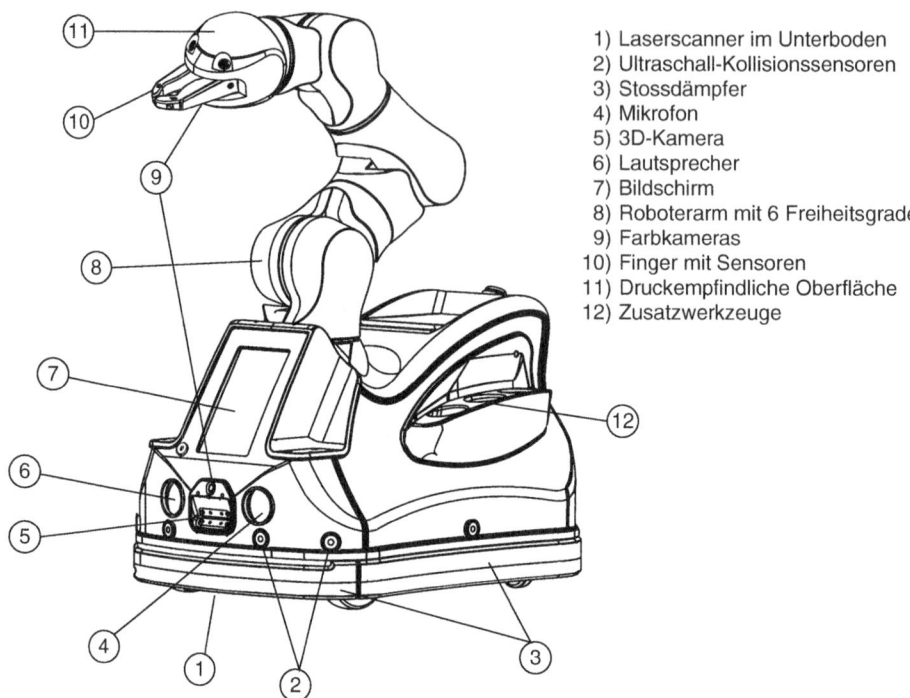

Abb. 17.2 Aufbau des Assistenzroboters Lio

Anwendungen der künstlichen Intelligenz, wie das Führen einer Unterhaltung (ähnlich einem Chat-Bot) oder die autonome Entscheidung über die als nächstes auszuführende Aufgabe.

17.2.1 Use Cases in laufenden Projekten

Die zwei derzeitigen Einsatzgebiete sind sehr verschieden voneinander. Im Bereich der Rehaklinik werden hirn- und nervenverletzte Menschen jeden Alters therapiert. Die Klinik bietet neurologische Rehabilitation und medizinische Behandlung, Therapie und Pflege an dem Ziel der Wiedereingliederung in den Alltag. Der Klinikaufenthalt zeichnet sich durch intensive Wochen mit einem vollen Stundenplan aus. Lio übernimmt hier primär Begleit- und Transportfunktionen.

Im Alterszentrum ist der Alltag geprägt durch eine lockere Struktur der Mahlzeiten und ein bis zwei Freizeitaktivitäten pro Tag. Die meiste Zeit sind die Seniorinnen und Senioren auf sich gestellt. Lio interagiert mehr mit Menschen und wird für Erinnerungen und das Abfragen der gewünschten Menüs für die Woche eingesetzt.

17.2.2 Nutzen

Zeitersparnis für das Personal
Lio entlastet das Pflegepersonal und spart Zeit, indem er repetitive Aufgaben übernimmt. Dies sind Botengänge oder lange Wege im Gang um Bewohnerinnen und Bewohner an Aktivitäten und Termine zu erinnern. Dadurch gewinnen die Fachkräfte mehr Zeit, die sie in zwischenmenschliche Beziehungen investieren können.

Gesundheitszustand der Bewohnerinnen und Bewohner
Der Roboter kann zuverlässig zur Flüssigkeitseinnahme motivieren. Dies ist bei älteren Personen vor allem an heißen Tagen eine nötige Prävention zur Dehydrierung. Der Plastikverschluss einer 5dl-PET-Flasche kann von Lio aufgedreht und das Getränk offen angeboten werden. Auch Fingerfood kann von Lio verteilt werden. Kleine Snacks wie Früchte oder Kekse können auf seiner hinteren Ablage aufgelegt werden. Dies unterstützt vor allem Personen mit Demenz darin, regelmäßig Nahrung zu sich zu nehmen.

Erhaltung von Lebensqualität
Verschiedene Funktionen dienen zur Unterhaltung und Aktivierung von Bewohnerinnen und Bewohnern. Der Assistenzroboter muntert durch Witze und Kurzgeschichten auf. „Er lenkt vom krankheitsfokussierten Klinikalltag ab", meint eine Patientin der Rehaklinik.

Durch die Zusammenarbeit mit der Pflege kann Lio auch in der Biografiearbeit von dementen Personen unterstützen. Es können bekannte Musikstücke abgespielt oder vordefinierte Geschichten vorgelesen werden. Vorstellbar ist auch, dass Lio Fotos zeigt und die Person nach ihren Erinnerungen dazu fragt.

17.2.3 Ethischer Aspekt

Damit Lio sich in seiner Umgebung zurechtfindet, muss er Daten aus der Umwelt aufnehmen und verarbeiten. Dazu ist er mit Kameras, Mikrofon und Distanzsensoren ausgestattet. Der Einsatz dieser Sensoren bringt natürlich Fragen zur Privatsphäre der Patientinnen und Patienten mit sich. Damit der Assistenzroboter Funktionen wie die Frage nach den Menüwünschen personenspezifisch aufnehmen kann, muss er allerdings wissen, für wen er das Essen bestellt. Wenn eine Person an einen Termin erinnert werden soll, muss Lio Informationen dazu haben, in welchem Zimmer diese Person vorzufinden ist.

Bevor das Projekt mit dem Assistenzroboter Lio im Bethanien Havelgarten in Berlin begann, wurde ein Ethik-Workshop durchgeführt, um den offenen Fragen und Bedenken aktiv zu begegnen. Die zuvor gemeinsam erarbeiteten Use Cases wurden kritisch betrachtet. Aus jeder Interessengruppe waren Vertreter dabei: aus dem Bewohnerbeirat, der Pflegedienstleitung, dem ehrenamtlichen Unterstützungsdienst, dem Bereich Qualität und Ausbildung, der Seelsorge, der Klinikleitung und von F&P Robotics.

Es wurden bezüglich der geplanten Anwendungen Handlungsalternativen angedacht und eine Folgenabwägung durchgespielt. Nach einer Güterabwägung wurde die Legitimität geprüft und aufgrund der Resultate entschieden, ob das Projekt wie geplant durchgeführt werden sollte.

Dem Projekt wurde unter Einhaltung folgender vier Punkte zugestimmt:

- Zwischenmenschliche Begegnungen setzen (persönliche) Präsenz voraus. Wenn eine Person oder ein Gegenüber („Ich") auftritt/kommuniziert, soll der Roboter nicht versuchen, diese zu ersetzen. Bewohnerinnen und Bewohner sollen nicht mit dem Roboter Gespräche über das eigene Leben/Wahrnehmen/die eigene Situation etc. führen.
- Lio darf nicht zu menschlich sein. Es muss klar erkennbar sein, dass es ein Roboter ist, der kommuniziert.
- Es geht nicht um Pflege, sondern um Service. Die Sicht der Bewohnerinnen und Bewohner muss berücksichtigt werden. Jeder entscheidet selbst, ob er mit dem Roboter interagieren möchte oder nicht.
- Lio soll bestenfalls eine spürbare Entlastung für das Pflegepersonal oder zumindest ein angenehmer Zusatz sein.

17.3 Erfahrungen aus beobachteten Interaktionen

17.3.1 Einleitung

Die meisten technologischen Fortschritte im Bereich der Robotik haben in den letzten 13 Jahren stattgefunden. Es ist deswegen wenig überraschend, dass die Forschung hierzu noch unabgeschlossen und unvollständig ist. Insbesondere fehlt es an Erkenntnissen über tatsächliche Interaktionen mit Robotern in realen Settings. Forschung, die als Kernpunkt die Interaktion zwischen Mensch und Roboter hat, war bisher meist beobachtend, unterlag künstlichen Bedingungen und wurde nur mit Fotos und Videos von Robotern durchgeführt, statt experimentell und in realen Umgebungen. Es besteht daher das Risiko, sich auf Methoden zu verlassen, die nur Daten darüber sammeln, wie die Teilnehmenden die Mensch-Roboter-Beziehung interpretieren. Die tatsächliche Interaktion von Menschen mit einem echten Roboter wird dabei vernachlässigt. Qualitative Bewertungen der Mensch-Roboter-Interaktion sowie Feedback der Teilnehmenden zu ihren Erfahrungen mit dem System sind entscheidend für die Weiterentwicklung zur erfolgreichen und reibungslosen Interaktion mit Robotern. Insbesondere ältere Menschen scheinen häufiger Schwierigkeiten bei der Interaktion mit Robotern zu haben (Giuliani et al. 2005) und brechen diese tendenziell auch früher ab (Giuliani et al. 2005).

Interessanterweise scheint das Interesse bei pflegebedürftigen Personen jedoch vorhanden zu sein. Stafford et al. (2014) stellten fest, dass Bewohner von Alters- und Pflegeheimen, die physische Einschränkungen haben, einen Roboter eher benutzten als körperlich gesunde Bewohner. Ein möglicher Grund für diesen Zwiespalt zwischen Interesse und erhöhter Abbruchrate könnte eine mangelnde Benutzerfreundlichkeit des Systems sein, welche durch eine eingeschränkte körperliche Beweglichkeit und geistige Kapazität der Benutzer noch verschlimmert wird und deswegen zu einer anstrengenden und mühsamen Interaktion führt. Um die Interaktion von Robotern mit pflegebedürftigen Menschen zu optimieren, ist es deshalb unabdingbar zu verstehen, wie körperlich und geistig eingeschränkte Menschen mit Robotern interagieren und welche Hürden speziell in dieser Nutzergruppe auftreten. Die Sprachmodalität scheint bei der Interaktion zwischen Mensch und Roboter eine relevante Rolle zu spielen (Fischinger et al. 2016). Doch auch Anzeichen einer häufigen Verwendung der physischen Interaktionsmodalitäten scheinen vorhanden zu sein (Fischinger et al. 2016). Gegeben diesen Präferenzen widmet sich die vorliegende Studie der primären Forschungsfrage, welche Usability-Probleme bei einer sprachlichen und physischen Interaktion mit einem Assistenzroboter auftreten (RQ1). Im Falle der sprachlichen Interaktion stellt sich zudem die Frage, auf welche Art und Weise Menschen mit Assistenzrobotern sprechen. Eine ältere Studie weist darauf hin, dass während der Interaktion menschliche Qualitäten beim Roboter wahrgenommen werden (Nass 2004). Dieser Befund wird durch eine aktuellere Studie gestützt, in der die Probanden bei der Kommunikation mit dem Roboter Höflichkeitsfloskeln wie „Danke", „Bitte" oder das Pronomen „Sie" verwendeten (Gasser 2017). Hierbei stellt sich jedoch die Frage, ob sich bei der Mensch-Roboter-Interaktion noch weitere zwischenmenschliche Kommunikationseigenschaften wiederfinden lassen und ob diese sich auf die wahrgenommene Nutzererfahrung auswirken (RQ2). Auf Seiten des Roboters weisen beispielsweise einige Studien darauf hin, dass ein Roboter positiv wahrgenommen wird, wenn die Stimme des Roboters das gleiche Geschlecht aufweist wie das des Benutzers (e.g., Nass et al. 1997; Eyssel et al. 2012). Unklar ist jedoch, ob sich ein solcher Geschlechtereffekt auch bei der tatsächlichen Präferenz für die Stimme kennzeichnet. Zudem stellen sich Fragen bezüglich der Menschlichkeit. Wird eine menschliche, eine leicht maschinelle oder eine stark robotisierte Stimme präferiert (RQ3a) und wie sieht dies bei dem äußeren Design eines Roboters aus? Soll ein Roboter menschenähnlich aussehen (RQ3b)? In der Literatur lassen sich ethische Implikationen zu dieser Fragestellung finden (e.g., Coeckelbergh et al. 2016), jedoch ist die Perspektive aus der Sicht der Nutzererfahrung noch eher unerforscht. Ein menschliches Design könnte möglicherweise die gefundene Projektion von positiven menschlichen Eigenschaften auf Roboter (Nass 2004) verstärken. Bei einem zu menschlichen Aussehen könnte es hingegen zu einem „Uncanny Valley"-Effekt kommen, ein Phänomen, welches einen Roboter unheimlich wirken lässt, wenn dieser zu menschlich und dennoch ein bisschen künstlich aussieht (Seyama und Nagayama 2007). Zuletzt ist es wichtig, die subjektiv wahrgenommene Nützlichkeit des Roboters zu gewährleisten um das erwähnte anfängliche Interesse (Stafford et al. 2014) nicht zu verlieren (Davis 1985). Ein Assistenzroboter sollte kein Gimmick sein, sondern den Alltag der Benutzer bereichern. Es stellt sich deshalb die Frage, welche Tätigkeiten ein Roboter übernehmen sollte, um den Alltag der Benutzer zu bereichern (RQ4). F&P Robotics AG in Glattbrugg entwickelt einen Assistenzroboter, der aktuell in stationären Einrichtungen, mittelfristig allerdings auch bei Seniorinnen und Senioren: pflegebedürftigen

Menschen zu Hause eingesetzt werden soll. Der Roboter namens Lio soll soweit unterstützen können, dass die Lebensqualität und Selbstständigkeit im eigenen Zuhause gewährleistet ist und ein Umzug in eine Pflegeeinrichtung möglichst lange vermieden werden kann. Um die Benutzerfreundlichkeit und den Umgang mit dem Assistenzroboter zu evaluieren, wurde eine Usability-Studie durchgeführt. Usability-Studien werden eingesetzt, um die Interaktionsweise von Benutzern in möglichst realen Bedingungen zu überprüfen und zu verstehen. Dadurch kann eine Verzerrung der Eindrücke durch die vorhin besprochenen Evaluationsmethoden anhand hypothetischer Beispiele vermieden werden.

17.3.2 Methode

17.3.2.1 Testdesign

Die Usability-Studie wurde an zwei Standorten durchgeführt, im Altersheim Bethanien Havelgarten der Agaplesion GAg in Berlin Deutschland und in der Rehaklinik Zihlschlacht im Thurgau in der Schweiz. Die Studie fand in den persönlichen Zimmern und in den Sitzungszimmern der jeweiligen Institutionen oder in Gemeinschaftsräumen statt. Zur Evaluation wurde der Assistenzroboter Lio von F&P Robotics verwendet, der an beiden Orten für jeweils sechs Monate im Einsatz war. Der Roboter wurde während der Studie von einem technischen Mitarbeiter von F&P Robotics begleitet, um mögliche Störungen während den Testings schnell lösen zu können, jedoch primär, um die einzelnen Funktionen vom Roboter zu starten. Diese beinhalteten einen Standby-Modus, sodass Lio die Vorbefragung nicht unterbricht, einen aktiven Modus für die Interaktion, in welchem Lio vordefinierte Aufgaben ausführt und einen „Dankeschön"-Modus, in welchem er zum Schluss den Probanden als Dank ein Gebäck offeriert.

17.3.2.2 Assistenzroboter Lio

Lio ist sowohl mit kommunikativen wie auch mit physisch unterstützenden Funktionen ausgestattet. Beispielsweise kann er die Essensbestellung aufnehmen, aber auch Witze und Kurzgeschichten erzählen. Mit Lio kann auf drei verschiedene Weisen interagiert werden: mit der Sprache, dem Kopf und den Sensoren an den Greifern. Durch die Sprachmodalität kann verbal auf Fragen von Lio geantwortet werden. Der Kopf von Lio kann entweder nach unten gedrückt werden, um „Ja" zu antworten oder nach links oder rechts bewegt werden, um „Nein" zu antworten. Mithilfe des grünen und des roten Sensors kann ebenfalls eine „Ja" oder eine „Nein" Antwort gegeben werden.

17.3.2.3 Probanden

Für die Rekrutierung fragten die Mitarbeitenden der beiden Institutionen die Bewohner, ob diese Interesse hätten, an der Studie teilzunehmen. Insgesamt meldeten sich 8 Personen in Berlin und 4 Personen in Zihlschlacht. In Berlin sagten drei Probanden kurzfristig aus gesundheitlichen Gründen ab, in Zihlschlacht ein Proband aus Gründen einer Terminkollision. Demnach bestand die Stichprobe aus 5 Probanden aus Berlin (4 weiblich, 1 männlich) und 3 aus Zihlschlacht (2 weiblich, 1 männlich). Die Probanden waren zwischen 53 und 97 Jahre alt (Median: 81,5). Sechs Probanden gaben an, dass sie technisch interessiert sind, ein Proband gab an, dass er sich eher weniger für neue Technik interessieren würde und ein weiterer gab an, weder sonderlich interessiert noch desinteressiert zu sein. Das Vorwissen der Probanden über Roboter war eher limitiert. Ein Proband gab an, noch nie mit einem Roboter interagiert zu haben, sechs Probanden gaben an, bisher nur mit Lio interagiert zu haben, und der letzte Proband gab an, mit Lio, aber auch schon mit anderen Robotern interagiert zu haben. Die Probanden beschrieben Roboter hauptsächlich als Hilfsmittel bei alltäglichen oder beruflichen Aufgaben, aber auch als Unterhaltungsmedium.

17.3.2.4 Messinstrumente

Die verwendeten Messinstrumente waren halb strukturierte Interviews, Fragebogen, Beobachtungsprotokolle sowie Sprach- und Videoaufnahmen der Interaktion und Interviews.

Das Interesse nach neuer Technik wurde mit einer 5-Punkt-Likert-Skala erhoben („Interessiert mich sehr" bis „Interessiert mich gar nicht"). Die 6 Stimmen wurden von den Probanden anhand ihrer Verständlichkeit, Freundlichkeit, Deutlichkeit und wie angenehm diese waren offen bewertet. Die restlichen Fragen wurden ebenfalls in einer offenen Form gestellt. Gegeben der explorativen Natur der Fragestellungen wurden die gesammelten Daten mit einer thematischen Analyse (Braun und Clarke 2006) qualitativ kategorisiert und ausgewertet.

17.3.2.5 Studienablauf

Die Studie bestand aus drei Teilen. Zuerst füllten die Probanden eine Vorbefragung aus. In dieser machten sie Angaben zu der eigenen Person, dem Interesse für neue Technik und bezüglich ihren Erfahrungen mit Robotern im Allgemeinen, beziehungsweise Liospezifisch. Anschließend wurden den Probanden sechs Stimmen vorgespielt. Drei davon männlicher und drei weiblicher Natur. Davon jeweils eine stark robotisierte, eine menschlich und eine maschinell angehauchte Stimme. Danach wurden die Probanden nach ihrem Eindruck von Lio gefragt. Bei der Interaktion mit Lio selbst wurden die Probanden gebeten, einige Funktionen von Lio auszuprobieren. Aufgrund der schnelleren Erschöpfung in Anbetracht der Pflegesituation, dem Alter der Probanden und zeitlichen Gründen konnten jeweils nicht alle Funktionen von Lio durchgegangen werden. Während der Interaktion wurden die Probanden gebeten, ihren Gedanken freien Lauf zu lassen und diese laut auszusprechen, um diese so gut wie möglich zu erfassen. Zum Schluss wurde mit Hilfe eines halbstrukturierten Interviews erfragt, wie die Probanden die Interaktion mit Lio empfanden, ob Lio als sympathisch empfunden wurde, wie es den Probanden mit Lio erging, ob etwas als besonders positiv oder negativ aufgefallen ist und wie sie den Nutzen von Lio einschätzen würden.

17.3.3 Ergebnisse und Diskussion

17.3.3.1 Usability-Befunde
Interaktion mit Lio

Wie aus früheren Studien hervorging (Fischinger et al. 2016), wählten auch in dieser Studie die Probanden die Sprache als primäre Interaktionsmodalität. Die Probanden fingen sehr oft aus eigener Initiative an, mit Lio mündlich zu interagieren, was eine Intuitivität dieser Interaktionsmodalität suggeriert. Ein möglicher Grund könnte sein, dass das Sprechen von den körperlichen Beschwerden vieler Probanden nicht negativ beeinflusst wird. Dies würde implizieren, dass ein Roboter in dieser Branche jederzeit mit der Sprache gesteuert werden können sollte, um dadurch den potenziell negativen Effekt der körperlichen Einschränkungen auf das subjektive Erlebnis der Interaktion zu minimieren. Dennoch können suboptimale Spracherkennungssysteme und äußere Störgeräusche die Reliabilität der Spracherkennung wesentlich beeinträchtigen, weswegen eine sekundäre Interaktionsmodalität empfohlen wird, auf welche von jeder Benutzergruppe einfach und hürdenlos zurückgegriffen werden kann. Die sekundäre Interaktionsmodalität bei Lio ist der Kopf. Probanden im Rollstuhl taten sich jedoch beim Erreichen des Kopfes mit der Hand schwer. Bei einer Probandin im Rollstuhl war die Distanz zu groß, was eine Interaktion mit Lios Kopf im Sitzen verhinderte und die Probandin dazu zwang aufzustehen. Diese mit Beschwerden verbundene körperliche Bewegung führte nach Erzählungen der Probandin zu Unbehagen und schlussendlich zum Abbruch der Interaktion. Dies impliziert, dass die Distanzen zwischen Lio und den verschiedenen Probanden zu stark variieren, um eine angenehme und einfache Interaktion durch eine potenziell allgemein gut erreichbare vordefinierte Position des Kopfes gewährleisten zu können. Die Position einer physischen Interaktionsmodalität sollte deswegen individuell den jeweiligen Benutzergruppen angepasst werden können, sodass diese für jeden Nutzer gut erreichbar ist, ohne dass sich dieser groß bewegen muss. Eine Armbewegung sollte dazu ausreichen (Abb. 17.3). Der Oberkörper sollte hierfür nicht bewegt werden müssen, da es sonst insbesondere bei Nutzern mit körperlichen Beschwerden im Oberkörper wieder zu den oben beschriebenen Hürden und schlussendlich zum Abbruch der Interaktion kommen könnte.

Konsistenz und Fehlervorbeugung bei Lio

Bei einer variablen Position sollte jedoch auf mögliche Konsistenzprobleme geachtet werden. Im Falle von Lio führten Unterschiede in der relativen Höhe von Kopf und Hals zu Verwirrung bei einem Probanden. Üblicherweise ist der höchste Punkt von Lio sein Kopf. Bei einer Aufgabe, senkte sich dieser jedoch, was dazu führte, dass das oberste Halsglied zum höchsten Punkt des Roboters wurde. Dieses Glied wurde anschließend, wie sonst der Kopf, von einem Probanden gedrückt um eine Frage zu bestätigen, was dazu führte, dass der Benutzerinput nicht registriert wurde. Möglicherweise lernte der Proband durch die Interaktion mit Lio, nicht den Kopf zu drücken um eine Frage zu bestätigen, sondern den höchsten Punkt von Lio. Die Inkonsistenz in der Kopfhöhe hätte dann dazu geführt, dass der gewünschte Input von dem Nutzer nicht registriert wurde, bzw. hätte eine konsistente

Abb. 17.3 Lio kichert, wenn er gekitzelt wird

Kopfhöhe präventiv auf das hier implizierte falsche mentale Modell des Nutzers gewirkt. Ein weiteres Inkonsistenz-Beispiel wurde bei der Sprachmodalität gefunden. Die Probanden mussten üblicherweise eine Ja/Nein-Frage beantworten. Bei der Essensbestellung mussten Sie aber zwischen zwei Gerichten wählen. Ein Proband antwortete auf diese Auswahlfrage wie sonst üblich mit „ja" und nicht beispielsweise mit „Gericht 1", was zu einer fehlerhaften Essensbestellung führte. Diese zwei eher kleineren Inkonsistenzbeispiele bei der Interaktion mit Lio implizieren die Relevanz der Einhaltung einer starren Konsistenz der Funktionen bei einem Assistenzroboter. Es sollte darauf geachtet werden, dass der gleiche Input das gleiche bedeutet und ohne Ausnahme auf die gleiche Weise ausgeführt werden kann. Dies bedeutet nicht zwingend, dass im Falle der Sprache nur ein Fragetyp gebraucht werden kann, sondern dass beispielsweise auf eine Auswahlfrage, in einer Interaktion in der normalerweise nur „Ja"/„Nein"-Fragen gestellt werden, eine „Ja"- oder „Nein"-Antwort vom Roboter richtig interpretiert werden muss. Dies könnte beispielsweise dadurch implementiert werden, indem der Roboter ein „Ja" für das erste Gericht wertet, wenn die Antwort direkt nach dem Vorschlag des ersten Gerichtes kommt und analog bei dem zweiten Gericht vorgeht. Bei diesem Lösungsansatz wäre es wichtig nachzufragen, ob der Nutzer auch wirklich das erste bzw. zweite Gericht haben wollte, um dies anschließend durch eine „Ja"/„Nein"-Antwort bestätigen zu lassen.

Sichtbarkeit des Systemstatus bei Lio
Weiter kamen bei der sprachlichen Interaktion Schwierigkeiten bezüglich der Sichtbarkeit des Systemstatus auf. Einige Probanden schienen nicht zu wissen, was Lio alles versteht und was nicht und konnten deswegen nur bedingt einschätzen, wann sie via Sprache

interagieren konnten und wann nicht. Beispielsweise griffen Probanden nach sprachlichem Input, den Lio verstand, direkt auf die sekundäre Interaktionsmodalität zurück, ohne auf die Sprachverarbeitung von Lio zu warten. Dies liefert einen Hinweis, dass Probanden unsicher waren und daran zweifelten, ob Lio den Sprachinput dieses Mal verstanden hatte oder nicht. Dies impliziert, dass ein Roboter nebst dem Feedback bezüglich dem sprachlichen Verständnis auch Feedback bezüglich Spracherkennung geben sollte und bestmöglich kommunizieren sollte, wann genau Sprache erwartet wird und wann nicht. Dadurch könnte nicht nur schneller Feedback gegeben werden, weil in diesem Falle nicht auf die Sprachanalyse vom Roboter gewartet werden müsste, sondern auch distinktiver, bezüglich Zeitpunkt der Nutzbarkeit der Sprachmodalität, Lautstärke, Deutlichkeit und Verständnis. Insbesondere die Kommunikation des Zeitpunktes der Nutzbarkeit der Sprachmodalität könnte weitere Vorteile mit sich bringen. Durch das klare Kommunizieren, wann Lio „zuhört" und wann nicht, könnte einerseits Vertrauen bezüglich der Privatsphäre geschaffen werden, andererseits könnte sich die subjektive Wahrnehmung der Spracherkennungsfähigkeit des Roboters verbessern. Ein sprachlich eher eingeschränkter Roboter könnte beispielsweise dem Benutzer die Möglichkeit für sprachlichen Input nur kommunizieren, wenn der Roboter eine Antwort vom Nutzer benötigt und dadurch möglicherweise die Menge der vom Benutzer aus kommenden unverständlichen Fragen reduzieren. Bei dieser Thematik sollten aber beide Seiten der Interaktion betrachtet werden. Denn auch beim Nutzer kann es vorkommen, dass dieser einmal einen gesprochenen Satz des Roboters nicht versteht. In der Tat fragten viele Probanden während der Untersuchungen, ob Lio den letzten Satz nochmals wiederholen könnte, da die Probanden ihn nicht verstanden hatten. Dies veranschaulicht dieselbe Herausforderung wie zuvor. Nur vermittelt dieses Mal der Benutzer dem Roboter seinen „Systemstatus", indem er ausdrückt, dass er Lio gehört, aber nicht verstanden hat. Dieser vom Benutzer vermittelte „Systemstatus" sollte dementsprechend von einem Roboter auch verstanden und daraufhin der zuletzt gesprochene Sprachabschnitt wiederholt werden.

Kommunikation mit Lio
Die Probanden neigten dazu, mit Lio wie mit einem Menschen zu sprechen. Beispielsweise begrüßten sie Lio und fragten, wie es ihm ginge. Dies unterstützt experimentelle Befunde von Nass (2004), die zeigten, dass Menschen menschliche Qualitäten in Computern wahrnehmen, die sie eigentlich nicht haben. Zusätzlich impliziert dies, dass die Probanden auf diese typischen Begrüßungsfloskeln eine Antwort oder Reaktion erwartet haben. Um diesen Erwartungen zu entsprechen, könnten Roboter diesen menschlichen Konventionen nachgehen, indem sie beispielsweise antworten und die Frage zurückwerfen. Auch andere menschliche Qualitäten wurden auf Lio projiziert und nahmen mit fortlaufender Interaktionsdauer zu. Beispielsweise hat ein Proband zu Beginn der Interaktion eher in Befehlsform geredet, ebenfalls sehr deutlich und langsam, vermutlicherweise damit der Roboter den Probanden garantiert verstehe würde („Ein bisschen näher, 10 cm", P3). Dies veränderte sich aber mit der Zeit. Die Sätze wurden nicht mehr übermäßig deutlich ausgesprochen und die Stimmlage wurde freundlicher. Der Proband sprach mit Lio

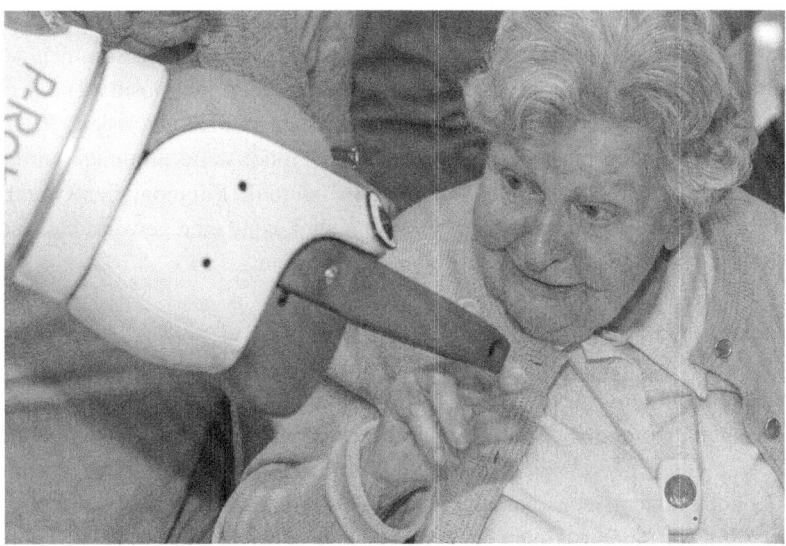

Abb. 17.4 Diese Dame spricht mit Lio wie mit einem Kind

gegen Ende wie mit einem Kind (Abb. 17.4). Zur gleichen Zeit sank auch die negative Reaktion gegenüber Fehlern und fehlenden, aber gewünschten Funktionen von Lio ab. Eine mögliche Erklärung für diese Zunahme der Fehlertoleranz könnten die menschlichen Qualitäten eines Kindes sein, welche auf Lio projiziert wurden („Wir müssen auch noch vieles alleine machen, dafür bist du aber auch noch zu jung", P3). Dieser Effekt könnte einen wichtigen Design-Aspekt darstellen. Ein Versagen des Roboters bei einer Aufgabe würde dadurch eventuell weniger ins Gewicht fallen und vom Nutzer eher verziehen werden, was wiederum einen positiven Einfluss auf die wahrgenommene Benutzerfreundlichkeit haben könnte.

Stimme von Lio

Bei der vorliegenden Studie zeigte sich eine Präferenz für männliche gegenüber weiblichen Stimmen. Weibliche Stimmen wurden zwei mal favorisiert, acht mal positiv und 15 mal negativ beurteilt, wohingegen die männlichen Stimmen fünf mal favorisiert wurden, 13 mal positiv beurteilt wurden und 11 mal negativ (ambivalente Bewertungen von Stimmen wurden sowohl positiv als auch negativ gewertet). Ein Grund für die Präferenz der männlichen gegenüber der weiblichen Stimmen könnte sein, dass der Name Lio eher mit einem Mann assoziiert wurde und nicht mit einer Frau (Soll Lio eine männliche oder weibliche Stimme haben? – „Nein, wenn er Lio heißt und ein Mann ist, was wollen wir den verscheissern.", P5). Der durch die Studien von Nass et al. (1997) und Eyssel et al. (2012) implizierte Effekt, dass Stimmen gleichen Geschlechts wie dem der Probanden bevorzugt werden könnten, konnte nicht nachgewiesen werden. Eine möglich Erklärung könnte sein, dass die Präferenz für Stimmen, deren Geschlecht mit dem durch den Roboternamen assoziierten Geschlecht übereinstimmen, stärker ist als die indizierte

Präferenz für Stimmen, welche dem Geschlecht des Benutzer angehören (Nass et al. 1997; Eyssel et al. 2012). Weiter zeigte sich eine Präferenz für menschlichere Stimmen. Menschliche Stimmen wurden fünf mal als Favorit genannt, sieben mal positiv und sechs mal negativ bewertet. Keine der leicht maschinellen Stimmen wurden favorisiert, 10 mal wurden sie positiv und neun mal negativ beurteilt. Stark robotisierte Stimmen wurden zwei mal favorisiert, vier mal positiv und 11 mal negativ beurteilt. Ein möglicher Grund für die Präferenz der Probanden für menschlichere Stimmen könnte eine gewünschte Natürlichkeit der Stimme sein („Es muss eine normale Stimme sein.", P5).

Aussehen von Lio

Wird eine Menschlichkeit beim Aussehen ähnlich wie bei der Stimme präferiert? Die vorliegende Studie wies zu dieser Fragestellung unterschiedliche Ergebnisse auf. Einige Probanden empfanden den mit Augen besetzen Kopf von Lio als süß oder herzig. Jedoch wurden die Augen von Lio von einem Probanden auch kritisiert („Warum müssen die Roboter immer menschenähnlich sein?", Proband zeigt dabei auf die Augen, P1). Daraufhin wurden die Augen auf Wunsch des Probanden entfernt. Dies impliziert, dass einerseits die Augen von Lio von diesem Probanden als menschlich angesehen wurden und andererseits, dass ein zu vermenschlichtes Design womöglich auch negative Konsequenzen haben könnte. Ein negativer Einfluss auf die Bewertung des Aussehens von Lio durch einen „Uncanny Valley"-Effekt kann jedoch nahezu ausgeschlossen werden. Ein „Uncanny Valley"-Effekt sollte nur bei einem sehr menschenähnlichen Design auftreten. Lio erfüllt diese Bedingung bewusst nicht. Ein weiterer Grund könnte ein ethischer Aspekt sein. Es wäre möglich, dass einige Benutzer ein subjektiv empfundenes menschliches Aussehen eines Assistenzroboters als nicht vertretbar ansehen (Coeckelbergh et al. 2016). Weitere Studien sind jedoch nötig, um diese Frage beantworten zu können. Dies soll jedoch nicht implizieren, dass ein Roboter keine Augen haben darf. Der Mehrheit der Probanden gefiel das Aussehen des Kopfes von Lio. Der mit Augen besetzte Kopf erlaubt es zudem, den im Abschnitt „Kommunikation mit Lio" angeschnittenen Design-Ansatz eines kindlichen Designs besser implementieren zu können, durch die Möglichkeit, sowohl den Kopf als auch die Augen groß und rundlich zu gestalten (Miesler et al. 2011; Lorenz 1950). Dadurch könnte wiederum die Fehlertoleranz und somit die Geduld des Benutzers gesteigert werden, was insbesondere bei der gefundenen frühzeitigen Abbruchrate bei älteren Personen (Giuliani et al. 2005) vorteilhaft sein könnte. Zuzüglich könnte ein kindliches Design eventuell auch das anfängliche Misstrauen der Benutzer gegenüber dem Roboter (Giuliani et al. 2005) mindern, da dieses die affektive Reaktion auf einen Gegenstand positiv beeinflussen kann (Miesler et al. 2011). Nebst der Menschlichkeit zeigte sich während der Studie die relative Höhe des Roboters als weiterer Faktor, der einen Einfluss auf das subjektiv wahrgenommene Aussehen eines Roboters haben könnte. Einige Probanden in der Studie beschrieben Lio als „furchteinflößend" oder „unheimlich", wenn er den Kopf höher oder gleich hoch hielt wie der Kopf des Probanden („Die ganze Form, etwas furchteinflößend, so etwas großes. Nicht so sehr vertrauenerweckend.", P3). Diese Einstellung gegenüber Lio verbesserte sich, sobald Lios höchster Punkt unterhalb der Augenhöhe der Probanden war. Dies impliziert, dass sich die relative Höhe vom Roboter zum Nutzer negativ auf das Bild vom Roboter auswirken kann, wenn diese höher ist als die Größe des Nutzers. Demzufolge sollte der höchste Punkt des Roboters relativ zur Augenhöhe des Benutzers immer tiefer sein, sodass der Nutzer auf den Roboter herunter blickt und nicht umgekehrt. Dieser Befund verstärkt die Notwendigkeit einer individuell anpassbaren Höhe der sekundären Interaktionsmodalität im Falle von Lio.

Unterstützende vs. unterhaltende Funktionen
Die Unterhaltungsfunktionen von Lio kamen bei den Probanden gut an („Fun machen soll er [ein Roboter] auch", P6). Insbesondere das Erzählen von Witzen und spannenden Kurzgeschichten bescherte Vergnügen (e.g., „Also den [Witz] mit dem Cola-bieren habe ich gut gefunden",[1] P8). Dies weist darauf hin, dass Unterhaltungsfunktionen von den Bewohnern geschätzt wurden. Dies könnte sich auch darin widergespiegelt haben, dass Lio als lustig („Für mich ist er lustig", P6) und als interessante Abwechslung zum krankheitsgeprägten Alltag bezeichnet wurde („Ich finde es interessant, dass es so ein Ding hier überhaupt gibt, wo man eigentlich auf etwas ganz anderes ausgerichtet ist, auf Krankheiten und alles wüste Zeugs […]", P6). Auch das Bedürfnis nach Funktionen wurde betont, die die Probanden bei Tätigkeiten unterstützen, die sie nicht mehr selbstständig erledigen können, beispielsweise eine Flasche vom Boden aufheben und öffnen. Zusätzlich genannte Funktionen waren beispielsweise die Essensbestellung aufnehmen oder die Uhrzeit nennen. Zusammenfassend kann gesagt werden, dass eine Unterstützung bei Tätigkeiten, die vom Nutzer nicht mehr selbstständig ausgeführt werden können, scheinbar nicht ausreicht. Ein Roboter sollte auch repetitive Aufgaben des Alltags erleichtern und eine unterhaltende Funktion einnehmen können.

17.3.4 Limitationen und zukünftige Forschungsfragen

Durch die qualitative und explorative Herangehensweise der Studie können keine kausalen Schlüsse für die Befunde gezogen werden. Zudem können aufgrund der kleinen Stichprobengröße und der Verwendung eines einzelnen Roboters gefundene allgemeine Einflussfaktoren auf die Nutzererfahrung mit Robotern nur impliziert werden. Es ist zudem denkbar, dass hauptsächlich Bewohner der Institutionen teilnahmen, die insbesondere positive Erfahrungen mit Lio gemacht haben, was möglicherweise die Studienergebnisse beeinflusste. Dennoch geben die Befunde dieser Studie Implikationen darüber, wie eine positive Nutzererfahrung mit Assistenzrobotern erreicht werden könnte, was möglicherweise als Informationsquelle für zukünftige Studien dienen kann. In zukünftigen Studien sollte die Interaktion mit anderen Assistenzrobotern analysiert werden, um die Generalisierbarkeit der Befunde dieser Studie zu überprüfen. Dabei sollte die

---
[1] „Was passiert wenn man Cola und Bier gleichzeitig trinkt? – Man colabiert."

Frage, wie menschlich das Design des Roboters bezüglich dem Aussehen und der Stimme sein sollte, quantitativ überprüft werden, um die Reliabilität eines möglichen Trends zu gewährleisten.

17.3.5 Fazit

Bei der vorliegenden Studie wurde die tatsächliche Interaktion zwischen pflegebedürftigen Menschen und einem Assistenzroboter überprüft. Hierzu wurde eine Usability-Studie durchgeführt, in welcher der Assistenzroboter Lio evaluiert wurde. Die Befunde suggerieren eine Präferenz für eine Interaktion durch die Sprache. Wegen der Fehleranfälligkeit dieser Interaktionsmodalität wird jedoch empfohlen, eine weitere Interaktionsform zu integrieren, welche stets von verschiedenen Benutzergruppen hürdenfrei bedienbar sein sollte. Insbesondere auf den Distanzunterschied von stehenden Benutzern und Rollstuhlfahrern sollte bei einer physischen sekundären Interaktionsmodalität geachtet werden. Bei der physischen wie auch bei der sprachlichen Interaktionsmodalität zeigten sich zudem Konsistenzprobleme. Es sollte deshalb darauf geachtet werden, dass der gleiche Input immer das Gleiche bedeutet und ohne Ausnahme auf die gleiche Weise ausgeführt werden kann. Weiter sollten Benutzer vom Roboter detailliert darüber informiert werden, was erfolgreich verstanden wurde, bzw. eine präzise und schnelle Rückmeldung bekommen, ob ein Input oder ein Teilinput erfolgreich registriert wurde. Eine alleinige Rückmeldung, ob die Sprache richtig erkannt wurde, scheint beispielsweise nicht auszureichen. Eine Rückmeldung bezüglich der Lautstärke, der Deutlichkeit und der Nutzbarkeit der Interaktionsmodalität sollte ebenfalls gewährleistet sein. Weiter schienen die Probanden mit Lio wie mit einem Menschen und mit zunehmender Interaktionsdauer wie mit einem Kind zu sprechen, was möglicherweise positive Auswirkungen auf die Geduld und die Fehlertoleranz der Probanden gehabt haben könnte. Bezüglich der Stimme des Roboters konnte keine Präferenz für das eigene Geschlecht festgestellt werden, jedoch schienen menschliche Stimmen bevorzugt zu werden. Das als menschlich beschriebene Aussehen von Lio wurde hingegen von einem Probanden kritisiert. Im Allgemeinen wurde das Aussehen von Lio jedoch positiv beschrieben. Von einer zu konservativen Haltung gegenüber einem menschlichen Design ist deswegen abzuraten, insbesondere weil Körperteile wie beispielsweise die Augen mehr Design-Möglichkeiten nach dem Kindes-Schema (Lorenz 1950) offen lassen, die sich positiv auf den Affekt des Nutzers gegenüber dem Roboter auswirken könnten. Negativ auf die affektive Einstellung der Benutzer scheint sich hingegen die relative Höhe des Roboters auszuwirken, falls diese höher als der Kopf des Benutzers ist. Die Fähigkeiten des Roboters betreffend fand sich ein Bedürfnis sowohl nach unterstützenden Funktionen bei repetitiven Tätigkeiten, die nicht mehr selbst ausgeführt werden können, wie auch nach unterhaltenden Funktionen.

17.4 Sicherheit und Normen bei Assistenzrobotern

17.4.1 Normen und Richtlinien

Um die Sicherheit von Personen im Umfeld eines Assistenzroboters gewährleisten zu können, bedarf es einer Vielzahl an konstruktiver und sicherheitstechnischer Maßnahmen. Dies ist insbesondere deshalb wichtig, weil der Roboter permanent mit Menschen interagiert, den Arbeitsraum teilt und ein physischer Kontakt stets zu erwarten ist oder sogar benötigt wird. Diese Tatsache verhindert den Einsatz von klassischen trennenden Schutzsystemen, wie sie in der Industrie seit Jahrzehnten eingesetzt werden, größtenteils. Wie die Sicherheit trotzdem garantiert werden kann, wird unter anderem in folgenden Normen und Richtlinien beschrieben:

- EG-Maschinenrichtlinie 2006/42/EG
- ISO 12100: Sicherheit von Maschinen – Allgemeine Gestaltungsleitsätze – Risikobeurteilung und Risikominderung
- ISO 13849: Sicherheit von Maschinen – Sicherheitsbezogene Teile von Steuerungen
- ISO 13482: Roboter und Robotikgeräte – Sicherheitsanforderungen für nicht-industrielle Roboter – Nichtmedizinische Haushalts- und Assistenzroboter
- ISO/TS 15066: Roboter und Robotikgeräte – Kollaborierende Roboter

Als Typ C Norm ist die ISO 13482 ausschlaggebend für die Gestaltung eines mobilen Serviceroboters. Entsprechend dieser Norm gehört Lio zu Typ 1.2 als „Mobiler Roboterassistent mit Manipulator". Dies wiederum bedeutet, dass sämtliche Sicherheitsfunktionen wie Not-Halt, Geschwindigkeits- und Kraftüberwachung oder Vermeidung gefährdender Zusammenstöße mindestens Performance Level d nach ISO 13849 erreichen müssen.

Weil Sicherheitskomponenten mit Performance Level d teuer und aufwändig zu integrieren sind, lohnt es sich, diese auf das Wesentliche zu beschränken. Das ist möglich, wenn der Roboter von Grund auf sicher gestaltet wird, was auch bei den kollaborativen Roboterarmen der P-Rob-Serie von F&P Robotics der Fall ist. Dies entspricht der Kollaborationsart mit Leistungs- und Kraftbegrenzung der technischen Spezifikation ISO/TS 15066, bei der ein physischer Kontakt zwischen Roboter (inkl. gegriffenem Objekt) und Bedienperson erwartet wird. Für diesen häufig auftretenden Kontakt sind Grenzwerte für Kraft und Druck vorgegeben, welche im Kollisionsfall nicht überschritten werden dürfen.

Um dies zu erreichen, ohne dabei aufwändige Sicherheitssysteme zu verwenden, muss das System entsprechend ausgelegt sein. So werden beispielsweise Motoren gewählt, die nur begrenzte Drehmomente und Drehzahlen erreichen, womit die beim Aufprall freigesetzte Energie begrenzt ist. Ebenso wichtig ist die Wahl von weichen

Oberflächenmaterialien, welche die Kraft bei einer Kollision auf eine größere Fläche verteilen, um die Spitzenwerte beim Druck zu reduzieren. Man spricht dabei von einem inhärent sicheren Design, da das System physikalisch gar nicht in der Lage ist, die geforderten Grenzwerte zu überschreiten. F&P folgt der Devise, dass ein Assistenzroboter nur auf diese Art sicher gestaltet werden kann, ohne dabei die Benutzerfreundlichkeit und Interaktion mit dem Benutzer zu stark einzuschränken.

Das Einhalten der Kraft- und Druckgrenzwerte im Kollisionsfall wurde in Zusammenarbeit mit einer Prüfungsanstalt mit speziell entwickelten Messgeräten validiert. Dabei wird ein Zusammenstoß zwischen dem Roboter und verschiedenen Körperteilen nachgestellt, und die dabei auftretenden Kräfte und die Druckverteilung im zeitlichen Verlauf gemessen. Das genaue Vorgehen dazu ist in ISO/TS 15066 beschrieben.

Die Resultate zeigen sehr schön, wie die Kollisionskraft durch die weichen Materialien auf eine große Fläche verteilt wird, wodurch die Höchstwerte beim Druck sehr tief ausfallen. Dies ist insbesondere für das Schmerzempfinden entscheidend, welches mehrheitlich durch den auftretenden Druck auf die Haut geprägt wird. Damit ist eine wichtige Grundvoraussetzung erfüllt, damit Lio ohne größere Sicherheitsvorkehrungen im Alltag eingesetzt werden kann (Abb. 17.5).

17.4.2 Datenschutz

Sobald Serviceroboter mit Menschen interagieren, verarbeiten oder speichern sie personenbezogene Daten. Damit wird der Datenschutz zu einem zentralen Thema. Besonders im Bereich der Pflege können Gesundheitsdaten betroffen sein, die als besonders schützenswert eingestuft werden, zum Beispiel wenn der Roboter an Therapietermine erinnern soll. Rechtlich regelt dies die Datenschutz-Grundverordnung (DSGVO) der Europäischen Union (Verordnung 2016/679 des Europäischen Parlaments und des Rates 2016). Für den Nutzer ist der Datenschutz wichtig, da er das Vertrauen herstellt, dass mit seinen Daten verantwortungsvoll umgegangen wird. Andererseits wird teilweise auch der Funktionsumfang eingeschränkt, um mit den Regelungen konform zu bleiben. Dieser Abschnitt gibt eine Übersicht über die Anforderungen der DSGVO an Serviceroboter, die Umsetzung auf dem Assistenzroboter Lio und den Einfluss auf die Mensch-Maschine-Interaktion.

Die DSGVO erfordert ein Datenschutzkonzept für Lio, das unter anderem Folgendes dokumentiert:

Art der Daten und Zweck der Erhebung
Lio speichert Personenstammdaten zur Begrüßung mit Namen und zur Zuordnung des Zimmers. Er verarbeitet Kameradaten zur Identifizierung über Gesichtserkennung und Audiodaten zur Erkennung von Sprachbefehlen.

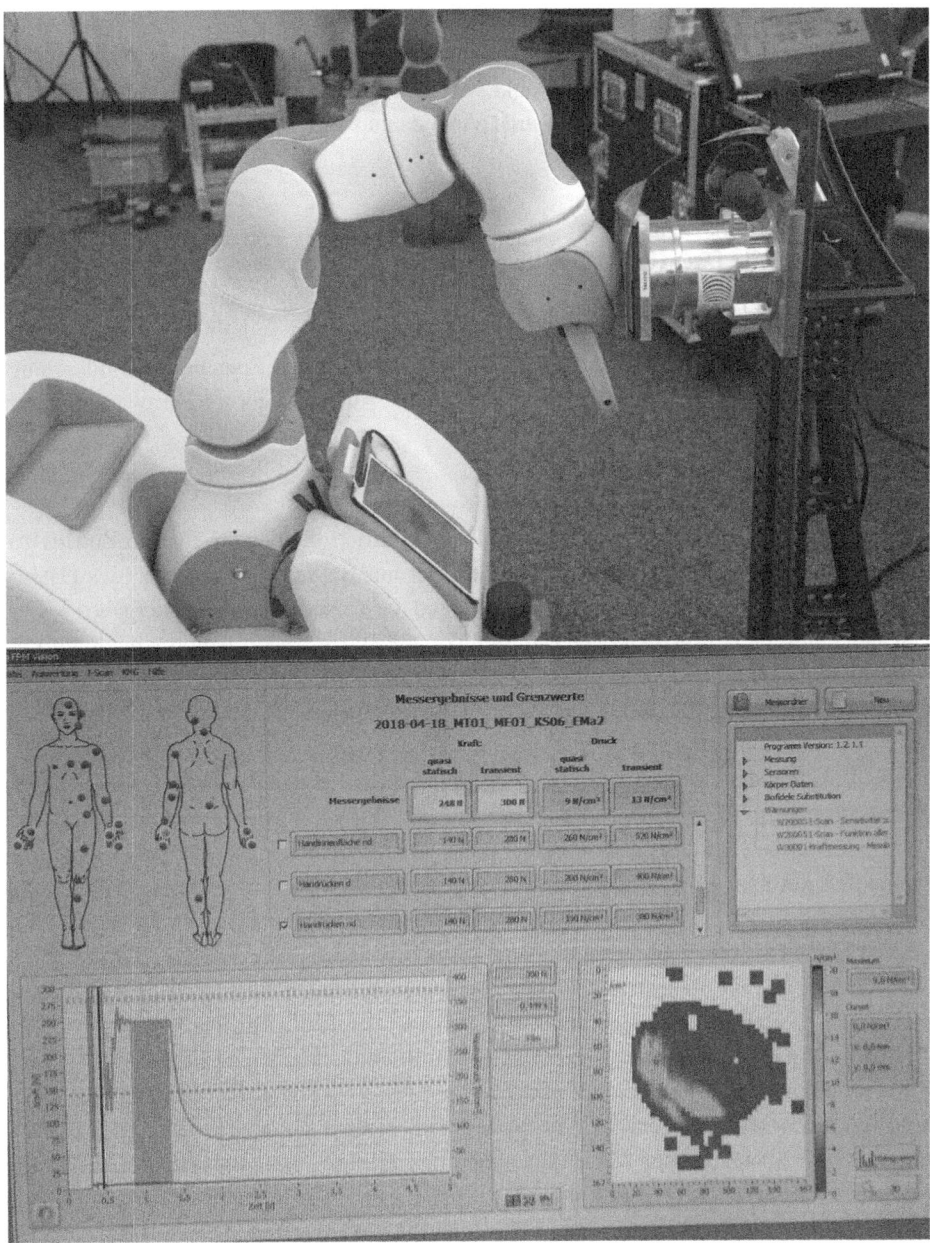

Abb. 17.5 Lio beim „Crash-Test" und Visualisierung der Messdaten

Speicherdauer und Löschkonzept
Daten wie Namen oder Gesichtsproportionen werden gespeichert bis zum Widerruf der Einwilligung oder bis zu einem Zeitpunkt wie dem Projektende. Die Löschung folgt einem dokumentierten Konzept. Audio- und Videodaten werden nach der Verarbeitung auf Lio nicht gespeichert.

Systembeschreibung
Um den Schutz der Daten zu rechtfertigen, wird die Systemarchitektur des Roboters beschrieben. Diese beinhaltet beteiligte Computer, Netzwerkstruktur und Schnittstellen wie zum Beispiel das Webinterface, mit dem das Pflegepersonal Lio administriert und steuert. Des Weiteren werden technische Details zur Nachrichten- und Speicherverschlüsselung und der Authentifizierung der Absender festgehalten. Auch Details zur Fernwartung werden hier dokumentiert.

Technische und organisatorische Maßnahmen
Datenschutzrelevant sind auch die Maßnahmen zur Kontrolle des physischen Zutritts zu beteiligten Computern, des digitalen Zugangs, der nur Befugten gestattet ist, des Datenzugriffs, wer was lesen und modifizieren darf, und der verschlüsselten Weitergabe.

Die technische Umsetzung der Datenschutzmaßnahmen basiert hauptsächlich auf der strikten Verwendung gängiger Verschlüsselungsprotokolle und -methoden wie TLS, HTTPS, AES-256, und SHA-2. Dazu kommen Benutzeraccounts, Passwortrichtlinien und Nachrichtenauthentifizierung.

Die Lokalität der Daten auf Lio ist ein erleichternder Faktor für den Datenschutz. Alle personenbezogenen Daten bleiben auf dem Roboter und damit in der Einrichtung. Wenn keine Fernwartung aktiv ist, kann nur über das interne WLAN der Einrichtung oder direkte Interaktion mit dem Roboter auf dessen Daten zugegriffen werden. Eine Ausnahme sind Cloud-Services, die zur Sprachsynthese und -erkennung genutzt werden, weil sie deutlich bessere Ergebnisse bieten als vergleichbare Offline-Lösungen. Dies ist datenschutzrechtlich eine Herausforderung, da Unterauftragsverhältnisse sicherstellen müssen, dass die Daten nur im europäischen Wirtschaftsraum verarbeitet und nachher nicht gespeichert werden.

Für die Nutzung personenbezogener Daten im Rahmen des Datenschutzkonzeptes sind Einverständniserklärungen der betroffenen Personen notwendig. Bei langfristigen Nutzern von Lio, wie Bewohnern und Personal in Seniorenheimen, ist das meistens kein Problem. Sobald aber Personen ohne Einverständniserklärung, zum Beispiel Besucher, mit Lio interagieren, wird es rechtlich grenzwertig. Denn Audioaufnahmen zur Erkennung von Sprachbefehlen oder Kameradaten zur Identifikation von Personen sind personenbezogene Daten, die eine Einverständniserklärung bräuchten, auch wenn sie nur kurzfristig verarbeitet und nicht gespeichert werden. Hier kann man sich durch eine Abwägung gegen die Nutzungsinteressen der alltäglichen Nutzer behelfen, für die es nicht praktikabel wäre, wenn der Roboter ganz auf Spracheingabe und Identifizierung mit Gesichtserkennung verzichtet oder jeder Nutzer sich erst ausweisen müsste, bevor er mit dem Roboter interagieren kann.

Ein Nachteil, der durch die erforderliche Datensparsamkeit entsteht, ist das verminderte Sammeln von Daten. Diese wären sowohl für das maschinelle Lernen, zum Beispiel zur stetigen Verbesserung der Gesichtserkennung, als auch für Analysen des Nutzerverhaltens und daraus folgenden Verbesserungen wichtig. Teilweise kann diese Einschränkung umgangen werden, indem die gesammelten Daten pseudonymisiert werden, sodass keine Rückschlüsse mehr auf konkrete Personen möglich sind. Auch der Einsatz neuer Funktionen kann durch die Vorgaben des Datenschutzes verlangsamt werden. Wenn beispielsweise die Spracherkennung über intuitive Zurufe wie „Hey Lio" gestartet werden soll, kann dies erfordern, dass Datenschutzkonzept und Einverständniserklärungen erst angepasst und neu unterzeichnet werden müssen, um die dauerhafte Aufnahme mit dem Mikrofon zu erlauben.

Ein wichtiger positiver Einfluss des Datenschutzes auf die Mensch-Maschine-Interaktion ist das Aufbauen von Vertrauen zum Roboter und der Abbau der Angst, vom Roboter überwacht zu werden. Neben Datenschutz- und Einverständniserklärung ist dazu auch aktive Aufklärung notwendig, da wenige Nutzer die Dokumente im Detail studieren.

17.5 Schlusswort

Roboter sind schon lange keine Science Fiction mehr. Ganz im Gegenteil, für manche gehören Roboter schon längst zum Alltag, ob nun klein mit dem Hundespielzeugroboter oder groß mit dem Staubsaugerroboter. Nichtsdestotrotz steckt der Robotervormarsch in unserem Alltag noch in den Kinderschuhen. Bei F&P Robotics werden nutzerzentriert Assistenzroboter entwickelt, die für Fachpersonen und ältere Menschen intuitiv bedienbar sind. Der Assistenzroboter soll in einer Weise genutzt werden können, die Abhängigkeit von anderen Personen reduziert und Selbstständigkeit zurückgibt. Lio aktiviert, unterstützt und fördert nicht nur Personen mit körperlichen und geistigen Einschränkungen, sondern entlastet auch das Fachpersonal. Lio kann in verschiedene bereits bestehende Systeme wie z. B. ein Menü-Bestellsystem oder ein Rufsystem eingebunden werden. Er kann das Pflegepersonal indirekt unterstützen, indem er repetitive Aufgaben übernimmt, die sonst viel Zeit kosten. Lio soll niemanden ersetzen. Es geht nicht um die Frage „Mensch oder Roboter?", sondern um das gemeinsame Anbieten einer Dienstleistung, welche die Lebensqualität aller Beteiligten erhöht. Dadurch kann Robotik einen wesentlichen Beitrag zur Bewältigung der Betreuungsherausforderung unserer alternden Gesellschaft und des Fachkräftemangels leisten.

Literatur

Braun, V., & Clarke, V. (2006). Using thematic analysis in psychology. *Qualitative Research in Psychology, 3*(2), 77–101.

Coeckelbergh, M., Pop, C., Simut, R., Peca, A., Pintea, S., David, D., & Vanderborght, B. (2016). A survey of expectations about the role of robots in robot-assisted therapy for children with ASD:

Ethical acceptability, trust, sociability, appearance, and attachment. *Science and Engineering Ethics, 22*(1), 47–65.

Davis, F. D. (1985). *A technology acceptance model for empirically testing new end-user information systems: Theory and results*. Doctoral dissertation, Massachusetts Institute of Technology.

Eyssel, F., Kuchenbrandt, D., Bobinger, S., de Ruiter, L., & Hegel, F. (2012). ‚If you sound like me, you must be more human': On the interplay of robot and user features on human-robot acceptance and anthropomorphism. In Proceedings of the seventh annual ACM/IEEE international-conference on Human-Robot Interaction (S. 125–126). Boston.

Fischinger, D., Einramhof, P., Papoutsakis, K., Wohlkinger, W., Mayer, P., Panek, P., et al. (2016). Hobbit, a care robot supporting independent living at home: First prototype and lessons learned. *Robotics and Autonomous Systems, 75*, 60–78.

Gasser, A. (2017). *A qualitative view on elders interacting with a health care robot with bodily movements*. Basel: University of Basel.

Giuliani, M. V., Scopelliti, M., & Fornara, F. (2005). *Elderly people at home: Technological help in everyday activities*. In IEEE International symposium on robot and human interactive communication (ROMAN 2005) (S. 365–370). Nashville.

Lorenz, K. (1950). Ganzheit und Teil in der tierischen und menschlichen Gemeinschaft. In *Studium generale* (S. 455–499). Berlin/Heidelberg: Springer.

Miesler, L., Leder, H., & Herrmann, A. (2011). Isn't it cute: An evolutionary perspective of baby-schema effects in visual product designs. *International Journal of Design, 5*(3), 17–30.

Nass, C. (2004). Etiquette equality: Exhibitions and expectations of computer politeness. *Communications of the ACM, 47*(4), 35–37.

Nass, C., Moon, Y., & Green, N. (1997). Are machines gender neutral? Gender-stereotypic responses to computers with voices. *Journal of Applied Social Psychology, 27*(10), 864–876.

Seyama, J. I., & Nagayama, R. S. (2007). The uncanny valley: Effect of realism on the impression of artificial human faces. *Presence: Teleoperators and Virtual Environments, 16*(4), 337–351.

Stafford, R., MacDonald, B. A., Jayawardena, C., Wegner, D. M., & Broadbent, E. (2014). Does the robot have a mind? Mind perception and attitudes towards robots predict use of an eldercare robot. *International Journal of Social Robotics, 6*(1), 17–32.

Lukas Wirth hat Maschineningenieurwissenschaften an der ETH Zürich studiert, mit Masterabschluss 2014. Während des Studiums arbeitete er als Hilfsassistent in Kursen zum Thema Mechanik und Robotik. Anschließend arbeitete er ein halbes Jahr am Autonomous Systems Lab (ASL) der ETH Zürich am Projekt AtlantikSolar, für das er als Entwicklungs- und Testingenieur tätig war. Basierend auf seiner Masterarbeit publizierte er dabei zwei weitere Papers über meteorologisch optimierte Routenplanung für solarbetriebene unbemannte Flugzeuge. Nach seinem Wechsel zu F&P Robotics Anfang 2015 arbeitete er als Leiter der Hardwareentwicklung, wobei er für die Entwicklung der Roboterarme P-Rob verantwortlich war. Außerdem leitete er mehrere Automatisierungsprojekte für Kunden aus verschiedenen Industrien. Seit 2017 ist er bei F&P Robotics als CTO für die gesamte technische Entwicklung verantwortlich. Dabei engagiert er sich auch bei verschiedenen Anlässen für die Etablierung der Robotik im Alltag und den Ausbau der Marktpräsenz von F&P Robotics.

Joel Siebenmann studiert Psychologie mit Schwerpunkt Human-Computer Interaction an der Universität Basel und arbeitete für ein Jahr als Hilfswissenschaftler am Human-Computer Interaction Institut der psychologischen Fakultät der Universität Basel. Seit 2019 arbeitet er zusätzlich als Usability Researcher bei der Firma F&P Robotics und betreibt benutzerzentrierte Forschung, um die User Experience bei der Interaktion mit Lio zu erfassen, zu evaluieren und zu reportieren. Joel Siebenmann berät F&P Designer und Engineers anhand der evaluierten Daten aus eigener Forschung, wie auch anhand der Ergebnisse vorhandener Literatur, um dadurch die Mensch-Roboter-Interaktion bei Lio zu optimieren.

Alina Gasser absolvierte ein Jahr lang verschiedene Praktika im Spital- und Rehabereich und arbeitete kurze Zeit als Pflegehilfe. Seit Abschluss des Masters in Psychologie mit Schwerpunkt Human-Computer Interaction an der Universität Basel arbeitet sie zwei Jahre als Usability Researcher. Sie ist bei F&P Robotics UX Project Lead und betreut die zwei ersten Langzeiteinsätze in Pflegeeinrichtungen sowie den ersten Kurzeinsatz von Lio zu Hause. Sie ist zuständig für die Bedürfnisabklärung und das Erstellen von Use Cases, die Gestaltung, Ausführung, Analyse und das Reporting für benutzerzentriertes Design Research und Usability-Tests.

Mensch-Maschine-Zusammenarbeit am Beispiel Kaltwalzer

Lutz Philips

Zusammenfassung

In einem Kaltwalzwerk finden viele Vorgänge statt, bei denen Computerprogramme einen Teil der Prozesskette abbilden, unterbrochen von manuellen Eingriffen, Korrekturen oder zur Überbrückung von Prozesslücken. Diese im klassischen Maschinenbau angesiedelten Tätigkeiten umfassen (aktuell noch) keine Mensch-Roboter-Kollaboration. Anhand der allgemeinen Betrachtung der Schnittstelle Mensch-Maschine am Beispiel des Berufsfeldes „Walzer" in der Produktion soll analysiert werden, ob Herausforderungen, denen man sich bei der Einführung von Mensch-Roboter-Kollaborationen stellen muss, übertragbar sind und so bereits im Vorhinein antizipiert und aktiv bewältigt bzw. vermieden werden können. Wesentliche Entwicklungsschritte der Veränderung erforderlicher technischer Kenntnisse des Berufsfeldes Walzer sollen beschrieben werden. Die abstrahierte Kausalitätskette wird durchleuchtet und kritische Einflussgrößen werden benannt.

18.1 Aufgabenkomplexität nimmt zu

Im Jahre 1911, also vor etwas mehr als 100 Jahren, wurde im Ballsaal einer Gastwirtschaft in Hagen-Hohenlimburg, an der Schwelle vom östlichen Ruhrgebiet zum Sauerland, das Kaltwalzwerk BILSTEIN & Co. gegründet (BILSTEIN GRUPPE 2011). Das Kaltwalzen ist ein mechanisches, plastisches Druck- bzw. Kaltumformungsverfahren, das Stahl unter-

L. Philips (✉)
Digitalisierung, BILSTEIN SERVICE GmbH, Hagen, Deutschland
E-Mail: lutz.philips@bilstein-kaltband.de

halb seiner Rekristallisationstemperatur mit hohem Druck zwischen zwei oder mehreren rotierenden Walzen in der Dicke reduziert (vgl. Bartos 2015). In der heutigen BILSTEIN GROUP entstehen durch Kaltwalzen, Glühen, Härten und Spalten Spezialstähle, die in Dimension, Weiterverarbeitungseigenschaften, elektromagnetischen Eigenschaften und Toleranz sehr genau einstellbar sind. Die Fertigprodukte finden hauptsächlich in der Automobilzuliefererbranche, sowie in der Band- und Kettensägenbranche Anwendung. Darüber hinaus profitieren Spezialanwendungen wie Scharniere und Auszüge für hochwertige Möbelstücke, sicherheitsrelevante Gaskartuschen oder Münzkerne von den engen Toleranzen und den Dicken zwischen 0,1 mm und 14 mm (BILSTEIN 2019a).

Im Zeitverlauf seit 1911 steigerten sich sukzessive die Anforderungen an die verschiedenen Produkte sowie deren Variantenvielfalt. Dies bezog sich sowohl auf Rezeptur als auch auf die Verarbeitungsart und -tiefe (BILSTEIN 2019b). Damit ging ein signifikantes Mengenwachstum einher, das ohne die technische Entwicklung nicht realisierbar gewesen wäre.

Eine Bronzestatue vor dem Eingang des Hauptsitzes der BILSTEIN GROUP in Hagen-Hohenlimburg zeigt die körperlich sehr anstrengenden Ursprünge des Handwerks Walzer (siehe Abb. 18.1). Ein Coil dieser (relativen) Größe hätte wohl ein Gewicht von ca. 100 bis 150 kg.

Abb. 18.1 Der Kaltwalzer

Dem Wachstum folgend wurden die Produktionskapazitäten erweitert, neue Mitarbeiter eingestellt, administrative Strukturen geschaffen und in die fortwährende Entwicklung des Unternehmens investiert (BILSTEIN GRUPPE 2011). Gleichzeitig wurde wesentlich mehr Wert auf Arbeitssicherheit und Ergonomie der Arbeitsplätze gelegt.

In den frühen 1980er-Jahren wurde mit dem Kern der ersten Enterprise Resource Planning Software (ERP) vergleichsweise früh die digitale Entwicklung begonnen (vgl. Gronau 2019). Mitte der 1990er-Jahre schloss sich eine anlagennahe Betriebsdatenerfassung (BDE) an. All dies beeinflusste ausschließlich die Arbeit der Administration, hatte in Hinblick auf das Berufsbild des Walzers aber keine Änderungen zur Folge. Erst mit Anbindung eines Sollwertrechners an den ersten Aggregaten ab dem Jahr 2005 und Aufbau einer Prozessleit- und Steuerungsebene, ersetzten erste Monitore die manuellen Stellschrauben an Walzaggregaten. Seit 2010 ersetzen an den Hauptaggregaten moderne Steuerstände die manuellen Eingaben vollumfänglich.

Jedes der beschriebenen Systeme wurde seit seiner Einführung optimiert, erweitert oder durch ein neuartiges Nachfolgesystem substituiert; jede Novelle barg anschließend Änderungen, deren Auswirkungen bis an den Monitor in der Produktionshalle heranreichten. Gleichzeitig sorgten die erwähnten lokalen Ergänzungen dafür, dass ein Walzer nicht mehr uneingeschränkt anlagenübergreifend eingesetzt werden konnte.

Erkennbare Unterschiede wie andere Farbgebung oder Oberflächen neuer Programme als möglicher Indikator für geänderte Arbeitsweisen, wurden um nicht erkennbare Prozessanpassungen, beispielsweise durch die Einführung eines Planungssystems, das die Reihenfolgebildung an den Aggregaten bestimmt und zu „unerwarteten Programmen" führt, ergänzt.

18.2 Effizienzsteigerung durch Spezialisierung

In den Ursprüngen des Kaltwalzwerkes war der Walzer für sämtliche Aktivitäten der Produktion verantwortlich. Der Walzer legte die Walzen ein, stellte die Anlagenparameter ein, führte Wartungen und Reparaturen durch, priorisierte seinen Auftragsvorrat, transportierte die Coils zum Aggregat, entsorgte den Fabrikationsschrott, räumte auf. Die goldene Regel „Geld gibt's nur, wenn der Haspel dreht" führte dazu, die Unterstützungstätigkeiten, die den Materialfluss an der Anlage aufrechterhielten, in die Hände speziell dafür angestellter Mitarbeiter zu geben. Instandhaltung, Produktionsplanung und -steuerung, Walzenschleiferei, Werkstofftechnologie und Logistik wurden entwickelt und führten zu optimierten Prozessen, die im Controlling gegen Vorgaben geprüft wurden. Die reine Walzzeit konnte dadurch erheblich gesteigert werden.

Eine weitere Auffächerung in spezialisierte Zuständigkeiten wurde durch die sukzessive Integration aller Aggregate in den IT-Informationsfluss erforderlich. Die Instandhaltung musste beispielsweise neben mechanischem und elektronischem Know-How zusätzlich IT-Know-how aufbauen.

Im Falle des Walzers ist eine solche Auffächerung nicht uneingeschränkt realisierbar. IT-Experten, die eine moderne Anlagentechnik bedienen können, brauchen zwingend Walz-Know-how, um die angezeigten Daten interpretieren zu können. Erfahrene Walzer müssen Verständnis für die moderne Anlagentechnik aufbauen, um die von ihnen benötigten Informationen zu finden. Eine Spezialisierung findet in diesem Umfeld eher insofern statt, als dass man seine eigene Anlagengruppe nicht als Springer verlässt. Ein auf die Vorwalze spezialisierter Walzer wird beispielsweise nicht ohne Weiteres an der Nachwalze eingesetzt werden können. Selbst innerhalb der eigenen Anlagengruppe ist die Spezialisierung sehr weit ausgeprägt, so dass ein Walzer weitestgehend an seinem Stammaggregat eingesetzt wird.

18.3 Lokale Lösungen, auf Spezialisierung optimiert

Die Einführung und Entwicklung von ERP- und MES-Systemen sorgte für globale Änderungen, die aus dem hierarchisch überstellten IT-System determiniert und so für alle Anlagen top-down wirksam wurden (vgl. Kletti 2007). Die Prozessleit- und Steuerungsebene hingegen ist meist eine lokale Lösung, die nicht selten vom Anlagenhersteller zusammen mit dem Aggregat angeboten wird und bottom-up berücksichtigt werden muss (vgl. SMS group 2017). Individualentwicklungen von und/oder für die Walzer eines Aggregates können eine weitere Einflussgröße sein, um das Umfeld weiter zu individualisieren.

Als spezifische Notwendigkeiten sind auch alle die Kenngrößen anzusehen, auf deren Basis eine Regelung des Aggregats erfolgen muss. Dabei sollten gleichermaßen eine manuelle Regelung sowie eine maschinelle Regelung Berücksichtigung finden. Im zweiten Fall tragen die Kennzahlen allem voran zur Nachvollziehbarkeit bei und bieten damit Entscheidungstransparenz. Dadurch kann die Akzeptanz einer automatisiert gefällten Regelungsentscheidung unterstützt werden.

Eine kritische Einflussgröße ist die Qualität der vertikalen Integration aller in dieser übergreifenden Arbeitsumgebung involvierter Einzelsysteme (vgl. Schäfer et al. 2009).

18.4 Anbieten spezialisierter Berufe erfordert spezialisierte Mitarbeiter

Die immer schnelleren Entwicklungszyklen trugen dazu bei, tiefergreifenderes IT-Knowhow als Anforderung an das Berufsbild des Walzers vorauszusetzen, während das Handwerk Walzen und das „kleine schwarze Buch mit Walzeneinstellungen" sukzessive in den Hintergrund rückten. Das Anforderungsprofil eines Walzers entwickelte sich hin zum „Verfahrenstechnologen der Fachrichtung Stahlumformung" (SIHK 2019). Diese werden in der Regel im Unternehmen selbst ausgebildet, um bestmöglich die Firmenphilosophie und die Top-down-Umfänge zu prägen. Während selbst in der berufsschulischen Ausbildung die Grundlagen der Metallurgie und Umformtechnik teilweise durch nebenberuflich als Dozenten angestellte Führungskräfte geschult werden, fließen im Zeitverlauf der Ausbildung spezialisierte Inhalte im praktischen Ausbildungsteil ein. So werden spätestens im letzten Ausbildungsjahr die späteren Zielaggregate in den Fokus gerückt und die praktischen Berufsabschlüsse werden in diesem Umfeld geprüft.

Bei externer Personalakquisition für das Berufsfeld „Verfahrenstechnologen der Fachrichtung Stahlumformung" versucht man im Idealfall Bewerber zu finden, die schon praktische Erfahrungen mit den Anbietern der bei BILSTEIN im Einsatz befindlichen Aggregate haben. Auf diese Weise könnten Bottom-up-Umfänge als Vorwissen eingebracht werden.

18.5 Die Vernetzung der Systeme lässt spezialisierte Silos zusammenrücken

Die verschiedenen spezialisierten Berufsbilder sowie die administrativen Abteilungen haben, jede für sich, eine isolierte Entwicklung genommen. Sowohl in Hinblick auf die IT-Lösungen als auch bezogen auf Abläufe innerhalb der Abteilung wurden Prozesse etabliert, die wie in einem Silo häufig ausschließlich die Belange einer Abteilung abbildeten. Alle Abteilungs- und Zuständigkeitsübergänge beinhalteten das Risiko von Prozesslücken und Sackgassen, ohne dieser immer gewahr zu sein. Im logistischen Produktionsablauf wurden derartige Lücken oft durch Bestandshöhen kaschiert, die höheren Suchaufwand und ggf. Nacharbeit zur Folge haben können. Analog sind im administrativen Umfeld manuelle Eingriffe und Nachbuchungen von Datenfehlkonstellationen zu finden. Eine der Folgen kann sein, dass Fehler nicht dort auffallen, wo sie geschehen und Abstellmaßnahmen dort ergriffen werden, wo man lediglich eine Abweichung behebt, statt sie zu vermeiden.

Das zunehmend digitalisierte Umfeld und die damit einhergehende Transparenz führen zu durchgehenden Prozessketten, die die Silos durchbrechen. All die Konstrukte zum Ausgleichen von Unzulänglichkeiten sind dann meist Ziel von Optimierungen (vgl. Ohno 2013), seien es die Reduzierung von Beständen oder das Auflösen manueller Eingriffe durch automatisierte Prozesse. Dadurch werden die Silos näher aneinander geführt. Fehlverhalten führt zu direkten Auswirkungen in anderen am Gesamtprozess beteiligten Silos.

Den optimierten Prozess könnte in diesem Kontext besonders stören, dass die nicht behobenen ursächlichen Schwachstellen immer noch vorliegen und damit die Prozessoptimierung vorübergehend zu einer gefühlten Verschlechterung des Gesamtprozessablaufs führen könnte. Die Nutzer-Akzeptanz der technischen Lösung leidet und wird dann vorschnell als unzureichend angesehen.

18.6 Der direkte Hebel persönlicher Handlungen auf das Gesamtsystem wird nicht komplett wahrgenommen

Die unterschiedlichen Formen von Puffern haben gemein, dass sie helfen, die Auswirkungen von Unzulänglichkeiten abzufangen. Im modernen Supply Chain Management sollten interne Kunden, also Folgeaggregate im Verlauf des Produktionsprozesses, mit derselben Termintreue bedacht werden wie externe Kunden (vgl. Schuh 2006). Liegt in einem überspitzten Beispiel aber durch unzureichende Wartung und Instandhaltung ein mangelanfälliges Aggregat vor, so wird das Produkt nicht mehr immer zum geplanten und berechneten Zeitpunkt bearbeitet und damit auch dem Folgeaggregat nicht zur Verfügung gestellt werden können. Ein Mitarbeiter der Instandhaltung wird sich im Regelfall nicht der Tatsache bewusst sein, dass als Folge seiner Arbeitsleistung nach dem Vorsichtsprinzip künftig erweiterte Bestände zwischen den Aggregaten aufgebaut werden, um den Materialfluss aufrecht zu erhalten.

Ein weiteres Beispiel für derartige Abhängigkeiten sind Anfragen beim Kunden, sollte während des Produktionsprozesses eine Auffälligkeit am Produkt detektiert werden. Wenn beispielsweise die chemische Zusammensetzung des Vormaterials in Nuancen abweicht, dann braucht dies kein Ausschlusskriterium für die Endanwendung zu sein. Dennoch ist eine Einzelfreigabe zu erwirken, die zwischen Vormaterialeinkauf, Werkstofftechnologie, technischer Anwendungsberatung und Vertrieb mit dem Kunden abgestimmt wird. Diese Abstimmungen können durch diverse Einflüsse ein bis zwei Wochen andauern, in denen das Material nicht verarbeitet werden sollte und gesperrt wird. Umso länger dieser Abstimmungsaufwand andauert, desto erheblicher sind die Verzögerungen innerhalb der Produktion und desto deutlicher wird der Termindruck werden, sollte an dem ursprünglichen Kundenwunschtermin festgehalten werden.

Dem spezialisierten Menschen fehlt also teilweise das Verständnis für die weit entfernten, jetzt aber nah herangerückten Prozesse. Der direkte Hebel persönlicher Handlungen auf das Gesamtsystem wird nicht (mehr) komplett wahrgenommen.

18.7 Die Beachtung der Kausalitätsketten ist wichtig für das erwartungskonforme Systemverhalten

Durchgängige, mindestens teilweise automatisierte Prozessketten sind sehr anfällig in Bezug auf die Eingangsdaten. Die Pflege der Stamm- und Bewegungsdaten erfordert wesentlich mehr Disziplin als dies in weitestgehend manuellen Systemverbünden erforderlich wäre. Umso stärker die Automatisierung ausgeprägt ist, desto länger sind die prozessualen Intervalle, in denen keinerlei manueller Eingriff gewünscht ist und erfolgen wird. Desto weiter kann man sich mit nicht korrekt gewählten Eingangsdaten aber auch vom eigentlich angedachten Systemverhalten entfernen.

Beispielsweise ist es wünschenswert, Kundenbestellungen nicht per Telefon oder Mail zu erhalten, manuell in ein ERP-System einzugeben und anschließend auf demselben

Wege manuell eine Buchungsbestätigung an den Kunden zu versenden. Stattdessen sollten Wege wie eine EDI-Anbindung dafür sorgen, maschinelle Buchungseingänge direkt verbuchen zu können. Neben vielen weiteren Daten sind dazu allem voran die drei Hauptinformationen Materialart, gewünschte Menge und Liefertermin erforderlich. Da das BILSTEIN-Fertigmaterial gleichzeitig Vormaterial seiner Kunden ist und Bedarfstermin der Kunden plus Transportzeit dem Fertigstellungstermin bei BILSTEIN entsprechen, bietet sich damit die unternehmensübergreifende Planungsgrundlage für eine integrierte Supply Chain an.

Als Startpunkt einer Kausalitätskette sei in diesem Beispiel die Benennung der richtigen Materialstammnummer durch den Kunden benannt. Durch die perfekte Pflege des Materialstamms im BILSTEIN-ERP-System als Träger aller Informationen zum Produktionsweg und sämtlicher Vorgabewerte, können viele Folgeschritte maschinell erfolgen. Damit kann das in Menge und Termin passende BILSTEIN-Vormaterial auf der anderen Seite der Sekundärbedarfsseite ermittelt und beschafft werden. Dieses ist bei der Bestellung in Hinblick auf geometrische Attribute wie Breite, Dicke, Toleranzen, Innen- und Außendurchmesser bis zur chemischen Zusammensetzung ausspezifiziert. Ein nicht perfekt ausgeprägter Materialstamm zur Vormaterialbeschaffung oder ein nicht perfekt ausgeprägter Materialstamm auf der Primärbedarfsseite, also in Bezug auf produktionsrelevante Daten, könnten also schon bei voll automatisierter Kundenauftragsbuchung zur Beschaffung von falschem Vormaterial führen. Im besten Fall ließe sich dies durch eine abweichende Produktion kompensieren, führt aber zu ungeplanter Kapazitätsbelastung und Terminabweichungen.

Ein weiteres Beispiel ist im Rahmen einer Digitalisierungsstrategie die Integration moderner adaptiver Anlagentechnik in die Vorgabewertermittlung eines Aggregates. Einige Anlagenhersteller bieten Werkzeuge und Programme an, mit denen ein optimierter Abwalzgrad und die Menge der Walzdurchgänge auf Basis von Eingangsmaterial- und gewünschter Ausbringmaterialspezifikation ermittelt werden (vgl. SMS group 2017). Dabei sind mitunter sogar Einlauffestigkeit und chemische Zusammensetzung von Bedeutung, so dass fehlerhafte Bewegungsdaten, die den aktuellen Zustand eines Coils beschreiben, für eine nicht erwartungskonforme Ausbringung sorgen.

18.8 Transparenz über die komplexen Ketten führt zu bedarfsgerechten Assistenzsystemen, um Vertrauen in Technik zu unterstützen

Um der Menge und Qualität an Informationsflüssen in einem Produktionsleitstand folgen zu können, bedarf es gezielt eingesetzter Assistenzsysteme (vgl. Huber 2016). Dabei seien in Bezug auf das Anwendungsgebiet des Walzers primär die kognitiven Assistenzsysteme, also Wahrnehmungsassistenzsysteme und Entscheidungsassistenzsysteme betrachtet (vgl. IHK Rheinland 2018). So werden neben dem geplanten Materialfluss auch die erforderlichen Einstellungen, Toleranzen, Nennwerte, Gewichte, Walzendrücke, Oberflächenerfordernisse und andere Informationen angezeigt. Für das aktuell in Bearbeitung befindliche Coil werden damit sowohl IST-Informationen, als auch SOLL-Zustand nach der Bearbeitung, als auch die Einstellungen, die diese Transformation erwirken helfen sollen, angezeigt. Dies ist bei mehr als 10.000 verschiedenen Fertigmaterialien, die die BILSTEIN GROUP erzeugt, kaum noch ohne technische Unterstützung zu leisten. Gleichzeitig sollten auf den Assistenzsystemen die Einflussgrößen deutlich gezeigt werden, die ursächlich zur Wahl einer bestimmten Arbeitsweise beitragen. Dadurch wird die vorgeschlagene Bearbeitung erklärt, die Entscheidungstransparenz und Nachvollziehbarkeit für den Walzer wird gewährleistet.

Diese Funktion ist vor allem für diejenigen Mitarbeiter von Bedeutung, die noch mit dem erwähnten „schwarzen Buch" gearbeitet haben, also einen großen Teil der Einstellungen der Anlage manuell vornehmen könnten. Deren Vertrauen in automatisiert erfolgende Maschineneinstellungen wird durch diese Transparenz gestärkt. Die Akzeptanz der Automatisierung ist in mehrfacher Hinsicht ein kritischer Erfolgsfaktor. Zum einen ist es dadurch für erfahrene Walzer nicht erforderlich, einem System, dem er Vertrauen schenkt, immer aufmerksam (und mit Argwohn) zu folgen, wodurch die Aufmerksamkeit für andere Umfänge gewahrt werden kann. Zum anderen genießen erfahrene Walzer Anerkennung und Achtung von jüngeren Kollegen für deren Wissen um Material und Verarbeitung. Wenn erfahrene Kollegen die Plausibilität und Nachvollziehbarkeit der Entscheidungen des Systems positiv beurteilen, dann stärkt dies auch das Vertrauen derjenigen Walzer in die systematisierte Bearbeitung, die diese nicht hundertprozentig nachvollziehen können.

Abb. 18.2 Steuerstand einer Tandemstraße

Entscheidungstransparenz ist also eine wichtige Transformationsbrücke, um in wenigen Entwicklungsschleifen eine Selbstverständlichkeit für die Koexistenz der Automatisierung zu erfahren.

Umgekehrt wäre eine systemische Abwicklung ohne die eben beschriebene Entscheidungstransparenz ein System, das vom Walzer als Bevormundung empfunden werden könnte, statt als Assistenz und Unterstützung.

Abb. 18.2 zeigt exemplarisch den Steuerstand eines der Hauptaggregate der BILSTEIN GROUP, einer Tandemstraße mit vier Gerüsten. Es wird deutlich, wie umfangreich die verschiedenen komplexen Assistenzsysteme und die Bedienung der Anlage sind.

18.9 Adaption auf MRK-Lösungen

18.9.1 Mögliche Anwendungsgebiete von MRK-Lösungen bei BILSTEIN

MRK-Lösungen sind im Bereich der Produktion von BILSTEIN nicht uneingeschränkt einsetzbar. Das durchschnittliche Coilgewicht beträgt ca. 10 t, Tendenz eher steigend, um Rüstkosten bei Kunden und in der eigenen Produktion einzusparen. Ein Handling des ungespaltenen und ungeteilten Werkstücks ist mit aktuellen technischen Möglichkeiten nicht denkbar. Eine Ausnahme wäre die Verpackung sehr kleiner Fertigpackstücke, die teilweise unter 100 kg pro fertigem Coil liegen und eines sehr hohen manuellen Verpackungsaufwandes bedürfen. Hier wäre eine Kollaboration bei einem gemeinsamen Verpackungsvorgang denkbar (vgl. Müller et al. 2019).

Darüber hinaus wären Coilpräparationen vor einem Transport oder vor einem Produktionsarbeitsgang ein mögliches Einsatzgebiet. Vor dem Einsatz eines Coils mit vertikaler Achse durch das Coilauge (also liegend), wie er im Bereich einer Haubenglüherei üblich ist, ist es erforderlich, die innere Coilwindung zu fixieren, damit sich diese nicht während des Glühvorgangs heruntereignet und die Zirkulation des Arbeitsmediums stört. Diese Coilwindung kann durch ein Bindeband quer zum Wickelbild erfolgen oder durch ein Anschweißen der inneren Windung (vgl. Fahrenwaldt und Schuler 2009). Beide Tätigkeiten könnten in Kooperation mit dem zuständigen Werker geschehen (vgl. Müller et al. 2019). Auch das Fügen von mehreren Coils, um eine kontinuierliche Verarbeitung zu gewährleisten, wäre denkbar, wobei dem Menschen die Aufgabe der manuellen Zuführung neuer Coils obliegen würde.

Bindebandentfernung sowie Prägung und Aufdruck von Identifikationscodierungen sind bereits heute in Koexistenz eingesetzt (vgl. Müller et al. 2019).

Weitere Einsatzmöglichkeiten könnten sich bei Anwendungen ergeben, in denen nur Teile der Coils verarbeitet werden. Ein Beispiel dessen wäre das Probenlabor, in dem aus einem Probenabschnitt normierte Muster gestanzt werden, die in standardisierten Verfahren verprobt werden.

18.9.2 Übertragbare Erkenntnisse für MRK-Einführungen bei BILSTEIN

Als Erkenntnis für MRK-Einführungen bei BILSTEIN kann abgeleitet werden, dass zunehmende Automatisierung eine ausführliche Prozessanalyse bedingt. Es sollte sichergestellt sein, dass die durch MRK zu schließende Lücke tatsächlich von der Einführung der Technologie profitiert, also die Optimierung durch einen Technologiesprung möglich scheint. Wenn beispielsweise eine MRK-Lösung dazu beiträgt, das reine Verpacken sehr kleiner Fertigpackstücke effizienter und präziser zu gestalten, sollte sichergestellt sein, dass das Bereitstellen weiterer Packstücke bei kürzerer Verpackungsdauer funktionieren kann.

Substituiert man einen komplett manuellen Prozessschritt durch eine MRK-Lösung, sollte beachtet werden, dass eine Redundanz schwerer sicherzustellen ist. Bei manuellem Aufwand ist gegebenenfalls durch Beistellen einer weiteren Personalressource eine Beschleunigung zu erfahren. Bei einer MRK-Lösung ist dies vermutlich nicht so leicht möglich.

Wichtig ist ebenfalls die Bereitstellung und Pflege der erforderlichen Stammdaten für den automatisierten Prozessschritt. Am Beispiel Verpackungsanwendung sind hier nicht nur die Kundenspezifikationen in Form der Verpackungsvorschriften gemeint, sondern beispielsweise auch die Beweggründe, die für eine bestimmte Reihenfolge sprechen, um die Entscheidungstransparenz gegenüber dem Mitarbeiter zu wahren.

Den unterstützenden Charakter einer MRK-Lösung kann man gegebenenfalls durch die manuelle Anforderung der Hilfe erzeugen, indem beispielsweise dem Roboter signalisiert wird, dass er nun seinen nächsten Schritt machen soll. Dadurch wäre gegebenenfalls die Sicherheit gegeben, die starren und reproduzierbaren Taktzeiten des Roboters nicht als Gängelei zu empfinden.

Literatur

Bartos, R. (2015). *Stahlfibel*. Düsseldorf: Verein Deutscher Eisenhüttenleute, Stahl-Institut VDEh.
BILSTEIN. (2019a). *BILSTEIN-Anwendungsbereiche*. https://www.bilstein-gruppe.de/anwendungsbereiche/. Zugegriffen am 13.12.2019.
BILSTEIN. (2019b). *BILSTEIN-Produkte*. https://www.bilstein-gruppe.de/bilstein-produkte/. Zugegriffen am 13.12.2019.
BILSTEIN GRUPPE. (2011). *Faszination Stahl – Fotoband zur Jubiläumsfeier (1911 bis 2011)* (S. 4 ff.). Hagen-Hohenlimburg: BILSTEIN GRUPPE.
Fahrenwaldt, H. J., & Schuler, V. (2009). *Praxiswissen Schweißtechnik – Werkstoffe, Prozesse, Fertigung*. Wiesbaden: Vieweg.
Gronau, N. (2019). *Enzyklopädie der Wirtschaftsinformatik – Online-Lexikon der Universität Potsdam*. http://www.enzyklopaedie-der-wirtschaftsinformatik.de/Members/gronau/i40Pyramide.png/image_view_fullscreen. Zugegriffen am 13.12.2019.
Huber, W. (2016). *Industrie 4.0 in der Automobilindustrie – ein Praxisbuch*. Wiesbaden: Springer.
IHK Rheinland. (2018). *Digitale Helfer im Arbeitsalltag*. https://www.ihk-rheinland-wirtschaft40.de/wp-content/uploads/2018/06/leitfaden-digitale-helfer-im-arbeitsalltag.pdf. Zugegriffen am 04.11.2019.

Kletti, J. (2007). *Konzeption und Einführung von MES-Systemen*. Berlin/Heidelberg: Springer.

Müller, R., Franke, J., Henrich, D., Kuhlenkötter, B., Raatz, A., & Verl, A. (2019). *Handbuch Mensch-Roboter-Kollaboration*. München: Carl Hanser.

Ohno, T. (2013). *Das Toyota-Produktionssystem* (3., erw. Aufl.). Frankfurt a. M./New York: Campus.

Schäfer, M., Reimann, J., Schmidtbauer, C., & Schoner, P. (2009). *MES*. Frankfurt a. M.: Entwickler Press.

Schuh, G. (2006). *Produktionsplanung und -steuerung*. Berlin/Heidelberg: Springer.

SIHK. (2019). *Aktuelles Ausbildungsangebot der Südwestfälische Industrie- und Handelskammer zu Hagen*. https://www.sihk.de/bildung/Inhalt/Ausbildungsberufe_A_-_Z/berufsbeschreibungen/Verfahrenstechnologe%2D%2Din-Metall/4268326. Zugegriffen am 13.12.2019.

SMS group. (2017). *Die Profis für Modernisierung* (magazine). https://www.sms-group.com/de/sms-group-magazine/uebersicht/die-profis-fuer-modernisierungen/. Zugegriffen am 13.12.2019.

Lutz Philips ist seit 2014 in unterschiedlichen Funktionen im Umfeld des Supply Chain Managements und der Digitalisierung eines Kaltwalzwerkes tätig. Nach dem Studium des Wirtschaftsingenieurwesens und seiner Diplomarbeit im Qualitätsmanagement eines Automobil-OEMs bestritt Lutz Philips seinen Berufseinstieg in der Softwareberatung und -entwicklung als SAP PP-Consultant.

Ladenburger Thesen zur zukünftigen Gestaltung der Mensch-Roboter-Kollaboration

19

Hans-Jürgen Buxbaum und Ruth Häusler

Zusammenfassung

Für die zukünftige Gestaltung der Mensch-Roboter-Kollaboration (MRK) sind weitere Entwicklungen in einer Vielzahl von Disziplinen und Forschungsbereichen erforderlich. Die Breite der interdisziplinären Forschungsarbeit ist in diesem Kontext enorm und das Wissenschaftsgebiet – nicht zuletzt auf Grund der hohen Interdisziplinarität – recht unübersichtlich. In der Diskussion im Rahmen des Ladenburger Diskurses zur Mensch-Roboter-Kollaboration war man sich einig, dass Leitlinien für kommende Forschungs- und Entwicklungsarbeiten sehr sinnvoll wären und die Forscher in die Lage versetzen würden, ihre Arbeiten in dem breiten Thema zu strukturieren und zu positionieren. Dopplungen und Redundanzen sollen dabei vermieden, Synergien und Kooperationen gefördert werden. Da bereits erste vergleichbare Ansätze existieren, beispielsweise aus dem Bereich der Ergonomie, werden diese im Rahmen der Ladenburger Thesen zur zukünftigen Gestaltung der Mensch-Roboter-Kollaboration aufgegriffen und ein erweiterter Thesensatz formuliert. Die in diesem Kapitel formulierten Thesen liegen als Ergebnis des Diskurses vor. Sie stellen eine Diskussionsbasis dar und bleiben dabei offen für Adaptionen und Erweiterungen.

H.-J. Buxbaum (✉)
Hochschule Niederrhein, Krefeld, Deutschland
E-Mail: hans-juergen.buxbaum@hsnr.de

R. Häusler
Zentrum für Aviatik, Zürcher Hochschule für angewandte Wissenschaften, Winterthur, Schweiz
E-Mail: ruth.haeusler@zhaw.ch

19.1 Einleitung

Die verfügbare Literatur zum Stand von Wissenschaft und Technik in der Mensch-Roboter-Kollaboration (MRK) ist vielfältig und geprägt von Fachartikeln, Dissertationen und Konferenzbeiträgen, die meist auf bestimmte Aspekte der MRK fokussieren. Viele dieser Schriften sind stark anwendungsorientiert und beschreiben beispielsweise eine konkrete Realisierung der MRK; andere sind eher allgemeingültig und klassifizierend und haben einen breiteren Impact. Als ein Beispiel seien hier die oft zitierten Überlegungen zur Taxonomie in der MRK von Onnasch et al. (2016) genannt. Es fehlt jedoch bisher eine strukturierte Wissensbasis zur MRK, die als Grundlage zukünftiger Forschung und Entwicklung in diesem Bereich dienen könnte. Müller et al. (2019) beschreiben den aktuellen Entwicklungsstand und geben einen hervorragenden Überblick über existierende Konzepte und Applikationen der MRK in der breiten und übergreifenden Darstellung eines Handbuchs. Auch hier, in diesem Buch, werden vielfältige Einzelkonzepte im Umfeld der MRK beleuchtet, die im Rahmen des Ladenburger Diskurses im März 2019 im Hause der Daimler und Benz Stiftung u. a. von den Autoren vorgestellt und im Expertenkreis diskutiert wurden. Dabei wurden viele singuläre Arbeiten in unterschiedlichen Wissenschafts- und Anwendungsbereichen analysiert und auf Gemeinsamkeiten und Unterschiede in den Ansätzen untersucht. Die beteiligten Wissenschaftsbereiche umfassten dabei die Ingenieurtechnik, hier auf Grund der thematischen Ausrichtung insbesondere Maschinenbau und Robotik, das Wirtschaftsingenieurwesen sowie Elektrotechnik und Informatik. Es waren Wissenschaftler aus dem Bereich der Arbeitswissenschaften, des Gesundheitswesens, der Psychologie und dem Bereich Human Factors beteiligt. Abgerundet wurde der Expertenkreis durch Ethiker, Technikphilosophen und Mediziner sowie durch Anwender und Anwendungsplaner aus Industrie und aus verschiedenen Dienstleistungsbereichen.

In der Diskussion der mannigfaltigen Themen wurde schnell klar, dass unterschiedliche Ansätze oft zu vergleichbaren Ergebnissen führen, je nach Aufgabenstellung, thematischer Zielsetzung und Fachgebiet der Forscher und Anwender. Auch sind bisweilen Erkenntnisse aus anderen Disziplinen übertragbar. Man war sich in der Runde einig, dass Leitlinien in Form eines interdisziplinären Thesenpapiers zur wissenschaftlichen Orientierung der Arbeiten hilfreich sein könnten. In der Abschlussbesprechung des Diskurses wurden dann bereits einige Thesen vorformuliert und beschlossen, diese im Nachgang auszuformulieren und in der anschließenden gemeinsamen Veröffentlichung zu publizieren. Dem Herausgeber dieses Buchs wurde von den Diskursteilnehmern die Aufgabe übertragen, die Mitschrift aus dem Diskurs in ein Thesenkapitel als Abschluss dieses Buches zu überführen. Dabei sollten einzelne Argumentationslinien aus den vorangehenden Kapiteln, in Absprache mit den jeweiligen Autoren, in die Thesensammlung aufgenommen werden.

Im Folgenden wird, ausgehend von einem Grundgerüst ergonomischer, wirtschaftlich-technischer, psychologischer und arbeitswissenschaftlicher Ansätze, ein umfassendes Thesenpaket vorgestellt, das eine Grundlage und Strukturierung zukünftiger Forschungs-

und Entwicklungsarbeiten im Bereich der MRK sein soll. Forscher und Anwender in der MRK sollen in der Lage sein, ihre jeweilige Arbeit einer oder mehrerer dieser Thesen punktuell oder strukturell zuzuordnen und damit ihren Beitrag zur Entwicklung der MRK in dem großen Feld zwischen den genannten Wissenschaftsbereichen einzuordnen.

19.2 Ergonomische Perspektive

Die Idee eines Thesenkatalogs zu zukünftigen Entwicklungen der MRK stammt von Wischniewski et al. (2019). In einem Vortrag auf dem 65. Frühjahrskongress der Gesellschaft für Arbeitswissenschaft in Dresden wurden von den Autoren die folgenden sieben Thesen aus ergonomischer Perspektive formuliert:

1. Programmierung:
   Die Programmierung von MRK-Systemen ist zu vereinfachen. Es wird erläutert, dass das Anlernen der MRK-Systeme durch den jeweiligen Bediener ermöglicht werden muss. Das Qualifikationsniveau ist darauf anzupassen, um praxisgerechte Kooperations- und Kollaborationsszenarien zu realisieren. Hier werden also der Bediener und sein Qualifikationsniveau in den Fokus genommen.
2. Bedieneigenschaften:
   Es wird gefordert, dass sich Bedieneigenschaften des Roboters an das Qualifikations- und Kompetenzniveau und die Bedürfnisse der Beschäftigten anpassen müssen. Nur so sei eine breite Nutzerakzeptanz zu erreichen. Die gebrauchstaugliche Gestaltung von Interfaces sei in diesem Kontext besonders wichtig.
3. Sicherheitstechnik:
   Die Sicherheitstechnik ist zu flexibilisieren. Es ist dazu notwendig, Vorgehensweisen und Technologien einer flexiblen Sicherheitstechnik zu entwickeln, um die mit der MRK verbundene Flexibilität auszuschöpfen und gleichzeitig effiziente Prozessabläufe zu gewährleisten.
4. Fehlbare Automation:
   Es müssen Prinzipien für den Umgang mit fehlbarer Automation entwickelt werden. Unvollständige Automatisierungslösungen werden künftig häufiger die Interaktion zwischen Mensch und Roboter bestimmen. Es sind Interaktionsprinzipien zu entwickeln, die den Anforderungen einer wiederkehrend fehlbaren Automation gerecht werden und gleichzeitig adäquat auf Beschäftigte eingehen.
5. Soziale Isolation:
   Die soziale Isolation durch Zunahme von MRK-Arbeitsplätzen ist zu thematisieren. Als Auswirkung der Automatisierung durch MRK und entsprechender Schutzeinrichtungen kann eine soziale Isolation der dort Beschäftigten eintreten.
6. Ad-hoc-Aufgabenallokation:
   Es wird eine Aufgabenallokation gefordert, die spontan (ad hoc) und flexibel geschehen kann. Eine im Vorfeld geplante Zuteilung von Teilhandlungen, beispielsweise mit

Hilfe von MABA-MABA-Listen, wird damit obsolet. Dabei können nur vordefinierte Aufgaben ad hoc ausgewählt werden, eine flexible Neugestaltung von Aufgaben ist nicht vorgesehen. Der Mensch sollte die letzte Instanz für die Zuteilung von Aufgaben bleiben.
7. Erwartungskonformität:
Es ist sicherzustellen, dass die Aktionen des Roboters für den Menschen transparent und nachvollziehbar sind. Insbesondere bei zunehmender Autonomie der Automatisierung sei dies wichtig. Besonders wird die Bedeutung im Störungsfall betont.

19.3 Technisch-wirtschaftliche Perspektive

Neben der ergonomischen Perspektive, die Wechselwirkungen der Zusammenarbeit von Mensch und Maschine in den Fokus nimmt, ist, insbesondere in industriellen Anwendungen, eine technisch-wirtschaftliche Perspektive relevant, die vor allem Eigenschaften der Rationalisierung und Machbarkeit thematisiert. Wöllhaf diskutiert in Abschn. 7.3 die folgenden Aspekte:

1. Bauliche Gestaltung:
Wirtschaftlich sinnvolle Roboter sind meist groß, stark und schnell. MRK-Roboter sind dagegen oft klein, schwach und langsam. In vielen Fällen ist die Wirtschaftlichkeit daher ein großes Problem. Es sind Fälle bekannt, in denen vorhandene MRK-Roboter aus Gründen der Wirtschaftlichkeit nicht mehr genutzt werden.
2. Sicherheit:
Der Aufwand für Sicherheit ist erheblich und steht oft in keinem vernünftigen Verhältnis zum Nutzen. Die geforderten Sicherheitsmaßnahmen erschweren den Einsatz von MRK-Systemen erheblich. In anderen Lebensbereichen wird in unserer Gesellschaft weitaus mehr Risiko akzeptiert. Es stellt sich die Frage, ob MRK-Roboter tatsächlich „idiotensicher" sein müssen, insbesondere unter Berücksichtigung der Voraussetzung, dass diese immer mit eingewiesenen Personen zusammenarbeiten.
3. Konfiguration und Programmierung:
Ein MRK-System muss von den Menschen, die es nutzen, direkt konfiguriert und programmiert werden können. Bereits aus Gründen der Akzeptanz ist dieser Punkt wichtig. Bei erhöhten Flexibilitätsanforderungen kommt diesem Aspekt eine besondere Bedeutung zu, auch im Hinblick auf die strengen Anforderungen bzgl. der Betriebssicherheit.
4. KI:
Es ist eine künstliche Intelligenz erforderlich, die in vielen Fällen – trotz einiger Erfolge in Teilbereichen der KI – noch nicht existiert. Es existiert eine Lücke zwischen Anspruch und Verfügbarkeit künstlicher Intelligenz. Maschinen sind derzeit noch weit davon entfernt, intelligent und sicher mit Menschen zusammenarbeiten zu können. Erfolge in Teilbereichen der KI können nicht einfach auf andere Aufgaben übertragen werden.

Wöllhaf resümiert mit der Aussage, dass auf Grund der genannten Aspekte noch einige Jahre vergehen werden, bis MRK-Systeme für einen breiten Einsatz in industriellen Anwendungen geeignet sein werden. Mögliche Ansätze, die die ersten 3 Punkte aufgreifen, werden von Surdilovic et al. in Kap. 6 dargestellt. Dort werden Konzepte zur Optimierung der baulichen Gestaltung diskutiert, insbesondere im Hinblick auf Kraft und Reichweite kollaborationsfähiger Roboter, mit dem Ziel, die MRK auch im Schwerlastbereich verfügbar zu machen.

Kuhlenkötter und Hypki stellen in Kap. 5 die Frage, wo Teamwork mit Roboter und Mensch funktionieren kann, und fokussieren dabei sowohl auf die technische als auch die wirtschaftliche Betrachtung. Auch bei darstellbarem Nutzen erfordert jede Mensch-Roboter-Kollaborationslösung oft beträchtliche Investitionen in Planung und Ausstattung des MRK-Szenarios, die zunächst einen erhöhten Aufwand an personellen und technischen – und damit letztendlich finanziellen – Ressourcen bedeuten. Zudem birgt der erforderliche Planungs- und Realisierungsprozess Unsicherheiten, die neben den technischen Herausforderungen auch im Bereich der Akzeptanz der neuen, vielleicht erstmalig im Unternehmen eingesetzten Technologie sowie der geeigneten Umsetzung der mitbestimmungspflichtigen Themen liegen.

19.4 Psychologische Perspektive

In bisherigen MRK-Applikationen wirkt die Zusammenarbeit zwischen Mensch und Roboter erfahrungsgemäß eher künstlich; sie wird regelmäßig von Ingenieuren und Programmierern bestimmt und orientiert sich wesentlich an der fachlichen Zielsetzung der jeweiligen Applikation. Aus psychologischer Perspektive stellt sich die Frage, wie diese Zusammenarbeit zukünftig zu gestalten ist, um einer möglichst natürlichen Kollaboration zwischen Mensch und Roboter nahezukommen. In Folgenden werden dazu zwei Ansätze besprochen:

- Anthropomorphe Gestaltung der Maschine
- Integration kognitiver Modelle in die Maschine

Roesler und Onnasch führen in Kap. 11 aus, dass eine Anwendung anthropomorpher Merkmale auf das Design des Roboters geeignet ist, die Zusammenarbeit in der MRK intuitiver und effektiver zu gestalten. Als anthropomorphe Gestaltungsmerkmale werden dort genannt: Form, Kommunikation, Bewegung und Kontext. Die Idee ist dabei, dass eine Übertragung menschenähnlicher Merkmale auf Roboter eine intuitive und sozial situierte Zusammenarbeit von Mensch und Roboter fördert sowie die Akzeptanz steigert. Dabei werden auch potenzielle Spannungsfelder genannt, wie z. B. das Phänomen des Uncanny Valleys. Indem die natürliche Fähigkeit des Menschen zur Koordination mittels Antizipation genutzt wird, kommt eine intuitive Form der Kollaboration zur Anwendung. Daran ist das motorische System des menschlichen Gehirns mit spezialisierten Nervenzellen, sog.

Spiegelneuronen, beteiligt. Diese werden aktiviert, wenn Handlungen anderer Personen beobachtet oder vorgestellt werden. Dadurch gelingt es, deren Handlungen automatisiert wahrzunehmen und zu antizipieren. Es bedarf keiner bewussten, willentlichen Informationsverarbeitung. Diese kollaborationsfördernde Fähigkeit des Gehirns wird aber nur dann angesprochen und aktiv, wenn dem beobachteten oder imaginierten Handelnden eine Intentionalität attestiert wird (z. B. „der möchte eine Nuss öffnen"), ansonsten bleiben die Spiegelneuronen inaktiv. Natürlich muss die Gestaltung des technischen Systems primär auf den Zweck der industriellen Anwendung gerichtet sein. Ein Anthropomorphismus, der die Funktionalität einschränkt, ist hier nicht geeignet. Differenzierte Analysen und Nutzenabwägungen sind daher erforderlich.

Rußwinkel schlägt in Kap. 13 vor, kollaborationsrelevantes Wissen als kognitives Modell in Roboter einzubauen. Damit sollen sie befähigt werden, mit dem Menschen implizit zu kommunizieren, indem durch Beobachten Interaktionserfordernisse und Unterstützungsmöglichkeiten abgeleitet werden:

- Kognitive Modelle befähigen Roboter, sich so zu verhalten, dass der menschliche Interaktionspartner antizipiert, was der Roboter zu tun intendiert. Beispielsweise könnte ein anthropomorpher Roboter seinen Blick auf ein zu greifendes Werkstück richten und gleichzeitig erfassen, ob der Mensch seine Augen ebenfalls auf dieses Werkstück, auf den Roboter oder auf das Umfeld gerichtet hat, um daraus ein eigenes Verhalten abzuleiten.
- Damit Roboter als „dritte Hand" oder „hellsichtiges Auge" mit Menschen interagieren können, müssen sie antizipieren können, was die Erfordernisse der Situation sind, was ihr Beitrag zur Zielerreichung bei flexibler Aufgabenzuteilung sein könnte und wie das gemeinsame Handeln synchronisiert werden kann. Dazu brauchen sie ein Modell zum Verständnis der gemeinsamen Ziele, des Interaktionspartners und des Handlungsumfeldes sowie ein Weltmodell mit allgemeinen Gesetzmäßigkeiten.

Durch kognitive Modellierung werden Eigenschaften einer menschlichen Zusammenarbeit auf die Mensch-Roboter-Kollaboration übertragen: Flexible Zuordnung von Handlungsschritten und gegenseitige Ergänzung in den Rollen als Ausführender („Kontrolle übernehmend") und als aktiv Überwachender („monitoring und antizipierend"): Ein kollaborativer Roboter versteht, welche nächsten Handlungsschritte er in der aktuellen Situation vollziehen kann, um zum gemeinsamen Ziel zu gelangen. Kollaborationsfähigkeit benötigt drei Arten kognitiver Modelle:

- Situationsmodelle: Sie erklären die Bedeutung einer Situation und legt nahe, welche möglichen Ziele üblicherweise verfolgt werden. Damit können Intention und nächste Handlungsschritte einer anderen Person erschlossen werden.
- Personenmodelle: Sie beinhalten individuelle Eigenschaften und spezifische Einschränkungen sowie Emotionen des Kollaborationspartners.
- Selbstmodelle: Sie vermitteln die eigenen Motive und Ziele, Fähigkeiten, (potenzielle) Emotionen und Grenzen.

Kognitive Modelle lassen den Roboter interaktiv durch Erfahrung mit der Umgebung lernen und das Gelernte auf neuartige Situationen transferieren. Interaktives Lernen setzt voraus, dass Roboter verstehen, worauf Veränderungen zurückzuführen sind; auf eigene Handlungen oder solche eines anderen Agenten. Solche Ursachenzuschreibungen bilden die Grundlage für das Lernen von Zusammenhängen. Dadurch ermöglichen kognitive Modelle das Flexibilisieren der Aufgabenzuteilung und der Sicherheitstechnik (Roboter sind für den Menschen antizipierbar und können menschliche Handlungen vorhersehen). Das Problem fehlbarer Automation wird durch den Einsatz kognitiver Modelle zu einer Frage des optimierten Lernprozesses und des Ausmaßes an Transparenz für den menschlichen Interaktionspartner, der jederzeit die Kontrolle über Entscheidung und Handlungsausführung innehat.

19.5 Arbeitswissenschaftliche Perspektive

Häusler und Sträter stellen in Kap. 4 die Mensch-Roboter-Kollaboration aus arbeitswissenschaftlicher Sicht als ein System dar, in dem der Mensch mit einem mehr oder weniger autonom arbeitenden technischen System interagiert, und bezeichnen diese Zusammenarbeit als ein Problem der Mensch-Automatik-Wechselwirkung. Erfahrungen betreffend das Phänomen und die Anforderungen an die Interaktion zwischen Roboter und Mensch sind aus anderen technischen Bereichen bekannt und erforscht, insbesondere im Bereich der Automation des Fliegens und im Bereich der Prozessindustrie. Erkenntnisse aus diesen Bereichen können wertvolle Impulse bei der Gestaltung der MRK liefern.

Ein Grundproblem bei der Nutzung technischer Hilfsmittel – insbesondere der Automation – zur Gestaltung hochsicherer Arbeitsumgebungen liegt darin, dass dadurch die Anwesenheit menschlicher Bediener nahezu überflüssig wird. Insbesondere aus Gründen der sozialen Akzeptanz wird jedoch vorerst davon abgesehen, den Menschen ganz aus dem System zu entfernen. Durch die hohe Zuverlässigkeit der Technik sind allerdings kaum noch Bedienereingriffe erforderlich.

Auf der Ebene des menschlichen Verhaltens wird versucht, Zuverlässigkeit und Sicherheit durch organisatorische Massnahmen wie Procedures und Vorschriften zu erreichen. In Kernkraftwerken lernen Operateure über die aufgabenspezifischen Procedures hinaus Fehlervermeidungstechniken, die ein ungewolltes Abweichen von Verfahren aufdecken und letztlich verhindern sollen. Dennoch kommt es in Kernkraftwerksleitständen zu meldepflichtigen Vorkommnissen aufgrund von Operateur-Fehlern, beispielsweise weil auf der falschen Seite der Procedure abgelesen oder die falsche Pumpe ausgeschaltet wird. Mehrere, gleichzeitig angewendete Fehlervermeidungstechniken können selbst zu einer Quelle der Ablenkung werden. Solche Vorfälle weisen darauf hin, dass den Operateuren trotz oder gerade wegen der Fülle an Vorgaben offenbar teilweise das Bewusstsein abhanden kommt, was sie gerade tun bzw. tun sollten und welche Konsequenzen ihre Handlungen haben können.

Durch die fortschreitende Automatisierung werden menschliche Fertigkeiten während der täglichen Arbeit selten gebraucht und wenig trainiert. In der Folge sind Operateure wie Piloten ohne Zusatztraining nicht mehr optimal darauf vorbereitet, einen Notfall zu managen. Zu welchen paradoxen Nebenwirkungen ein top-down orchestrierter Ansatz einer technikorientierten Sicherheitsarchitektur führen kann, zeigt das folgende Fallbeispiel aus der Luftfahrt.

> **Beispiel**
>
> Flug AF 447 war ein Linienflug der Air France von Rio de Janeiro nach Paris, der in der Nacht zum 1. Juni 2009 über dem Atlantik abstürzte. Alle 228 Insassen verloren ihr Leben. Es handelt sich um das bisher schwerste Unglück in der Geschichte der Air France und in Bezug auf das Airbus-Flugzeugmuster A330 (Final Report AF447 July 2012). Der Absturz der AF447 kann in vielen Aspekten als Anschauungsbeispiel für tieferliegende Probleme der Sicherheitskultur in technisch hochsicheren Systemen verwendet werden. Er zeigt auf, dass sich Menschen in Systemen, die nahezu komplett sicher sind, aufgrund der erfolgreichen Lernhistorie („es ist nie etwas passiert") teilweise nicht erwehren können, unbewusst den Respekt vor Risiken und kritischen Ereignissen zu verlieren. Unter normalen Umständen ist die Rolle des Menschen im stark automatisierten Arbeitsumfeld die des redundanten Systemüberwachers. So ist er während langer Arbeitsschichten meist damit beschäftigt, eine (fast ausnahmslos) fehlerfrei funktionierende Technik zu überwachen. Doch so einfach diese Aufgabe klingen mag, sie stellt an den Menschen Anforderungen, die er nicht erfüllen kann. Zum einen ist er physiologisch nicht in der Lage, permanente und dauerhafte Aufmerksamkeit aufzubringen, zum anderen bewirkt die physische Inaktivität Monotonie und Unausgelastetheit. Es resultiert ein Zustand mangelnder Aktivierung bei gleichzeitiger Überforderung der Aufmerksamkeitskapazität und Ermüdung des Wahrnehmungsapparates. Die dem Menschen zugeteilten Aufgaben erlauben es ihm nicht, mental und körperlich genügend aktiv in den Arbeitsprozess eingebunden zu sein, um geistig präsent und aufmerksam zu sein. Sind Handlungsschritte auszuführen, so hat sich der Bediener – sofern zielführend – strikt an die Verfahren zu halten.
>
> Bei Flug AF447 ist ein voll funktionsfähiger Airbus A330 viereinhalb Stunden nach dem Start innerhalb von weniger als fünf Minuten aus einer Flughöhe von 38.000 Fuß abgestürzt. Ausgelöst hat dieses Unglück ein kurzfristiges Einfrieren der Pitotrohre zur Geschwindigkeitsmessung und ein damit verbundener Verlust von Anzeigen, denen ein Ausfall der Automation folgte. Mit ihren Reaktionen haben die Piloten die Kontrolle über die Situation verloren: Eine Mischung aus unangemessenem Sidestick-Input (übertriebene Roll-Bewegung und insbesondere zu hohe Pitch), das Fehlen eines Procedures für das vorliegende Problem, das Befolgen eines falschen Procedures („unreliable air speed procedure for low altitude") sowie die stressbedingte Unfähigkeit, die Folgen des Handelns adäquat einzuschätzen (Langewiesche 2014).
>
> Was hat den beteiligten Piloten Schwierigkeiten bereitet, ihr Können anzuwenden? Die Erfahrung, dass die Technik nahezu lückenlos mit hoher Zuverlässigkeit funktioniert,

macht es für lernfähige Organismen schwierig, *alert* zu sein – d. h. in einer Alarmbereitschaft maximal aufmerksam zu bleiben und mit dem Schlimmsten zu rechnen. Vielmehr fördert diese Erfahrung Nachlässigkeit – Dauerüberwachung der Automation scheint über weite Strecken überflüssig.

Auf Flug AF447 nahmen zwei der drei Piloten – wie in der Branche üblich – ihre Partnerinnen auf Rotation mit und blieben lange im Ausgang. Der Captain hatte vor dem Einsatz nur eine Stunde geschlafen, was gegen die Vorschrift verstößt (Langewiesche 2014). Offenbar verspürte er eine Gewissheit, seinen Aufgaben auch unausgeruht gerecht werden zu können. Um die durch Untätigkeit im Reiseflug entstehende Langeweile im Cockpit zu bekämpfen, hörte der Captain Musik über Kopfhörer.[1] Die Aufforderung des Captains, sich die Musik ebenfalls anzuhören, wies der Copilot als Pilot Flying nicht zurück, sondern ließ sich den Kopfhörer sogar aufsetzen. Er kommentierte die Musik, statt den Captain darauf hinzuweisen, dass für ihn als Pilot Flying diese Ablenkung unerwünscht sei.

Ein weiteres Beispiel der Sorglosigkeit und der damit einhergehenden Beschäftigungen zeigte sich, als ein Flight Attendant nach vorne ins Cockpit kam und die Piloten bat, die hinteren Gepäckablagefächer zu kühlen, da dort ein privater Einkauf mit verderblichen Lebensmitteln gelagert sei. Umgehend senkte der Pilot Flying die Temperatur. Kurze Zeit später rief ein anderer Flight Attendant von hinten im Cockpit an und meldete, die Passagiere würden frieren (Langewiesche 2014).

Der unerfahrenste Copilot war für diesen Flug als Pilot Flying eingeteilt. In der Vorbereitung auf operationelle Schwierigkeiten wollte er die prognostizierten tropischen Stürme durch Steigen auf die maximale Flughöhe umgehen, weil er glaubte, auf diese Weise über die Wolkenoberdecke zu gelangen. Seine Idee wurde vom Captain und später auch vom zweiten Copiloten nicht unterstützt. Seine Manöver nach dem Ausfall der Flugdatenanzeige und der Automation deuten jedoch darauf hin, dass er um jeden Preis steigen wollte. Durch zu starkes Ziehen am Sidestick provozierte er den Strömungsabriss. Die unangemessenen Sidestick-Inputs des Pilot Flying rührten zum einen von seiner Anspannung her, zum anderen befand sich das Flugzeug in einem *down-graded mode* namens *alternate Law*, bei dem die sonst wirksame Stall Protection nicht mehr greift und sich die Charakteristik der Roll Control verändert.

Beim Flugunfall AF447 zeigen sich die allgemein leistungsmindernden Auswirkungen automatisierter Systeme auf den Menschen – das Aushöhlen der Fertigkeiten durch Nichtgebrauch und das Einlullen des Risikobewusstseins durch ein sehr hohes

---

[1] Gehört wurde Musik einer Opernsängerin, die den *Captain* auf diesem Flug begleitete.

Sicherheitsniveau. Über diese Problematik hinaus hatte ein spezifischer technischer Aspekt fatale Auswirkungen, indem er den Pilot Flying fehlgeleitet hat.

Der Stall-Warning-Alarm, der vor einem zu steilem Anströmwinkel warnt, hat widersprüchliche Signale gegeben und dadruch den Pilot Flying verwirrt (Final Report AF447 July 2012). Jedesmal, wenn der Pilot korrekterweise die viel zu steil aufgerichtete Nase des Flugzeuges senkte, hat der Alarm aufs Neue eingesetzt. Dieser Widerspruch hat den Piloten verwirrt, weil es ihm den Eindruck vermittelte, er müsse doch die Nase nach oben ziehen, um einem Strömungsabriss entgegenzuwirken. Ein fataler Fehler, denn das erforderliche Verhalten, um aus einem Strömungsabriss herauszukommen, wäre genau das Gegenteil, ein Abtauchen. Der Fehler war hier ein zu enger Reliabilitätsbereich bei der Überziehwarnung.[2] Dieser konnte entstehen, weil Einzelkomponenten nicht in das Gesamtsystem und in den operationellen Kontext eingepasst sind. Dies zu bewerkstelligen ist schwierig, weil das Gesamtsystem unüberschaubar komplex ist und mit jeder Komponente noch komplexer wird.

Darüber hinaus verleiteten die von der Organisation vorgegebenen operationellen Bedingungen zu pragmatischen Entscheidungen: Die vom Dispatch vorgesehene Betankungsmenge entspricht dem strikten Minimum und reicht nur knapp bis Paris. Am Flight Management Computer wurde daher zunächst Bordeaux als Flugziel eingegeben, damit der Rechner die Daten überhaupt akzeptiert. Entsprechend muss Treibstoff gespart werden, um nicht zwischenlanden und tanken zu müssen. Vor diesem Hintergrund entschied der Captain, zunächst auf die Turbulenzen zuzufliegen und ihnen – wenn nötig – lokal auszuweichen. Trotz der abzusehenden Probleme beschloß er, wie gewohnt in seine Schlafpause zu gehen, noch bevor die Unwetterzone erreicht war. Er ist erst wieder im Cockpit erschienen, nachdem die beiden Copiloten komplett die Kontrolle über das Flugzeug verloren hatten und ratlos waren, was bei gleichzeitiger Stall Warning und Ground Proximity Warning verständlich ist. Zuvor hatten sie während eineinhalb Minuten verzweifelt und vergeblich versucht, den Captain ins Cockpit zu rufen.

Wie vorgeschrieben, zog der Pilot Monitoring nach Auftreten der technischen Probleme das Assistenzsystem – die elektronische Checkliste (ECAM) – zur Fehlerdiagnose und -behebung heran. Sie beinhaltete für das vorliegende Problem aber nicht nur relevante Informationen. Es ist davon auszugehen, dass die beiden Copiloten trotz Überziehwarnung und Buffet-Anzeichen bis zum Schluss nicht verstanden haben, dass

---

[2] Der *Stall Warning*-Alarm warnt vor Überziehen und Strömungsabriss, z. B. wenn die Nase des Flugzeugs und damit der *Angle of Attack* (Anströmwinkel) zu hoch ist. Liegt der Winkel allerdings deutlich zu hoch, so wird der *Stall-Warning*-Alarm ausgesetzt. Der Gedanke des Entwicklers dahinter war, dass unrealistisch hohe Werte als falsche Daten *(Unreliable Data)* behandelt werden und ein Alarm deshalb unberechtigt ist und ausbleibt. Durch die Korrekturen des *Pilot Flying* (Senken der Nase, um einem Strömungsabriss wegen Überziehens entgegenzuwirken) wurde der extrem hohe Anströmwinkel reduziert und lag wieder im reliablen Bereich, so dass eine *Stall Warning* ausgelöst wurde.

sie in einem Zustand des Strömungsabrisses waren. Und da beim Airbus-Flugzeugdesign – anders als bei Boeing – die beiden Sidesticks nicht miteinander verbunden sind, war es für den Pilot Monitoring nicht direkt spürbar, dass der Pilot Flying die Flugzeugnase fälschlicherweise immer weiter nach oben gezogen hat.

Flugunfälle wie AF447 sind das Ergebnis technikorientierter Systemgestaltung und zeigen Probleme aufgrund von Deskilling und der Unfähigkeit zu lückenloser Supervisory Control auf. Menschen sind nicht fähig, lückenlos und dauerhaft eine abstrakte Vorstellung des Flightpaths des Flugzeuges und seines momentanen Zustands und Verhaltens (Power, Performance der Triebwerke, Attitude, Altitude) zu haben. Geraten Piloten unter hohen Stress, werden sie auf ihr Routinerepertoir zurückgeworfen. Dieses umfasst, aufgrund der im Berufsalltag selten erforderlichen Eingriffe, nicht immer die nötigen Fertigkeiten, um einen unerwarteten Notfall erfolgreich zu managen – es sei denn, sie verfügen dank anderweitiger Erfahrungen über nützliche Fertigkeiten.

Ein Beispiel hierfür ist die Notlandung von Captain Sullenberger auf dem Hudson River. Chesley B. „Sully" Sullenberger ist ein US-amerikanischer Pilot mit über 20.000 Flugstunden in Airlines sowie Erfahrungen als Airforce Fighter Pilot und aktiver Segelflieger. Er führte 2009 kurz nach dem Start erfolgreich eine Notwasserung mit einem Airbus A320-214 auf US-Airways-Flug 1549 (AWE 1549) durch. AWE 1549 war ein Inlandsflug, der am 15. Januar 2009 vom Flughafen LaGuardia (New York City) nach Seattle/Tacoma im US-Bundesstaat Washington mit geplanter Zwischenlandung auf dem Flughafen Charlotte in North Carolina startete. Etwa drei Minuten nach dem Abheben – das Flugzeug war im Steigflug und hatte eine Flughöhe von etwa 1.000 m erreicht – bewirkte ein Vogelschlag, dass beide Triebwerke ausfielen. Das Flugzeug flog ohne Antrieb im Gleitflug weiter. Dem Piloten gelang weitere drei Minuten später eine spektakuläre Notwasserung auf dem Hudson River zwischen New York und Weehawken, New Jersey. Alle 155 Menschen an Bord überlebten (Accident Report NTSB/ AAR-10/03 2010).

Sullenberger berichtete später in einem Interview, dass die physiologischen Stressreaktionen gewaltig gewesen seien (Übelkeit, Brechreiz etc.) und er sich zwingen musste, diese zu überwinden und sich zu beruhigen. Dann aber sei ihm rasch klar geworden, dass es nur eine Möglichkeit geben würde. Der Rest sei eigentlich nicht schwierig gewesen. Es hätte „nur" Konzentration erfordert (CRE211 Ziviler Luftverkehr 2016).

Das Beispiel von Flugunfall AF447 zeigt, dass Menschen gerade in hochsicheren Systemen sorglos und unterbeschäftigt sein können, was sie zu einem Risikofaktor macht. Sie begehen „dumme" Fehler, mit denen niemand gerechnet hat, weil erwartet wird, dass Piloten „das wissen und können müssten". Sie zeigen, dass der Weg, wie in hochsicheren Arbeitssystemen menschliche Fehler durch Technik und Design eliminiert werden sollen, in eine Sackgasse führt. Wie lässt sich diese Problematik in der Gestaltung der Mensch-Roboter-Kollaboration lösen? Wird der Mensch seine Möglichkeiten zur Ausübung einer breiten Palette von Fertigkeiten im Arbeitsalltag nutzen, wenn er die Wahl hat, Handgriffe selbst vorzunehmen oder diese dem Roboter zu überlassen? Wird er dem Roboter den Vorzug geben, wenn er feststellt, dass dieser die Arbeitsschritte schnell(er) und zuverlässig(er) verrichtet? Unter welchen Umständen lohnt sich für ihn der zusätzliche Aufwand für die Koordination mit dem Roboter? Wie muss das Arbeitsumfeld gestaltet sein und welche Kultur braucht es, damit Operateure ihren Handlungsspielraum zugunsten des Aufbaus und Erhalts ihrer Kompetenzen nutzen, auch wenn dies bedeutet, Fehler zu machen und daraus zu lernen?

Drei Dinge könnten aus arbeitswissenschaftlicher Sicht durch gezielte MRK-Gestaltung besser gelöst werden als in herkömmlichen, technisch hochsicheren Systemen:

- Deskilling:
  Die Piloten von AF447 haben hochgerechnet pro Jahr, das sie auf Langstrecke mit dem Flugzeugmuster A330 geflogen sind, total durchschnittlich vier Stunden Erfahrung mit Sidestick-Operation gesammelt. Die restliche Zeit haben sie zugeschaut, wie die Maschine gearbeitet hat. Es braucht in der MRK-Gestaltung eine kompetenzfokussierte Arbeitsgestaltung. Die technischen Möglichkeiten sollten eine individualisierte Lösung ermöglichen, die es erlaubt, dem aktuellen Fertigkeitsniveau entsprechende Aufgaben dem Menschen zuzuteilen.
- Sorglosigkeit:
  Funktioniert normalerweise alles zuverlässig, so signalisiert dies dem Operator, dass seine Anstrengungen – das permanente Überwachen und Kontrollieren z. B. durch eigene Überschlagsrechnungen – unnötig sind. Menschen sind eine schlechte Redundanz, da die Motivation für scheinbar überflüssige Handlungen sinkt. Und wenn man sowieso nicht nonstop aufpassen kann, kann man einen Teil der Zeit mit angenehmen Dingen ausfüllen. Ideal wäre folglich, wenn die MRK-Gestaltung die Rollen wechseln könnte: Der Mensch ist primär agierend, wo sich das zielführend realisieren lässt, und die Maschine überwacht, warnt bzw. interveniert, wo nötig. Dies wäre auch der Deskilling-Gegensteuerung zuträglich.
- Inaktivität:
  Als überwachender Operator, der im Ernstfall die kritische Situation verstehen und die Probleme lösen können muss, ist man im alltäglichen Job nicht ausgefüllt, zu wenig gefordert und in seinen Aufmerksamkeits- und Wahrnehmungsmöglichkeiten bei der Überwachung der Technik überfordert. Dies führt dazu, dass man sich z. B. als Pilot auf andere Dinge wie attraktive Destination mit viel Freizeit, Hotel, Vergnügungen, Fringe Benefits wie Einkaufen günstiger Waren etc. freut. Beim Flug vertreibt man sich die Zeit des inaktiven Zuschauens und langen Wartens mit Zeitunglesen und anderem. Eine aktive Einbindung in die Aufgabenabwicklung ist zentral, um handlungsbereit zu sein.

Eine wichtige Voraussetzung für die Realisierung von Kompetenzerhalt, Eigenverantwortung und aktives Eingebundensein liegt darin, die Komplexität von Systemen zu managen. Dies erfordert eine Reihe von Lösungsansätzen zu Fragen, die hier exemplarisch gestellt werden: Wie können Arbeitsprozesse, die Bedienung der technischen Hilfsmittel bzw. des technischen „Arbeitspartners" und die Kopplung von Systemelementen sinnvoll vereinfacht werden, damit die Zusammenhänge und Auswirkungen für den Operator erkennbar bleiben? Wie können Puffer eingebaut werden, die ein Anhalten des Arbeitsprozesses ohne negative Konsequenzen erlauben? Operateure sollen Fehler machen können, die sich ohne gravierende Konsequenzen beheben lassen. Wie kann der Roboter auf den Menschen reagieren, wenn dieser Fehlmanipulationen vornimmt? Und wie können sich die beiden im Hinblick auf Pläne und ausgeführte Handlungsschritte abgleichen? Die großen Flugzeugentwickler steuern mit ihren Experimenten in Richtung Einmann-Cockpit (Reduced Crew) mit einer Pilot-Flugroboter-Kollaboration. Die Lösungsansätze sollten die oben genannten drei Fehlerbereiche besser berücksichtigen und nicht einfach mit mehr Technik den Menschen ablösen und die Komplexität weiter erhöhen.

Ob Ansätze der MRK Arbeitssysteme redundanter und resilienter machen, so dass unerwartete Ereignisse erfolgreich bewältigt werden können, hängt massgeblich davon ab, wie gut es gelingt, den Menschen in seiner Rolle im System zu stärken. Zentrale Fragen sind dabei: Welche Fähigkeiten und Fertigkeiten müssen beim Arbeitenden erhalten bleiben und wie können diese möglichst bei der Ausführung der Arbeitstätigkeiten im Alltag und nicht nur in zusätzlichen Trainings aufgebaut und erhalten werden? Wie können Errungenschaften der Digitalisierung, Datenerfassung und automatisierten Datenauswertung für eine differenzierte, handlungswirksame Rückmeldung aus der Arbeitstätigkeit (Knowledge of Result) genutzt werden, um adäquates Entscheiden und Handeln des Operateurs sowie das Lernen zu verbessern? Und wie kann das Training individualisiert werden, damit effektives und umfassendes Lernen stattfindet?

Mittel- und langfristig ist für den wirtschaftlichen Erfolg von MRK-Anwendungen die Berücksichtigung der obigen Anliegen für eine menschenzentrierte Betrachtungsweise entscheidend. Insgesamt kann aus den Erfahrungen aus der Luftfahrt und der Kerntechnik resümiert werden, dass gerade für das Thema Mensch-Roboter-Kollaboration ein menschenzentrierter Ansatz gewählt werden muss, damit die Sicherheit und Produktivität des Systems gewährleistet sind. MRK bietet technische Optionen, um den Menschen seinen Fähigkeiten entsprechend einzusetzen und wichtige Fertigkeiten zu erhalten.

19.6 Ethische Perspektive

Die ethische Perspektive liefert die Grundlage für die Bewertung technisch bedingter Veränderungen unserer Lebenswelt. In diesem Kontext steht die Entwicklung von Szenarien der MRK und deren ethische Bewertung im Vordergrund. Es geht dabei nach Remmers um den Umfang von Sicherheitsmaßnahmen, um rechtliche Aspekte und nicht zuletzt um die Frage, welche Arten von Tätigkeiten für den Menschen übrig bleiben und wie sich menschliche Fähigkeiten und Belastungen in diesen Konstellationen verändern (vgl. Kap. 4). Es ist zu betrachten, wie Interaktionen zwischen Mensch und Roboter ablaufen, wer dabei welche Rolle übernimmt und ob diese Interaktionen für den Menschen komfortabel und intuitiv ablaufen. Es gibt aber auch einen Aspekt der Maschinenethik, den die Three Laws of Robotics von Asimov (vgl. Abschn. 2.2) feiner granulieren und dabei das moralische Verhalten von Maschinen in den Blick nehmen.

Bendel (2019) spricht von moralischen Maschinen und beschreibt den Unterschied zwischen normalen Maschinen und Maschinen, denen eine Form der Moral gegeben wurde. Die Aufgabe der Maschinenethik sei, moralische oder unmoralische Maschinen zu erschaffen, um sie zu erforschen, zu verbessern und irgendwann in die Welt zu entlassen, wo sie Nutzen stiften oder Unheil anrichten können. Er spricht dabei vom Moralisieren der Maschinen, die eine grundlegende Veränderung im Verhalten der Maschine bewirkt.

Der Unterschied zwischen normalen und moralischen Maschinen kann idealerweise an einfachen und plakativen Beispielen dargestellt werden: So ist ein Staubsaugerroboter, der alles einsaugt, was in seinem Weg liegt, etwas ganz anderes als ein Staubsaugerroboter wie LADYBIRD, der Marienkäfer verschont, weil er eine entsprechende moralische Regel erhalten hat (Bendel 2017). Der Grund, warum Maschinen zu moralisieren sind, liegt in der Autonomie. Nicht autonome, einfache Automaten benötigen in der Regel keine Moral oder können diese schlicht nicht umsetzen. 3D-Drucker ließen sich moralisieren, wenn ihnen beigebracht werden könnte, bestimmte Dinge nicht auszudrucken, z. B. Waffen. Allerdings scheitert eine solche Moralisierung an der Tatsache, dass 3D-Drucker lediglich eine lange Kette aneinandergereihter Bewegungsbefehle eines Bauprogramms abarbeiten. Ein Bild des Gegenstands, den er gerade herstellt, hat ein 3D-Drucker normalerweise nicht. Eine Moralisierung scheitert hier also quasi an der beschränkten Intelligenz des Automaten, der zwar den Bewegungsbefehlen schnell und genau folgen kann, jedoch nicht in der Lage ist, diese Bewegungsfolgen in ihrer Gesamtheit zu interpretieren und zu dieser Interpretation einen moralischen Standpunkt einzunehmen. Dazu braucht es neben künstlicher Intelligenz, die einer Objektbeschreibung ohne die rein prozedurale Beschreibung der Bewegungen folgen kann, vor allem Autonomie. Die Grenze zur Moralisierungsfähigkeit ist allerdings fließend, bereits teilautonome Sprachbot-Systeme wie Siri oder Alexa besitzen eine Art von Moral, die den Anwendernutzen generiert, z. B. Korrektheit oder Ehrlichkeit. Diese Systeme können daher zu Lügenbots moralisiert werden. Die Moralisierung, und damit die Festlegung moralischer Werte, ist eine Aufgabe der Maschinenethik.

Die Maschinenethik stellt dabei eine Simulation der menschlichen Moral dar, die zunächst in einer einfachen Form, z. B. regelbasiert, implementiert werden kann. Simulationen basieren immer auf Modellen, und diese bilden naturgemäß nicht sämtliche Aspekte des zu modellierenden Zusammenhangs ab, sondern stellen immer einen Kompromiss zwischen Modellgenauigkeit und Modellierungsaufwand dar. Regeln der menschlichen Moral sind zudem nirgendwo normiert, sondern durchaus unterschiedlich ausgeprägt, z. B. nach Kulturkreis oder auch in der individuellen Sichtweise einzelner Individuen. Für eine Implementierung maschineller Moral müssen also zunächst moralische Standards zugrunde gelegt werden. Diese sind in Anwendungen der MRK, vor allem im industriellen Umfeld, sicherlich anders zu formulieren als für LADYBIRD oder für kollaborierende Maschinen in Anwendungen der Pflege. Aber selbst, wenn diese Standards verfügbar wären, was sie derzeit faktisch nicht sind, stellt sich die Frage, wie diese Standards in Steuerungs- und Softwaresystemen implementiert werden können.

Bendel schlägt vor, mit den Begriffen Moral (Maschinenethik) und Intelligenz (KI) in Struktur und Methodik der jeweils zugeordneten Wissenschaftsbereiche ähnlich umzugehen (Abb. 19.1) und sieht einen Zusammenhang von Intelligenz, Moral und Sprache. Intelligenz und Moral sind zwei verschiedene Sichten auf das gleiche Phänomen.

Was hat das jetzt alles mit Robotik und MRK zu tun? Nun, die Robotik ist durch die systemimmanente Körperlichkeit und die mannigfaltigen Autonomiebestrebungen hervorragend geeignet, die Evolution der künstlichen Intelligenz voranzutreiben. Körperlichkeit und Autonomie bringen den Roboter dem Menschen näher. Kersten (2015) sieht Roboter dabei sogar als parasitäre Elemente, die sich den menschlichen Status zu eigen machen. Für die Prothetik oder auch für Implantate wirft er die Frage auf, ob die Maschinen die Menschen beherrschen. In jedem Fall wird die Mensch-Maschine-Interaktion in einem solchen Fall zu einer gelebten Selbstverständlichkeit, die den Betrachtungsstatus auf die Maschine grundlegend verändert. Die Maschine verliert in gewisser Weise ihre ontologische Eigenschaft, ein „Ding" zu sein; sie wird auf Grund des Persönlichkeitsrechts ihres Trägers als Teil der Persönlichkeit geschützt. Maschinen werden zu Körperteilen und erfahren damit den Schutzanspruch, den auch der Träger erfährt.

Die Frage, ob man diese Gedanken auf die MRK übertragen kann, erscheint zunächst provokant, da dort eine direkte Körperlichkeit, Nähe und Abhängigkeit, im Sinne z. B. einer medizinisch gebotenen Prothetik, nicht vorliegt. Kersten (2016) zieht jedoch auch das Verhältnis zwischen Mensch und Maschine in Betracht und argumentiert, dass Maschinen, die im Verhältnis zum Menschen zunehmend intelligenter und autonomer handeln, sich

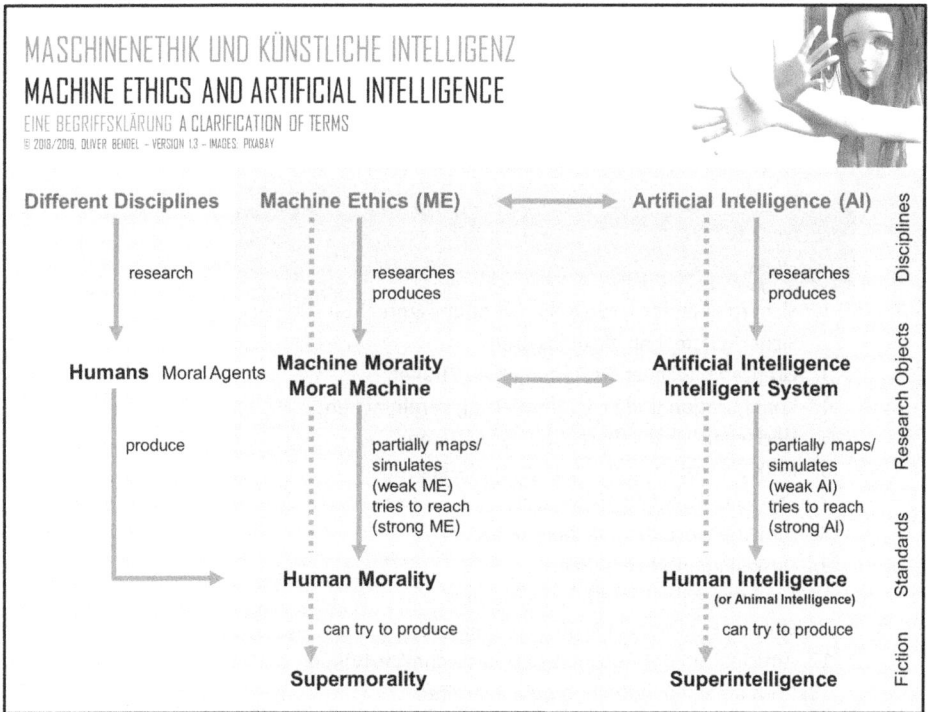

Abb. 19.1 Das Verhältnis von Maschinenethik und Künstlicher Intelligenz. (Quelle: http://maschinenethik.net/?page_id=115)

von ihrer ontologischen Eigenschaft, ein „Ding" zu sein, emanzipieren und zugleich unser Verständnis von Intersubjektivität provozieren, das wir traditionell für zwischenmenschliche Beziehungen reservieren. Erlaubt man sich also die gedankliche Übertragung auf die MRK, so könnte der Kollege Roboter durchaus irgendwann als schützenswertes Individuum wahrgenommen werden, das die Eigenschaft verliert ein „Ding" zu sein. Dabei stellt sich auch die Frage, ob eine moralische Maschine darauf hinwirken darf, als schützenswertes Individuum wahrgenommen zu werden.

19.7 Ladenburger Thesen zur MRK

Ein Thesensatz über die genannten Perspektiven Ergonomie, Technik, Wirtschaftlichkeit, Psychologie, Arbeitswissenschaft und Ethik erscheint sinnvoll und machbar. Dabei gibt es in den Perspektiven auch Überschneidungen, die zu einem reduzierten, gemeinsamen Thesensatz führen. Ziel ist es, einen Wegweiser für die Forschungen zur MRK in den nächsten Jahren zu erstellen. Dieser sollte nicht zu eng gefasst sein, daher ist eine Aufweitung auf Wissenschaftsbereiche jenseits der Ergonomie wichtig und erforderlich. Eine Zusammenfassung durch den Herausgeber sollte redaktionell, aber auch inhaltlich erfolgen, damit das entstehende Thesenpapier übersichtlich und allgemeingültig bleibt. Allen Beteiligten ist klar, dass hier keine endgültige oder abschließende Thesensammlung entstehen wird. Abb. 19.2 zeigt die im Weiteren vorgestellte Thesensammlung, im Sinne einer Momentaufnahme. Die Sammlung ist jederzeit für Ergänzungen offen.

Im Folgenden werden die 13 Thesen zur zukünftigen Gestaltung der Mensch-Roboter-Kollaboration im Detail vorgestellt.

Thesen zur zukünftigen Gestaltung der Mensch-Roboter-Kollaboration

1. Sicherheitsanforderungen anwendungsgerecht festlegen
2. Sicherheitstechnik flexibilisieren
3. Grenzen baulicher Gestaltung hinterfragen
4. Konfiguration und Programmierung vereinfachen
5. Wirtschaftlichkeitsberechnung anpassen
6. MRK als soziotechnisches System begreifen
7. Ethische Fragen beantworten
8. Aufgabenverteilung flexibilisieren
9. Deskilling entgegenwirken
10. Erwartungskonformität sicherstellen
11. Höhere Funktionalität über KI realisieren
12. Antizipation der Automatisierungstechnik erhöhen
13. MRK als Schlüsseltechnologie begreifen

Abb. 19.2 Ladenburger Thesen zur zukünftigen Gestaltung der Mensch-Roboter-Kollaboration

19.7.1 These 1: Sicherheitsanforderungen anwendungsgerecht festlegen

Die Sicherheitsanforderungen an industriell eingesetzte MRK-Systeme erscheinen generell hoch und ohne Differenzierung für jeweilige Applikationen. Die Beschränkung der Verfahrgeschwindigkeit der Roboter in Kollaborationsszenarien ist ein probater Ansatz, um das Verletzungsrisiko zu reduzieren. Konkrete Vorgaben für die Geschwindigkeitswerte sollten für die jeweilige Anwendung festgelegt und überprüft werden. In einer Gesellschaft, in der z. B. ein Sicherheitsabstand von weniger als einem Meter zu einem einfahrenden oder in hoher Geschwindigkeit durchfahrenden Zug in hoch frequentierten Bahnhöfen mit gemischtem, in der Regel abgelenktem Publikum akzeptiert ist, wirkt die derzeitige Beschränkung auf 250 mm/sec in MRK-Anwendungen mit eingewiesenem Personal unverhältnismässig. Die damit einhergehende Begrenzung der Produktivität stellt neue Anwendungen der MRK wirtschaftlich in Frage. Außerdem zeigt die Praxis, dass für Mitarbeiter die langsam laufenden Roboter ein Ärgernis sind. Selbstverständlich ist eine Gefährdung der Beschäftigten in jedem Falle auszuschließen, doch mit geeigneteren Mitteln.

Im Bereich des Gesundheitswesens sind weniger stringente Sicherheitsanforderungen üblich, vgl. Kap. 9. Hier wird offensichtlich mit zweierlei Maß gemessen. Divergente Sicherheitsanforderungen sollten mindestens vereinheitlicht werden.

19.7.2 These 2: Sicherheitstechnik flexibilisieren

Die Flexibilisierung der Sicherheitstechnik wird in Abschn. 19.2 aus ergonomischer Perspektive gefordert und es wird argumentiert, dass die erhöhte, mit der MRK einhergehende Flexibilität auszuschöpfen sei. Der Flexibilitätsbegriff muss dabei neu definiert werden, vgl. Abschn. 2.5.3. Flexible Sicherheitstechnik wird in hohem Maße durch Kommunikation der Einzelsysteme erreicht, daher werden insbesondere IoT-Lösungen in der Zukunft hier eine wesentliche Rolle spielen, vgl. Kap. 14. Gleichzeitig sollen effiziente Prozessabläufe gewährleistet werden.

Hierzu sind neue Sicherheitskonzepte erforderlich, die mit den steigenden Anforderungen flexibler MRK Schritt halten können.[3] Gleichzeitig ist konventionelle Sicherheitstechnik entsprechend weiterzuentwickeln. Auch hier gilt natürlich der Satz: Eine Gefährdung der Beschäftigten ist in jedem Falle auszuschließen.

---

[3] Hier sei exemplarisch auf die Technologie von Sense And Avoid (SAA) in der Luftfahrt verwiesen, die es Drohnen erlauben soll, dank sicherheitstechnischer Maßnahmen zur Reduktion des Kollisionsrisikos in dichtem Verkehr, in Gebäuden und letztlich in Gegenwart von Menschen zu fliegen. Das Funktionsprinzip dahinter ist: Sensoren tasten ab und erkennen und die Automatik weicht aus. Hier gibt es den Aspekt der Collaborative Avoidance zwischen Drohnen, die zusammenarbeiten (vgl. https://www.sesarju.eu/projects/percevite).

19.7.3 These 3: Grenzen baulicher Gestaltung hinterfragen

Wöllhaf argumentiert in Abschn. 7.3, dass Roboter in der industriellen Produktion idealerweise über hohe Kraftreserven verfügen, schnell sind und eine große Reichweite besitzen. Er begründet dies im Wesentlichen mit der Wirtschaftlichkeit und argumentiert, dass es eine Reihe von Cobots gäbe, die auf Grund mangelhafter Wirtschaftlichkeit bereits nicht mehr im Einsatz seien. Aktuelle MRK-fähige Roboter führender Hersteller sind tatsächlich mehrheitlich klein, langsam und können nur geringe Lasten bewegen. Bei der baulichen Gestaltung zukünftiger Cobots sollten diese Aspekte in den Blick genommen werden, um eine bessere Wirtschaftlichkeit zu erreichen. Surdilovic et al. diskutieren in Kap. 6 Konzepte für Schwerlastrobotik und zeigen dort Ansätze zur Optimierung der baulichen Gestaltung im Hinblick auf Kraft und Reichweite kollaborationsfähiger Roboter. Solche Wege sind für eine erfolgreiche Entwicklung in der MRK weiter zu verfolgen.

Zur Verbesserung der Akzeptanz werden zunehmend anthropomorphe Gestaltungen gefordert. Wie Roesler und Onnasch in Kap. 11 zeigen, bilden sich im Zuge von vermenschlichten Interaktionen neue Herausforderungen, wenn eine anthropomorphe Gestaltung, im Sinne von Form, Kommunikation, Bewegung und Kontext, die Akzeptanz und Kooperation fördern kann. Neben dem Phänomen des Uncanny Valleys und der Problematik des erwartungskonformen Designs, erzeugt vor allem das Spannungsfeld zwischen tatsächlicher Funktionalität und den durch Anthropomorphismus geweckten Erwartungen an die Funktionalität eine zentrale Problematik. Auch dies sollte bei der baulichen Gestaltung Berücksichtigung finden.

19.7.4 These 4: Konfiguration und Programmierung vereinfachen

Ein zentrales Problem bei der Errichtung von MRK-Anlagen ist, dass Ingenieure und Einrichter in der Regel noch über relativ wenig Erfahrungen mit Kollaborationsszenarien verfügen und diese dann meist nicht unter Aspekten der Gebrauchstauglichkeit errichtet werden, sondern eher einen technischen Problemlösungscharakter besitzen. Im Idealfall sollte das Anlernen auch durch den Bediener möglich sein. MRK kann langfristig nur gelingen, wenn es für diese Erfordernisse in absehbarer Zeit spezifische Angebote an konkreten Handlungsempfehlungen, Richtlinien und entsprechenden Lehrgängen für Anlagenplaner und -projektierer gibt.

Wöllhaf fordert zudem in Abschn. 7.3.3, dass auch die Nutzer in der Lage sein müssen, Konfiguration und Programmierung des Cobots direkt durchzuführen. Dazu ist die Mensch-Maschine-Schnittstelle nutzergerecht neu zu gestalten. Die Betrachtung von Aspekten wie Akzeptanz, wahrgenommene Sicherheit und Aufmerksamkeitssteuerung spielen in diesem Zusammenhang eine bedeutende Rolle. Überforderung ist zu vermeiden. Wischniewski et al. (2019) nehmen die ergonomische Perspektive der Konfiguration in den Fokus und fordern auch aus dieser Perspektive, dass das Anlernen der MRK-Systeme durch den jeweiligen Nutzer ermöglicht werden muss (vgl. Abschn. 19.2). Dies bedeutet in der Konsequenz, dass die Qualifikation des Nutzers erhöht werden muss; er hat neben seinen Aufgaben im Produktionsprozess idealerweise auch noch eine technische Verantwortung für das Betriebsmittel Cobot.

19.7.5 These 5: Wirtschaftlichkeitsberechung anpassen

MRK erfordert oft einen erhöhten Aufwand an personellen und technischen Ressourcen. Der Planungs- und Realisierungsprozess beinhaltet dabei Unsicherheiten. Eine klassische ROI-Bewertung versagt. Ein wichtiger Kritikpunkt ist dabei, dass ein kurzfristiger ROI in vielen Fällen schwer darstellbar ist, weil eine umfassende und übergreifende Berechnungssystematik, die durch Erfahrungen und Fakten belegt ist, noch nicht existiert. Einfache und pauschale Ansätze der klassischen Wirtschaftlichkeitsberechnung für Automatisierungsanwendungen greifen zu kurz. Neben den leicht bezifferbaren Investitions- und Engineeringkosten einerseits und den geänderten Produktionskosten auf kurzer Betrachtungszeitschiene andererseits, sind verschiedene andere Kostenbewertungen sehr schwer, höchst ungenau und oftmals mit kaum belastbaren Annahmen zu treffen. Dabei spielen vor allem die folgenden Fragestellungen eine zentrale Rolle:

- Gelten in An- und Hochlaufszenarien oder bei Produktionsspitzen abweichende wirtschaftliche Kriterien?
- Was sind Investitionen in Zukunftstechnologien wert?
- Wie bewertet man vollumfänglich Ergonomieverbesserungen zur Produktivitätssteigerung und zur Adressierung des demografischen Wandels?
- Wie finden Kosten für höhere Qualifikationsanforderungen an die Mitarbeitenden und Einsparungen im Bereich kompetenzerhaltender Zusatztrainings (z. B. Simulatortraining in der Luftfahrt) Eingang in die Wirtschaftlichkeitsberechnung?
- Welchen Wert haben motivierende, entwicklungsförderliche Arbeitsplätze?
- Welche Veränderung der Lohnstruktur bringen menschengerechte MRK-Arbeitsplätze, welche auf qualifizierte Mitarbeitende angewiesen sind?

Nur durch eine umfassende Betrachtung – mit den notwendigen sinnvollen, vielleicht sogar couragiert weitblickenden Annahmen für die letztgenannten Kriterien – ist eine Motivation für Mensch-Roboter-Kollaborationslösungen gegeben. Zahlreiche Umsetzungen in der Forschungs- und auch der Industrielandschaft geben jedoch die erforderliche Motivation für den MRK-Einsatz.

19.7.6 These 6: MRK als soziotechnisches System begreifen

Gerst diskutiert in Kap. 10 normative Konzepte und praktische Orientierungsmodelle einer partizipativen Arbeitsgestaltung zwischen Mensch und Roboter in einem MRK-System und zeigt Ansätze für eine gelingende Interaktion beider Interaktionspartner im Team. In diesem MRK-Team werden maschinelle und menschliche Fähigkeiten in geeigneter Weise kombiniert, die Kraft und Genauigkeit des Roboters auf der einen und die Intuition und Intelligenz des Menschen auf der anderen Seite. In einem soziotechnischen System ist auch die Frage entscheidend, wann Menschen einen Roboter akzeptieren, der direkt neben ihnen arbeitet. Hier ist in besonderem Maße die wahrgenommene Nützlichkeit entscheidend, dieser Aspekt hatte in einer Studie (Bröhl et al. 2017) den größten Einfluss auf die Bereitschaft, einen Roboter zu nutzen. Bendel beschreibt in Kap. 1 die Mensch-Roboter-Kollaboration als soziotechnisches System und diskutiert in diesem Kontext Aspekte der Nähe zwischen Mensch und Maschine, beleuchtet dann aber auch partnerschaftliche Interaktionen, den Zugriff auf die geteilten Ressourcen und die Arbeit am gemeinsamen Objekt. Es verschmelzen Mensch und Roboter zu einem produktiven Gesamtsystem, wiederum werden im wesentlichen Stärken kombiniert, und Schwächen vermieden. Wischniewski et al. (2019) thematisieren in diesem Kontext den Aspekt der sozialen Isolation, die durch gesteigerte Automatisierung mittels MRK zunehmen könnte (vgl. Abschn. 19.2).

Eine Interaktion von Mensch und Roboter als Team soll maschinelle Fähigkeiten mit menschlichen Fähigkeiten kombinieren. Aspekte wie Nähe, Körperlichkeit und Interaktion sind dabei zu beachten und Systemlösungen zu bevorzugen, die einer sozialen Isolation entgegenwirken.

Um Mängel herkömmlicher Gestaltungsansätze für soziotechnische Systeme zu beheben, die sich vorwiegend an den technischen Möglichkeiten orientieren (siehe Abschn. 3.5), ist die MRK vom Menschen und seinen Fähigkeiten und Fertigkeiten her zu gestalten und nicht umgekehrt.

19.7.7 These 7: Ethische Fragen beantworten

In der Argumentation hin zur MRK wird oft versichert, dass im Unterschied zur klassischen Automatisierung die menschliche Arbeit nicht verschwindet, sondern vielmehr ergänzt und erweitert wird. Tatsächlich entsteht bei den Beschäftigten in solchen Szenarien aber oft der Eindruck, man würde fortlaufend an seiner eigenen Abschaffung arbeiten. Ein Cobot hat zudem in der Kollaboration die Gelegenheit, den Menschen zu beobachten. Vielleicht weniger zum Zwecke, von ihm zu lernen, das funktioniert heute technisch noch nicht. Aber hier werden Aspekte des Datenschutzes offensichtlich; es muss die Frage beantwortet werden, was mit solchen Daten passiert und wer in Folge Zugriff darauf hat. Neben Aspekten der Technikethik geht es also auch um Informationsethik und Privatsphäre.

Daneben stellt sich eine Reihe ethischer Herausforderungen, wie die abschließende Klärung von Verantwortung und Haftung. Auch Fragen der maschinellen Moral sind zu klären.

19.7.8 These 8: Aufgabenverteilung flexibilisieren

Eine Flexibilisierung der Aufgabenverteilung wirft zunächst die Frage auf, welche Auswirkungen die Allokation von Aufgaben in der MRK auf die Qualität der Tätigkeiten hat, die dem menschlichen Interaktionspartner zugeteilt werden. Remmers beschreibt in Abschn. 4.3, dass die Allokation in den meisten aktuellen MRK-Szenarien hauptsächlich durch die Fähigkeiten des Roboters bestimmt wird und damit an technischen und weniger an ergonomischen Aspekten orientiert ist. Wischniewski et al. (2019) fordern eine Aufgabenallokation, die ad hoc und flexibel geschehen kann (vgl. Abschn. 19.2).

Ein Ansatz, die unterschiedlichen Fähigkeiten von Menschen und Robotern miteinander zu kombinieren, sind Maba-Maba-Listen („Men are better at – Machines are better at"), in denen die Fähigkeiten von Menschen und Maschinen verglichen, bewertet und miteinander verknüpft werden (Price 1985). So entsteht jedoch eine fixe Aufgabenallokation, die eine flexible Neugestaltung von Aufgaben nicht zulässt.

Bei einer Flexibilisierung der Aufgabenallokation müssen im Spannungsfeld zwischen Selbstbestimmung und technischer Fremdbestimmung Lösungen gefunden werden, die den Menschen als Entscheider für die Zuteilung von Aufgaben in den Mittelpunkt stellen. Eine Ad-hoc-Aufgabenallokation, die vom Menschen ausgeht, ist dabei in jedem Falle einer vom Automaten vorgegebenen Choreografie vorzuziehen.

19.7.9 These 9: Deskilling entgegenwirken

Erfahrungen aus der Luftfahrt haben gezeigt, dass die einseitige Nutzung maschineller Fähigkeiten – beispielsweise für exakte Flugzeugsteuerung oder für Berechnungen und Prognosen – dazu beiträgt, dass wichtige manuelle und mentale Fertigkeiten auf Seiten des Menschen verloren gehen (Deskilling, vgl. Abschn. 3.2 und 19.5), die in einem Notfall von entscheidender Bedeutung sind. Dieser Mangel an Gebrauch und Übung menschlicher Fertigkeiten in der Arbeitstätigkeit muss durch aufwendiges Zusatztraining wettgemacht werden. Über eine Flexibilisierung der Aufgabenverteilung könnte der Entwicklung des Deskilling durch die Nutzung von Automation entgegen gewirkt werden. Voraussetzung ist eine Maschine, die den menschlichen Operator überwacht, auf Abweichungen und Fehler aufmerksam macht und bei gravierenden Mängeln interveniert. Flexibilisierung kann also ein Schlüssel sein, um Deskilling entgegenzuwirken. Auf der anderen Seite ist allerdings der mentale Workload in den Fokus zu nehmen, um verfügbare Aufmerksamkeits- oder Verarbeitungsressourcen innerhalb des Menschen abzuschätzen und die Anforderungen daran anzupassen. In Abschn. 15.2 beschreibt Kremer, dass den genannten Ressourcen Aufgabenanforderungen wie Aufgabenschwierigkeit, Aufgabenpriorität und situative Kontingenzen entgegenstehen.

Über eine Flexibilisierung der Aufgabenverteilung hinaus sind anwendungsspezifische Konzepte zu erarbeiten, wie menschliche Kompetenzen bei der Arbeitstätigkeit gefördert und aufrecht erhalten werden. Dies dem jeweiligen Operator zu überlassen, würde bedeuten, dass er befähigt werden müsste, den Produktionsdruck und die eigene Bequemlichkeit zu überwinden und über ein Bewusstsein für den eigenen Bedarf an Übung in Bezug auf wichtige Fertigkeiten zu verfügen.

19.7.10 These 10: Erwartungskonformität sicherstellen

Wischniewski et al. (2019) fordern aus ergonomischer Sicht, dass Aktionen des Roboters für den Menschen transparent und nachvollziehbar sein müssen (vgl. Abschn. 19.2), damit sie erwartungskonform sind. Mit Blick auf die Forderung zur Flexibilisierung der Aufgabenverteilung (vgl. Abschn. 19.7.8) sind Erwartungskonformität und Transparenz eine wichtige Voraussetzung. Bei flexibler Aufgabenallokation entstehen als unmittelbare Folge deutlich weniger Wiederholungen in den Prozessen. Dadurch könnten Lerneffekte beim Menschen verzögert oder auch erschwert werden und in der Folge könnte die Wahrscheinlichkeit sicherheitsrelevanter Störungen ansteigen. Der Mensch sollte im Sinne der Erwartungskonformität idealerweise im Prozess erkennen, was der Roboter als nächstes tun wird, beispielsweise anhand externer Signalisierung. Als eine Alternative zu einer Signalisierung schlägt Sen in Kap. 12 vor, geeignete Bewegungsarten bzw. Bahnplanungen für die Roboterbewegungen einzusetzen, die es erlauben, sichere und erwartungskonforme Roboterbewegungen einfach und schnell zu programmieren und damit das Situationsbewusstsein zu erhöhen.

19.7.11 These 11: Höhere Funktionalität über KI realisieren

Die Forderung nach künstlicher Intelligenz wird bereits in Abschn. 19.6 im Kontext der maschinellen Moral deutlich. Es steht heute ein großes Potenzial von Sensoren zur Verfügung, mit deren Hilfe Roboter in die Lage versetzt werden können, ihre Umwelt sehr genau und in Echtzeit zu erfassen. In der Theorie könnte die Auswertung vieler verschiedener Sensorsignale dem Roboter ein vollständiges Gesamtbild liefern, um auf Basis dieser Daten angemessen zu handeln und daraus zu lernen. Allerdings wird in der Praxis die Verarbeitung dieser Sensorsignale in der Robotersteuerung prozedural vorgenommen. Damit entscheidet bereits der Programmierer durch Bereitstellung vorgefertigter Routinen, welche Handlungsoptionen die Maschine im Betrieb haben wird.

Hier müssen Ansätze aus der Informatik, wie selbstlernende Algorithmen, regelbasierte Systeme, neuronale Netze und 5G-Kommunikation Eingang in zukünftige MRK-Anwendungen finden, um kooperierende Maschinen lernfähig und intelligent werden zu lassen. Regeln sind durch die Maschinenethik als Vorgabe zu erstellen, Wissen ist durch Zugriff auf das Internet jederzeit und unbegrenzt verfügbar. Eine geschickte Verknüpfung von Regeln, Wissen und Lernen wird für den Einzug der KI in die MRK entscheidend sein.

19.7.12 These 12: Antizipation der Automatisierungstechnik erhöhen

Für eine kognitiv wenig aufwändige Koordination mittels Antizipation ist es zentral, dass Roboter in der Kollaboration als willentlich handelnde „Wesen" wahrgenommen werden. Um dem kollaborierenden Menschen eine Intentionalität – also eine willkürliche Zielgerichtetheit von Bewegungen und Aktionen – des Roboters zu vermitteln, ist der Roboter in Gestalt, Bewegung, Kommunikation und Kontext menschenähnlich (anthropomorph) zu gestalten (vgl. Kap. 11). Dies erleichtert dem Menschen die Antizipation des Roboterverhaltens durch Nutzung des Spiegelneuronensystems.[4] Da morphologe Gestaltungen Erwartungen wecken (z. B. lassen Ohren auf auditive Rezeptivität des Roboters schließen), sollten Gestaltung und Funktion übereinstimmen, um nicht falsche Erwartungen an die Interaktionsfähigkeit des Roboters zu wecken. Menschenähnlichkeit erhöht nicht nur die Wahrnehmung von Intentionalität des Roboterhandelns, sie kann auch Akzeptanz, Empathie und Kooperationsbereitschaft fördern. Der Zusammenhang ist allerdings nicht linear. Deshalb sollten kollaborationsfähige Roboter iterativ und menschenzentriert konzipiert und entwickelt werden. Gerst argumentiert in Abschn. 10.3.4, dass ein menschenähnlicher Roboter in der Kollaboration als Antreiber oder „Akteur" wahrgenommen werden könnte, der besser und schneller arbeitet und dem Menschen überlegen ist. Er sieht die Gefahr, dass es in der Zusammenarbeit die Kollaborationsbereitschaft einschränken kann, wenn Menschen dem Roboter einen Eigensinn oder ein Bewusstsein zuschreiben.

Auch antizipative Fähigkeiten seitens des Roboters sind erforderlich, insbesondere für die Realisierung einer flexiblen Aufgabenallokation oder im Umgang mit kritischen Situationen. Kap. 13 beschreibt dazu die Notwendigkeit einer Integration mentaler Modelle in die Robotersteuerung, z. B. zur Realisierung kognitiver Fähigkeiten oder interaktiver Lernprozesse.

19.7.13 These 13: MRK als Schlüsseltechnologie begreifen

Die zunehmende Digitalisierung in vielen Bereichen der Gesellschaft wird in der Robotik auch zu einem fortschreitenden Einsatz in nicht-industriellen Anwendungsfeldern führen. Beispiele hierfür sind die Pflegerobotik (vgl. Kap. 17), Anwendungen im Bereich der Medizintechnik (vgl. Kap. 9) oder auch Anwendungen in der Rehabilitation (vgl. Kap. 8). Die Voraussetzungen in diesen Anwendungsfeldern sind in Teilaspekten vergleichbar mit den „Treibern" der MRK, genannt werden meist hohe strukturelle Kosten, personalintensive Tätigkeiten sowie kraftfordernde oder monotone Verrichtungen.

Die MRK kann durch die Entwicklung geeigneter, kollaborationsfähiger Roboter, leistungsfähiger Sensorik und intelligenter Steuerungstechnologie auch für industriefremde Anwendungsbereiche eine Schlüsseltechnologie darstellen. Dabei sind Aspekte der Interoperabilität sowie eine klare Definition und konsequente Anwendung von Standards unerlässlich, um fortschrittliche Entwicklungsergebnisse auf andere Bereiche interdisziplinär übertragen zu können.

---

[4] Das Spiegelneuronensystem (SNS) ist ein Netzwerk von Nervenzellen, die sowohl beim Ausführen, als auch beim Beobachten von zielgerichteten Bewegungen aktiv sind.

19.8 Fazit

Die MRK eröffnet Möglichkeiten, Technik aus Sicht der Arbeitenden vermehrt als Option zu nutzen (Ulich 2011). Wie weit sich die damit verbundenen Erwartungen realisieren lassen, hängt maßgeblich von Weiterentwicklungen in verschiedenen Teilbereichen (z. B. KI), von der Zusammenarbeit unterschiedlicher Disziplinen und Wissenschaftsbereiche, von den gesetzlichen Rahmenbedingungen und letztlich auch von der gesellschaftlichen Akzeptanz ab. Dabei ist es unumgänglich, neue Denkansätze im Hinblick auf die Arbeit zu entwickeln und dabei Tätigkeiten und die Verteilung der Verrichtungen neu zu definieren.

Auch Sicherheitsvorschriften und Normen müssen erneut vorurteilsfrei diskutiert werden; die diesbezüglichen Restriktionen, beispielsweise zur Maximalgeschwindigkeit von Roboterbewegungen in Kollaborationsszenarien, erscheinen derzeit übertrieben vorsichtig. Dies führt einerseits bei den Beschäftigten zu Unzufriedenheit mit der Automation und Desinteresse an dem „Kollegen Roboter". Andererseits kann es in der Konsequenz dazu kommen, dass MRK nicht genutzt wird oder wirtschaftlich nicht sinnvoll genutzt werden kann.

Generell sind neue Denkansätze in Bezug auf die Bewertung der Wirtschaftlichkeit von MRK-Systemen gefordert. Auf die Kennzahlenproblematik und Wirtschaftlichkeitsrechnung wurde hingewiesen; diese sind sicherlich nicht grundlegend änderbar, sollten jedoch soweit angepasst werden, dass MRK sinnvoll genutzt werden kann und neben dem ROI auch volkswirtschaftliche und gesellschaftspolitische Rahmenbedingungen einen Wert erhalten.

Der Wert menschlicher Arbeit ist zukünftig nicht mehr nur als Beitrag zur Produktivität zu verstehen. Erfolgsfaktor für die zukünftige Entwicklung der MRK ist auch die Akzeptanz bei den Beschäftigten und deren vorurteilsfreies Verständnis dieser neuen Technologie.

Literatur

Accident Report, NTSB/AAR-10/03. (2010). Loss of thrust in both engines after encountering a flock of birds and subsequent ditching on the hudson river US airways flight 1549 airbus A320-214, N106US Weehawken, New Jersey January 15, 2009. https://www.ntsb.gov/investigations/AccidentReports/Reports/AAR1003.pdf. zugegriffen am 10.12.2019.

Bendel, O. (2017). LADYBIRD: The animal-friendly robot vacuum cleaner. In *The 2017 AAAI spring symposium series*. Palo Alto: AAAI Press.

Bendel, O. (2019). Wozu brauchen wir die Maschinenethik? In O. Bendel (Hrsg.), *Handbuch Maschinenethik*. Wiesbaden: Springer VS.

Bröhl, C., Nelles, J., Brandl, C., Mertens, A., & Schlick, C. (2017). Entwicklung und Analyse eines Akzeptanzmodells für die Mensch-Roboter-Kooperation in der Industrie. In Gesellschaft für Arbeitswissenschaft e.V (Hrsg.), *Frühjahrskongress 2017 in Brügg: Soziotechnische Gestaltung des digitalen Wandels – kreativ, innovativ, sinnhaft – Beitrag F 2.1*. Dortmund: GfA-Press.

CRE211 Ziviler Luftverkehr. (2016). *CRE: Technik, Kultur, Gesellschaft* (21. Januar 2016). https://cre.fm/cre211-ziviler-luftverkehr. Zugegriffen am 10.12.2019.

Final Report AF447, BEA. (Juli 2012). https://www.bea.aero/docspa/2009/fcp090601.en/pdf/fcp090601.en.pdf. Zugegriffen am 20.02.2019.

Kersten, J. (2015). Menschen und Maschinen. Rechtliche Konturen instrumenteller, symbiotischer und autonomer Konstellationen. *Juristen Zeitung, 70*, 1–8.

Kersten, J. (2016). Die maschinelle Person – Neue Regeln für den Maschinenpark? In A. Manzeschke & F. Karsch (Hrsg.), *Roboter, Computer und Hybride* (S. 89–106). Baden-Baden: Nomos.

Langewiesche, W. (October 2014). The human factor. *Vanity Fair.*

Müller, R., Franke, J., Henrich, D., Kuhlenkötter, B., Raatz, A., & Verl, A. (Hrsg.). (2019). *Handbuch Mensch-Roboter-Kollaboration*. München: Carl-Hanser.

Onnasch, L., Maier, X., & Jürgensohn, T. (2016). *Mensch-Roboter-Interaktion – Eine Taxonomie für alle Anwendungsfälle*. Dortmund: Bundesanstalt für Arbeitsschutz und Arbeitsmedizin. https://www.baua.de/DE/Angebote/Publikationen/Fokus/Mensch-Roboter-Interaktion.pdf. Zugegriffen am 01.03.2020.

Price, H. E. (1985). The allocation of functions in systems. *Human Factors, 27(1)*, 33–45.

Ulich, E. (2011). *Arbeitspsychologie*. Stuttgart: Schaeffer-Poeschel.

Wischniewski, S., Rosen, P., & Kirchhoff, B. (2019). Stand der Technik und zukünftige Entwicklungen der Mensch-Technik-Interaktion. In GfA (Hrsg.), *Frühjahrskongress 2019, Dresden. Arbeit interdisziplinär analysieren – bewerten – gestalten. Beitrag: C.10.11*. Dortmund: GfA-Press.

Hans-Jürgen Buxbaum ist Professor für Automatisierung und Robotik sowie Leiter des Labors Human Engineering an der Hochschule Niederrhein in Krefeld. Er ist promovierter Diplomingenieur der Elektrotechnik und Wirtschaftsingenieur, hat Konzern- und Gründungserfahrung, war selbstständiger Unternehmensberater und Anwendungsentwickler in der industriellen Automatisierung, Oberingenieur am Institut für Roboterforschung an der TU Dortmund und Leiter der Forschungsgruppe Dezentrale Intelligente Automation am Heinz-Nixdorf-Institut der Universität Paderborn.

Ruth Häusler ist promovierte Psychologin, Dozentin am Zentrum für Aviatik an der Zürcher Hochschule für Angewandte Wissenschaften (ZHAW) und Mitinhaberin von HFsolutions GmbH.

The manufacturer's authorised representative in the EU is Springer Nature Customer Service Centre GmbH, Europaplatz 3, 69115 Heidelberg, Germany. If you have any concerns regarding our products, please contact ProductSafety@springernature.com

Printed and bound by CPI Group (UK) Ltd, Croydon, CR0 4YY
25/03/2026
02078224-0008